无氰镀银技术

赵健伟　于晓辉　著

化学工业出版社

·北京·

内容简介

传统的电镀工业存在着高金属离子污染、高含氰废水污染、公共安全等问题。而电镀作为一种基础表面加工技术，又与各行各业都息息相关。随着科技的发展和人们对于环境保护、安全生产等问题越来越重视，以及新兴科技产业对新技术、新工艺的需求越来越迫切，无氰镀银工艺作为传统氰化镀银的替代工艺越来越受到重视。虽然无氰镀银工艺目前尚无法从各个方面超越传统的氰化镀银，但无氰镀银的研究和应用推广仍然具有重要的意义，其应用前景十分广阔。

本书从多方面探讨了发展无氰镀银的意义，并结合作者多年从业经验和创新成果，从电化学原理、工艺流程、原料配方、产品性能、发展潜力等方面详细介绍了无氰镀银现有工艺的优势和面临的问题。

本书可供化工、材料、表面处理等专业的高校师生学习探讨，也可供从事相关行业的开发、生产和管理人员阅读参考。

图书在版编目（CIP）数据

无氰镀银技术/赵健伟，于晓辉著．—北京：化学工业出版社，2023.6

ISBN 978-7-122-43130-1

Ⅰ.①无…　Ⅱ.①赵…②于…　Ⅲ.①无氰镀-镀银-研究　Ⅳ.①TQ153.1

中国国家版本馆 CIP 数据核字（2023）第 049366 号

责任编辑：邢　涛　　文字编辑：张　宇　陈小滔
责任校对：宋　玮　　装帧设计：韩　飞

出版发行：化学工业出版社（北京市东城区青年湖南街 13 号　邮政编码 100011）
印　　装：北京捷迅佳彩印刷有限公司
787mm×1092mm　1/16　印张 18¾　字数 550 千字　2023 年 7 月北京第 1 版第 1 次印刷

购书咨询：010-64518888　　售后服务：010-64518899
网　　址：http://www.cip.com.cn
凡购买本书，如有缺损质量问题，本社销售中心负责调换。

定　　价：158.00 元

前 言

随着人们对环境保护和健康安全的重视，传统含氰电镀技术因其对环境和健康的危害而受到了越来越多的限制，因此，开发无氰电镀技术已成为电镀领域的热点和难点。而镀银作为一种重要的电镀工艺，在现代工业生产中应用广泛，如电子、通信、汽车、家电等领域，因此无氰镀银技术的研究和发展具有重要的现实意义。

本书是作者多年来对无氰镀银技术研究和推广的总结，旨在为广大读者提供关于无氰镀银方面的最新进展、研究成果以及工业应用。本书围绕无氰镀银技术展开，总结了国内外相关文献和研究成果，系统地介绍了无氰镀银技术的基础理论、工艺方法、应用前景以及发展趋势。本书不仅系统性地介绍了无氰镀银的基本原理和工艺流程，而且详细地阐述了无氰镀银工艺中各个环节的优化方法和相关技术。此外，还介绍了一些新型的无氰镀银工艺，并分析了这些新型工艺的发展趋势和应用前景。

在本书撰写过程中，作者参考了大量文献和研究成果，同时也结合了自己多年来在无氰镀银技术研究方面的经验和探索。本书中的一些技术方法和实验结果是作者团队在实验室中亲身实践的结果，经过多次实验验证，并取得了一定的应用。我们希望这些开发经验能为同行的相关研究提供参考。

在此，作者向所有在电镀领域贡献过的前辈们致以崇高的敬意和感谢！正是由于他们对电镀行业认识之深、耕耘之专，让作者在这个行业中坚持不懈。同时，也特别感谢早期与作者一起工作的学生们，他们的努力和贡献为本书打下了坚实的基础。

赵健伟教授　嘉兴学院

于晓辉工程师　嘉兴学院

2023 年 2 月 28 日

目 录

绪 论

“镀”的定义源远流长。

《词源》释“镀”为以金饰物。唐代白居易长庆集四《西凉伎》诗：“刻木为头丝作尾，金镀眼睛银帖齿。”唐代李绅《答章孝标》有“假金方用真金镀，若是真金不镀金。”（《词源》1992年修订本，商务印书馆）。历史上“镀”的概念中仅考虑金属的装饰功能。

现代的名词解释中已明确地将功能性纳入到电镀的概念。“镀”是用电解或其他化学方法使一种金属附着到别的金属或物体表面上，形成薄层（《现代汉语词典》第六版，商务印书馆）；以光泽较强的金属涂在它种金属物体的表面（《辞海》，1999年版，上海辞书出版社）。“电镀”是利用电解作用，在金属等的表面上均匀地附上薄薄一层别的金属或合金，可以防止生锈，使外形美观，或增加耐磨、导电、光反射等性能（《现代汉语词典》第六版，商务印书馆）；借助电解作用在金属制品表面上沉积一薄层金属或合金的方法，如镀铜、镀锌、镀铬等，可防止腐蚀，增加美观，提高耐磨性、导电性等。塑料等非金属制品经适当处理，在其表面形成导电层后，也可以进行电镀（《辞海》，1999年版，上海辞书出版社）。

电镀工艺专家从操作过程的角度给出了电镀的定义。“电镀是用电化学方法在导电固体表面沉积一层薄金属、合金或复合材料的过程，是一个特殊的电解过程。”（《电镀工艺学》第二版，化学工业出版社）“电镀是在含有金属盐的电解质溶液中，根据电化学的原理，以被镀覆金属作为阳极（或用不溶性阳极），欲镀覆金属的工件作为阴极，借助直流电源，在工件表面形成均匀、致密、结合良好的金属或合金沉积层的过程。”（《现代电镀手册》，2010，机械工业出版社）

可见，镀或是电镀的概念是不断发展的，内涵也在不断地拓宽。

1. 讨论电镀定义的意义

(1) 改变人们对电镀，尤其是电子电镀的传统认识

传统的电镀工业的确存在着高金属离子污染、高含氰废水污染、公共安全等问题。但是随着电子工业的发展，电子电器生产的精细化对电镀生产工艺的要求越来越严格。现代电子电镀的生产车间不仅没有水、气的污染问题，甚至很多的生产加工都是在高要求的洁净车间中进行。这完全颠覆了人们对传统电镀行业生产的认识或者说是偏见。如果依然沿用传统的电镀概念，势必影响现代电镀行业，特别是电子电镀行业的发展。

传统的电镀行业，包括五金电镀、装饰电镀和一般的功能电镀，确实存在着产能过剩，就业吸引力不强等问题。同时新兴的电子电镀行业、特种电镀行业等对基础和工艺探索要求较高的领域同样难以吸引到优秀的人才。

传统电镀行业一般被认为是一个成熟的产业。无论是国家还是地方，无论是企业还是从业人员，对其投入的积极性都不高。这种认识显然是没有适应电子等行业快速发展的需求。电子电镀行业缺乏科技投入，缺乏基础研究，缺乏从业人员，导致了目前我们所面临的电子电镀工艺被国外严重制约的现状。

所以，重新定义电镀，重新审视电镀在现代工业，特别是在电子工业中的价值，加强国家的投入、企业对研发的重视、行业对人才的吸引力，不仅是这个行业的问题，也是中国工业体系的问题，是产业链的问题。

(2) 通过对电镀的重新定义，明确电镀包括电子电镀所涉及的科学问题

在电镀工业长期的发展过程中，工艺参数的优化一直重于基础研究，谈到电镀似乎只有工艺参数，这一点在中国的电镀行业尤为突出。也是由于这个原因，我国很少有突破性的电镀新工艺。

电镀定义中，必须要考虑到它所涉及的具体且特定的科学问题。然而电镀作为电化学的一个重要的应用领域，有很多具体的问题。这些问题与通常电化学家所关注的不同。这些电镀的具体问题中，有些是非常基础的科学问题。工艺开发者常常没有时间和精力去做深入的探讨，因此这些科学问题的积累就成了我们优化现有电镀工艺、开发新工艺的制约因素。

(3) 指导和引导电镀新应用

电镀是电化学方法与技术发展过程中的一个具体的应用领域，随着时代的发展，电镀的研究范畴也应有相应的变化。这也需要对原有的电镀定义和内涵做适当的修改和拓展，从而指导或者从概念上引导电镀技术在新应用中发挥作用。

传统的电镀主要在装饰和保护两个方面发挥作用，但是随着更多需求的出现，电镀的作用也越来越多样化。电子电镀是现代电镀工业的主要应用领域。依据集成电路的制造流程，本书将电子电镀分为芯片电镀、封装电镀和配套产品三大类。

芯片电镀主要体现在大马士革（嵌入式）铜互连工艺，其核心特点是电镀工艺进入到纳米尺度，小于电极界面的扩散层厚度或与之相当。其生产不仅严重依赖关键电子电镀化学品，同时也严重依赖设备和生产工艺条件。我们在这类工艺中很少有核心技术。

封装类电镀又分成两小类：第一小类包括了凸点电镀、填孔电镀等器件互连式电镀，特点是精细结构的局域电镀，一般特征尺度从微米到毫米，大于电极界面的扩散层厚度；第二小类封装电镀是信号传输类电镀，主要包括用于 PCB 板的电镀铜箔、集成电路引线框架的电镀银等。其中引线框架的电镀银也可以采用局部电镀的技术。第二小类封装电镀一般都采用了连续电镀工艺。在封装电镀中，我们掌握了较多的核心工艺，包括电镀化学品和设备的设计制造。

集成电路的配套产品的电镀。在集成电路的制造过程中，还有一系列的配套加工产品，例如研磨材料、切割材料等。其中切割所用的刀片就是利用镍和金刚石的复合镀技术生产的。我们可以生产部分中低端产品，高端产品的质量控制还达不到要求。

除了与集成电路制造直接相关的电镀外，电子电镀还体现在一些与电子相关的其他应用领域。新应用主要包括：表面功能化；新材料制备（例如电镀铜铟镓硒太阳能电池材料、电镀超硬材料、电镀高熵合金材料、利用电镀的方法制备抗菌涂层等）；器件制备（例如结合 LIGA

技术制备MEMS器件、电沉积金属点阵结构制备传感器等)；电化学加工（例如结合电沉积技术和电解蚀刻技术对材料进行微纳加工等)。上述新应用包含了传统电镀的影子，但又与传统的电镀不同。一个容纳电镀技术新发展的定义可以促进电镀技术在上述领域中发挥更好的作用。

2. 加强现代电镀研究的意义

《中国制造2025》中，布局了十大新兴领域，其中第一个“新一代信息技术产业”就与电镀息息相关。在芯片制造与封装的多个环节中，电镀都发挥着重要的作用。可以肯定地说，没有现代电子电镀的发展，就不会有90nm以下的芯片制造工艺。

信息技术产业之外的其他领域，例如新材料、节能环保、新能源汽车与装备等也或多或少包含了传统电镀或电镀新工艺。这一点不难理解，因为电镀是一种基本的表面处理手段，任何材料的应用，除了基材提供力学性能外，就体现在表面处理技术上了。结合力好、硬度高的金属镀层，在几乎所有的工业领域都发挥着不可替代的作用。

3. 现代电镀的定义

(1) 已有电镀定义中存在的问题

词（辞）典中对镀和电镀的定义过于传统，仅仅体现了装饰和一般的表面功能化。

ISO对电镀的定义：“电镀是在电极上沉积附着金属覆盖层，其目的是获得性能或尺寸不同于基体金属的表面。”该定义仅强调了电镀工艺的目的。电镀首先应当是一个方法和技术，既可以用在科学研究上，也可以用在工业上；既可以获得最终的表面，还可以是多道处理流程中的一步，因此单纯以工业应用的目的来定义也不妥。

有学者基于量子的概念提出：“电镀是电子以量子态从电极跃迁到金属离子空轨道中，使金属离子还原为原子，进而组装成为金属结晶的过程。”该定义体现了微观的量子概念。但是电镀主要建立在液相和界面反应，该定义并没有反映出这一本质。

(2) 电镀新定义应体现出的本质问题

电镀的定义应体现出以下几个基本特征：工业价值（电镀是制造业的基础，先进制造业的基石)；过程（离子在电子导体界面放电与沉积)；环境（电解液)；复杂性（复杂的化学过程和复杂的电荷传递过程)。

(3) 电镀新定义

在此我们提出：电镀是制造业的基础，是处于液相环境的金属离子或络合物在导体界面通过电极放电获得电子，精确可控地沉积形成金属单质或复合物薄膜，从而发挥特定功能的复杂电化学过程。

4. 电镀研究中所涉及重要科学问题的讨论

(1) 极端体系

电镀工程所用的是复杂的电镀液体系。电镀液是极浓的溶液，甚至接近饱和状态，但在电解质溶液理论中，迄今只有稀溶液理论。而浓溶液即便是唯象的理论，也罕有讨论。

电镀工艺为了追求极致，例如为了增加设备的利用率，在集成电路引线框架镀银时，电流密度可以提高至$100A/dm^2$。在此工作电流密度下，必须采用特殊的冲击镀设备，使用惰性阳极、高温、高含银量等极端工艺条件。

电镀是用于生产的工艺，不是用于搞研究的。确切点说，科研是花钱的，用量有限，可以不计成本地用纯品，创造尽可能清洁的环境，但是工业化生产，必须考虑投入产出，考虑经济效益，所以尽可能将原料成本、用工成本、环境成本甚至财务成本等精打细算。除财务成本外，前三者都会对工艺的稳定性可靠性带来重要影响。因此要求工艺尽可能具有高的容忍度和宽的工艺窗口。在这种条件下，电极过程将是复杂多样的，研究重点也会部分集中到保证电镀主过程，抑制电极上的副反应。

(2) 局域与全局

从 Tafel 方程的提出算起，电化学的理论研究已经 110 余年。早期的电化学理论都是宏观的唯象理论，Gurney 公式的提出奠定了半经典的电化学理论，而 Marcus 的理论又更进一步涉及了电化学活性物质的微观结构。然而，与电镀相关的理论却极为缺乏，且不说半量子化或者半经典的理论处理，唯象理论都处于严重缺失的状态。

科学研究走入微观是发展的必然，电镀也不例外。传统研究的电镀，镀液性能、镀层性能等还大多处于描述状态。上述提及的电镀工艺各性能实际上与微观结构密切相关。结构制约性能是化学研究学者们的共识。在此需要补充两点：其一，微观结构，即微观的几何结构、分子结构以及电子结构，而不是宏观结构制约性能；其二，被制约的不仅是结果（镀层性能），而且包含了过程（镀液性能）。

电镀研究需要考察电极表面的微观几何结构与局域放电之间的关系，微观几何结构与沉积动力学之间的关系，微观结构与晶体生长过程的关系。无论是金属电极还是半导体电极，物理学的能带结构理论不能适应微观的局域电子结构的描述。影响电沉积机理的不单是能带结构，微观的局域电子态影响更大。物理学仅从现象上描述了费米能级表面“钉住”的现象，而表面局域电子态的冻结才是更本质的原因。

电极过程均会伴随热效应，却鲜有人讨论到局域热。局域热的价值不仅表现在化学过程中，甚至表现在机械过程中。笔者在《化学纳米工程学——新交叉学科的基础与展望》（《世界科技研究与发展》，2008，30，12-15）一文中就指出机械加工过程在极短的时间、局域的空间内产生极高的能量密度，其价值可以用于发展新的机械加工方法，电镀亦然。金属离子或络合物在电极界面放电成核，如果考虑到限定的空间和极短暂的时间，则在放电前后局域的功率密度甚至可与 TNT 炸药在宏观爆炸时的功率密度媲美。局域热促进了局域的金属熔融与再结晶。这一时间和空间尺度下的结晶行为，对于理解镀层生长和镀层性质至关重要；对于开发添加剂也有指导；对于调整工艺条件，控制局域热的生成和耗散也是有重要意义的课题。目前国内外还缺乏这些相关研究的有效工具。

(3) 受限空间的扩散问题

现代的电子电镀的某些镀种中，电解质的扩散也是一个关键问题。其中包括极小空间内冲击镀过程中的传质过程、盲孔或通孔的填孔电镀等。后者的有些镀件具有大深宽比，其电镀的过程，甚至电镀的机理都受到电解质扩散的制约。例如某些深孔有几十微米深，几微米宽，深宽比甚至大于 10。我们知道，一般的电解过程中，扩散层厚度可达数十微米，然而硅片电镀的深孔宽也在相同的数量级，扩散层内的物质由于受到固体表面原子的作用，运动形式与在无束缚的液体环境中是不同的。我们可将其称为受限空间的扩散问题。这个尺度的扩散，这种受限空间形式的扩散，在化学领域极为常见，例如毛细管电泳中的扩散、毛细管色谱中的扩散、微流控中的扩散、分子筛中的扩散、电池材料中离子扩散、分离膜中的扩散、蛋白质在磷脂双层膜中的扩散等，不胜枚举。虽然某些受限空间的扩散问题已有所研究，但是对于电镀领域的相关研究却没有开展。

(4) 电镀表面与电镀基材

传统的电镀多关注表面，然而电镀还可直接生成基材。特别是具有特殊性能的基材，例如具有光电功能的基材、具有生物功能的基材、高熵合金材料、有机-无机复合材料等。相关的科学问题也值得电镀同行关注。

(5) 两电极体系与三电极体系

为了精确控制研究电极的电势水平，传统电化学发展了三电极的研究体系。对电极的面积远远大于工作电极，其对工作电极的电极过程几乎无影响。而流经参比电极的电流极小，也可忽略参比电极的电压降。然而，电镀研究的是两电极体系，发生在阳极上的电极过程与阴极过程有相当的复杂性，并且阴阳极上的分压也会因电极表面的状态而不断变化。特别是当阳极有钝化现象时，发生在阳极上的分压会急剧增大。在同等的沉积电流密度下，扩大阳极面积也可以对阴极过程的机理加以微调。我们的研究也表明，增大阳极面积可以显著提升阴极镀层的硬度。这些特点都是传统电化学所不曾关注的。

(6) 添加剂作用的理论设计

电镀添加剂是电镀研究的核心问题之一。添加剂在电镀液中的含量虽少，但是起到的作用却很关键。因此有些人错误地将添加剂当作电镀的万能神药，也有不少人过于关注添加剂配方，忽略了添加剂的基础研究。绝大多数电镀添加剂的作用机理即使在科技高度发达的今天，依然不是很清晰，因此电镀添加剂的开发主要依赖试错。然而，试错仅仅是研究的第一步，由案例的积累到唯象的描述，再到规律的描述，再到分子的模拟，通过不断地迭代，不断地总结深入，添加剂的作用会越来越清晰，也就有可能从理论和模拟入手，指导新型电镀添加剂的开发。

第1章

无氰镀银的意义

1.1 电镀与电镀银的应用

1.1.1 电镀

电镀就是利用电解原理在某些金属表面上镀上一薄层其他金属或合金的过程，是利用电解作用使金属或其他材料制件的表面附着一层金属膜，从而起到防止金属氧化或锈蚀，提高镀件的导电性、耐磨性、反光性、抗腐蚀性，或增进产品的美观等作用。

绝大多数的电镀生产都是利用两电极系统。阳极是与镀层相同的金属材料或其他的不溶性材料；阴极是待镀的工件。为了降低其他阳离子的干扰，使镀层更均匀、牢固，需用与镀层金属相同的阳离子或其配合物的溶液作为电镀液，尽可能地保持镀层表面的金属阳离子浓度稳定。为了提高工作效率，电解液的浓度很高，且尽可能地提高温度。金属阳离子或其配合物在工件表面电解还原，形成镀层。电镀的目的是在基材上镀上金属镀层，改变基材表面性质或尺寸。电镀能增强金属的抗腐蚀性，增加硬度，防止磨损，增强导电性、光泽度、耐热性和美观性等。

1.1.2 电镀与先进制造业的关系

电镀是制造业中的一个重要的表面处理工艺。制造业是国民经济的主体，是立国之本、兴国之器、强国之基。十八世纪中叶开启工业文明以来，世界强国的兴衰史和中华民族的奋斗史一再证明，没有强大的制造业，就没有国家和民族的强盛。打造具有国际竞争力的制造业，是我国提升综合国力、保障国家安全、建设世界强国的必由之路。《中国制造 2025》提到制造业的五条发展方针，即创新驱动、质量为先、绿色发展、结构优化和人才为本。计划推行实行五大工程，包括制造业创新中心建设工程、工业强基工程、智能制造工程、绿色制造工程和高端装备创新工程。计划包括十个领域，即新一代信息技术产业、高档数控机床和机器人、航空航天装备、海洋工程装备及高技术船舶、先进轨道交通装备、节能与新能源汽车、电力装备、农机装备、新材料、生物医药及高性能医疗器械十个重点领域。而这些领域中，除了生物医药外，基本都涉及电镀工艺。

1.1.3　电镀金属的装饰应用

装饰电镀是生活中所见到的电镀的重要应用之一。金属电镀在产品装饰方面有着很大的价值。生活中很多产品都有装饰性的要求，特别是表面光泽度和光洁度。例如开关、旋钮、车轮毂、反光镜、眼镜架、五金件、室内装饰用品和其他饰品。电镀后的金属可以极大地提高产品的光泽度和光洁度。依据表面的光亮性，镀层表面可以分为镜面光亮、全光亮、光亮缎状、无光亮缎状，通过不同色泽和花纹的组合，可以实现表面的多样化，提升产品的档次和质量。

图 1-1　装饰镀银（ZHL-02 无氰镀银工艺）

装饰电镀所涉及的金属种类较多，常见的是铜、镍、铬、银和金。日常所见的很多金属件表面看起来很亮，其实就是在表面镀上了一层铬或镍，比如卫浴龙头、门把手等。再比如饰品，表面常镀一层金或银（图 1-1)。

装饰电镀的色彩除了金属本身的色泽外，也可以产生例如白色、黑色（图 1-2)、青铜色，以及各种彩色，从而实现产品的多样性。

图 1-2　装饰镀银（ZHL-02 无氰镀银工艺镀银，化学黑化后处理）

1.1.4　电镀金属的表面防护应用

电镀金属更多的应用是在材料的防腐蚀方面，尤其是活泼的轻合金，例如铝合金和镁合金。这些性质活泼、易被氧化和腐蚀的金属表面更需要镀上一层惰性金属来防护。防护性金属电镀在工业的各个领域都有广泛的应用。几乎所有的金属设备，大到轨道交通里十余米长的铜排，小到毫米级的触点，都有利用电镀的产品。

金属的腐蚀与所处的环境关系密切。环境气氛的相对湿度对腐蚀有很大的影响。空气中相对湿度越高，金属表面的水膜越厚，空气中的氧可以透过水膜渗透到金属表面并与之反应。相对湿度达到一定数值时，腐蚀速度会大幅上升。相对湿度常与环境温度关联。干燥的环境下，即使气温偏高金属也不易发生锈蚀。而当相对湿度达到腐蚀临界值时，温度的影响变得加剧。此外，腐蚀还受到大气中其他物质的影响。大气中含有盐雾、二氧化硫、硫化氢和灰尘时，会加速腐蚀。因此，不同环境下受腐蚀的性质和程度是有差别的，而电镀防护工艺也应依据这些具体的环境而甄别调整。

1.1.5 电镀金属的功能性应用

（1）电学性能

电镀银、铜和金在工业领域的重要意义就是增强表面的导电性。银是所有金属中电导率最高的，铜其次，所以性能要求较高的插接件、连接件、开关、传感器等都需要在表面镀一层银。

镀银之后的产品不仅提升了导电性，还会改善频率特征。当导体中有交流电或者交变电磁场时，导体内的电流分布不是均匀的，表层的电流密度更大，也就是说电流集中在导体外表的薄层，越靠近导体表面，电流密度越大，导体内部实际上电流较小。这就是高频通信等领域中所说的“趋肤效应”。所以导体本体的导电性能对于高频信号来说远没有表面电导重要，要改善表面电导和频率特性，就需要在表面镀一层银。

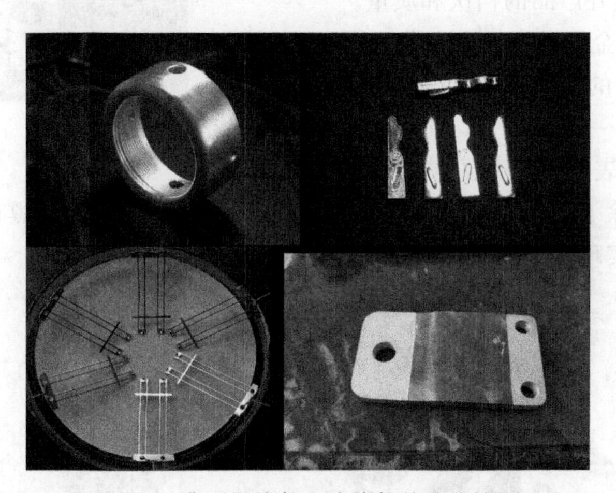

图 1-3 典型插接件和连接件的功能镀银

有些半导体和绝缘材料也可以通过镀的办法增加电学性能。众所周知，塑料是不导电的，但是有些特殊的要求需要它导电，于是就可以利用化学镀的工艺让塑料表面导电化，再镀上一层金属，这样塑料就具备了导电能力。

（2）电磁学性能

电磁波会与电子元件作用，对电器产生干扰。电磁屏蔽是采用低电阻率的导电材料在导体材料内部产生与原磁场相反的电流和磁极化，从而减弱原电磁场的辐射效果。覆盖屏蔽体可以达到降低和消除电磁干扰的目的，而电镀在这方面发挥了积极作用。

纤维导电化是实现柔性屏蔽体的重要途径。用作防电磁辐射的导电纤维要求其电阻率很低，通常只有 $10^{-6} \sim 10^{-2}\,\Omega \cdot cm$。利用先化学镀而后电镀的工艺可以实现纤维和织物的导电化，进一步制备柔性电磁屏蔽材料。目前，低电阻率的导电纤维市场紧俏，这方面的研究得到广泛的关注。具有电磁波屏蔽性的导电纤维或织物，不仅可用于制作精密电子元件、高频焊接机等的电磁波屏蔽罩，而且可以制作有特殊要求的房屋墙壁和天花板的吸波贴墙布。日本应用表面覆铜的导电纤维混纺制成的织物，已大量用作电磁波屏蔽和吸收的材料，如制作轮船的电磁波吸收罩等。国内市场上也在推广镀银的织物，用于防辐射和电磁屏蔽。

（3）磁学性能

物质的磁性从一开始就是与电联系在一起的，到了现代，磁的特性得到进一步发挥，成为电子信息的重要存储载体。同时作为电子器件的电磁元件也得到了进一步发展，在现代无线通信中发挥着重要的作用。而无论是作为电磁器件的磁性材料如钕铁硼磁体，还是作为光电磁记录的碟片、硬盘等，都离不开电子电镀技术，从而使磁性材料的电镀技术成为电子电镀中一个重要的领域。特别是硬盘制造技术，其正是电镀技术与现代高技术的最有代表性的结合。

(4) 光学特性

光洁的金属表面对可见光有很高的反射率，自古就有利用青铜制作铜镜的技术。利用银镜反应在玻璃表面上化学镀一层银，就成为我们广泛使用的镜子。近年来广泛应用的LED发光器件也是利用镀银技术提高反光率。除了上面用于提高反射率的电镀技术外，也有利用电镀技术制作吸光镀层的方法，这在照相机和望远镜的腔体内壁应用较多。此外太阳能吸收面板等也用到电镀技术。

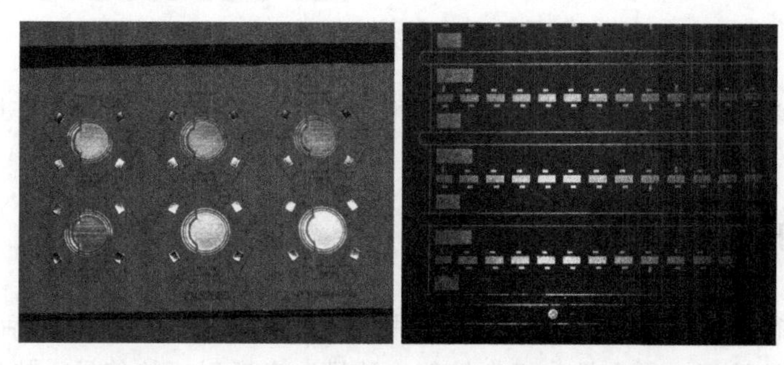

图1-4 两种不同工艺的LED框架镀银产品照片

(5) 热学特性

改善材料的热力学特性包含了耐热和散热两大部分。对某些需要在高温条件下工作的器件，常常电镀一层耐热材料，保障器件在高温条件下稳定工作。而那些自身发光、发热的器件，为了让产生的热量能更快地散发出去，也会电镀银或铜等材料，增强其导热能力。

(6) 力学性能

一组器件相互作用，例如气缸、轴、联动杆、模具等都会涉及摩擦学的问题。制造太阳能电池所用的硅晶片会用到一种切割线锯，类似地，在集成电路制造上，硅晶圆上的集成电路块也需要用到一种特殊的刀具切割开。这些线锯和刀具就是利用镍和金刚石的复合镀技术来制造的。电镀超硬材料可制造切割工具，另一方面电镀也可以增强材料表面的硬度和抵抗刮划的能力；也可以增强材料表面的润滑性，降低摩擦系数，提高耐磨损的性能。

(7) 焊接性能

电镀锡、锡铅合金、银合金等在电子和电器的焊接上应用广泛。特别是电子封装领域，常常应用电镀银技术。从工厂出来的是一块块从晶圆上切割下来的硅片，如果不进行封装，既不方便运输、保管，也不方便焊接、使用，而且一直暴露在外界会受到空气中的杂质和水分以及射线的影响，造成损伤，从而导致电路失效或性能下降。封装工艺中的引线框架就利用到电镀银技术。镀层的可焊性反映了焊料在镀层表面的润湿能力。当焊料与镀层之间的表面自由能大于镀层与空气之间的表面自由能时，焊料就会在镀层表面形成完全浸润，即铺展。可焊性好的镀层，铺展的速度也快。更好的焊接性能则保证了电子器件工作的稳定性和可靠性。

(8) 其他

电镀金属的功能应用远不止上述内容，利用镀层金属或其复合材料可以实现很多设计的功能。例如，利用金属氧化物的催化活性制备氢气和氧气；利用某些金属络合物的吸附能力制备

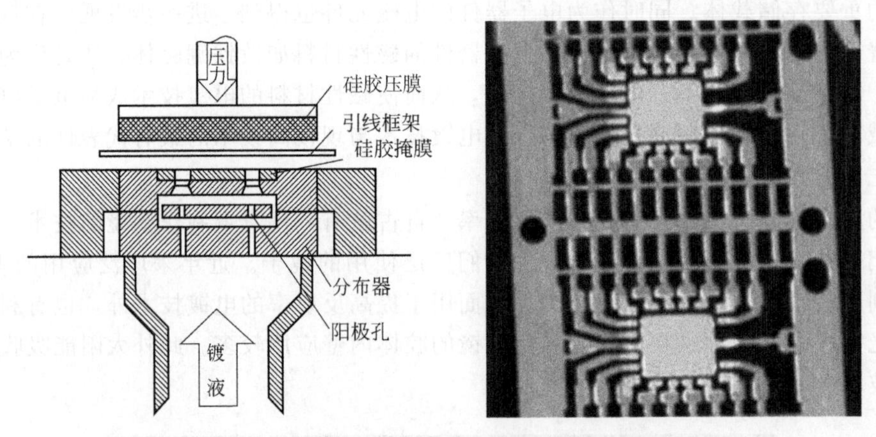

图 1-5 集成电路引线框架镀银设备示意图和产品

传感器件；利用纳米尺寸的银颗粒生产抗菌材料；利用电镀技术对磨损器件进行修等。

1.2 镀银层的主要性能与特性

银本身的特性很多，目前在生产实际中应用的特性有十余种。其中包括了装饰、防腐蚀、耐磨损、润滑、焊接性能、导电性、键合性能、波导、光反射、热传导、热反射、抗菌等。镀银产品的质量要满足相应的标准，银镀层的性能也必须定期检测。对镀层的检测一般要考虑以下因素。

1.2.1 试验项目及试样数量

镀银产品的生产需要接受严格的质量控制，产品也需要经过严格细致的检验。但是针对每个检验项目并不要求检测所有的镀银件。有些项目是每一批检测 1～2 个，例如镀层的银含量、镀层厚度、结合强度等。但也有些项目需要对每个镀件进行检测，例如样品外观。

1.2.2 镀银层的厚度

为了实现镀银层的特定功能，镀层需要达到一定的厚度。厚度检测一般采用 X 射线荧光光谱测厚仪，需要对至少三个试样进行厚度检测。检测方法参考 GB/T 16921。产品的不同、应用环境的不同、成本要求的不同都会影响厚度的要求。一般的电气设备、插接件、连接件等要求对铜基材镀银 5～15μm。电子元器件包括集成电路引线框架、LED 框架等要求镀银层为 3～8μm。耐磨损、耐腐蚀电气设备要求镀银层为 10～30μm。耐非常剧烈的摩擦，例如设备轴承等，要求镀银层在 40μm 以上。某些低端产品、快消电子产品的镀银层也有低至 1～4μm 的。标准酒店餐具和高品质民用餐具和刀具的镀银层一般要求 20μm。

1.2.3 镀银层的银含量

银含量可采用俄歇能谱仪在一个试样上进行表层成分分析来检测；或者对电镀液进行金属

杂质分析来加以控制。纯银镀层的银含量一般不低于98%。

1.2.4 镀银层的外观与装饰性能

银和金一样，自古以来就被视为财富的象征，各种制作精巧、光彩夺目的金银工艺品，一直是人们喜爱的物件。加之相传银有检验毒物和杀菌的功能，因此各种银质餐具不但给人以高雅的感觉，而且有一种安全感。但是由于金银价格高昂，纯金和纯银工艺制品和银制餐具，大多数只能作为博物馆里的陈列品。

对于大多数生活用品和工艺品，电镀银是一个既经济合理，又能满足人们需求的好方法。一般的银层是一种白色、具有高度光线反射能力的金属层，它在工艺品、首饰、乐器和餐具等产品上得到广泛应用。因此，装饰性镀银对镀层的平整性和光泽度有很高的要求，这也是装饰镀银和功能镀银的差异之处。为了获得高光泽度的外观，除了在电镀之前必须进行镜面抛光之外，还需要用光亮镍层或光亮铜层作为中间层。由于装饰镀银层一般都比较薄，而且对光的反射能力又好，光亮镍层和光亮铜层的任何微小瑕疵都会在镀银层表面暴露无遗，因此装饰镀银对前道工序（光亮镀镍或光亮镀铜）的质量要求很高。另外大多数装饰性镀银制品的形状复杂，有些成组的制品为了造型的需要，也可能由多组合金部件组成，因此前处理难度很大，技术要求高。产品装饰性镀银必须掌握几个重要的工艺要点：选择适合基体和表面形状的前处理工艺；保证镀层附着强度而进行预镀镍或预镀铜；光亮镀镍或镀铜的添加剂的选择和镀液维护；预镀银和光亮镀银工艺的选择；装饰镀银的防变色后处理。

功能镀银的外观要求没有装饰镀银的要求高。一般的镀银层要求其为银白色即可。抛光的镀银层表面有镜面般的光泽。光亮镀银层为亮银白色。硬镀银层和钝化的镀银层可以是带浅黄色调的银白色。

对于绝大多数的电镀产品的所有试样均需进行目视外观检查。要求严格的产品还可借助放大镜检查。镀层应为银白色，呈无光泽、半光亮或光亮镀层。镀层结晶应均匀、平滑，允许在隐蔽部位有轻微的夹具印（但必须有镀层），不允许有斑点、黑点、烧焦、粗糙、针孔、麻点、裂纹、分层、起泡、起皮、脱落、焦黄色、灰色、晶状镀层、局部无镀层等缺陷。

1.2.5 镀银层的导电性能

银是导电性能最高的金属。常温状态下银、铜和铝这三种材料导电性能依次降低。它们常被用作导线。银的价格偏贵，因此除了特殊的产品外，铜用得最广。某些注重价格，且对性能又有更高要求的导线可以选择镀银铜线。铝线由于化学性质不稳定，容易氧化，已被淘汰。银的电阻率最小，一般商业纯银的室温电阻率是1.61$\mu\Omega \cdot cm$。另外3种高导电性金属的电阻率分别是，铜1.75$\mu\Omega \cdot cm$，金2.40$\mu\Omega \cdot cm$，铝2.83$\mu\Omega \cdot cm$。由于银的成本高，只有在高要求场合才使用纯银材料，如精密仪器、高频振荡器、航天设备等。而在更多的场合，例如仪器上触点等，常利用电镀银技术获得更好的性能。

镀银层的电阻率的范围通常在1.7～2.0$\mu\Omega \cdot cm$。采用含硫和硒的电解液得到的镀层，其电阻率比纯银高10%～15%。采用含锑的电解液得到的光亮镀银层的电阻率也高于纯银镀层。

1.2.6 镀银层的结合强度

镀层的结合强度可以利用三件以上的电镀零件或者是与镀件相同施镀条件下的试样进行结

合强度试验来检测。一般采用热振实验，例如将零件放入恒温箱中，使其在250～270℃下保持1h，然后自然冷却，借助4倍放大镜检查，镀层不应起泡或脱落。依据使用场景的不同，热振实验也可选用不同的温度和热处理时间。

1.2.7 镀银层的抗硫性

对要求进行抗硫性检验的零件按批检查。检查时每批中抽取4个零件或制备能代表批次的专用试样进行检验，若有一件不合格，则整批零件质量不达标。检验办法是在1%的硫化钠溶液中，温度控制在15～25℃条件下浸泡30min，镀银层不应变色。也可以选用其他相近的条件进行。

1.2.8 镀银层的可焊性检验

对焊接性能有要求的产品需要检验可焊性。检查时抽取4个零件或制备能代表批次的专用试样进行检验，若有一件不合格，则该批零件不达标。试样应放入无腐蚀的助焊剂中5～10s，然后浸入含40%的锡、60%的铅的焊料中，在温度为(288±5)℃的焊料熔槽内持续3s。取出试样后，轻微晃动以除去多余的焊料。焊接镀层应附着均匀，无块状物形成。按照GB/T 5270—2005的规定进行弯曲试验，电镀层与基体不应分离。该试验应在电镀后立即进行。

1.2.9 镀银零件的包装要求

镀银的零件在电镀完成后严禁裸手触摸，并应及时进行包装储存。包装方式要求采用逐件隔离、密封（或真空）包装，以避免银层见光或含硫气体进入；包装用的材料必须保证不含硫。包装后的零件应保证在一年内不发生变色等性能降低的现象。

1.3 镀银在各种工业部门中的应用

用电镀和化学镀获得的镀银层不仅有装饰防护功能，更具有良好的导电性。镀银增加了产品的稳定性，提高了产品的使用寿命。因此，无论是尖端的航空航天产品，还是普通的消费电子产品，均广泛地使用了镀银工艺。

按照工业的粗分类，冶金工业、电力工业、机械工业、纺织工业、电子工业等领域均有涉及电镀银的工艺。其中电力、电子、机械行业涉及电镀银的产品最多。

1.3.1 电力

电力金具、变压器、电抗器、断路器、隔离开关、接地开关、互感器、气体绝缘金属封闭式电气设备、导地线、接地网、附属部件等电网设备中，均有与电镀银或化学镀银有关的产品。

电力产品中镀银层的外观一般要求不高，特别是光亮性，一般要求哑光或者无光亮。但是电力设备对镀层的厚度、防护性能、硬度等往往有较高的要求。

除了常规生产中的挂镀工艺外，电力设备中的触点等小尺寸产品的生产广泛使用了滚镀工艺，另外在设备维护和维修过程中还利用了刷镀工艺。

1.3.2 电子与照明

镀银层具有比铜更好的导电性和化学稳定性，所以在各种电子产品中应用广泛。例如LED框架、集成电路的支架、电子产品的接口、电源中的部分零部件等。

电子产品由于用量大，体积小，且多采用平面工艺，因此很多电子产品采用了连续镀工艺，例如集成电路框架和LED框架等。对于细小的电子产品中的插接件，则多利用滚镀工艺。除了LED框架等极少数产品对镀银层的光亮性有要求外，大多数电子产品对镀层的外观要求不高。但是很多产品需要利用焊接彼此相连，所以镀层的可焊性往往在电子产品镀银中有较高的要求。

目前镀银工艺中的绝大部分产品集中在电子工业上。除了镀银外，镀金和镀铜也在电子工业中占有重要地位。

1.3.3 集成电路

最近几年来，集成电路产业伴随着电子信息产业的发展而迅猛崛起。根据中国半导体行业协会2015年的统计，2015年我国集成电路产业的销售额比2014年增加19.7%，达到3609.8亿元。而到了2020年，我国集成电路销售收入达到8848亿元，年均增长率达到20%，为同期全球产业增速的3倍。引线框架在集成电路的生产制造过程中起着重要的作用。作为芯片的重要载体，引线框架作为基座支撑和固定着芯片，同时也提供了焊接的引线和引脚。为了实现并保证引线框架与芯片及金属丝间的可焊性，并且保证元件的电性能，引线框架的有效区域（局部）是必须镀银的。目前国内外采用的主要方法是使用低氰高银的氰化物体系及相应的电镀设备来完成。

1.3.4 通信

通信基站中的很多设备都有镀银的需求。此外，部分高频通信用的线材也需要镀银。这是因为当导体中有交流电或者交变电磁场时，导体内部的电流分布不均匀，电流集中在导体的“皮肤”部分，也就是说电流集中在导体外表的薄层，越靠近导体表面，电流密度越大，导体内部实际上电流较小，结果使导体的高频电阻增加，它的损耗功率也增加，这一现象称为趋肤效应。在实际高频通信的应用中，线材的表层需要镀铜或镀银，但是线材本身的导电性要求不高，为了增加线材的机械强度，常常采用钢材。

通信设备中的镀银一般采用挂镀，也有个别产品采用刷镀。对于镀银导线则均采用连续生产的线镀工艺。

1.3.5 机电设备

机电设备是结合了机械技术和电子技术的设备，它包含了机械技术、计算机与信息技术、系统技术、自动控制技术、传感检测技术和伺服传动技术等。机电设备中诸多的部件用到了镀银工艺。有些部件是为了保证可靠的导电性而镀银，有些传感器件是因对表面性能有特殊的要求而选择镀银。

总之，在机电产品中，镀银的种类和方法多种多样。

1.3.6 能源

镀银工艺在能源领域，大到电站等发电设备和变电设备，小到太阳能电池等均有一定程度的应用。在太阳能电池生产过程中，导电连接有镀银的需求。此外，某些高端应用的二次电池也有少量镀银工艺的应用。

1.3.7 仪器仪表

现代的仪器仪表行业广泛利用了电子和信息技术，也因此广泛地应用了镀银工艺。其应用产品与机电和电子行业有很多类似之处。仪器仪表中灵敏度要求高的器件通常使用银来制作触点，如大多数的自动化装置、航空航天设备、潜水设备、计算机、核能发电装置及通信设备。使用期间，这些接触点的工作次数超过 10^6 次，所以必须要求接触点使用的材料具有可靠的性能，且能承受相应的工作要求，而银能满足这些要求。为了进一步提高银的性能，可以在银中加入某些稀土元素。采用这种银合金制作的接触点，其寿命是普通银制作的接触点的几倍。

1.3.8 新材料

具有特殊形状的纳米银粉、导电胶用的银包铜粉、用于拉曼光谱检测用的镀银活性基底等都利用了电镀或化学镀银。某些导电纺织材料上也利用了化学镀银技术。

1.3.9 医用材料

银也可用作医用材料。银的离子或化合物对某些细菌、病毒、藻类及真菌能显现出毒性，但对人体几乎是完全无害的，因此银可作为抗菌剂。传统针灸用的银针表面也是应用了镀银工艺。除此之外，硝酸银也可用作某些眼药水的主要成分。

1.4 无氰镀银的意义

作为一种替代工艺，无氰镀银工艺目前尚无法从各个方面超越传统的氰化镀银，这也是科学与技术发展的必然规律，毕竟氰化镀银工艺已经发展了近 200 年，其间有相当数量的专家学者为之做出了卓越的贡献，同时实验室的研究成果也在工业生产中得到了长期的检验与优化。尽管如此，无氰镀银的研究和应用推广仍然具有重要的意义。

1.4.1 开展无氰电镀研究的外部驱动力

安全生产对无氰电镀有迫切的需求。氰化物作为剧毒化学品，无论是生产、储存，还是运输、使用，都对环境和操作工人构成极大的威胁。如若管理不善造成危险化学品的丢失，则可能给社会带来恐慌和极大的安全隐患。

环境保护也对无氰电镀工艺有迫切需求。尽管氰化物废水并不难处理，但是由于清洗工艺流程的设计和实际操作上的原因，我国含氰废水的初始浓度很高，再加上很多电镀厂没有实现废水分流，使实际废水的处理效果不好。目前，我国的污水处理管理依然存在困难，含氰电镀废水仍然是一个严重的污染源。

鉴于上述两个主要的问题，我国有关部门已经要求从 2003 年开始停止使用氰化物电镀工艺。推广无氰电镀的意识已经深入人心，且随着国际上环保意识的日益增强，各国绿色壁垒正在形成，禁止氰化物电镀工艺会逐步实现。

1.4.2　开展无氰电镀研究的内在驱动力

上述两个原因可以看作开展无氰镀银研究的外在推动力，然而更为重要的内在驱动力却常常为人忽视。作为替代工艺而开展无氰镀银研究是被动型的研究，以追求新功能、新性质为目标可称为主动出击型的研究。不同的无氰镀银体系具有不同的镀液组成、操作条件和工艺流程，因此获得的镀层也可能具有更优良的性能。加强无氰镀银机理上的研究，有助于将我们的现有产品品质提升一个新的层次，例如硬度更高、延展性更好等。开展无氰镀银研究也将有助于加深我们对银沉积等基本电极过程的理解。

1.4.3　无氰电镀银的研究与现有问题

我国的无氰电镀技术开发始于 20 世纪 70 年代，有些现在已经应用的无氰电镀工艺就是从当时的技术发展起来的。但是由于氰化物电镀工艺特有的优良工艺性能使得它的技术生命力很强，至今还在电镀加工工业中扮演着重要的角色。

氰化镀银自 1838 年由英国的 G. R. Elkington（1801—1865）发明以来，已经有 180 多年的历史了，后经美国的 S. Smith 等人的改进，获得了广泛的应用。与氰化镀银比起来，无氰镀银的开发只是近几十年的事。

从 20 世纪 60 年代起，国内外电镀专业书刊开始有关于无氰镀银的报道，例如 1966 年报道了硫氰酸钾-黄血盐镀银。美国的第一个关于无氰镀银的专利是琥珀酸亚胺为络合剂的镀银工艺。20 世纪 70 年代，我国的电子工业企业和大专院校、研究所联合开发了一系列无氰镀银工艺，其中研究较为广泛的包括硫代硫酸盐镀银、烟酸镀银、NS 镀银、丁二酰亚胺镀银、磺基水杨酸镀银等。有些工艺在一定范围内是可以用来代替氰化镀银的。但这些工艺大多没有进入到大规模的工业化生产阶段。有些虽然使用了一段时间，最终还是不得不重新使用氰化物镀液。无氰镀银工艺主要存在以下几个方面的问题。

图 1-6　G. R. Elkington（1801—1865）肖像

（1）镀层性能尚不能满足工艺的要求

特别是工程性镀银，比起装饰性镀银有更多的要求。例如现有无氰镀银工艺的镀层结晶不如氰化镀银的细腻平滑；或者镀层纯度不够，镀层中夹杂有机物，导致硬度过高、脆性过大、电导率下降等；还有焊接性能下降；等等问题。这些对于高端功能性电镀，特别是电子电镀来说都是很敏感的问题。有些无氰镀银由于电流密度小，沉积速度慢，不能用于镀厚银。高速电镀银一般用惰性阳极，有机配合物不易电解也限制了无氰镀银工艺在近年来用量极大的集成电路引线框架、LED框架等高速电镀银方面的应用。

（2）镀液稳定性问题

许多无氰镀银工艺的镀液的稳定性不高，无论是碱性镀液、酸性镀液或是中性镀液，均不同程度地存在镀液稳定性问题，特别是硫代硫酸盐镀银液的稳定性问题更突出。该问题给管理和操作都带来极大的不便，同时使成本也有所增加。

（3）工艺性能不能满足电镀加工的要求

无氰镀银往往分散能力差，阴极电流密度低，阳极容易钝化，使得在应用中受到一定限制。

（4）金属离子杂质敏感

现有的无氰镀银工艺大多对金属离子杂质的污染敏感。在很多的无氰光亮镀银体系中混有少量的金属离子杂质，就可以使镀层丧失光亮性。同时，由于无氰配合物与银离子的络合能力较差，镀件会不同程度地与镀液发生置换反应，因此，镀液中就会不断地积累铜离子或其他金属离子，这导致了镀液寿命短，镀液维护复杂。

（5）无氰镀银液的成本高昂

现有的无氰镀银工艺并没有得到广泛的工业应用，绝大多数的镀银液产品都是以液体的形式提供给用户，化学原料的成本以及运输的成本都很高。此外，某些无氰镀银工艺所用的配合物是特殊合成的，这无疑更使其成本高昂，企业难以应用。

（6）废水处理的问题

无氰镀银液中虽然不含氰化物，但是可能含有氮、磷等其他有排放限制的元素。因此，对于习惯了氰化电镀的企业，有机物废水处理的问题也抑制了他们转换无氰镀银工艺的积极性。

综合考察各种无氰镀银工艺，比较好的至少也存在上述几个方面问题中的一个，差一些的则存在更多的问题。正是这些问题影响了无氰镀银工艺实用化的进程。

为了解决上述问题，多年来电镀技术工作者们做出了很大的努力。其主要的思路，仍然是寻求好的络合剂、各种添加剂和辅助剂。

1.4.4 无氰镀银的商业现状

随着氰化物电镀淘汰压力的增大，近年来无氰镀银工艺的研究又得到重视。但由于无氰镀银技术的难度大，使得新工艺的开发落后市场的需求。目前可供用户选择的无氰镀银工艺不多。造成这种局面的一个原因是我们的研究工作缺乏深度。传统电镀研究重工艺、重配方，缺乏系统的基础研究，对于新工艺中出现的各种问题，只知其然，不知其所以然。此外，镀银毕竟是一种贵金属电镀，进行无氰镀银试验的成本较高，在没有更成熟的工艺之前，用户不愿盲目试用，致使其没有像其他无氰电镀那样具有广泛的用户参与。

尽管如此，无氰镀银技术仍然有明显的进步，并有少量商业化的无氰镀银产品出现。迄今，国内至少有3家企业可以稳定提供无氰镀银液产品，从其宣传材料可以看出，这些无氰镀银液产品的稳定性和镀银层的性能相比较早期的产品已经有了较大的改善。已经有数量可观的企业应用到这些产品。

此外，中国市场上也有多家国外厂商的无氰镀银产品。但是目前国外产品的售价还是太高，很难在我国一般的民用市场上找到用户。

1.4.5　无氰镀银的发展趋势

随着电镀技术的进步，现在已经出现了更多的用于电镀的添加剂中间体和表面活性剂，使得在改善镀层性能、镀液性能和工艺性能方面有了更多的选择。同时精细化工的发展也为寻求新的络合物或化合物扩大了空间。电镀电源技术的发展和其他辅助设备技术的进步，都为无氰镀银工艺取得新的突破创造了条件。

目前无氰镀银研究主要还是寻求合适的电镀液配方，也就是寻找更好的主络合剂、辅助络合剂和添加剂。前面已经说到，有许多新的化学物质可以供我们选择，尤其是随着表面活化物质研究的进步，这些物质只要极小的用量就可以对阴极过程产生很大的影响，这对于改善镀层质量和改善镀液性能，都是很有意义的。尤其是当无氰镀银不再采用碱性和表面活性都很强的氰化钾后，可以在更宽的范围选用表面活性剂，扩大了优选工艺配方的空间，这将使无氰镀银的镀液性能、镀层质量和镀液管理都有所提升。

过去的经验已经证明，改善镀层质量还有另一个途径，就是采用脉冲电源进行电镀。脉冲电源在贵金属电镀中已经有较多的应用，其着眼点主要考虑节约贵金属的用量，并且是用在氰化物电镀工艺中。从原理上看，这种技术用在无氰镀银上应该有更为显著的效果，因为通过脉冲电流对结晶过程的调控，可以使无氰镀银结晶细化，还可以通过间歇电流或反向电流的微观抛光作用使镀层更为平整。由于多数无氰镀银层的电结晶尺寸明显地大于氰化物镀银层，当采用脉冲电流时，其晶粒的改善效果会更为明显，相信在这方面开展研究应该会有所突破。如果采用物理方法能够改善镀层性能，那将是最好的办法，对于环境保护有十分重要的意义，因为当我们引入一些取代氰化物的化学品时，很难保证这些物质对环境没有新的污染，特别是有些合成的有机化学物质，对环境的远期危害可能比氰化物还要大。

采用物理方法改善镀层质量是电镀技术工作者另一个努力探索的领域。很早就有人试验在低温下镀银，只用硝酸银和防冻剂就可以镀得结晶细腻的白色镀银层。同样，在极高速电镀条件下，只要保证金属离子的充分供应，只用简单盐溶液即可实现镀银，比如喷镀和高速刷镀。这些试验说明当我们满足某些物理条件时，镀液的成分就可以简化。还有一些其他的物理手段，例如超声波等，已经有研究证明对改善镀层质量和提高分散能力是有效的。当这些物理技术的成本进一步下降时，或者当环境保护的费用已经超过采用新技术投入的费用时，一些用于电镀的新设备就会应运而生，这不仅是无氰镀银等贵金属电镀的发展趋势，也是所有电镀技术发展的趋势。

1.5　无氰镀银新工艺的开发与推广策略

贵金属电镀，主要包括镀金和镀银，在电子和电器产品中占有重要的地位。镀银件作为重要的元器件，又间接地影响了电子工业、交通运输、电力输送和航空航天等领域。因此贵金属电镀的改进和革新一直都备受关注。2013 年，国家发展和改革委员会发布了第 1850 号令，暂缓执行《国家发展改革委关于修改〈产业结构调整指导目录（2011 年本）〉有关条款的决定》（第 21 号令）第三十五条 2014 年底淘汰氰化金钾电镀金及氰化亚金钾镀金工艺的规定。仅 2 年的时间，政府相关法令由立到停的事实也从另一个侧面反映了两个重要的信息：①无氰工艺的迫切，无论国家还是地方均对产业的调整施加了巨大的压力；②贵金属电镀的无氰化任务艰巨，并非一朝一夕可以完成。本节就贵金属无氰电镀这个课题，结合笔者多年的实践经验，谈谈开发与推广的策略。

1.5.1 目前现状与存在的问题

近三十余年来，伴随着中国经济的快速发展，中国制造业在国际上的地位快速提升。电镀作为制造业的关键工艺之一，也出现了一些新特点。其一是规模总量大。电镀业在五金、电子和电器产品中占有重要地位，而中国又是这些产业的世界中心，因此，我国电镀业整体规模大，镀种复杂。其二，企业分散，向城市周边及村镇转移。由于城市化发展和城市对产业结构的调整，众多电镀企业被移出城市。其三，企业自律性不足。电镀是污染型产业，由于近年来企业运营成本增加，原材料价格上升，偷排偷放以牺牲环境为代价的缩减成本事件时有发生。此外，由于用工成本上升和企业发展前景不明朗，企业缺乏在技术方面投入的积极性，同时也缺乏培养人才的动力，导致企业技术人才流失，专业技术工人不足。缺乏技能的操作工上岗，常常随意改变操作程序，不按规程生产，导致各类事故频发。

从电镀企业近年来的一些特点，我们可以看到该产业所存在的几个重要社会与环境问题。第一，污染严重。偷排偷放时有发生，导致水体受到重金属和含氰废水的污染。现阶段由于电镀企业的外迁，污染呈分散分布。第二，工人健康问题。电镀企业特别是一些中小企业，由于防护不足，工作条件差，对工人身体伤害较大。职工对健康的担忧又导致了另外一个问题，即企业职工流动性大，专业技术工人严重不足。这不仅造成产品质量的不稳定，同时也导致各类事故的频发。第三，公共安全。由于国家对危险化学品的管控，导致一些无法直接购买到此类化学品的电镀企业通过各种渠道购买，造成实际上的危险品泛滥。剧毒的电镀化工产品私下买卖，对社会安全产生重大隐患。第四，上述各种问题的交织，导致成本上升。由于非良性循环，原材料、用工和环保三大企业主要成本和社会成本均在今后的一段时间内呈上升趋势。

1.5.2 无氰工艺发展的需求与新工艺研究开发的策略

无氰电镀取代氰化电镀是大势所趋，但其发展过程并非一帆风顺。从以往开展无氰电镀的经验来看，无论是研究单位还是企业应用均急于求成，期望一步将氰化工艺取代。殊不知氰化工艺已经发展了近200年，其体系完善，配套工艺齐全，产品线丰富，完全替代绝非一朝一夕的事情。

而从另一方面来看，以往的无氰电镀工艺的开发存在问题，特别是重工艺、轻基础，工艺开发中经验的成分多，基础的科学问题研究少，因此开发出的无氰电镀工艺稳定性差，工作窗口窄。造成这一状况有历史原因，电化学是物理化学中最复杂的三级学科，涉及浓电解质、异相界面、电极过程等。其在发展中经历了较长的唯象理论的积累，直到最近二十年才进入到微观结构与性质相关性的研究。

为了开发出实用的无氰电镀工艺，必须大力开展基础研究，尤其是结合建立在现代微观理论上的结构化学、电极过程动力学、晶体学、表面物理化学，并充分利用现代表面结构等的稳态分析技术和电极过程等的暂态分析技术。这是国内外电化学工程方面做得好的企业的共同特色。

笔者对无氰镀铜和无氰镀银做了长期的研究。现在以无氰镀银为例分析无氰新工艺的研究与开发策略。无氰镀银的基础研究需要从两个不同的方向开展。一个方向是对镀层静态性质的研究。首先，要全面细致地做各种镀层性质和镀液性能的表征。以往无氰镀银工艺的研究中，对此虽有关注，但深入程度和全面性不足。比如镀层硬度，不同温度、电流密度、组分比例、镀液 pH 值、添加剂甚至搅拌等都对这一性质有或大或小的影响。我们时常会在文献中看到某某工艺获得镀层的硬度是多少 HV，但与上述各种条件的明确关系却鲜有深入全面的考察。当然，镀层性质并非仅仅硬度一项，其他如光泽度、磨损、电流效率、覆盖能力、整平能力、抗变色性能等均需类似的系列研究。这种详尽的镀层与镀液性能表征对于一个成熟、可靠的工艺来说必不可少。所以这也是电镀工艺研究中一个工作量浩大的关键步骤。另一个方向是深入了解在各种条件下镀层的微观结构。物质的结构决定其性质。如果说第一步是了解枝繁叶茂，这一步就是追溯其根本。微观结构的研究需要做大量的扫描电镜和透射电镜、扫描探针显微镜观测，以及其他晶体学的表征。这不仅对仪器设备依赖程度高，对仪器操作者的个人技术也有严格的要求。在前两者有全面把握的前提下，仔细研究结构与性质的关系，无论是定量的关系还是定性的关系，都将对合理运用无氰镀银新工艺、优化工艺条件、提升镀层性能大有益处。

另一个方向是对镀层生长的动态研究。这实际上是通过系统研究各种工艺条件，如主络合剂、辅助络合剂和导电盐浓度，阴离子种类，表面活性剂以及各种有益添加剂对镀层晶体生长的影响，寻找对其主动调控的方法和系统的规律。镀层生长的动态研究实际上是静态研究的一个延续和扩展。这个过程中不仅要对某个时刻的镀层做较为详尽的表征，而且要对数个重点关注的镀层性质开展随时间变化的系统研究，因此其工作量大，研究花费高。然而动态研究所积累的知识可以为进一步开发工艺、丰富产品线打下基础，在具体的实践中也可以对企业出现的技术问题提供有参考价值的信息。

无论是氰化镀银还是无氰镀银，均不是一套工艺即可普适于所有的电镀需求。氰化镀银由于发展时间长，工艺条件优化彻底，故其工艺窗口更宽，工作状态更稳定，镀层的各项性能更均衡。尽管无氰工艺在性能上还不能完全胜出，但可以通过系列工艺开发分别突出某些性能，满足特定的需求。例如某些产品的镀层需要较高的硬度，但对其他性质要求不高，那么可以针对这一特点开发高硬度的镀纯银的无氰工艺。这些系列工艺能够涵盖绝大部分镀银产品的性能需求。所以，目前无氰镀银工艺的开发策略不是要得到一套全面超越氰化镀银的工艺，而是形成系列工艺，针对镀层的特定需求提供无氰的解决方案。同时，应对企业的技术人员做相应的培训，使其了解无氰镀银工艺。此外，一些对镀银层要求不高的中低端产品，也应该尽快地由政府、企业和研发机构合作，推广无氰镀银工艺，使其在实践中不断发现问题，解决问题，逐步完善起来。

1.5.3　无氰工艺推广的策略

新工艺的应用对企业来说具有较高的风险。尤其是贵金属电镀并非针对最终产品，而是全产业链中的一道重要工序，因此一旦这道工序出了问题，可能会导致最终产品失效、报废。其损失可能数千倍，甚至数万倍于电镀工序的利润。因此无氰电镀工艺的推广必须以平稳过渡为基础，遵循由易至难、由简至繁、由低端至高端的策略。具体而言，可以先从非关键器件的镀金银开始，以贵金属电镀提升产品档次，增加附加值。例如音频线材，即使不加镀银工艺，无氧铜导线仍可以用于中低端音响。无氰镀银可以率先用于这个产品。铜线表面镀上一层 5～10μm 的银层，即使存在某些不足，其综合性能也会强于纯铜导线。这样从低端器件出发，采用无氰镀银工艺增加产品附加值，提升产品向中高端拓展。

无氰电镀新工艺的推广中，还应参照重大装备首次采用补贴的方式，对新工艺的使用者加以补贴，分担其使用存在的现实风险。

此外，新工艺推广中还应坚持产、学、研有效地结合，解决工程应用中出现的各级问题，促进新工艺更好更快地推广。

第2章

电镀银技术的基础

2.1 电镀的基本概念

电镀（electroplating）是用电化学方法在导电固体表面电沉积一层薄金属、合金或复合材料的过程。据初步统计，目前可以获得应用的工业镀层达到60多种，其中单金属镀层20多种、合金镀层40多种，而进行过研究的合金电镀层则有数百种之多，这极大地丰富和延伸了冶金学中关于合金的概念，此外还有金属-无机材料、金属-有机材料复合镀等。特别是近年来不断有新的材料，例如二维碳材料、低维材料等与传统金属电镀相结合，极大地增加了人们在电镀领域的认识。

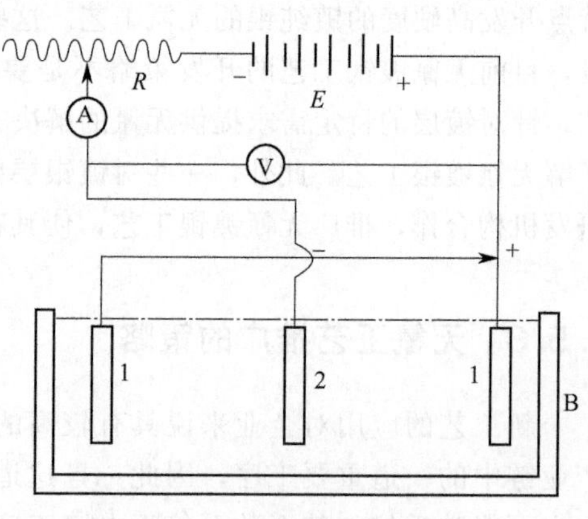

图2-1 电镀装置示意图

A—直流电流表；B—电镀槽；V—直流电压表；E—直流电源；R—可变电阻；1—阳极；2—阴极

欲镀零件可以是钢铁、铝、锌、铜及其合金等导体，也可以是塑料、布料、陶瓷等非金属材料，但这些非金属材料自身不导电，电镀前须进行导电化处理。电镀银装置如图2-1所示，将欲镀零件或基材与电镀电源的负极相连，银板或不溶性的导体与电镀电源正极相连，含有银离子的溶液为电解质溶液，接通电源后，控制适当的温度、电流密度、搅拌等工艺条件，使银、银合金或银的复合材料在阴极上沉积析出。

2.1.1 电镀电源

根据电镀的基本概念，若要形成电镀层，必须有外在的电势驱动，即使用电镀电源。电镀电源可向镀槽的阴阳两极提供给定的电压、电流和符合工艺要求的输出波形，以配合不同的工艺要求，获得不同品质的镀层。电镀电源虽然输出电压较低，但是电流大，可以有较大的输出功率。根据工艺要求，额定输出电压一般在 6～30V，电源的额定电流依据使用性质有极大的跨度区间，研究用的电源一般从几安培到十几安培，而生产用电镀电源的额定电流可达几百安培至数千安培。电镀所施加的电压值取决于加电的模式。对于恒压模式，槽压恒定在设定值，而对于恒流模式，槽压则有一定的变化。在恒流模式中，电镀的工艺规范一般要求设定电流密度，因此电流值还与镀件的面积成正比。电镀的电流密度常用 ASD 表示。1ASD 为 $1A/dm^2$。一般挂镀的电流密度是从零点几个 ASD 到数个 ASD。高速电镀的电流密度可以达到数十 ASD，甚至上百 ASD。电源波形可以根据实际镀层的要求选择全波、直流、交直流叠加或脉冲等。

电镀电源一般采用硅整流电源、可控硅（晶闸管）电源或高频开关电源。硅整流电源因效率低、体积大、成本高及难以实现自动控制等缺点，在电镀领域的应用受到限制，属于淘汰产品。可控硅电源靠晶闸管及二极管整流，具有稳压、稳流、软启动等功能，可灵活应用于生产线中。由于可控硅电源输出波形为脉动直流，电压低时不连续，为了提高输出波形的平滑性，可增加滤波器或采用多相整流电路。近几年随着微机控制技术在晶闸管整流器中被广泛应用，输出波形可以实现换向、直流叠加脉冲、波形分段控制等，还可以实现计时、定时、自动控温、电量计量和定量等控制功能。

高频开关电源自 20 世纪 90 年代开始在电镀领域使用，现已大范围推广使用。普通开关电源的输出波形为高频调制的脉冲直流，若对平滑性有较高要求，可以增加直流滤波器。冷却方式一般采取风冷。该类电源具有效率高、体积小、节约能源等突出特点，其稳定性、输出波形和控制方面能够满足绝大部分生产的需要。其最大电流可达 10000A 以上，可应用在绝大多数的电镀和电化学工程领域。该电源的冷却方式分为自冷、风冷、水冷和油浸自冷等。

半导体新材料在电镀电源中也展示了良好的应用前景。目前 GaN 材料制备的电源具有功率密度大的特点，是未来开发的重点，特别是用于小体积产品。

2.1.2　电镀槽的结构

镀槽（plating bath/tank）既是贮存镀液的容器，也是电镀研究和生产的基本装置，它是电镀车间主要设备之一。图 2-2 是常规挂镀电镀槽的基本结构，主要包括槽体和导电装置，有的镀槽还有槽液加热或冷却装置、搅拌装置、过滤装置等。

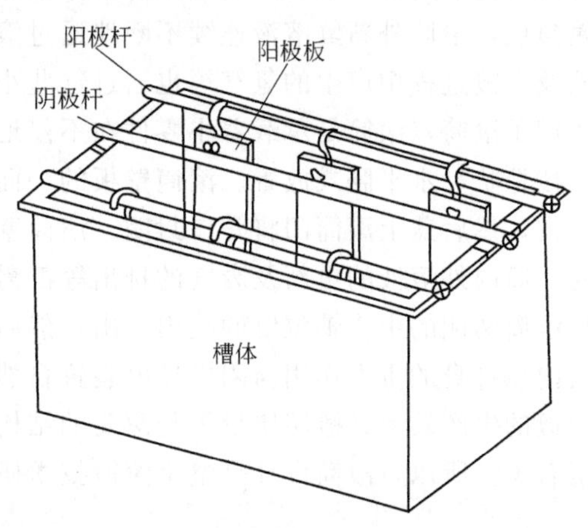

图 2-2　挂镀电镀槽的基本结构

槽体也称为槽身或槽壳，是镀槽的主体，槽体有时直接盛装溶液，有时作为衬里的基体或骨架。对槽体的基本要求是不渗漏并具有一定的刚度与强度，以免由于槽体变形过大造成衬里层的破坏。制作槽体的材料一般为聚氯乙烯板（PVC）、聚丙烯板（PP）等，也有的使用不锈钢或钛板等，小型槽体还可以用有机玻璃板制作。具体使用的材料可根据贮存溶液的性质、工作温度和材料的供应等情况来选择，同时也应考虑经济效益。其中，硬聚氯乙烯塑料槽耐腐蚀性能较高，可直接盛放多种液体，在溶液体积较小，操作温度低于 60℃的情况下使用广泛。聚丙烯板材的强度和耐热性高于聚氯乙烯板，可用于操作温度低于100℃的各种电镀液、化学镀液和前处理溶液等。对于大容量镀槽，可用钢板焊接制成，如需盛放腐蚀性液体，可加聚氯乙烯、聚乙烯（PE）及玻璃钢等耐腐蚀衬里。

导电装置主要是指电极杆，其作用是固定槽中悬挂的工件和极板，并向其传输电流。电极杆可用紫铜、黄铜、铝或不锈钢制成，支撑在槽口的绝缘支座上，由汇流排或电缆连接到电镀电源上。电极杆的长度可根据槽体长度确定，其长度应大于槽体长度，以便电极杆外侧与导电线缆连接。如采用阴极往复移动装置，则电极杆长度还要再加上往复移动的距离，并通过与偏心轮的连接实现往复运动。电极杆及所有连接点都要能承受电镀所需的电流且温度不能过高，同时还要满足承受零件及挂具的重量而不至于变形过大，此外，还要考虑便于清洗。因此，电极杆的横截面积要足够大，导电铜杆或铜管的材料可以采用黄铜和紫铜。对于镀银来说，黄铜和紫铜电极杆材料能够与镀液发生置换反应，因此电极杆应与液面保留足够的安全距离，特别是要避免在阴极移动或者空气搅拌时镀液大量飞溅到电极杆上。如有污染，应及时擦洗。电极杆在使用过程中难免受到腐蚀、锈蚀而降低导电性，因此需要定期检查，发现明显锈蚀要用砂纸打磨并清洗干净。

槽体一般都选用矩形槽，当镀件形状和尺寸特殊时，也采用其他形式。例如细长铜板材镀银时，常采用大圆柱形镀槽，有利于四周悬挂阳极，使镀层厚度均匀。在设计槽体内部尺寸时，既要满足产量上的需要，又要使最大的工件和挂具能够顺利入槽，一般应使阳极和工件之间的距离在150mm以上，工件和槽底距离在200mm以上，工件最高点距液面50mm以上，液面距槽口上边沿100～200mm，工件与两端槽壁之间距离50～100mm，加热管与阳极之间距离50～100mm。一般来说，每米（有效长度）极杆可悬挂工件的面积为0.4～0.8m^2，每升镀液通过的电流一般不超过0.8A，以免镀液发生过热现象。

图2-3是滚镀电镀槽的基本结构。滚镀严格意义上讲应叫滚筒电镀。它是将一定数量的小零件置于专用滚筒内，在滚动状态下以间接导电的方式使零件表面上沉积某种金属或合金镀层，以达到防护、装饰或某种功能的一种电镀加工方式。典型的滚镀过程是这样的：将经过镀前处理的小零件装进滚筒内，零件靠自身的重力作用将滚筒内的阴极导电装置压住，以保证零件受镀时所需的电流能够顺利地传输；然后，滚筒以一定的转速按固定的方向旋转，零件在滚筒内受到旋转作用后不停地翻滚、跌落；同时，金属离子受到电场作用后在零件表面还原为金属镀层，滚筒外新鲜溶液连续不断地通过滚筒壁板上无数的小孔补充到滚筒内，而滚筒内的旧液及电镀过程中产生的氢气等也通过这些小孔排出筒外。滚镀与小零件挂镀最大的不同在于它使用了滚筒，滚筒是承载着小零件在不停地翻滚的过程中受镀的一个盛料装置。典型的滚筒呈六棱柱状，水平卧式放置。滚筒壁板的一面开口，电镀时把一定数量的小零件从开口处装进滚筒内，然后盖上滚筒门将开口封闭。滚筒壁板上布满了小孔，电镀时零件与阳极之间电流的导通、筒内外溶液的更新及废气的排出等都需要通过这些小孔。滚筒内的阴极导电装置通过铜棒从滚筒两侧的中心轴位置的孔内穿出，然后分别固定在滚筒左右壁板的导电搁脚上。零件在滚筒内靠自身的重力作用与阴极导电装置自然连接。小零件的滚镀就是在这样的装置内进行的。滚镀的生产效率、镀层质量等与滚筒的结构、尺寸、大小、转速、导电方式及开孔率等诸多因素有关。所以，滚筒设计是整个滚镀技术研究的重点之一。

2.1.3 电镀通用挂具与专用夹具

挂具（plating rack）在电镀过程中主要起导电、支撑和固定零件等作用，使零件在电镀槽中尽可能得到均匀的电流，因此挂具制作是否合理对保证产品质量、提高生产效率、降低成

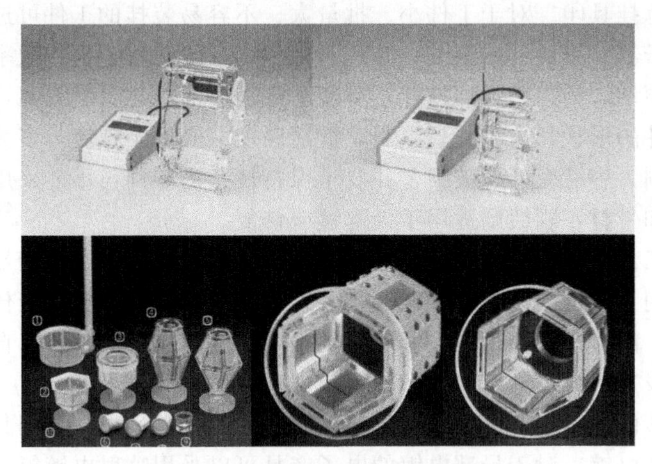

图 2-3 滚镀电镀槽的基本构成

本意义巨大。挂具材料和绝缘材料选择要合理，其结构要保证镀层厚度的均匀性。挂具要有良好的导电性能，能满足工艺要求。好的挂具可使零件装卸方便，生产率高。

电镀挂具的形式和结构，应根据工件的几何形状、镀层的技术要求、工艺方法和设备的大小决定。例如，片状镀件在两道工序之间会因镀液的阻力而掉落，在选用挂具时要将镀件夹紧或用铜丝扎紧。若需要阴极移动则挂具夹持工件要牢固；若镀件较重而有孔，则可选用钩状的挂具。

电镀通用夹具大都用于镀层不太厚、允许零件在镀槽内晃动以及电流密度不太高的镀种。通用夹具可将各部分焊接成固定式，也可将挂钩和支杆制作成可调节的装配式。电镀时零件与零件之间应考虑自由空间和电力线的影响。

挂具和阴极杆的接触是否良好，对电镀质量至关重要。尤其是在大电流电镀中采用阴极移动搅拌时，往往因接触不良而产生接触电阻，使电流不畅通；有时也会产生断续停电现象，引起镀层结合力不良及影响镀层厚度，造成耐蚀性能降低。此外接触不良会导致接触点电阻加大，产生局域过热，使镀件与挂具接触处产生毛刺。因此在加工挂具和使用时，要保持挂具与阴极杆之间接触点的清洁和良好的接触。电极杆常用的截面有圆形及矩形，要求挂钩设计时的悬挂方法也不同。

为了精准控制电镀的电流密度，挂具的主、支杆应进行绝缘处理。挂具绝缘前应去除毛刺和焊垢，并整平，实际使用时可用包扎法和涂层处理。包扎法通常采用宽度为10～20mm，厚度为0.3～1mm的聚氯乙烯塑料薄膜带或者玻璃纤维布在挂具上需要绝缘的部位自下而上进行包扎并拉紧，再用透明绝缘漆浸渍，干燥后即可使用。目前这种方法主要用在批量较小的挂具，大批量时挂具使用的是将绝缘涂料通过浸涂或流化床等方式形成致密的绝缘涂层。

2.1.4 电镀生产的形式

电镀操作方式因工件大小、工件形状、生产规模不同而差异很大。如根据工件大小、形状，可采用挂镀（rack plating）、滚镀（barrel plating）、连续镀（continuous plating）和刷镀（brush plating）等方式；根据生产规模，可选择手工操作、机械化或自动化操作等。

挂镀是将工件挂在特别设计的挂具上，具有导电效率高、电镀质量好等优点，是常用的电镀形式，适用于一般尺寸的制品。但在该电镀形式中，工件装卸挂具麻烦，人工成本较高，并且镀件上可能会留有挂具印。对于工件小、批量大、不容易装挂的工件可选择滚镀工艺，如插接件、紧固件、销子等。滚镀省略了装、卸挂具程序，节约工时，生产效率比挂镀高4～6倍，同时因为工件不断滚动，相当于强烈搅拌，可使工件表面的气泡及早脱离，防止杂质黏附，镀层光亮。但滚镀零件的形状和大小受到限制，镀层厚度一般低于挂镀，多数在10μm以下，而且镀层厚度不易控制。容易变形、破损，并要求保持棱角的零件，不能采用滚镀。连续镀适用于成批生产的线材和带材，刷镀则适用于局部镀或修复。

对于批量小、工件经常变化的生产，适合采用间隔式手工操作。而产量大、产品相对固定的电镀厂，一般采用自动控制的电镀生产线，各种工艺参数易于维持在最佳工艺状态，保证了镀层质量和成品率，同时，减轻了操作者的劳动强度和对其健康的危害。自动生产线可以是滚镀，也可以是挂镀或连续镀，其结构、形式因工件形状、重量而异。

除了挂镀、滚镀两种常用的电镀形式外，一些特殊的产品还可以采用其他电镀形式，如针状工件可以采用振动电镀，对于局部电镀的电子产品可以采用喷射电镀等。

2.1.5 电镀的基本计算

2.1.5.1 法拉第定律

当电流通过电解质溶液或熔融电解质时，电极上将发生电化学反应，并伴有物质析出或溶解，法拉第定律可定量表达电极上通过的电量与反应物质的量之间的关系。即电流通过电解质溶液时，在电极上析出或溶解的物质的质量与通过的电量成正比，即，

$$m=M\times It/(nF)$$

式中，m 为在电极上析出或溶解物质的质量，g；I 为电流，A；t 为通电的时间，s；M 为摩尔质量；n 为每个金属离子还原成原子所获得的电子数；F 为法拉第常数，C/mol。

以阴极电化学反应为例，假设金属离子 M^{n+} 在阴极上得到电子还原为金属M，其电极反应方程式可写成：

$$M^{n+}+ne^{-}=M$$

由上式可知，1mol的金属阳离子 M^{n+} 还原生成1mol的金属M需要得到 $n$mol的电子，1mol的电子含有阿伏伽德罗常数（6.02×10^{23}）个电子，1个电子所带的电量为 1.6×10^{-19}C，因此1mol电子所带电量约为96480C。1mol的金属M的质量在数值上就等于其摩尔质量，因此理论上生成1mol金属M需要消耗的电量为 $n\times96480$C。

由于工程上通电时间常以小时（h）计，因此96480C相当于26.8A·h。

2.1.5.2 镀液的电流效率

在电镀过程中，电极上往往发生不止一个反应。电流效率（η）是指当一定电量通过电极时，消耗用于所需反应的电量与总电量之比的百分数。阴极的电流效率用 η_c 表示，阳极的电流效率用 η_a 表示。以阴极的还原反应为例，其电流效率可用下式表示，

$$\eta_c=\frac{Q_1}{Q_2}\times100\%=\frac{m_1}{m_2}\times100\%$$

式中，Q_1 和 Q_2 分别是沉积镀层金属消耗的电量和通过电极的总电量；m_1 和 m_2 分别是沉积镀层金属的实际质量和由总电量折算的理论沉积镀层金属质量。

阴极的电流效率是评价镀液应用能力的一项重要指标。电流效率高可减少电耗，也意味着

副反应少，利于提高镀层的质量。由于析氢等副反应的发生，电镀的电流效率一般不会超过100%，不同镀种的电流效率也不相同，同一镀种不同镀液体系的电流效率也不一定相同，电流效率与镀液组分的选择、电流密度、温度、pH值等均有密切的关系。表2-1为常见镀液的阴极电流效率。对锌的电流效率而言，由于部分可溶性的阳极在镀液中存在化学溶解的现象，因此会出现电流效率大于100%。对于这种情况，需在不生产时取出阳极或采用不溶性阳极，防止其化学溶解对槽液浓度产生不良影响。此外在低电流密度电镀银时，由于置换反应的发生，电沉积的金属银的质量小于实际沉积银的质量，其电流效率也可能超过100%，可增大电流密度并采用带电入槽避免置换反应发生。

表2-1 常见镀液的阴极电流效率

镀种	镀液类型	阴极电极效率
电镀锌	钾盐镀锌	约100%
	碱性锌酸盐镀锌	70%～85%
	硫酸盐镀锌	约100%
电镀铜	氰化物镀铜	60%～70%
	酸性硫酸盐镀铜	95%～100%
	焦磷酸盐镀铜	>90%
电镀镍	硫酸盐镀镍	95%～98%
电镀锡	硫酸盐酸性镀锡	85%～95%
电镀铬	六价铬电镀铬	12%～16%
电镀黄铜	氰化物电镀黄铜	60%～70%

(1) 镀液电流效率的测定

镀液电流效率的测量采用铜库仑计法。铜库仑计是一种电流效率约为100%的镀铜槽，其电极上的析出物容易收集，且镀槽中无漏电现象，测试的精度可满足一般电沉积工艺的要求。铜库仑计的电解液组成为$CuSO_4 \cdot 5H_2O$（125～150g/L）、H_2SO_4（相对密度1.84，26mL/L）、C_2H_5OH（乙醇，50mL/L）。铜库仑计的阳极为纯的电解铜板，阴极为经过表面处理的活性铜板，阴、阳极面积大小相仿，阴极电流密度维持在0.2～2.0A/dm^2。

测量时将待测镀槽与铜库仑计串联，以保证回路中电流相同。测量时分别记录电镀前后铜库仑计与待测镀槽阴极的质量，利用铜库仑计的电流效率为100%的特点，依据法拉第定律，通过铜库仑计的阴极质量增量计算通过闭合电路的总电量，进而得出待测镀槽理论上应沉积的银的质量。由此，待测镀槽的电流效率可由下式计算得到。

$$\Delta m_{Ag,0}=\frac{2M_{Ag}\times \Delta m_{Cu}}{M_{Cu}}$$

$$\eta_c=\frac{\Delta m_{Ag}}{\Delta m_{Ag,0}}=\frac{\Delta m_{Ag}\times M_{Cu}}{2\Delta m_{Cu}M_{Ag}}$$

式中，Δm_{Ag}为待测镀槽阴极试片实际增加质量；$\Delta m_{Ag,0}$为理论增加质量；M_{Ag}和M_{Cu}分别为Ag和Cu的摩尔质量，Δm_{Cu}为铜库仑计中阴极试片的实际增加质量。

(2) 镀液电流效率对生产的影响

在水基的电镀液中，阴极上极易发生析氢的副反应，阳极则可能发生析氧的副反应，两种副反应发生的程度不同会使阴极和阳极的电流效率产生一定的差异，当两极的电流效率相差较大时，随着电镀时间的延长，镀液的pH值就会发生改变。例如在酸性镀镍工艺中，随着电镀时间的延长，镀液的pH值会逐渐增大，这是因为阴极的电流效率远远小于阳极的电流效率，阴极析氢的副反应发生，使阴极区氢离子的浓度下降，氢氧根离子浓度增加。镀液中硼酸的加入可对电解液酸碱度的改变起到一定的缓冲作用，但是酸碱度超过工艺规范时，就需要定期补加稀释的酸进行调节。

对阴极而言，影响镀液阴极电流效率的副反应不仅来源于析氢，也可能来源于添加剂在阴极上的还原以及镀液中杂质金属离子在阴极上的放电反应。这些副反应会给阴极镀层的质量带来不利的影响。如析氢会增加镀层出现氢脆、针孔、麻点、粗糙、烧焦以及工件局部质量变差或无镀层等问题的概率；而添加剂在阴极的还原产物若不能及时脱附，也会增加镀层的有机物夹杂，致使镀层脆性增大；不同杂质金属离子的放电无疑会在不同的电流密度区引起镀层的故障。为了避免这些不良影响，生产中会采用不同的应对措施。如在镀镍的生产中，可在镀液的配方中加入润湿剂，降低镀液的表面张力，减少气体对极板的附着；为防止析氢反应，常在镀液中补加一定量的过氧化氢，使其在阴极放电生成水，而非氢气；对镀液中的有机杂质采用活性炭吸附过滤，当有机分子体积较大时，可考虑加入过氧化氢或高锰酸钾等氧化剂对大分子进行分解，但是要注意氧化剂加入时不能损坏镀液中的其他组分。活性炭吸附的效果也与活性炭规格、是否含有致孔剂、镀液的 pH 值以及操作的温度、搅拌时间有关，要先进行小试验再用于生产。在镀槽中辅助循环过滤搅拌，可及时将镀液中的杂质滤出，也可减少析氢反应的发生，但需注意压缩空气会与具有还原性的物质发生反应，因此对于有些镀液是不适合的。

虽然电流效率的下降会给生产带来不利的影响，但有时也可利用阴极上发生的副反应为我们服务。如阴极发生析氢反应时，利用新生的原子氢具有非常强的还原能力来还原金属表面的氧化层或钝化层，使基体活化，进而提高镀层对基体的附着力。具有电化学防护作用的双层镍就是在亮镍层电镀时利用添加剂在阴极还原的副反应使镀层中含有一定量的硫，致使亮镍层的电位比暗镍层（或半亮镍层）低 120mV 以上，从而实现了牺牲阳极的电化学防护作用。

2.2 电镀的电极过程

2.2.1 电极界面结构与特点

2.2.1.1 电极界面

电镀槽中与直流电源正极相连的为阳极，与电源负极相连的为阴极。当镀槽通电时，电子从电源的负极沿导线流入镀槽的阴极（欲镀零件）。在电镀槽中，电流的载体是移动的阴阳离子。电镀槽的另一端电子从阳极流出，沿导线流回电源的正极。电子导电与离子导电是性质完全不同的导电方式，两者之间的转变依靠阴、阳两极与溶液界面间（图 2-4）发生的电极反应来实现。其中阳离子在阴极上得到电子发生还原反应，如银离子在阴极上获得电子，还原为金属银而沉积在被镀零件的表面，氢离子也可得到电子还原为氢气在阴极上析出。阴离子在阳极上失去电子发生氧化反应，或者阳极板上的原子失去电子被氧化成离子而进入镀液，同时向阴极方向迁移，这便是电镀时阳极板不断变薄的原因。因此，电极反应是电镀过程中保证电流流通的一个重要环节，而电流流动的全面机理应由电子导电、离子

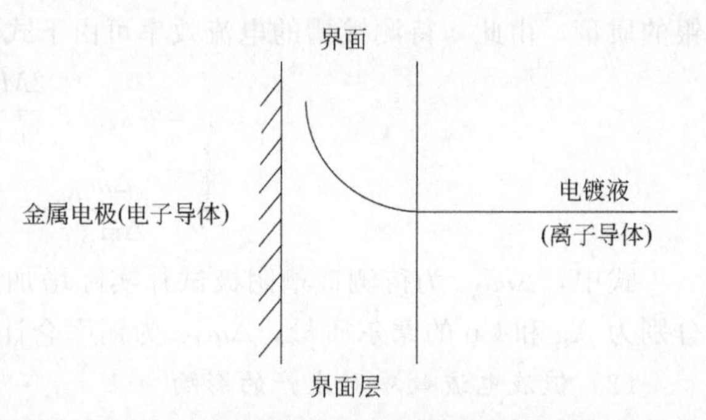

图 2-4　电极界面和电镀液结构示意图

导电和电极反应三方面共同构成。

电极的界面反应是电化学基础研究、电化学工程研究的焦点。在电极界面的金属一侧，电子的导电行为有完善的理论阐述，而在电镀液一侧，虽然其组分复杂，并且浓度相比较传统的电解质溶液理论所考虑的浓度高很多，但传统的连续介质理论总还是可以定性地或半定量地处理。但在物质特性完全不连续的界面，电子传递的行为则完全不同，不仅涉及跨界面的异相电子传递，而且涉及金属离子在界面得失电子前后的配位状态、溶剂化环境的重组。

此外，从界面到电镀液本体之间还有一层薄的过渡区域即界面层存在，这里会有浓差扩散，甚至这一区域的电活性粒子也可通过长程的电子传递实现电化学反应。因此界面与界面层中电子传递的多样性，物质传递的复杂性，以及多重的、动态的物质形态的转换，均增加了电极界面研究，特别是电镀过程中电极界面反应的复杂性。

2.2.1.2　电极界面的双电层结构模型

在电镀过程中，获得金属镀层的电化学反应和其他副反应都是在电极与溶液的界面上发生的，因此界面的性质和结构会影响电化学反应的过程，从而影响镀层的质量。

界面性质的影响表现在多个方面：一方面是金属电极对电活性物质的吸附能力；另一方面是电极本身的催化能力，它是由材料自身的性质及其表面状态决定的；此外在界面上还存在电场对电化学反应活化能的影响。

当金属电极浸入电解质溶液时，表面的金属受到极化分子的作用发生水化。若水化时产生的能量大于金属离子与电子之间的引力，则离子将脱离金属而进入溶液，形成水化离子，而电子保留在金属上。与此同时，由于热运动及静电引力，溶液中的水化离子失去水分子而回到金属表面。当两个过程的速度达到相等，呈动态平衡时，金属表面会有一定数量的过剩电子。它们将吸引相接触的溶液层中同等数量、电符号相反的水化金属离子，并在金属与溶液界面形成电荷相反、数量相等的双电层（electric double layer）。如果金属离子的水化能力不足以克服离子与电子间的引力，则溶液中的部分金属阳离子可能被金属表面所吸附而使表面带正电荷，溶液一侧因阴离子过剩而带负电荷，这样便形成另一种形式的双电层。双电层的存在使金属与溶液的界面产生电位差而形成电场。由于界面上两层电荷间的距离极小，故可使中间的电场强度非常高，甚至达到 10^{10} V/m，当然这是仅在微观界面双层结构中才可达到的。电极与溶液界面上有如此大的场强，既能使一些在其他条件下无法进行的化学反应得以顺利进行，又可使电极过程的速率在施加电极电势之后发生极大的变化。

迄今为止，在关于双电层结构的研究中，以斯特恩（O. Stern）模型较为成熟、完整。斯特恩模型认为，溶液中除一部分过剩离子因静电作用而紧靠电极表面形成“紧密层”外，还有一部分过剩离子因热运动和同号电荷间的排斥作用而离开电极表面，在邻近的溶液层中形成“分散层”，这是静电力与热运动共同作用的总结果。双电层厚度一般为 100～1000nm，其中紧密层厚度（d）不超过 2nm，等于一个水化离子的半径；分散层厚度（δ）随条件而变化，最大可达 1μm。电极界面剩余电荷与电位分布，如图 2-5 所示。由图 2-5 可见，在距电极表面的距离 $x \leqslant d$ 的范围内，即在紧密双电层中，由于不存在异号电荷（此时的离子电荷均视作“电荷球”，它具有一定的半径，因此任何离子电荷与电极表面的距离均不能小于 d，所以在 d 距离之内不存在电荷），因此，d 是离子电荷能接近电极表面的最小距离，该层内的电位分布是线性变化的，而且此线下降亦很陡直。在 $x > d$ 的分散层中，因为有异号电荷存在，电位梯度的数值与电场强度也随之减小，最后趋近于零。因而在分散层中，电位随距离 x 呈曲线变化，且此曲线的形状为先陡后缓。距离电极表面 d 处的平均电位称为 φ_1，若以 φ_a 表示整个双电层的电位差，则紧密层电位差的数值为（$\varphi_a-\varphi_1$），分散层电位差的数值为 φ_1。这里的 φ_a 和 φ_1 均是相对于溶液深处的电位（规定为零）而言。

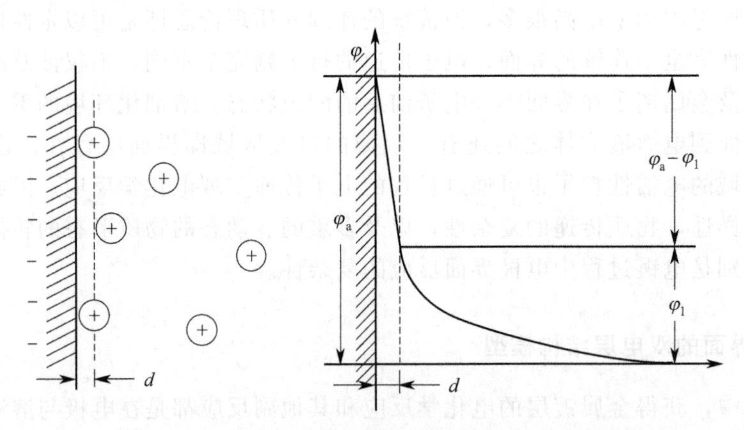

图 2-5 电极界面的离子吸附剩余电荷与电位分布

电极表面所带电荷愈多，因静电作用占优势，离子的热运动就愈困难，故分散层厚度将减小，双电层结构比较紧密，在整个电位差中紧密层电位占的比重较大，即 φ_1 的绝对值变小。也就是说，电极与溶液间的总电位差 φ_a，即施加不同的电极电势对双电层结构有一定影响。

溶液浓度增大时，离子热运动困难，分散层厚度减小，φ_1 绝对值亦减小。所以，当电极表面所带电荷多，并且溶液中离子浓度很大时，分散层厚度接近于零，即 $\varphi_1\approx0$，这时双电层近似于上述的"紧密双电层"模型。反之，当金属表面所带电荷极少，且溶液很稀时，分散层厚度可以变得相当大，可近似认为双电层中的紧密层不复存在。若电极表面所带电荷下降为零，可认为离子双电层达到了极度分散，离子双电层随之消失。在电镀与电化学工程中，离子浓度极大，甚至接近饱和状态，因此扩散层很薄，φ_1 小，有利于电势的控制和生产效率的提高。

温度升高时，质点热运动动能增大。故温度影响是多方面的，既能改变吸附量，即改变 φ_1 的值；又可以因热运动加剧使扩散层变薄，φ_1 减小。

上述讨论的是静态条件下的界面结构。当电流流过电解槽时，界面层的物质参与电化学反应，浓度也随之变化。特别是阴极表面特性吸附的阴离子会被耗尽，扩散层厚度增加（图 2-6）。

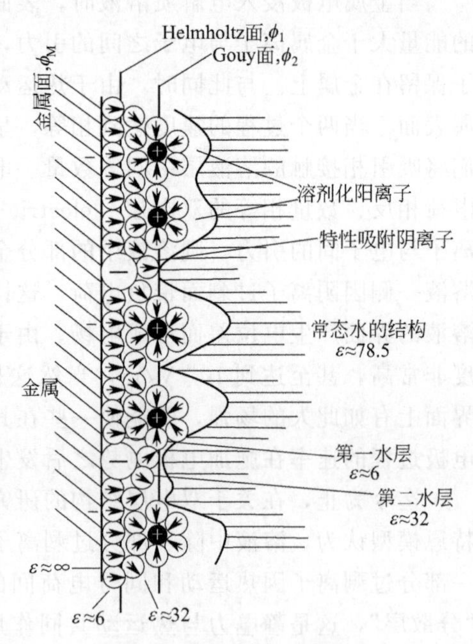

图 2-6 博克里斯-德瓦纳山-谬勒的双态双电子模型

2.2.1.3 电毛细现象及在电镀中的应用

任何两相的界面都存在界面张力（interfacial tension），电极与溶液界面间也存在界面张力。界面张力不仅与界面层的物质组成有关，还与电极电位有关。溶液与固体电极界面上张力的变化，直接影响电解液对电极的润湿性，而电极的润湿情况与镀层质量又有直接的关系，它会影响阴极镀件析出的气泡（或阴极表面上存在的油滴）大小和附着能力。

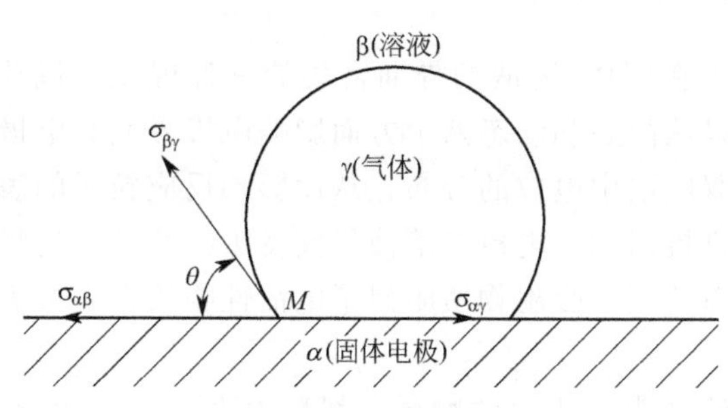

图 2-7　固体电极表面上三个相间张力的平衡图

当电极上产生气泡时，在电极、溶液和气体之间的三个界面上各存在一个相间张力，$\sigma_{\alpha\beta}$、$\sigma_{\alpha\gamma}$ 分别表示金属与溶液以及金属与气体界面上的张力，$\sigma_{\beta\gamma}$ 表示溶液与气体界面上的张力。气泡稳定存在时，在 M 点（称为液、固、气三相点）三个界面张力处于平衡状态，如图 2-7 所示。它们之间应当存在下列关系：

$$\cos\theta=(\sigma_{\alpha\gamma}-\sigma_{\alpha\beta})/\sigma_{\beta\gamma}$$

式中，θ 角称为润湿接触角，θ 越小，表示溶液对电极润湿性越强。

当对电极充电时，$\sigma_{\alpha\beta}$ 按照电毛细曲线规律随着电位 φ 的变化而改变，$\sigma_{\alpha\gamma}$、$\sigma_{\beta\gamma}$ 随电位 φ 虽有一些微小变化，但与 $\sigma_{\alpha\beta}$ 变化相比，可以忽略不计。这样，当 φ 偏离 $\varphi_{(q\approx0)}$ 而不断变化时，$\sigma_{\alpha\beta}$ 将减小，($\sigma_{\alpha\gamma}-\sigma_{\alpha\beta}$) 增大，接触角 θ 不断变小，气泡变圆，电解液对电极的润湿性因而提高，当 θ 接近于零时，达到完全润湿，溶液把气泡从电极表面挤走，如图 2-8 所示。这就是说，当双电层的电荷密度增大时，溶液对固体电极表面的润湿性增大了，或者说气泡对电极表面的附着力降低了，故气泡来不及继续长大即离开电极表面逸出，形成的气泡尺寸较小。当电极表面电荷为零，即电位等于零电荷电位时，$\sigma_{\alpha\beta}$ 最大，接触角 θ 也最大，此时电极不易被溶液润湿，或者说气泡在电极表面附着力较强，不易离去，气泡尺寸较大。这种变化关系在电化学生产中有很大实际意义。

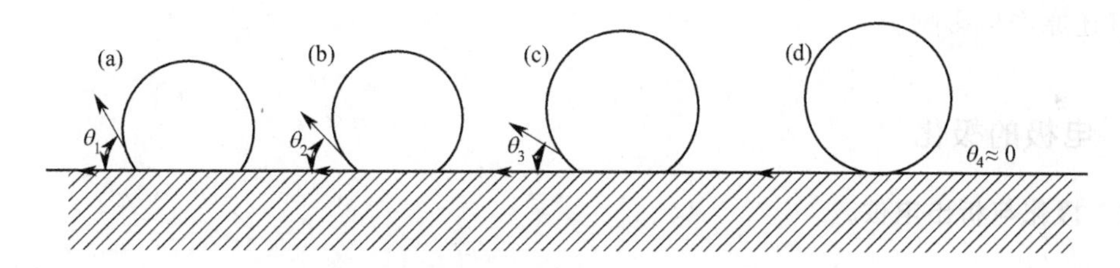

图 2-8　电极极化程度不同时接触角 θ 的变化情况

电镀过程中，要求 θ 小，镀液对阴极镀件表面有良好的润湿性。因为电镀过程中，阴极形成镀层的同时，往往伴有氢气析出，若镀液润湿性差，则形成的气泡易吸附于镀层之上，导致镀层产生针孔、麻点等，降低镀层质量。此时，在镀液中添加适量润湿剂即可消除该弊病。提高阴极极化，使阴极电位 φ 远离 $\varphi_{(q\approx0)}$，虽然也可以提高镀液的润湿性能，但易使电流超过工艺规定的电流上限，导致镀层烧焦，所以只能在一定范围内采用。此外，在电镀前处理工序，如电解除油中，可采用此法提高溶液对镀件的润湿性能，使油膜与金属黏着力降低而发生破裂，再在碱等共同作用下，将破裂的油膜聚集成易从镀件表面脱落的油滴。这时电极表面黏附的油类物质与气泡存在时的情况相同，电极电位变化时，油滴的润湿角也发生类似的变化。因此极化较大时，电极表面上的油滴可以被溶液挤走。

2.2.1.4　活性粒子在电极与溶液界面上的吸附

有机物分子或离子大多具有表面活性，只要加入少量，就能吸附在电极/溶液的界面上，显著地影响电极过程的反应速率和沉积物的形貌。例如电镀前处理中采用的各种乳化剂、缓蚀剂以及电镀过程中应用的各种整平剂、光亮剂、润湿剂等，这些添加剂影响电极过程的机理大多是通过它们在电极表面上的吸附而实现的。

所谓吸附，是指某种物质的分子、原子或离子在固体/溶液的界面富集的一种现象，包括物理吸附、化学吸附及静电吸附。吸附的分子可以从静态和动态两个方面影响电极界面和电极过程。从静态角度，吸附能改变电极表面状态与双电层中电位的分布，从而影响反应粒子的表面浓度及界面反应的活化能，因此对电极过程有直接影响。电极与溶液界面发生某些粒子的吸附后，界面张力和界面电容都要发生变化。从动态角度，吸附物质阻碍了电活性物质在电极表面的直接放电，改变了电极表面的交换电流密度。

凡是在电极与溶液界面发生吸附，明显降低溶液表面张力的物质，都称为表面活性物质，它可以是分子、原子，也可以是正离子、负离子。这些分子、原子和离子则被称为活性粒子。

(1) 无机离子在“电极/溶液”界面上的吸附

大多数无机阴离子是表面活性物质，具有典型的离子吸附规律。而无机阳离子表面活性很小，只有少数离子表现出表面活性。

(2) 有机分子在“电极/溶液”界面上的吸附

绝大部分能溶于水的有机分子如醇、醛、酸、酮、胺等，在电极/溶液界面上都具有不同程度的表面活性，能在电极/溶液界面上吸附。这些分子中均包含不能水化的碳氢链和易水化的极性基团。前者倾向于脱离溶液内部，称为疏水部分；后者则倾向于保持在溶液中，称为亲水部分。

电镀生产中采用的光亮剂、润湿剂、整平剂等多数是表面活性物质，当电极电位偏离平衡电位时，它们能在一定电位范围内产生吸附行为，改变电极与镀液的界面性质，从而对金属离子的阴极还原产生影响。

2.2.2 电极的极化

2.2.2.1 极化与析出电位

(1) 极化

所谓极化，是指电流通过电极时，电极电位（electrode potential）偏离其平衡电极电位（equilibrium electrode potential）的现象。电镀过程一般采用的是两电极系统，因此只有阴极极化和阳极极化。阴极极化使阴极电极电位向负方向偏移；阳极极化使电极电位朝正方向偏移。电极通过的电流密度越大，电极电位偏离平衡电极电位的绝对值就越大，其偏离值可用超电势或过电位 $\Delta\varphi$ 来表示，一般过电位用正值表示，故阴极过电位 $\Delta\varphi_c=\varphi_{c,平}-\varphi_c$，而阳极的过电位 $\Delta\varphi_a=\varphi_a-\varphi_{a,平}$。从因果关系上来讲，极化是因，电流流动是果。

通电是电极产生极化的驱动力，是由于电极反应过程中，某一步骤速率缓慢，则必须通过提高极化电势，利用电势差驱动使该步骤加速以达到与其他步骤的速度一致。以金属离子在电极上还原为金属的阴极反应过程为例，其反应过程包括下列四个连续的步骤：

① 金属水合离子由溶液内部扩散到阴极界面处，即液相中物质的传递步骤（传质步骤）；

② 水合离子解离，金属离子游离出来，即化学解离步骤（化学反应）；

③ 金属离子在阴极界面上得到电子，还原成金属原子，即电化学步骤（传荷步骤）；

④ 金属原子排列成一定构型的金属晶体，即生成新相步骤（结晶与生长）。

这四个步骤是连续进行的，但其中各个步骤的难易程度不相同，因此整个电极反应的速度是由最慢的那个步骤来控制的。

由于电极表面附近的反应物或反应产物的扩散速度小于电化学反应速度而产生的极化，称为浓差极化。由于电极上电化学反应速度小于外电路中电子传递速度而产生的极化，称为电化学极化或活化极化。

① 浓差极化（concentration polarization）：在电极过程中，反应粒子自溶液向电极表面传送的步骤，称为液相传质步骤，当电极过程为液相传质步骤所控制时，所产生的极化称为浓差极化。液相传质过程可以由电迁移、对流和扩散三种方式来完成。

镀银溶液中，未通电时，镀液中各部分的浓度是均匀的。通电后，镀银溶液中首先被消耗的反应物应当是位于阴极表面附近液层中的银离子，故阴极表面附近液层中的银离子浓度不断降低，与镀液本体形成了浓度差。此时，溶液本体的银离子应当扩散到电极表面附近来补充。由于银离子扩散的速度跟不上电极反应消耗的速度，遂使电极表面附近液层中离子浓度进一步降低。那么，即使 $Ag^{+}+e^{-}\longrightarrow Ag$ 的反应速度跟得上电子转移的速度，但由于电极板表面附近缺乏银离子，阴极上仍然会有电子积累，使电极电位变负而极化。此时在电极附近液层中必然出现银离子浓度的降低，形成浓差极化，其作用效果是驱动银离子的扩散以提供足够的反应物，维持速度平衡。阳极的浓差极化也同样如此，银阳极溶入溶液的银离子不能及时地向溶液内部扩散，导致阳极表面附近液层中的银离子浓度增高，电极电位将向正方向移动而发生阳极的浓差极化。

在阴极扩散层内，当电流增大到使欲镀的金属离子浓度趋于零时的电流密度称为极限电流密度，在电化学极谱分析曲线上表现为平台。当阴极区达到极限电流密度时，由于欲镀离子极度缺乏，导致扩散层变厚，同时部分 H^{+} 放电而大量析氢，阴极区急速碱化，此时镀层中有大量氢氧化物夹杂，形成粗糙多孔的海绵状电镀层，这种现象在电镀工艺中称为“烧焦（burnt）”。

② 电化学极化（activation polarization）：阴极反应过程中的电化学步骤进行得缓慢所导致的电极电位的变化，称为电化学极化。电极电位的这一变化也可认为是改变电极反应的活化能，从而对电极反应速度产生影响。

镀银过程中，当无电流通过时，镀液中的银电极处于平衡状态，其电极电位为 $\varphi_{平}$。通电后，假定电极反应的速度无限大，即交换电流密度无限大，那么，尽管阴极电流密度很大（即单位时间内供给电极的电子很多），还是可以在维持平衡电位不变的条件下，让银离子在阴极进行还原反应。这就是说，所有由外线路流过来的电子，一旦到达电极表面，便立刻被银离子的还原反应消耗掉，因而电极表面不会产生过剩电子的堆积，电极的电荷仍与未通电时一样，原有的双电层也不会发生变化，即电极电位不改变，电极反应仍在平衡电位下进行。

如果电极反应的速度是有限的，即银离子的还原反应需要一定的时间来完成，在单位时间内供给电极的电量无限小（即阴极电流密度无限小）时，银离子仍有充分的时间与电极上的电子相结合，电极表面仍无过剩电子堆积的现象，则电极电位也不变，仍为平衡电位。

然而，实际电镀实践中这两种假设情况均不存在。电镀银时，电荷流向电极的速度（即电流）不是无限小，银离子在电极上还原的速度也不是无限大。由于任何得失电子的电极反应总要遇到一定的阻力，所以在外电源将电子供给电极以后，银离子来不及被立即还原，外电源输送来的电子也来不及被完全消耗掉，这样电极表面就积累了过剩的电子（与未通电时的平衡状态相比），使得电极表面上的负电荷比通电前增多，电极电位向负的方向移动而产生阴极的电化学极化。

同样道理，由于阳极上银原子放出电子的速度小于电子从阳极流入外电源的速度，阳极上有过剩的正电荷积累（银离子的积累），使阳极电位偏离平衡电位而变正，即发生了阳极的电化学极化。

由于电化学极化是电化学反应速率慢而造成的，因此其难易程度首先与金属离子的本性有关，金属的交换电流密度越小，金属离子到电极表面放电就越困难，势必带来较大的电化学极化作用。此外，也可采用向镀液中加入添加剂或采用络合物体系来提高镀液的电化学极化作用。研究表明，添加剂可在阴极表面的某一电位段发生吸附，如果添加剂未完全覆盖在阴极表面，则起到了减少金属离子有效放电面积的作用，使金属离子放电的实际电流密度增大，从而提高了阴极极化作用；如果添加剂完全覆盖在阴极表面上，则形成了具有屏蔽作用的阻挡膜，金属离子必须穿过这层阻挡膜才能放电，因此也起到了降低金属离子放电速率，增大阴极极化的作用。选择络合物体系，使金属离子与配体形成具有一定配位数的金属络离子，也可增大其在阴极上放电的难度。增加极化作用即需要更大的过电势使电沉积进行。电势差与电流的乘积即为局域电势做功，其做的功也会在短时间内转化为局预热，可改变局域镀层结构的结晶状态。

由以上电极极化过程的讨论可知，电极之所以发生极化，实质上是因为电极反应速度、电子传递速度与离子扩散速度三者不相适应。阴极浓差极化的发生，是离子扩散速度小于电极反应消耗离子的速度所致，而阴极电化学极化则是电子传递速度大于电极反应消耗电子的速度所致。

(2) 析出电位与溶解电位

在阴极上，各种金属析出时，都表现出一定程度的极化，换言之，欲使金属在阴极镀出，必须使电极电位相对其平衡电位负移一定的数值。

阳极发生反应，也需要一定程度的极化作用，与阴极析出电位的定义相反，把阳极开始溶解或其他物质开始析出的最负电位，称为溶解电位。

倘若物质在完全不发生极化的情况下于电极上析出，则这时的电位称为理论析出电位，反之称为实际析出电位。理论析出电位只是一种理想状态，一般讲的析出电位就是指实际析出电位。

既然完全不发生极化作用，则理论上析出电位即等于平衡电位，而实际析出电位 $\varphi_{c,析}=\varphi_{c,平}-\Delta\varphi_{c}$。

析出电位越正，越优先在阴极析出，反之，析出电位越负，越难以在阴极析出。这是因为析出电位负的物质，必须要求阴极有一个较大程度的极化，才能达到其析出电位，而在此之前，对于其他析出电位较正的物质来说，电极电位负值早已超过了它们的析出电位，因而它们也就在阴极上析出了。

阳极过程正好与阴极相反。溶解电位越负，越易在阳极溶解，这是因为阳极极化时，与阴极相反，电极电位向正方向移动。

金属不同，析出与溶解电位也不相同。同一金属在不同的电镀液中，其析出与溶解电位也不相同。

在实际电镀生产中，阴极电位都不是正好等于镀层金属的析出电位，而是比金属的析出电位更负。因为电镀生产中，不是能镀出金属就达到了要求，而是要使镀出的金属满足一定的质量要求，如光泽度、致密性、抗蚀性等，这些质量要求只有在适当大的阴极极化作用下才能实现。电流密度范围的确定，除满足镀层质量要求外，还应考虑电镀生产效率。在保证镀层质量的前提下，适当加大电流密度，可提高金属的沉积速度，进而提高电镀生产率。电镀工艺规范中，都应注明阴极电流密度范围，此值是综合考虑生产效率和镀层质量要求而得出的。

目前，电镀大都在水溶液中进行，因而在阴极上析出金属的同时，还会有氢气析出；在阳极上，金属溶解的同时，还会有氧气析出（即氢氧根离子放电）。H^+ 和 OH^- 也同样存在析出电位与过电位，其数值与溶液的组成、温度、电极材料及表面状况有关。

2.2.2.2 极化曲线及极化度

当电流通过电极时，电极电位会偏离平衡值而产生极化作用。随着电极上电流密度的增加，其电位值偏离平衡值也越大。这种变化关系可用电流密度与电极电位之间的曲线来表示，称为极化曲线（polarization curve）。

为了比较各不同电流密度下极化的变化趋势，提出了极化度（polarizability）的概念。所谓极化度是指对应于单位电流密度变化值的电极电位变化值，即 $d\varphi/di$ 值。对任一极化曲线来说，由于各点对应的 $d\varphi/di$ 值不同，所以各点的极化度也不同。

由极化曲线形状分析可得出以下结论：

① 若极化曲线为一条直线，则曲线上各点的极化度相同，在生产中，这类镀液类型几乎没有；

② 若极化曲线的发展趋势平行于 i_c 轴，此时极化度趋于0，镀液的分散能力很差，如镀铬液的阴极极化曲线就属于此类型；

③ 若极化曲线的发展趋势平行于 φ_c 轴，则极化度趋于 $+\infty$，如氰化电镀中，极化度都较大，镀层细致光亮，但当极化度趋于无限大时，就会出现极限电流，镀层易烧焦。

因此研究一种新的电镀工艺时，总希望其极化曲线向 φ_c 轴倾斜，但不平行于 φ_c 轴，具有较大的阴极极化度，从而利于镀层质量的提高。

电镀生产中，阴极电流密度工作范围选取的原则是在镀层不烧焦的前提下，尽可能开大电流，以提高阴极极化作用与镀层的沉积速度，进而提高劳动生产效率。对于可溶性阳极，其工作电流密度应在钝化电流密度以下，以保证阳极正常溶解。生产中可通过调节阴、阳极板的面积，将阴、阳极电流密度分别控制在所要求的范围内。

极化曲线是选择电流密度的重要根据，因此准确测定极化曲线是电镀工艺研究的重要内容。极化曲线测定（JB/T 7704.6—1995）可采用恒电流法或恒电位法。

恒电流法（简称恒流法）是通过恒电流仪等仪器控制不同的电流密度，测定相应的电极电位值，将测得的一系列电流密度和电极电位对应值绘成曲线，即为恒流极化曲线。该法所用仪器简单，容易实现，所以应用较早，但恒电流法只适用于测量单值函数的极化曲线，即一个电流密度只对应一个电极电位值。如果极化曲线中出现电流极大值，如测定阳极钝化曲线时，一个电流密度可能对应几个电极电位值，此时，通过恒流法就难以准确地体现出对应关系，且恒电流法采集的电流密度只能呈线性变化。

恒电位法也叫控制电位法，即采用恒电位仪，将研究电极的电位依次恒定在不同数值，测量相应的电流值。将所测得的电位值与电流密度对应值作图，即得恒电位极化曲线。恒电位法可以采集不同数量级的电流密度（如呈指数变化的电流密度等），尤其适合测定电极表面状态发生某种特殊变化的极化曲线，如镀铬过程的阴极极化曲线和具有钝化行为的阳极极化曲线等，这类具有复杂形状的极化曲线用恒流法是测量不出来的，只有用恒电位法才可得到真实完整的极化曲线。恒电位法测量极化曲线时，如果采用逐点式测量（静态法），即将研究电极的电位恒定在某一数值，同时测量相应的稳定电流值，绘制得到的极化曲线称为准稳态极化曲线；如果采用连续扫描法（动态法）自动绘制极化曲线，得到的是电位与电流的瞬间对应值，所得极化曲线称为暂态极化曲线。其中，通常在扫描速率高于 $5mV \cdot s^{-1}$ 时，电极会经历由一个稳态向另一个稳态转变的过渡阶段，该阶段不稳定且持续变化，称作暂态。而稳态则是在指定时间范围内，电极过程的参量（如电势、电流、浓度分布、电极表面状态等）变化甚微，基本上可以认为是不变的状态。其扫描速率通常低于 $2mV \cdot s^{-1}$。

2.2.3 水合离子数与水化层

由于金属离子和水分子的偶极的强大电场作用，最接近离子的第一层水分子定向地和离子牢固地结合，从而失去了独立的平动自由度。在外加电场下，这层水分子和离子一同移动，因此和这层以外的水分子有不同的性质。水分子数目不受温度变化的影响，这样的水化作用更多地表现了化学键合的特征。第一层以外的水分子也受到金属离子，特别是多价离子的吸引，但是由于距离较远，吸引力比较弱。外层水分子数随温度的变化而改变，具有一定的流动性。第一层水分子由于强烈的化学作用，较难被脱去。但是对于第一层以外的水分子，可借助于分子热运动的作用按照一定的比例除去，同时结合新的水分子。因此了解离子水化数、水合离子直径、水合能等是研究阳离子扩散行为的重要一步。

然而确定离子的水化数并不是一件容易的事。迄今有一些实验的方法，例如离子淌度法、水化熵法、压缩系数法等用来确定离子水化数。模拟的方法包括统计力学计算方法和量子动力学方法。但是这些方法或是只能定性地给出比较结果，无法给出有用的确凿信息；或是需要大量的计算机时间，一般的研究无法承受。我们提出了量子化学计算方法考察了离子的水化数。该方法属于一种从静态的结构和能量关系，理解水合离子数的方法。

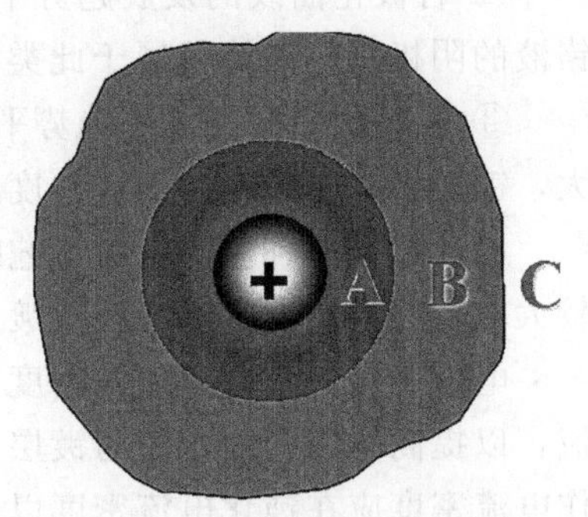

图 2-9　水合离子三重结构

在实际的溶液体系中，一个金属离子的外面相对均匀地包覆着一层水，如图 2-9 所示。金属阳离子周围的第一层（A 区）是冻结在它的表面形成化学吸附的水分子，第二层（B 区）是与中心金属阳离子形成物理吸附的水，第三层（C 区）则是溶液中的自由水。各层水与中心金属阳离子的相互作用及相同区域水的相互作用见表 2-2。

表 2-2　水合层中水和中心金属离子相互作用类型

	金属阳离子-水		水-水	
	静电-偶极作用	配位作用	氢键作用	分子与分子间作用
A 区水	√	√	√	√
B 区水	√	×	√	√
C 区水	×	×	√	√

从该表可以看出，对于中心金属阳离子与水的相互作用，A 区包含了静电-偶极和配位两种作用，B 区中仅有静电-偶极作用。因此在 B 区对水的束缚作用较 A 区弱，包含了物理水层的水合离子可以看成一个能够得失一个水分子的柔性基团。

了解各水层与中心金属阳离子及相同层区水的相互作用，可以定性地估计各种相互作用的大小，同时定性地比较不同阳离子性质的差别。作用势能分别可以用如下表达式描述。

① 静电偶极相互作用表达式：

$$U=-\frac{e_0}{r^2}\mu\cos\theta$$

式中，μ 是偶极矩，r 为分子的偶极中心与电荷之间的距离，θ 是电荷中心连线与偶极方向夹角。

② 配位作用：

$$\Phi(r)=D\left[e^{-2\alpha(r-r_0)}-2e^{-\alpha(r-r_0)}\right]$$

式中，D 为势阱深度，α 为弹性模量，r_0 为平衡距离。

③ 氢键作用：

$$U(r_{ij})=4\varepsilon\left[\left(\frac{\sigma}{r_{ij}}\right)^{12}-\left(\frac{\sigma}{r_{ij}}\right)^{10}\right]$$

④ 分子与分子间作用：

$$U(r_{ij})=4\varepsilon\left[\left(\frac{\sigma}{r_{ij}}\right)^{12}-\left(\frac{\sigma}{r_{ij}}\right)^{6}\right]$$

式中，r_{ij} 为两分子之间的距离，σ 为势函数零点的r_{ij} 值。

利用 Gaussian 03 程序，在 HF/6-31G* 水平，对不同水合数的金属阳离子进行自由优化后，得到水合离子的几何构型等性质。同样条件优化单个水分子。然后采用 B3LYP/6-31G* 计算单点能。在计算结合能时，$(H_2O)_n$ 为一个水笼，即 $M^{n+}(H_2O)_n$ 失去金属离子后不做构型优化，直接在 B3LYP/6-31G* 水平上做单点能计算。脱去一个水的垂直解离能中，$M^{n+}(H_2O)_{n-1}$ 是脱去距离金属离子最远的水分子，然后计算单点能。得到一个水分子的水化能中，$M^{n+}(H_2O)_{n+1}$ 则是在 HF/6-31G* 水平上进行自由优化后，采用 B3LYP/6-31G* 计算单点能。通过观察结合能的变化，我们确定了水合离子数如表 2-3 所示。

表 2-3　计算得到的各种金属阳离子的参数

阳离子	水化数	脱去一个水分子的能量/(kJ/mol)	结合一个水分子的能量/(kJ/mol)	水合离子直径/Å❶
Li^+	4	107.46	−81.89	8.06
Na^+	5	69.84	−68.34	9.50
K^+	7	94.70	−73.74	10.26
Mg^{2+}	5	167.02	−153.46	9.22
Ca^{2+}	9	94.41	−131.98	10.64
Al^{3+}	6	310.58	−183.45	9.42

此表不仅给出了水化数，同时给出了在该水化条件下脱去一个水的垂直解离能、结合一个水的结合能，同时还利用 Hyperchem 软件中 QSAR 功能估计了该水化条件下的水合离子的体积，假设水合离子呈球形，进而得到了水合离子的直径。

2.3　银的物理性质

2.3.1　电子结构

2.3.1.1　电子组态

在元素周期表中，银处在第五周期（第二长周期）的ⅠB 族中，或者说在第五周期ⅧB 族元

❶　1Å=0.1nm。

素的延长线上。它既处在ⅠB族中从Cu到Au的过渡位置，也处在由贱金属到贵金属、由主族元素到副族元素的过渡位置。Ag的许多物理性质正显示了这种过渡位置和ⅧB族元素延伸位置的特征。因此，在本节中，Ag的一些物理性质是同第五周期ⅧB族金属相联系讨论的，以说明这些元素物理性质变化的趋势与连续性。另一方面，本节将Ag的某些物理性质结合Ag原子的电子结构进行讨论，有助于我们更深刻地理解Ag的物理性质的本质。

Ag位于周期表第五周期第ⅠB族，原子序数47，原子量107.8682。Ag原子由47个正电荷（$+47e$，$e=1.6022\times10^{-19}$C）和47个电子组成。在一个孤立的Ag原子中，47个电子的分布使原子的能量尽可能低。因此，有2个电子占据能量最低的1s轨道，其自旋量子数分别为1/2和−1/2，次2个电子占据次低的2s轨道，再次的6个电子则占据再次低的2p轨道，如此继续，Ag原子的电子组态为［Kr］$4d^{10}5s^1$。

2.3.1.2 能级与能带

由Ag原子组成的金属Ag具有面心立方结构。假定金属中有N个原子，原子间距为r，如果r足够大，则N个原子可视为完全是孤立的。当$1/r=0$时，原子相距无限远，处于完全孤立态，每个原子的5s态称为双重简并态（即向上态和向下态）。因此，在一个具有N个原子的系统中，5s态为$2N$重简并态。缩小间距r（增大$1/r$）的值，由于原子轨道重叠，5s轨道的简并消失，5s态能量展宽。这时，4d态及以下原子能级尚未重叠，它们仍然处于简并态。进一步缩小r（增大$1/r$），相邻Ag原子的4d轨道开始重叠。当r值缩小到真实晶体内的原子间距r_0时，便出现很宽的5s态和较窄的4d态。因为每个Ag原子有1个5s电子，N个Ag原子的系统中在5s能带中便有N个电子。考虑到自旋向上态与向下态，则5s能带可容纳$2N$个能量状态，4d能带则有$10N$个状态。一个宽的5s能带中有$2N$个能量状态，则其态密度$N(E)$（即单位能量中能量状态的数目）仍然是小的。相反，因为$10N$个能量状态分布在窄的4d能带中，则4d能带的态密度是高的，这就形成了图2-10（b）所示的面心立方金属Ag的态密度$N(E)$对其电子能E的关系，即4d能带具有很高的态密度，而5s能带具有较低的态密度。N个Ag原子的5s电子只占据了其能带的下半部分，所对应的最高能量状态（见图2-10）就是费米能级，费米能级对应的能量为费米能ε_F。而处在5s能带下面的4d能带则完全被4d电子填充。

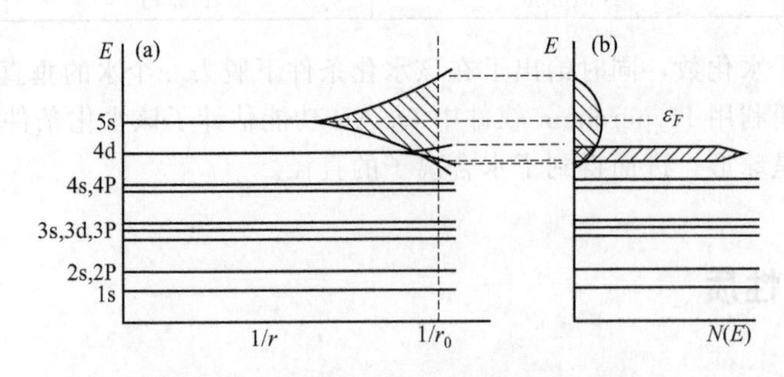

图2-10 Ag原子的原子核间距和态密度

（a）一原子核间距数倒数$1/r$与1s～5s能级；（b）一金属Ag的电子能E与态密度$N(E)$的关系

2.3.1.3 费米面

一个电子在晶体中的状态可以借助于波数κ描述，并可以构成一个以κ_x、κ_y、κ_z为直角坐标的波数空间或称为κ空间。在波数空间中任意一点对应一个电子状态，具有相同能量的电子状态在κ空间中组成一个相应的等能曲面，它近似为一个球面。N个 Ag 原子的N个 5s 电子包含在一个能量等于费米能ε_F的费米球上，球的半径κ_F叫费米半径。在波数空间的电子具有波长λ，这个λ值应满足在一组晶面上的布拉格（Bragg）反射条件：$n\lambda=2d\sin\theta$。这样在理论上就构成了一个封闭的多面体——布里渊区。这个布里渊区的形状与晶体结构有关。面心立方晶体（如 Cu、Ag、Au、Pt、Pd 等）的第一布里渊区为一个立方八面体结构，如图 2-11(a) 所示。在这个布里渊区内，能量随波数连续变化，但是当从布里渊区内一种能态通过布里渊区边界到布里渊区外的一种能态时，能量便可能发生突然飞跃。图 2-11(b) 展示出了布里渊区内费米面的填充过程。费米面是动量空间中的一个等能面，是已填充电子能态与未填充电子能态的分界面。处于费米面的电子状态很相似于自由电子的理论状态。对于面心立方金属 Ag，当每个原子的电子数目大约增加到原来的 1.5 倍时，所占据的状态到达布里渊区表面，费米面明显畸变而偏离球形。从图 2-11(b)、(c) 可见，费米面与布里渊区（111）边界面相遇而畸变并形成一个“颈”。布里渊区表面的能隙阻止电子从所占据的状态直接越出布里渊区范围，并且当能隙足够大时，任何电子进入第二布里渊区的状态之前，在第一布里渊区内所有状态都将被填充。虽然 Ag 与 Cu、Au 的布里渊区的形状是相似的，但 Ag 的费米面在通过布里渊区时所产生的畸变是最小的，这是因为 Ag 的费米球半径比 Cu 和 Au 都小，几乎与自由电子费米球相当。

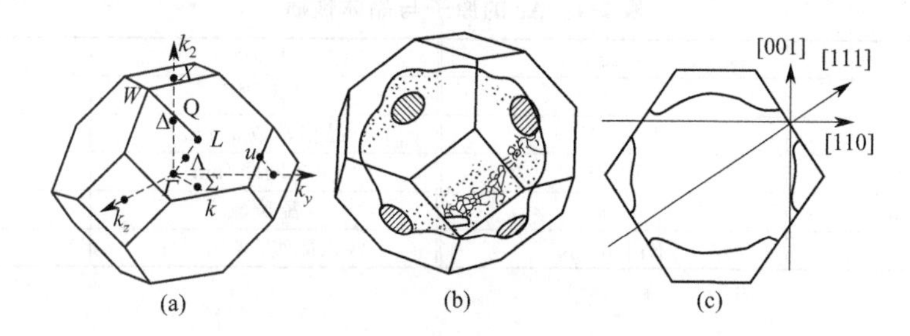

图 2-11 面心立方金属 Ag 的布里渊区和费米球

(a) 第一布里渊区（立方-八面体）和κ空间中波数；(b) 费米球面与布里渊区八面体表面接触；(c) 沿（111）面的费米面截面

2.3.1.4 能带结构

图 2-12 显示了 Ag 的能带结构，图中在横坐标上字母Γ、X和W对应于图 2-11(a) 布里渊区中的Γ、X和W点，Δ、Λ和Σ是对称轴，纵坐标为电子能。图中有 9 条曲线，每条曲线代表 1 个能带，在特别对称点Γ处几条能带简并。下面的 6 个能带起源于一个孤立 Ag 原子的 5s 和 4d 轨道。因为在金属中 s 和 d 轨道相互杂化，很难清楚地区分相应 s 或 d 轨道的能带，但可以叫这 6 条能带中下面的 5 条为 d 能带，因为它们具有更加类似 d 能带的特征；第 6 条能带称 s 能带，因为它更加类似 s 能带特征。类似 s 能带特征的能带具有宽的能量宽度和低的态密度，相反，类似 d 能带特征的能量宽度较窄，而态密度高，如图 2-10(b) 所示。图 2-12 中平行于横坐标的虚线代表 Ag 的费米能$\varepsilon_F=6.38\text{eV}$。Ag 的 d 能带的能量远低于费米能，而接近费米能级的电子则都具有“类 s”电子特征。这就是 Ag（Cu 及 Au）的费米面接近球面的原因。如图 2-12 所示，如果电子从Γ点出发沿Δ轴去向x点，开始时 s 能带远低于费米能级ε_F，这意味着电子在费米球内；在距x点很近的地方，s 能带便跨过费米能级，这时电子从费

米球面内跨越到球面外。从另一方向电子沿 Q 轴从 L 点移向 W 点，开始时 s 能带也远低于 ε_F，即 L 点在费米面内，随后沿着 Q 轴 s 能带与费米能级相交并跨过费米能级，这个交点就是费米面上的“颈缩”点。这个简单的例子可以说明能带结构与费米面的关系，因而也可以从简单金属 Ag 的能带结构估算它的费米面或态密度。

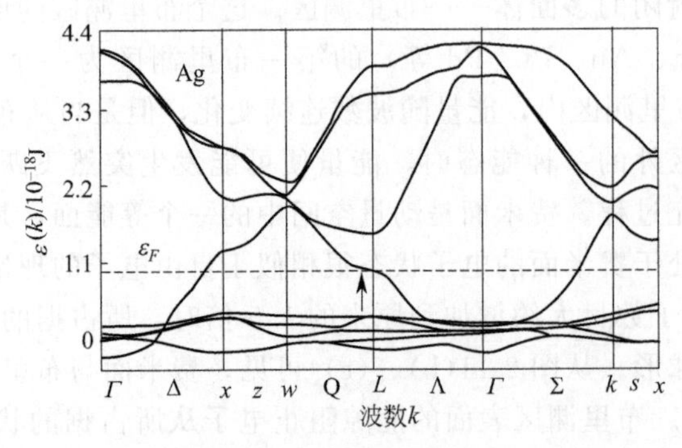

图 2-12　Ag 的能带结构

2.3.2　银的原子与晶体性质

表 2-4　Ag 的原子与晶体性质

性质	Ag	性质	Ag
原子序数	47	晶体结构	面心立方(FCC)
原子量	107.8682	晶格常数 α/nm	0.4086
密度/(g/cm^3)	10.49	原子间距/nm	0.2889
原子半径/nm	0.144	配位数	12
电子组态	[Kr]4d^{10}5s^1	费米能级/$\times10^{-18}$J	1.02

2.3.3　Ag 的熔点、熔化热

按 1968 年国际温标，Ag 的熔点 T_m＝961.93℃（1234.93K），1990 年国际温标修正为 961.78℃（1234.78K）。Ag 的熔化热 ΔH_m＝11.3kJ/mol。这里要说明的是，在许多 Ag 合金相图中，Ag 的熔点仍使用 961.93℃。

从工程学的观点看，金属的熔点与沸点是原子内聚力强度的一个重要标志。贵金属，尤其是铂族金属，能形成强的金属键，因而具有高的熔点，而在贵金属中 Ag 的熔点与沸点是最低的。根据恩格尔理论，原子的结合能和元素的稳定性主要取决于可参与键合的 d 电子数。在贵金属元素中，随着 d 电子轨道逐渐被填充，即随着可参与键合的 d 电子数减少，元素的熔点随之降低。在第五周期中，从 Ru 到 Ag，元素的熔点逐渐降低。同样，在第六周期中，从 Os 到 Au，元素的熔点逐渐降低。

2.3.4　Ag 的热膨胀

金属的热膨胀是晶格原子间吸引力与排斥力热响应的不对称的结果，这种不对称性随温度升高而增大，并改变物体的体积尺度与线尺度。金属的线膨胀与温度有如下关系：

$$L_T = L_0(1+\alpha_1 T+\alpha_2 T^2+\alpha_3 T^3)$$

式中，T 为温度，K；L_T 为在温度为 T 时的长度。当 Ag 在 0～900℃温区内，上式中系数值分别为：$\alpha_1=19.494\times10^{-6}$，$\alpha_2=1.0379\times10^{-9}$，$\alpha_3=2.375\times10^{-12}$。

金属的线胀系数 α_T 可写为：

$$\alpha_T=\frac{dL}{L_T}\cdot dT$$

从低温到高温，Ag 的线胀系数值列于表 2-5。在低温区（100K 以下），Ag 的线胀系数随温度升高而快速增高；在 100～600K 温区内，α_T 值增加减缓；在 600K 以上温度，α_T 值又明显增大。面心立方金属的热膨胀是各向同性的，其体胀系数与线胀系数的关系可以表示为 $\beta=3\alpha$。另一方面，金属的热胀系数与其熔点成反比，因此，在贵金属中，Ag 的热胀系数最大，Au 与 Pd 次之，Pt、Rh 和 Ir 则更低。

表 2-5 Ag 的线胀系数 α_T

温度 T/K	40	100	150	200	280	300	400	600	800
$\alpha_T/10^{-6}K^{-1}$	4.78	14.7	16.7	17.8	18.7	18.9	19.5	21.0	23.1

2.3.5 银的热容

金属的热容是其聚积热的能力，是其热惰性的度量，也是表征金属的电子和声子次级系统的一个主要性能。可以认为金属的热容主要包括电子热容和晶格（声子）热容。作为一级近似，电子热容与温度 T 成正比，即 $C_e=\gamma T$；而当温度远低于德拜特征温度（θ_D）时，晶格热容与 T^3 成正比。因此，当 $T\ll\theta_D$ 时，银的等压热容（C_P）有如下经验公式：

$$C_P=\gamma T+\alpha' T^3$$

式中，γ 是电子比热容，它与接近费米面的导带电子的态密度成正比，因此，它是表征金属电子结构的一个量；系数 α' 与金属的弹性和密度相关。Ag 的电子比热容 $\gamma=0.63\times10^{-3}$J/(K^2·mol)，德拜温度 $\theta_D=215$K，Ag 的电子比热容最小。

随着温度升高，辐射热交换系数随 T^3 增大，电子的贡献不能凭经验确定，因此，高温等压热容一般可表示为：

$$C_P=\alpha_0+\alpha_1 T+\alpha_2 T^2$$

对于 Ag，在 273～1233K（0～960℃）温区内，上式中各项系数分别为 $\alpha_0=0.055401$，$\alpha_1=0.14414\times10^{-4}$，$\alpha_2=-0.16216\times10^{-8}$（比热容单位为 J·kg^{-1}·K^{-1}）。

从低温到高温，Ag 的比热容值列于表 2-6。可以看出，从低温至 300K，Ag 的比热容值呈直线升高；从 300K 到熔点则很平缓地增大。

表 2-6 Ag 的比热容值

T/K	C_P/J·K^{-1}·mol^{-1}	T/K	C_P/J·K^{-1}·mol^{-1}	T/K	C_P/J·K^{-1}·mol^{-1}
4	0.0136	200	24.28	700	27.59
10	0.188	250	25.00	800	28.30
20	1.71	298.15	25.41	900	29.06
50	11.64	400	25.83	1000	29.85
100	20.18	500	26.33	—	—
150	23.03	600	26.96	—	—

为了更系统地表述 Ag 的热学性质，表 2-7 列出了 Ag 的基本热学性质。

表 2-7　Ag的基本热学性质

热学性质	数值	热学性质	数值
熔点/K	1234.78	电子比热容系数 $\gamma/(\times10^{-3}J\cdot K^{-2}\cdot mol^{-1})$	0.63
熔化热 $\Delta H_m/(kJ\cdot mol^{-1})$	11.30	等压热容 $C_P(298.15K)/J\cdot K^{-1}\cdot mol^{-1}$	25.41
熔化熵 $\Delta S_m/(J\cdot K^{-1}\cdot mol^{-1})$	9.17	德拜温度 θ_D/K	215
沸点/K	2436	热导率(273K)/$(W\cdot cm^{-1}\cdot K^{-1})$	4.35
晶体热函 $H_{st}-H_0/(kJ\cdot mol^{-1})$	5.77	热扩散率(273K)/$(\times10^4m^2\cdot s^{-1})$	1.75
晶体熵 $S_{st}/(kJ\cdot K^{-1}\cdot mol^{-1})$	42.7	热胀系数 $\alpha_{273\sim373K}/(\times10^{-6}/K)$	19.2

2.3.6 银的热导率与热扩散

由热能迁移所产生的热导率包含传导电子和晶格弹性振动两项贡献，因此，与比热容一样，热导率与温度的关系在不同温度区段是不同的。Ag 的热导率随温度升高而降低（见表 2-8）。Ag 是热导率最高的金属，在室温下其热导率 $\lambda=4.33W/(cm\cdot K)$，这个值比 Cu 和 Au 约高 1/3，比 Ir 和 Rh 约高 3 倍，比 Pt 和 Pd 约高 6 倍。拉伸与压缩对 Ag 的热导率有影响，拉伸使热导率略有减小。

金属的热扩散率可以由下式确定：

$$\alpha=\lambda/(C_P\cdot d)$$

式中，λ 为热导率，C_P 为热容，d 为密度。

低温时，金属的热扩散率在很大程度上取决于杂质和缺陷的浓度。从低温到高温，Ag 的热扩散率列于表 2-8，这些值也远高于在相同温度下的其他贵金属与 Cu。

表 2-8　Ag 的热导率 λ 和热扩散率 α

T/K	$\lambda/[W\cdot(m\cdot K)^{-1}]$	$\alpha/(10^4m^2\cdot s^{-1})$	T/K	$\lambda/[W\cdot(m\cdot K)^{-1}]$	$\alpha/(10^4m^2\cdot s^{-1})$
100	475	2.27	300	433	1.74
150	445	1.92	400	426	1.70
200	441	1.81	600	411	1.61
250	438	1.76	800	397	1.49
273	435	1.75	—	—	—

注：1. 低于 150K 时热导率从其电阻率 $\rho(4.2K)=0.000621\mu\Omega\cdot cm$ 试样上得到，中温区测定误差为 4%，低于 100K 测定误差为 7%；

2. 热扩散率试样为纯度 99.99%的 Ag。

2.3.7 Ag 的电阻率

Ag 是导电率最高的金属。400℃退火态高纯 Ag 在室温下（20℃）的电阻率 $\rho=1.59\mu\Omega\cdot cm$，一般商业纯 Ag 在室温下电阻率 $\rho=1.6\mu\Omega\cdot cm$。在贵金属 8 个元素中，Au 的电阻率（$2.2\mu\Omega\cdot cm$）是 Ag 的 1.38 倍，Pt（$\rho=10.42\mu\Omega\cdot cm$）和 Pd（$\rho=10.55\mu\Omega\cdot cm$）的电阻率是 Ag 的约 6.6 倍，Rh（$\rho=4.78\mu\Omega\cdot cm$）和 Ir（$\rho=5.07\mu\Omega\cdot cm$）的电阻率约是 Ag 的 3 倍，Ru（$\rho=7.37\mu\Omega\cdot cm$）和 Os（$\rho=9.13\mu\Omega\cdot cm$）的电阻率则相当于 Ag 的 4.6 和 5.7 倍。按国际退火铜电导率的标准（IACS），取高纯退火 Cu 的标准电导率为 100%，则高纯 Ag 的标准电导率为 108.4%IACS。按金属的电导率 σ（$\sigma=1/\rho$）是电子密度 n 和电子迁移率 μ 之积，即有

$$\sigma=en\mu$$

其中，e 为一个电荷所带的电量，为 $1.60\times10^{-19}C$。

电子迁移率 μ 反比于费米能级的态密度 $N(\varepsilon_F)$。Ag(和 Au) 的费米能级位于远离 d 能带的 s

能带上，即 $N(\varepsilon_F)$ 值较小，而Pt和Pd的费米能级位于一个d能带峰的顶点，Rh和Ir的费米能级位于d能带峰的中间，6个铂族金属元素的费米能级的态密度 $N(\varepsilon_F)$ 值明显高于Ag（和Au），因而Ag的电子迁移率远高于铂族金属元素。另一方面，Ag(或Au)的费米面所包含的电子数为每个原子1个电子，即 5.8×10^{22} 个电子/cm^3(Ag)或 5.7×10^{22} 个电子/cm^3(Au)，Ag和Au的外层电子组态为 $d^{10}s^1$，铂族金属的外层电子组态分别为：Pd(d^{10})、Pt(d^9s^2)、Rh(d^8s^1)、Ir(d^7s^2)、Ru(d^7s^2)和Os(d^6s^2)，这样铂族金属的载体密度低于Ag(和Au)，因而它们比Ag具有更高的电阻率。

Ag的电阻率随温度升高而增大，表2-9列出了从低温到熔点Ag的电阻率 ρ_t 以及电阻比 R_T/R_0（R_T 和 R_0 分别为 T 和0℃的电阻）的变化。从低温到熔点（固态），Ag的电阻率基本上呈线性上升趋势。

表2-9 Ag的电阻率 ρ_T

温度/℃	ρ_T/(μΩ·cm)	温度/℃	ρ_T/(μΩ·cm)	温度/℃	ρ_T/(μΩ·cm)
−272	0.01	−78	1.05	500	4.88
−253	0.015	0	1.54	700	6.25
−223	0.115	100	2.17	800	7.11
−192	0.32	200	2.82	900	7.92
−183	0.35	300	3.48		
−123	0.728	400	4.17		

根据马棣森（Matthiessen）定律，金属的电阻率可以近似地表示为两项的和，即：

$$\rho=\rho_T+\rho_X$$

式中，ρ_T 是由声子即由原子振动引起的电阻率，是与温度相关的项，随温度升高而增大；ρ_X 包括由杂质和晶格缺陷引起的剩余电阻率，近似地与温度无关。如果有多种杂质元素溶解在同一金属中，假定各杂质元素的原子对电子的散射是独立的，则所有杂质引起的剩余电阻率 ρ_X 可写为：

$$\rho_x=\sum_{i=1}^{n}\rho_{x_i}=\sum_{i=1}^{n}C_iX_i$$

式中，C_i 为常数；X_i 为杂质 i 的摩尔分数。

当 $X_i=1$（摩尔分数）时，

$$\rho_x=\sum_{i=1}^{n}C_i$$

2.3.8 弹性模量

Ag的力学性质与其纯度有关。表2-10列出了退火态商业纯Ag（99.95%）的力学性能。

表2-10 退火态商业纯Ag（99.95%）在室温下的力学性能

性能	数值	性能	数值
密度 γ/(g·cm^{-3})	10.49	弹性模量 E/GPa	82
原子体积(20℃)/(cm^{-3}·mol^{-1})	10.27	切变模量 G/GPa	28
维氏硬度HV	25	泊松比 μ	0.38
屈服强度 $\sigma_{0.2}$/MPa	20～25	压缩系数 K/($\times10^6cm^3$/N)	—
拉伸强度 σ_b/MPa	140～160	压缩模量 B/GPa	101.8
延伸率 δ/%	40～50	压缩模量 B/切变模量 G	3.64
面积收缩率 ψ/%	80～95		

在贵金属8个元素中，处于第五周期中的Ru、Rh、Pd和Ag的密度介于10.49～12.5g/cm^3，属轻贵金属；处于第六周期中的Os、Ir、Pt和Au的密度介于19.30～22.60g/cm^3，属重贵金属。

金属的弹性是结构敏感性质，直接与固有的内聚力、键合特性及晶体结构有关。在面心立方贵金属中，以Ir的弹性模量最高，Au（E＝79GPa）的弹性模量最低，Ag的弹性模量（E＝82GPa）略高于Au。单晶体的弹性模量呈各向异性，在最密排的＜111＞方向上弹性模量最大。Ag在＜111＞、＜110＞和＜100＞方向上的弹性模量分别为115GPa、81.3GPa和43.5GPa。Ag的弹性随温度升高而降低。

2.3.9 强度性质

强度性质包括硬度、极限拉伸强度、延伸率、断面收缩率等性质。退火态商业纯Ag的强度性质分别为：维氏硬度＝24～25HV，极限拉伸强度σ_b＝140～160MPa，屈服强度$\sigma_{0.2}$＝20～25MPa，延伸率δ＝40%～50%，断面收缩率ψ＝80%～95%。

冷变形可以提高Ag的硬度与强度，降低延伸率与断面收缩率。在贵金属元素中，具有密排六方晶格的Ru与Os具有最高加工硬化率，具有面心立方结构的金属加工硬化率较低，尤以Au和Ag的加工硬化率最低。加工硬化率与晶格刚性有关，金属的切变模量又称刚性模量，随着金属刚性模量G增大，加工硬化率增大。

Ag的强度性质受其纯度与温度的影响。随着退火温度升高，其强度下降，延伸率升高，尤其在200℃以上，这种性能发生急剧变化。纯Ag（99.99%）的强度随退火温度升高而下降的趋势明显大于商业纯Ag（99.95%），纯度越高，强度越低。随着退火温度升高，Ag的硬度也呈类似的下降趋势，如商业纯Ag冷变形60%的硬度值达到70HV左右，退火态的硬度下降到25HV左右。

2.3.10 银的回复与再结晶

（1）银的回复

冷变形高纯Ag的力学性能是不稳定的，在自然存放期间其畸变的晶格会逐渐弛豫，导致强度性质逐渐下降，产生一种所谓的自然时效软化现象。冷变形Ag的衍射峰宽而漫散。经7天自然时效，衍射峰的$K_{\alpha1}$和$K_{\alpha2}$两峰分离。随着自然时效时间延长，两峰分离愈加明锐，半高宽继续减小。正是这种畸变晶格的逐渐松弛，导致了Ag的自然回复软化。Ag的回复软化程度，既与回复温度有关，也与Ag的纯度和冷变形量有关。Ag的纯度越高，发生回复的温度越低，回复越充分；冷变形程度越高，形变储能亦越高，回复软化温度越低或回复软化时间越短；回复温度越高，回复软化时间越短。

（2）银的再结晶

Ag的回复（尤其是自然回复）软化与其再结晶温度低有关。Ag的再结晶温度与其纯度和冷变形量有关，如99.999%高纯Ag在冷变形50%和90%时，其再结晶温度分别为75℃和64℃；而99.99%纯度Ag在相同冷变形条件下的再结晶温度分别达到180℃和145℃。显然，Ag的纯度越高，再结晶温度越低，而对相同纯度的Ag材，其冷变形程度越高，再结晶温度就越低。因此，当高纯Ag（如99.999%纯度）承受大的冷变形时，因其再结晶温度低至60～75℃，这就使之在较低温度（如50℃）甚至室温下发生回复。当然，一些其他因素如原始组织、形变与热处理历史、加热速度与时间等也都会影响 Ag 的再结晶温度。一般来说，纯金属的开始再结晶温度（T_r）与其熔点的绝对温度（T_m，K）大体有如下关系：T_r(K)=0.35～0.4T_m(K)。因此，对于纯 Ag(99.99%Ag)，视其冷变形量不同，其再结晶温度 T_r≈430～495K(160～220℃)。由于所含杂质不同和冷变形程度不同，商业纯 Ag 的再结晶温度也是不相同的。这就表明通过向纯 Ag 中添加一定的杂质和控制冷变形程度，可在一定程度上提高其再结晶温度和抑制其回复过程。

(3) 银的回复激活能与再结晶激活能

Ag 的回复与再结晶激活能也与其纯度和冷变形量有关。随着 Ag 的纯度升高和冷变形量增大，其回复与再结晶激活能明显减小。冷变形 ε=90%的高纯 Ag（99.999%Ag）的再结晶激活能 Q_r≈70kJ/mol，而在 20～50℃温度范围内，其回复激活能约 20kJ/mol。低的回复与再结晶激活能是大变形高纯 Ag 在室温环境中回复软化的根本原因。此外，降低 Ag 的纯度（通过合金化）或降低冷变形程度，都可使再结晶激活能增大。

2.4 银的化学性质

2.4.1 概述

Ag 的电子组态是 2∶8∶18∶18∶1，外层电子结构为 $4d^{10}5s^1$。第四主能级上的 18 个电子意味着 Ag 有高的稳定性，即 Ag 具有良好的耐腐蚀性。Ag 在大气中不被氧化，能耐弱酸与大多数有机化合物的腐蚀，其耐腐蚀性高于贱金属。Ag 良好的耐腐蚀性并不取决于 Ag 的保护膜，而取决于 Ag 的电极电位特性。但是，Ag 在含硫的气氛与环境中会变晦暗，形成 Ag_2S 或混合硫化物的晦暗膜。如何防止 Ag 变晦暗一直是一个重要的课题，表面涂层可起到一定防护作用，以 Au 和铂族金属元素与其合金化可以增强 Ag 的抗晦暗性。

Ag 的电子组态第五主能级上的 1 个电子意味着 Ag 的化合价为+1 价。在 Ag 的大多数化合物包括无机化合物、有机化合物和配合物中，Ag 为+1 价，但在某些化合物中，Ag 也可以+2 价、+3 价甚至更高价态出现。

影响金属电化学性质的重要因素之一是其电极电位。为此，在本节中给出 Ag 的平衡电位-pH 图（即布拜图），给出了某些可形成弱溶解化合物和配合物体系的标准电极电位。Ag 的标准电极电位高于 Cu 和许多贱金属，而低于 Pt、Au 等贵金属，这是 Ag 具有耐腐蚀性的原因。Ag 的电化学性质的另一个特点是 Ag 具有迁移性，即在电化学反应中从阳极向阴极区迁移的特性，这对 Ag 作为电接触材料和其他电路材料不利。

Ag 在许多氧化反应、还原反应和聚合反应中具有高催化活性。Ag 催化剂（合金化合物、盐类、载体等形式）可用于乙烯氧化合成、乙二醛合成以及许多有机反应中。

正如其物理性质一样，Ag 的化学性质也显示了过渡特性和第二长周期ⅧB 族元素化学性质延伸的特性。例如抗腐蚀性，Ag 显示了在ⅠB 族中从 Cu 到 Au 的过渡、在元素周期表中从主族到副族元素的过渡或从贱金属向贵金属的过渡。在第五周期中从ⅧB 族元素到ⅠB Ag，其氧化态显示了连续的变化，即有 Ru(Ⅳ)→Rh(Ⅲ)→Pd(Ⅱ)→Ag(Ⅰ)。

2.4.2 Ag 的化合价与化学活性

周期表中 Ag 处于ⅠB 族，原子序数为 47。它在周期表中的位置及其化学活性都居于 Cu

和 Au 之间。Ag 的 47 个核外电子分布在 5 个能级上，其电子组态是 2∶8∶18∶18∶1。第 4 主能级上的 18 个电子意味着 Ag 有高的稳定性，但化学稳定性明显不如 Au。对于ⅠB 族金属 Cu、Ag 和 Au，具有相同氧化价态的化合物的键合强度随其原子序数增大而增高。另一方面，Ag 与铂族元素 Ru、Rh、Pd 同处第五周期（第二长周期），随着这些金属中原子的 d 轨道填充程度增大，它们的常见氧化价态倾向减小，即有 Ru(Ⅳ)→Rh(Ⅲ)→Pd(Ⅱ)→Ag(Ⅰ)。

Ag 通常为+1 价，或者说，在 Ag 的大多数化合物中，Ag 为+1 价。在 Ag 的重要化合物中如氧化物（Ag_2O）、卤化物（AgF、AgCl、AgBr、AgI）、硫化物（Ag_2S）、硝酸银（$AgNO_3$）、硫酸银（Ag_2SO_4）、氰化银（AgCN）等化合物，Ag 都呈+1 价。在某些化合物中，Ag 可以是 2 价、3 价甚至更高价态存在。通过 Ag 或 Ag_2O 的阳极处理或与 $AgNO_3$、KOH 和 $K_2S_2O_8$ 的反应可形成高价氧化物。

表 2-11　Ag 的基本化学性质

性质	数据	性质	数据
价电子	5s	标准电极电势/V($Ag-e^- \rightarrow Ag^+$)	0.799
化合价	1,2,3	第一电离能/(kJ/mol)	731
熵/($J \cdot mol^{-1} \cdot K^{-1}$)(298K)	42.55	第二电离能/(kJ/mol)	2074
电负性	1.9	Ag^+ 离子半径/nm	0.126
电子亲和能/($kJ \cdot mol^{-1}$)	125.7	—	—

2.4.3 Ag 的抗腐蚀性

金属的相对耐腐蚀性主要取决于两个因素，即金属的电极电位大小及是否在金属表面形成保护膜。金属的电极电位除与自身的标准电势有关之外，还与金属内部存在的杂质及金属本身的物理与化学均匀性有关。金属内部的杂质或不均匀性都有可能形成局部的电偶，从而引起或加快金属的腐蚀过程。在第二因素中，膜的特征也很重要，如在金属表面所形成的膜是多孔的还是致密无孔的，是厚的还是薄的，是连续的还是破碎的，是黏附的还是不黏附的，形成速度以及在溶液中是否溶解，等，都影响金属本身的腐蚀性。此外，环境条件也是一个重要因素，与金属相接触的气体或液体不同，它们之间的电位差亦随之不同，因而腐蚀速度与程度亦不同。

在常温甚至在大气中加热时，Ag 不形成氧化物膜，这一特性与 Pt 和 Au 相似，只有在很少数情况下，如在 HCl 中形成 AgCl 膜层。因此，Ag 的良好的抗腐蚀性并不取决于 Ag 本身的保护膜层，而取决于 Ag 的电极电位特性，或者说 Ag 本身的化学稳定性。Ag 的标准电极电位为 0.799V，这个值远高于 Cu(0.52V)，实际上与 Hg 的标准电位（0.85V）相近，仅低于 Pt（1.2V）和 Au（1.68V）。这些数字表明，当 Ag 与任何其他普通金属之间建立起一个电偶时，除 Hg、Pt 和 Au 外，在金属表面完全干净和没有其他化学因素干扰时，Ag 都将是阴极并因此而不受腐蚀。当 Ag 与那些在其表面形成保护膜的金属形成电偶时，Ag 将是阳极，但电偶间电位差很小，因而对 Ag 的腐蚀相对也很小。Ag 的这种化学稳定性虽有益于其抗腐蚀性，但却不利于形成保护膜，只有在与 Ag 反应的液体或气相中形成不溶性化合物时，如上述的 AgCl 可以形成有价值的保护膜。从另一观点来看，Ag 不能形成保护性膜的特性使之不易形成完全连续与致密无针孔的 Ag 钝化层，采用普通方法制备 Ag 镀层在室内大气环境中或其他弱腐蚀环境中也许不受重大影响，但这样的镀层与基体可以形成电偶，其中贱金属变成阳极，腐蚀介质可通过镀层针孔到达贱金属基体，虽然 Ag 得到了保护，但贱金属基体被腐蚀，也就是薄的 Ag 镀层对贱金属基体并未起到保护作用。因此，最值得注意的是当 Ag 作为一个结构部件与贱金属相接触时，一定要避免让所接触贱金属变成一个电偶中的阳极，否则会使贱金属受到强烈腐蚀。Ag 的高导电性和不形成膜的特性通常是这类设计中的一个重要因素，需要避免出现上述不利影响。

在大气中 Ag 不被氧化，因而不受大气的腐蚀，但大气中存在水蒸气、二氧化硫或某些其他气体时，Ag 受到的腐蚀明显。Ag 能耐弱酸和大多数有机化合物的腐蚀。但是，Ag 易溶解于硝酸和热浓硫酸，它易被强的氢卤酸包括浓盐酸腐蚀，也被氰化物溶液、硫和硫化物、汞和汞的化合物腐蚀。

通过大量研究，许多介质对 Ag 的腐蚀行为已有定性研究与评定。表 2-12 列出了对 Ag 不腐蚀或有轻度腐蚀的介质，表 2-13 则列出了对 Ag 有严重腐蚀的介质。那些对 Ag 不腐蚀或有轻度腐蚀的介质，绝大部分对普通贱金属都会造成严重腐蚀，可见 Ag 具有好的耐蚀性。

表 2-12　对 Ag 不腐蚀或只有轻度腐蚀的介质

	介质		
无机物	明矾	氯化铝	硫酸铝
	氟化铝	氨	碳酸铵
	氯化铵	氢氧化铵	硫酸铵+5%硫酸
	硝酸铵	磷酸铵	硫酸铵
	硫代氰酸铵	王水	大气
	氯化钡(室温)	五氧化二铋	硼酸
	硫酸镉	氯化钙(50%溶液,67℃;沸腾碱溶液)	氟化钙
	碳酸钙		二硫化碳
	二硫化碳	氯气(300℃以下)	碳酸
	氢氧化铯	碳酸盐	氧化铜
	氯化铜	铬酸盐溶液	硫酸铜
	硫酸铜-硫酸溶液	硝酸铜	氟化物
	氟	三氧化二铁	稀盐酸
	HCl	卤素气体	氧化镁
	氢	溴化氢	氧化铅
	硫酸镁	碘溶液	氮气
	矿质水	氧化氮	磷
	磷酸	氧	五氯化磷
	氯酸钾	磷酸盐	氢氧化钾
	氯化钾(室温)	重铬酸钾	碳酸钾
	硫氰酸钾	氢氧化铷	海水
	碳酸氢钠	四硼酸钠	碳酸钠
	氯化钠溶液	氢氧化钠溶液	熔融氢氧化钠
	熔融碘化钠	硝酸钠	磷酸钠
	硫酸钠(熔融)	氟化钠	熔融过氧化钠
	硅酸盐溶液	氟硅酸盐	蒸汽
有机物	醋酸(乙酸)	乙酸酐	醋酸人造丝
	丙酮	酒精	醛
	抗坏血酸	乙酰水杨酸	氨基偶氮苯
	苯胺染料	蛹蛋白丝	苯酸
	啤酒酿造液	苯酚	柠檬酸
	甲醛	羧酸与羧酸酯	硝基苯氯
	三氯甲烷	氯乙醇	苯醚
	氰	染料	牛奶制品
	香精油	乙醚	乙基氯
	脂肪酸	果汁及其提取物	糖醛

续表

	介质		
有机物	甲酸	甘油	动物胶
	胶水	六亚甲基四胺	墨水
	冻胶	油酸与其分解物	无碱氢氰酸
	氢醌	糖蜜与糖浆	乳酸
	苹果酸	棕榈酸	酰丙酸
	二氯甲烷(甲叉二氯)	酞酸	有机酸
	草酸	硬脂酸	苯酚
	照相乳剂	四乙铅	丙酸
	水杨酸	硝化甘油	鞣液
	酒石酸	蛋白质	尿素
	硝基苯	肥皂与皂液	硝化纤维
	硝基苯酚	亚硝酰氯	吡啶
	树脂与树脂酸	硫酰氯	煤焦油制品
	木焦油		亚硫酰氯

表 2-13　对 Ag 有腐蚀或严重腐蚀的介质

氯化铝蒸气	碱金属氰化物	碱金属硫化物
氯化钡蒸气	氢氧化铵	多硫化铵
液溴与溴蒸气	过氧化钡	熔融硼砂
次氯酸钙	溴酸	一氧化碳
氯气	碱金属氯酸盐	氯酸
硫酸亚铜和硫酸铜	铬酸	氯化亚铜
铁铵明矾	硝酸亚铜	铁明矾
氢碘酸	硫酸铁	熔融玻璃
硒化二氢	氢溴酸	过氧化氢
碘酸	硫化氢	次氯酸
过氧化铅	碘化钾	氯化亚汞
汞	氯化汞	硝酸
硝酸-硫酸混合酸	熔融硝酸盐	臭氧
过硫酸盐溶液	四氧化二氮	氯化钾
硝酸钾	溴化钾	碘化钾
过硫酸钾	亚铁氰化钾	过四氧化二钾
硒酸	高锰酸钾	焦硫酸
过硫酸钠	硫化钾	熔融氯化钙
硫代硫酸钠	溴化钠	氯酸钠
浓磷酸(50%以上)	亚铁氰化钠	过氧化钠
盐酸(36%,100℃)	多硫化钠	硫化钠
四氯化碳	硫	熔融硝酸钠
漂白粉	浓硫酸	三氧化硫
P-氯苯甲醛	王水(沸腾)	氢氟酸(40%)
P-甲苯酰醛	氯代醋酸	乙炔
苯酚二磺酸	苯甲醛	巴豆醛

2.4.4 Ag 的晦暗

Ag 和 Ag 制品表面在大气中会形成一层暗黑色膜，其主要组成是硫化银，反应为：$4Ag+2H_2S+O_2 \longrightarrow 2Ag_2S+2H_2O$。

随着膜层厚度增大，膜的颜色由暗褐绿色变成黑色，即硫化银的颜色。这层膜的保护作用在于它可以阻止它本身累进式的发展，因而从Ag损失的观点看，它不是一个重要问题。但是，这也是一种腐蚀形式，通常称之为“晦暗”。

硫化银的电阻率较高，大约是Cu的1万倍。因此，Ag的晦暗膜将产生一定电阻。银作为电接触材料时，硫化银晦暗膜的形成将增大接触电阻。另外，对于Ag饰品与装饰材料，晦暗膜的形成使Ag失去光泽。

导致Ag晦暗的最重要的原因是大气中存在微量H_2S、SO_2等。虽然大多数情况下，晦暗膜主要是硫化银（Ag_2S），但当气氛中存在有SO_2和水蒸气时，晦暗膜则是Ag_2S和Ag_2SO_4的混合物。一些含硫高的食品（如蛋黄、洋葱等）和物品（如硫化橡胶等），当它们与Ag接触时都会使Ag表面迅速形成晦暗膜。

Ag表面的晦暗膜可用机械研磨和化学试剂腐蚀消除。大多数家用银器具的晦暗膜可通过精细研磨与抛光消除。工业上，则常用氰化钾或氰化钠稀溶液消除晦暗膜，因为这些稀溶液容易溶解银的大多数化合物。但是家用银器具不能用氰化物溶液清洗，一者因氰化物有剧毒，再者氰化物既清除银器表面晦暗膜，同时也侵蚀银本身。采用电解法消除工业用银或家用银器都很方便，且可得到极好的效果。还有一个简单的消除方法，是将Ag加热至红热，硫化物晦暗膜在约400℃时分解。但是加热法不能用于含有易氧化组元的Ag合金（如Ag-Cu合金）和镀银层。

Ag在工业上与家庭中有广泛的应用，如何防止其晦暗一直是一个重要课题。表面涂层可以起到防护作用，但其缺点是改变了外观，而且一旦表面涂层被划伤，或者Ag器件要进一步处理或经受磨损，都会导致涂层下的Ag暴露于大气而变得晦暗。接近透明的清漆涂层也可保护Ag，避免晦暗，但清漆对Ag的黏着力差，不耐磨且易划破。镀铑层既可保护Ag不晦暗，又有漂亮的颜色与外观，但成本太高。在碱金属铬酸盐和碳酸盐溶液中做阴极处理可使Ag有效的钝化，或以阳离子电泳沉积氧化铝、氧化铍、氧化钍和氧化锆等氧化物也可以防止Ag晦暗。表面涂层除了损坏Ag的外观以外，还影响它的电接触性能。

另一种减轻Ag晦暗的途径是将Ag包裹在一种抗晦暗的纸中储存，有不同类型的纸用于Ag的抗晦暗，其中以浸渍醋酸铜和醋酸镉的纸效果最好。这些盐优先吸收H_2S，防止或减轻H_2S与Ag表面反应。醋酸铜的价格比醋酸镉低，因而常为首选浸渍剂。浸渍2.3%醋酸铜的抗晦暗牛皮纸比普通牛皮纸抗晦暗能力至少高10～20倍。氧化铜也有抗晦暗作用，含1.4% CuO的纸比不含氧化铜的纸抗晦暗能力高10倍以上。在Ag上浸涂一层极薄的含巯基的长链脂肪族化合物膜层也可有效防止晦暗。该分子可化学吸附形成一层紧密的单分子膜防止Ag变晦暗，而且它不妨碍Ag再抛光使用，对导电性也无影响。

2.4.5 Ag的无机化学

2.4.5.1 Ag与氧的反应

(1) Ag(Ⅰ)氧化物

金属Ag在氧气中加热可生成Ag_2O薄膜。因此可将Ag粉末在氧气中加热制取Ag_2O。将稀NaOH溶液加入银盐（如$AgNO_3$）溶液，所得沉淀用不含CO_2的水洗涤与过滤，在85～88℃无CO_2气流中干燥，可得Ag_2O。Ag_2O为褐黑色的无味粉末，分子量为231.76，密度为7.22g/cm^3。Ag_2O在200℃开始分解，250～300℃分解加快，甚至在阳光下分解，因此需避光保存。它可被H_2、H_2O_2、CO和大多数活泼金属还原。Ag_2O和MnO_2、Co_2O_3、

CuO 的混合物在常温下可使 CO 转化为 CO_2，故可用在防毒面具中。潮湿的 Ag_2O 吸收 CO_2，生成 Ag_2CO_3 沉淀。Ag_2O 在水中的溶解度为 2.14×10^{-3}g/100 g H_2O（20℃）。它可溶于稀硝酸、NH_4OH、NaOH 和 KCN 溶液中，但不溶于酒精。Ag_2O 生成热较小，$\Delta H_f^\theta=-30.59$kJ/mol，等压热容 $C_P=65.6$J/mol·K；它具有与 Cu_2O 相同的立方晶格结构，晶格常数 $\alpha=0.472$nm，晶格中 Ag—Ag 键距为 0.3336nm，Ag—O 键距为 0.2043nm，故具有共价性。Ag_2O 可用作电池的阴极退极化剂、催化剂和配置银电镀液等。

（2）Ag 的氢氧化物

制备：$AgNO_3+OH^- \longrightarrow AgOH\downarrow+NO_3^-$。AgOH 为褐色无定形沉淀。除新鲜沉淀物外，AgOH 不溶于水，但溶于酸和碱中。

2.4.5.2 Ag（Ⅰ）配合物

Ag 离子可与一系列离子和分子（如 F^-、Cl^-、Br^-、I^-、CN^-、NH_3 等）生成稳定的配合物。例如，不易溶于水的 AgCl 极易溶于氰化钾、硫代硫酸钠、亚硫酸钠及氨的水溶液中形成配离子：$AgCl+2CN^-=Ag(CN)_2^-+Cl^-$。实际上存在着大量固态和液态 Ag(Ⅰ) 配合物，它们的配位数与其配位基的性质及阴离子有关。最稳定的 Ag（Ⅰ）络合物具有线性结构 $[L\text{-}Ag\text{-}L]^+$（L 为某种配位体），其配位数一般为 2，如上述 $[Ag(NH_3)_2]^+$ 和 $[Ag(CN)_2]^-$ 等。Ag（Ⅰ）配合物具有 d^{10} 电子组态。此外，在配合物中除了线性杂化之外还可能出现 Ag（Ⅰ）的 sp^2 和 sp^3 杂化，因此，其他类型的配合物也可能出现。含有 S、Se、P、As 的配位体有 d 键特征，它们形成了 3 共价和 4 共价化合物。表 2-14 列出了 Ag（Ⅰ）离子某些配合物的第一级稳定常数（$\lg K_1$）和离子强度（μ）。

表 2-14 中 K_1 按 $M+L \rightleftharpoons ML, K_1=[ML]/[M][L]$，$K_1$ 为第一级稳定常数。若分步配合反应继续进行，$ML+L=ML_2$ 或 $M+iL=ML_i$ 则有 $\beta_i=[ML_i]/[M][L]^i$。β_i 为积累稳定常数，显然 $\beta_1=K_1$。表 2-15 列出了 Ag(Ⅰ) 的几种配合物的 $\lg\beta_2$。Ag^+ 与卤素元素形成的配合物，其稳定常数 $\beta_2(Cl^-)<\beta_2(Br^-)<\beta_2(I^-)$，即其配合物稳定性从 Cl 到 Br 到 I 递增。在含 CN^- 离子的水溶液中，Ag^+ 与 CN^- 形成的配合物比它与 NH_3 所形成的络合物更稳定。银氨离子的积累稳定常数 $\lg\beta_1$ 与 $\lg\beta_2$ 与温度的关系为随着温度升高，$\lg\beta_1$ 值随 $1/T$ 线性降低，另外，比较同族中 Ag(Ⅰ)、Cu(Ⅰ) 和 Au(Ⅰ) 相应配合物的稳定常数，Ag(Ⅰ) 配合物的稳定常数低于 Cu(Ⅰ) 配合物和 Au(Ⅰ) 配合物，其稳定性顺序一般为 Ag(Ⅰ)<Cu(Ⅰ)<Au(Ⅰ)。

表 2-14　Ag（Ⅰ）离子的某些配合物第一级稳定常数 $\lg K_1$ 和离子强度（μ）

配位基 L	温度/℃	μ	$\lg K_1$	配位基 L	温度/℃	μ	$\lg K_1$	配位基 L	温度/℃	μ	$\lg K_1$
F^-	25	1	−0.32	dien	20	0.1	6.1	nta^{3-}	20	0.1	5.16
Cl^-	20	0.2	2.9	trein	20	0.1	7.65	$edta^{4-}$	20	0.1	7.32
Br^-	25	0.1	4.15	tren	20	0.1	14.65	$heta^{3-}$	25	0.1	6.71
I^-	25	4	8.13	penten	20	0.1	16.24	$dtpa^{5-}$	25	0.1	8.61
CN^-	—	—	—	phen	25	1.0	5.0	$dcta^{4-}$	25	0.1	9.03
NH_3	22	2	3.39	bpy	25	0.1	3.03	$egta^{4-}$	20	0.1	6.88
en	25	0.1	4.7	$acac^-$	—	—	—				

表 2-15 Ag（Ⅰ）几种配合物的 $\lg\beta_2$

配位基 L	温度/℃	μ	$\lg\beta_2$	配位基 L	温度/℃	μ	$\lg\beta_2$
Cl^-	25	0	4.75	NH_3	22	2	7.31
Br^-	25	0.2	7.11	en	20	0.1	7.7
I^-	25	0	11.74	bpy	25	0.1	6.8
CN^-	25	0	18	phen	25	0.1	12.11

2.4.5.3 银配合物的几何构型

在化合物中，Ag 配合物的几种典型的几何构型见表 2-16。

表 2-16 银的配合物几何构型

氧化态	配位数	几何构型	示例
Ag(Ⅰ)	2	直线形	$[Ag(CN)_2]^-$，$[Ag(NH_3)_2]^+$，AgSCN
	3	三角形	$[Ag(PR_3)_3]^+$，$[Ag(SR_2)_3]^+$
	4	四面体	$[Ag(SCN)_4]^{3-}$，$[Ag(PPh_3)_4]^+ ClO_4^-$
	6	八面体	AgF，AgCl，AgBr（NaCl 型结构）

2.4.6 Ag 的电化学性质

2.4.6.1 Ag 的 Pourbaix（布拜图）

金属重要的电化学性质之一是在含有该金属离子的溶液或熔体中金属的电极电位，它决定了金属的热力学稳定性。因为在水溶液中 H^+ 和 OH^- 离子可以参与电极平衡，平衡电位 φ_0 就与 pH 有关。因此，热力学稳定的区域可以明确地以电位-pH 图即 Pourbaix（布拜图）表示。图 2-13 显示了 Ag 的 Pourbaix（布拜图），图中各条线上的数字对应表 2-17 中各反应方程的序号。

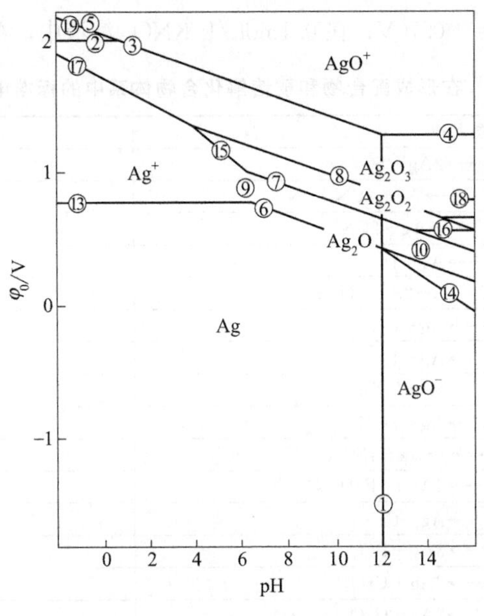

图 2-13 Ag 的 Pourbaix（布拜图）

表 2-17　Ag 的 Pourbaix（布拜图）中各反应方程

序号	平衡反应方程	电极电势方程
①	$AgO^- + 2H^+ \longrightarrow Ag^+ + H_2O$	$lg[AgO^-]/[Ag^+] = -24.04 + 2pH$
②	$Ag^{2+} + e^- \longrightarrow Ag^+$	$\varphi_0 = -1.980 + 0.591lg[Ag^{2+}]/[Ag^+]$
③	$AgO^+ + 2H^+ + 2e^- \longrightarrow Ag^+ + H_2O$	$\varphi_0 = 1.998 - 0.06591pH + 0.0295lg[AgO^+]/[Ag^+]$
④	$AgO^+ + 2e^- \longrightarrow AgO^-$	$\varphi_0 = 1.288 + 0.0295lg[AgO^+]/[AgO^-]$
⑤	$AgO^+ + 2H^+ + e^- \longrightarrow Ag^{2+} + H_2O$	$\varphi_0 = 2.016 - 0.1182pH + 0.0591lg[AgO^+]/[Ag^{2+}]$
⑥	$Ag_2O + 2H^+ + 2e^- \longrightarrow 2Ag + H_2O$	$\varphi_0 = 1.173 - 0.0591pH$
⑦	$2AgO + 2H^+ + 2e^- \longrightarrow Ag_2O + H_2O$	$\varphi_0 = 1.398 - 0.0591pH$
⑧	$Ag_2O_3 + 2H^+ + 2e^- \longrightarrow 2AgO + H_2O$	$\varphi_0 = 1.569 - 0.0591pH$
⑨	$Ag_2O + 2H^+ \longrightarrow 2Ag^+ + H_2O$	$lg[Ag^+] = 6.33 - pH$
⑩	$2AgO^- + 2H^+ \longrightarrow Ag_2O + H_2O$	$lg[AgO^-] = -17.72 + pH$
⑪	$AgO + 2H^+ \longrightarrow Ag^{2+} + H_2O$	$lg[Ag^{2+}] = -3.53 - 2pH$
⑫	$Ag_2O_3 + 2H^+ \longrightarrow 2AgO^+ + H_2O$	$lg[AgO^+] = -11.10 - pH$
⑬	$Ag^+ + e^- \longrightarrow Ag$	$\varphi_0 = 0.799 + 0.0591lg[Ag^+]$
⑭	$AgO^- + 2H^+ + e^- \longrightarrow Ag + H_2O$	$\varphi_0 = 2.220 - 0.1182pH + 0.0591lg[AgO^-]$
⑮	$AgO + 2H^+ + e^- \longrightarrow Ag^+ + H_2O$	$\varphi_0 = 1.772 - 0.1182pH - 0.0591lg[Ag^+]$
⑯	$AgO + e^- \longrightarrow AgO^-$	$\varphi_0 = 0.351 - 0.0591lg[AgO^-]$
⑰	$Ag_2O_3 + 6H^+ + 4e^- \longrightarrow 2Ag^+ + 3H_2O$	$\varphi_0 = 1.670 - 0.0886pH - 0.0295lg[Ag^+]$
⑱	$Ag_2O_3 + 2H^+ + 4e^- \longrightarrow 2AgO^- + H_2O$	$\varphi_0 = 0.960 - 0.0295pH - 0.0295lg[AgO^-]$
⑲	$Ag_2O_3 + 6H^+ + 2e^- \longrightarrow 2Ag^{2+} + 3H_2O$	$\varphi_0 = 1.360 - 0.1773pH - 0.0591lg[Ag^{2+}]$

2.4.6.2　Ag 在某些体系中的标准电极电位

正如前述，Ag 可以形成一系列稳定配合物。表 2-18 列出了在某些可形成配合物和弱溶解化合物体系中的标准电极电位。

在熔融氯化物中，如在 LiCl-KCl（共晶）对氯的电极体系中，$\varphi_{Ag/Ag+}$ 电位为 $-0.853V$（723K）；在 NaCl-KCl(1∶1) 对氯的电极体系中，$\varphi_{Ag/Ag+}$ 电位为 $-0.905V$（723K）。描述双电层结构和测定金属的电化学性质与吸附性质时，零电荷电位有重要作用。在 0.5mmol/L Na_2SO_4 溶液中，Ag 的零电荷电位为 $\varphi_z = -0.70V$；在 0.1moL/L KNO_3 溶液中，Ag 的 $\varphi_z = -0.05V$。

表 2-18　在形成配合物和弱溶解化合物体系中的标准电极电位

平衡反应	标准电极电位 φ^θ/V
$Ag_2S + 2e^- \longrightarrow 2Ag + S^{2-}$	−0.69
$Ag(CN)_3{}^{2-} + e^- \longrightarrow Ag + 3CN^-$	−0.50
$Ag(CN)_2{}^- + e^- \longrightarrow Ag + 2CN^-$	−0.31
$AgI + e^- \longrightarrow Ag + I^-$	−0.152
$Ag_2S + 2H^+ + 2e^- \longrightarrow 2Ag + H_2S$	−0.06
$AgCN + e^- \longrightarrow Ag + CN^-$	−0.017
$AgBr + e^- \longrightarrow Ag + Br^-$	0.071
$AgBr_4{}^{3-} + e^- \longrightarrow Ag + 4Br^-$	0.274
$AgSCN + e^- \longrightarrow Ag + SCN^-$	0.089
$Ag(SCN)_4{}^{3-} + e^- \longrightarrow Ag + 4SCN^-$	0.214
$Ag_4[Fe(CN)_6] + 4e^- \longrightarrow 4Ag + [Fe(CN)_6]^{4-}$	0.148
$AgCl + e^- \longrightarrow Ag + Cl^-$	0.222
$Ag_3PO_4 + 3e^- \longrightarrow 3Ag + PO_4{}^{3-}$	0.340
$Ag_2CrO_4 + 2e^- \longrightarrow 2Ag + CrO_4{}^{2-}$	0.464
$Ag_2C_2O_4 + 2e^- \longrightarrow 2Ag + C_2O_4{}^{2-}$	0.465
$Ag_2SO_4 + 2e^- \longrightarrow 2Ag + SO_4{}^{2-}$	0.654

2.4.6.3 氢过电势

水溶液中使用Ag作阴极时，氢过电势是一个很重要的性质。由于过电势与表面条件和许多其他因素有关，因而对不同的反应体系过电势的值是不同的。相对于许多贱金属而言，在Ag电极上的氢过电势相对低，但并不低于在Pt和Au等金属上的过电势。表2-19列出了$1mol \cdot L^{-1}$ H_2SO_4溶液中在Ag上的氢过电势，可以看出，随着电流密度升高，Ag上氢过电势也随之升高并倾向于接近一个最大值。

表2-19 $1mol \cdot L^{-1}$ H_2SO_4溶液中Ag上的氢过电势（25℃）

电流密度/$mA \cdot cm^{-2}$	过电势/V	电流密度/$mA \cdot cm^{-2}$	过电势/V
0.1	0.298	100	0.875
1.0	0.475	200	0.938
2.0	0.579	500	1.030
5.0	0.692	1000	1.089
10.0	0.762	1500	1.084
50.0	0.830	—	—

电化学反应的速率强烈地受各种实验条件的影响，因此，关于电化学反应动力学的数据在文献中往往存在很大差异。对于某些简单的反应，如氢和氧的释放和电离化，某些文献仍然提供了可靠的数据。如在0.1～1.0mol/L H_2SO_4溶液中，H_2在Ag上反应的交换电流$\lg i_0=-3.9$；在pH=13.0的溶液中，O_2在Ag上反应（电离化）的交换电流$\lg i_0=-4.8$。

2.4.7 Ag的迁移特性

在与具有亲水性的绝缘物质相接触的Ag上施加直流电压或更低的交流电压，发生一系列的电化学反应，Ag从阳极向阴极区迁移并在阴极区形成树枝晶状沉淀，这个过程被称作Ag的迁移。事实上，这个过程中，观察到两种类型沉淀：随着Ag向阴极迁移，在阳极区形成由胶体Ag_2O和Ag组成的均匀沉积区，在阴极区形成Ag的树枝晶结构。Ag树枝晶结构从阴极向阳极生长，当达到和接触阳极时，立即出现短路和不规则电流。Ag树枝晶呈脆性，易折断，但在电流所产生的热作用下树枝晶又迅速再生和重新导致短路，因而造成无规则的通电与断电。这对Ag作为电接触材料和其他电路材料使用极为不利。

影响Ag迁移的基本条件是湿度和直流电压，不同材料对Ag迁移敏感程度不同。在相对湿度100%时，聚苯乙烯显示很小的Ag迁移甚至无Ag迁移，而吸水性很强的玻璃和纸甚至在相对湿度低于50%时也显示Ag迁移。许多纤维素材料含有定向OH基团，Ag的迁移路线就是沿着OH基团进行。一般来说，当相对湿度低于30%时材料吸附湿气的倾向性迅速降低，因此在这个湿度之下Ag迁移不易发生。

Ag迁移的机制可以理解如下：在施加电场和水蒸气的影响下，Ag^+倾向离开阳极，OH^-向阳极移动并与Ag^+相遇，发生如下反应：

$$2Ag^+ + 2OH^- \longrightarrow 2AgOH \longrightarrow Ag_2O + H_2O$$

Ag_2O和Ag一道沉积在阳极附近，形成黑色胶体层区。因为AgOH有相当高的溶解度，相当数量的Ag^+迁移到阴极，释放电子并形成树枝晶。随着树枝晶生长，电荷集中在它们的尖端，导致生长速率增快，形成连续的金属电路。随着温度和电压升高，这个过程加快。

相对于Ag而言，Cu、Sn和Au的迁移则小得多，或者说只在极端条件下显示很轻度的迁移，尤其是Au。大多数贱金属表面可形成氧化膜，这些氧化物在水中有低的溶解度，因而对阳极有保护作用，使金属迁移减小。鉴于这些原因，Ag的迁移可通过合金化得到改善，如Ag_3Sn合金无迁移。将对金属迁移不敏感的元素涂在Ag电极上，也可阻止Ag迁移，但涂层必须在所有表面上连续。另一方面，向绝缘纤维材料中注入树脂或可捕集Ag离子的试剂，或将纤维材料用防水剂（如硅酮、脂肪酸和蜡等）处理，也可在一定程度上减小Ag的迁移。

2.5 镀银配合物的选择

2.5.1 银离子及其配离子的性质

银和铜、金共同位于周期表的第一副族，它们都具有面心立方晶格，熔点都在1000℃左右。它们的高纯金属都是软的，具有优良的延展性。这三种金属相互之间以及和其他金属容易形成合金。它们都是良导体，其中银是所有金属中具有最高导电性的金属，铜次之。

Ag原子的外层电子结构为$4d^{10}5s^1$，它可以形成1价、2价和3价三种离子，但以1价Ag^+最稳定。Ag^+可以通过sp、sp^2、sp^3杂化轨道成键，所以配位数可为2（线形）、3（三角形）和4（四面体形），其特征配位数随配体而异，对于CN^-和NH_3，其特征配位数为2，对于I^-则配位数可达4。

许多1价的银盐均不溶于水，能溶于水的只有硝酸银和氟化银，硫酸银（Ag_2SO_4）微溶于水。硝酸银可使蛋白质沉淀，它对有机组织有破坏作用，接触到皮肤会使皮肤变黑，在医药上用作消毒剂。大量的硝酸银用于制造照相底片用的溴化银。Ag^+是无色的，容易形成配离子，如$[Ag(CN_2)]^-$、$[Ag(NH_3)_2]^+$、$[Ag(S_2O_3)_2]^{3-}$等。卤化银通常难溶于水，其中AgCl溶于高浓度的Cl^-离子溶液中形成$[AgCl_2]^-$，溶于氨水中形成$[Ag(NH_3)_2]^+$，溶于氰化物溶液中形成$[Ag(CN)_2]^-$。AgBr能形成氰化物和氨的配离子而AgI仅能形成氰化物配离子。

氯化银、溴化银和碘化银都具有感光性，照相底片上覆有一层含AgBr胶体微粒的明胶凝胶，在光的作用下，溴化银分解成极小颗粒的“银核”（银原子），

$$AgBr \longrightarrow Ag + Br$$

将底片用氢醌处理，含有银核的AgBr粒子被还原为金属，变为黑色，这个过程称为“显影”，然后再浸入硫代硫酸钠溶液中，使未曝光的溴化银粒子溶解，形成$[Ag(S_2O_3)_2]^{3-}$，溴化银的溶解过程称为“定影”：

$$Ag^+ + 2S_2O_3^{2-} \longrightarrow [Ag(S_2O_3)_2]^{3-}$$

银盐溶液中加入硫氰酸根SCN^-，得到白色乳酪状AgSCN沉淀。它的溶解度仅有8×10^{-7}mol/L。它溶于硫氰酸盐中形成配合物，如$K[Ag(SCN)_2]$、$K_2[Ag(SCN)_3]$和$K_3[Ag(SCN)_4]$等。

按配合物的“软硬酸碱理论”，Ag^+属于“软酸”，因为它的电子云较易变形，它容易与软酸（电子云易变形的配体）形成稳定的配合物。在Ag^+与卤离子反应时，卤离子的软硬按以下顺序递增：

配体软度　　$F^- < Cl^- < Br^- < I^-$

配合物的稳定性　$[AgF_2]^- < [AgCl_2]^- < [AgBr_2]^- < [AgI_2]^-$

同理，由于CN^-的软度大于NH_3，而NH_3的软度又大于Cl^-，因此其配合物的稳定性

有以下顺序

$$[AgCl_2]^- < [Ag(NH_3)_2]^+ < [Ag(CN)_2]^-$$

一般有机配体与金属离子形成螯合物时，以五、六元环最稳定，但是 Ag^+ 却相反，它与丙二胺、丁二胺、戊二胺形成的六、七、八元环的螯合物都比五元环的乙二胺更稳定，它们的总稳定常数见表 2-20。

表 2-20 各配合物的稳定常数

配合物	$[Ag(NH_3)_2]^+$	$[Ag(乙二胺)]^+$	$[Ag(丙二胺)]^+$	$[Ag(丁二胺)]^+$	$[Ag(戊二胺)]^+$
稳定常数($\lg\beta$)	7.03	4.70	5.85	5.90	5.95

从稳定常数可以看出，在二胺类，螯环越大，$\lg\beta$ 值越大。有人认为这可能是由于环大了之后，有利于形成配位数为 2 的线形结构。许多脂肪族的胺或氨基酸形成螯合物时配体的臂有较大的柔软性或弯曲性，而且 N 也属于较软的配位原子，因此它们都是 Ag^+ 的优良螯合剂。表 2-21 列出了常见 Ag^+ 配合物的稳定常数。

表 2-21 常见 Ag^+ 配合物的稳定常数

配体(L)	Ag^+ 配合物的稳定常数 $\lg\beta$
氯离子(Cl^-)	AgL 3.4; AgL_2 5.3; AgL_3 5.48; AgL_4 5.4; Ag_2L 6.7
溴离子(Br^-)	AgL 4.15; AgL_2 7.1; AgL_3 7.95; AgL_4 8.9; Ag_2L 9.7
碘离子(I^-)	AgL_3 13.85; AgL_4 14.28; Ag_2L 14.15
硫氰酸根(SCN^-)	AgL_2 8.2; AgL_3 9.5; AgL_4 10.0
亚硫酸根(SO_3^{2-})	AgL_2 8.68; AgL_3 9.00
硫代硫酸根($S_2O_3^{2-}$)	AgL 8.82; AgL_2 13.46; AgL_3 14.15
羟基(OH^-)	AgL 2.3; AgL_2 3.6; AgL_3 4.8
硫离子(S^{2-})	AgL 16.8; AgHL 26.2; AgH_2L_2 43.5
氨(NH_3)	AgL 3.4; AgL_2 7.40
氰根(CN^-)	AgL_2 21.1; AgL_3 21.9; AgL_4 20.7
乙二胺(En)	AgL 4.70; AgL_2 7.4
1,3-丙二胺	AgL 5.85; AgL_2 6.45; AgHL 2.55
1,4-丁二胺	AgL 5.90; AgHL 3.1
1,5-戊二胺	AgL 5.95; AgHL 3.0; Ag_2L 1.5
2-羟基-1,3-二氨基丙烷	AgL 5.80
2,2-二甲基-1,3-二氨基丙烷	AgL 4.66
二乙烯三胺(Dien)	AgL 6.1; AgHL 3.2; Ag_2L 1.4
三乙烯四胺(Trien)	AgL 7.7; AgHL 5.72; Ag_2L 2.4
1,2,3-三氨基丙烷	AgL 5.6; AgHL 3.4; Ag_2L 1.2
六次甲基四胺	AgL_2 3.58
α,α'-联吡啶	AgL 3.03; AgL_2 6.67
1,10-菲啰啉	AgL 5.02; AgL_2 12.17
吡啶	AgL 2.01; AgL_2 4.15
吡啶甲酸	AgL 3.4; AgL_2 5.9
硫脲	AgL_3 13.5
甲硫基乙胺	AgL 4.17; AgL_2 6.88
甘氨酸(氨基乙酸)	AgL 3.3; AgL_2 6.8
氨三乙酸	AgL 5.16
氨三乙胺	AgL 7.8; AgHL 5.6; AgH_2L 3.3; Ag_2L 2.4
乙二胺四乙酸(EDTA)	AgL 7.3; AgHL 13.3
乙二醇二乙醚二胺四乙酸	AgL 7.06
二乙三胺五乙酸(DTPA)	AgL 8.70
羟乙基乙二胺三乙酸	AgL 6.71

续表

配体(L)	Ag^+配合物的稳定常数 $\lg\beta$
二乙醇胺(DEA)	AgL 3.48;AgL_2 5.60
三乙醇胺(TEA)	AgL 2.3;AgL_2 3.64
乙酸	AgL_2 0.64;Ag_2L 1.14
苯甲酸	AgL 3.4;AgL_2 4.2
α-丙氨酸	AgL 3.64;AgL_2 7.18
β-丙氨酸	AgL 3.44;AgL_2 7.25
邻氨基苯甲酸	AgL 1.86
甘氨酸基甘氨酸	AgL 2.72;AgL_2 5.00

2.5.2 Ag^+ 的电化学性质

表 2-22 列出了银化合物还原为金属银时的标准电极电位及相应银化合物的溶度积或离解常数 K 之值。

与 Au^+ 相比，Ag^+ 的标准电极电位较低，但它们都属于较易被还原的金属离子。

$$Au^+ + e^- \longrightarrow Au \qquad E^\theta = 1.73V$$

$$Ag^+ + e^- \longrightarrow Ag \qquad E^\theta = 0.80V$$

Ag^+ 与各种配体形成配合物后，它们的标准电极电位都向负方向移动，配合物越稳定，E^θ 值越低。

$$[Ag(SO_3)_2]^{3-} + e^- \longrightarrow Ag + 2SO_3{}^{2-} \qquad E^\theta = 0.43V$$

$$[Ag(NH_3)_2]^+ + e^- \longrightarrow Ag + 2NH_3{}^- \qquad E^\theta = 0.37V$$

$$[Ag(S_2O_3)_2]^{3-} + e^- \longrightarrow Ag + 2S_2O_3^{2-} \qquad E^\theta = 0.01V$$

$$[Ag(CN)_2]^- + e^- \longrightarrow Ag + 2CN^- \qquad E^\theta = -0.31V$$

表 2-22 银化合物还原为 Ag 的 E^θ 值及银化合物的溶度积或离解常数 K

物质	$E^\ominus$	溶度积或离解常数 K
Ag^+	0.7991	1.24×10^{-5}
Ag_2SO_4	0.653	2.3×10^{-3}
$AgC_2H_3O_2$	0.643	1.2×10^{-4}
$AgBrO_3$	0.55	5.4×10^{-5}
Ag_2WO_4	0.53	5.5×10^{-12}
Ag_2MoO_4	0.49	2.6×10^{-11}
$Ag_2C_2O_4$	0.472	1.1×10^{-11}
Ag_2CO_3	0.47	8.2×10^{-12}
Ag_2CrO_4	0.446	1.9×10^{-12}
$[Ag(SO_3)_2]^{3-}$	0.43	3.0×10^{-9}
AgCNO	0.41	2.3×10^{-7}
$[Ag(NH_3)_2]^+$	0.373	5.9×10^{-8}
$AgIO_3$	0.35	3.1×10^{-8}
Ag_2O	0.344	2.0×10^{-8}
AgN_3	0.292	2.5×10^{-9}
AgCl	0.222	2.8×10^{-10}
$Ag_4Fe(CN)_6$	0.194	1.55×0^{-41}
AgCNS	0.09	1.0×0^{-12}
AgBr	0.03	5.0×10^{-13}
$[Ag(S_2O_3)_2]^{3-}$	0.01	6.0×10^{-14}

续表

物质	$E^{\ominus}$	溶度积或离解常数 K
AgCN	−0.017	1.6×10^{-14}
AgI	−0.151	8.5×10^{-17}
$[Ag(CN)_2]^-$	−0.31	1.8×10^{-19}
Ag_2S_x	0.69	5.5×10^{-51}

Ag^+ 和 Au^+ 一样都具有全满的 d^{10} 电子结构，它形成的都是电价型（或外轨型）配合物，配体的孤对电子只能进入 Ag^+ 的外层轨道，所以在电极取代反应时都是活性的，在电极反应动力学上均属于电极还原反应极快的金属离子。它们的电极反应速率常数值也是金属离子中最高的（$\geqslant10^{-1}$1/s），而其内配位水的取代反应速率常数也达最高的 10^9。因此要获得满意的镀层，通常就要设法大幅度降低 Ag^+ 的电极反应速率。如用配位体来达此目的，就要选用配位能力最强的配位体，如 CN^-，而且还要有过量的游离 CN^- 存在才行。

若要用比氰化物配位能力低的配位体，则通常用单一的配位体已难以达到抑制反应的效果，而必须同时加入 2～3 种配位体，让它形成更稳定、更加难以放电的混合配体配合物才行。表 2-23 列出了 Ag^+ 的单一配体配合物与混合配体配合物稳定常数的比较。

表 2-23　Ag^+ 的单一配体配合物与混合配体配合物的稳定常数

单一配体配合物	lgβ	混合配体配合物	lgβ
$[Ag(S_2O_3)]^-$	8.82	$[Ag(S_2O_3)Br]^{2-}$	12.39
$[Ag(S_2O_3)_2]^{3-}$	13.46	$[Ag(S_2O_3)I]^{2-}$	14.57
$[Ag(P_2O_7)_2]^{7-}$	3.55	$[Ag(NH_3)_2(P_2O_7)_2]^{3-}$	4.75
$[Ag(NH_3)_2]^+$	7.03	$[AgI(SeCN)_2]^{2-}$	15.42
$[AgI_4]^{3-}$	14.39	$[AgI(SeCN)_3]^{3-}$	14.72
$[Ag(S_2O_3)Cl]^{2-}$	10.16	$[AgI(SCN)_3]^{3-}$	13.96

从表 2-23 的数据可以看出，有些混合配体配合物的稳定性可以超过单一配体配合物，但稳定性只是热力学性质，它并不能说明反应速率的快慢，只有电极反应的动力学性质，如过电势、电极还原反应的速率常数、取代内配位水的速率常数以及电极反应的交换电流密度等参数才能说明反应的速率问题。实践已证明，许多混合配体配合物，如 $[Ag(NH_3)_2(P_2O_7)]^{3-}$ 的稳定常数并不比 $[Ag(NH_3)_2]^+$ 高，但它的过电位更大，交换电流密度更小，所得银层的晶粒也更小。

2.5.3　无氰镀银配位体的发展

虽然氰化镀银从 1838 年起一直沿用至今，但人们早就想舍弃剧毒的氰化物了。下面列出了 1913 年以来人们在无氰镀银配位体上所做的工作。

1913 年，Frary 详述了在此之前无氰镀银的情况，那时已试验了醋酸铵、硫氰酸钠、硫代硫酸钠、乳酸铵、亚铁氰化钾＋氨水和硼酸苯甲酸甘油酯等作为配位体的无氰镀银。当时配置镀液的方法是用硫代硫酸钠与碳酸银煮沸 1h 后再进行过滤。用亚铁氰化钾时，也是把氯化银、亚铁氰化钾和水（或氨水）一起煮沸或加热来配置镀液。1916 年，Mathers 和 Kuebler 指出从酒石酸盐镀银液中已获得质硬光亮而附着力好的银层。1917 年，Mathers 和 Blue 发现用高氯酸、氟硅酸和氟化物的银盐构成的镀液比硝酸银的镀液好。

1931 年，Saniger 发现从硫酸、硝酸、氟硼酸和氟化物镀液中只能得到树脂状的银镀层，阳极溶解也不好。1933 年，Schlotter 等提出用以碘化物作为配位体，动物胶作为光亮剂的镀液，其优点是可以在铜或铜合金上电镀，缺点是碘化物成本高，而且会和银共沉淀而使银层变为黄色。1934年，Gockel试验了硫脲为配位体的镀银液，但发现银的硫脲配合物容易结晶出来。1935年，Fleetwood等把柠檬酸引入碘化物镀银液中，获得了均一性好、晶粒细腻和附着力好的镀层。1938年，Alpem和Toporek发现把磺酸、柠檬酸或顺丁烯二酸引入碘化物镀液中获得类似氰化镀液中获得的镀层，镀液的pH为1.7。这一结果证实了Fleetwood的实验结果。1939年，piontelli等从氨磺酸和少量酒石酸的镀液中获得致密的镀银层，性能接近氰系镀层。同年，Weiner从硫代硫酸钠、亚硫酸氢钠和硫酸钠镀液中获得了光亮的镀银层，指出亚硫酸氢钠能阻止银的硫代硫酸盐配合物氧化分解，镀液中的硫酸钠可用氯化钠、醋酸钠或柠檬酸钠代替。1941年，Levin把焦磷酸钠和氢氧化铵引入碘化钾镀银液中。1945年，Narcus研究了氟硼酸盐镀银液的性能，指出镀层的晶粒是细小的，镀液的均一性也高。1949年，Graham等研究了饱和氯化锂镀银液，这种溶液能给出有吸引力的银白色镀层，使用这个溶液时需加热到沸点一段时间后再使用，若不加热处理则镀层为海绵状。若用氯化铵或乙二胺盐酸盐代替氯化锂，可以提高阳极电流效率。

1950年，印度的Rama char等比较了碘化物镀银液和氰系镀液，比较的项目包括镀层品质、附着力、镀液的阴极效率、均一性和使用电流密度范围等。同年，美国专利中提出用焦硫酸钠、硫酸铵和氨水作为镀银的配位体。1951年，Kappanna和Talaty研究了添加各种添加剂的氟化物镀银体系，发现其镀层附着力较差，只在铂上好一些，镀前加工物表面要用氰系镀银打底。1953年，Rama char发现在碘化物镀液中加入5～20g/L的硫酸铵，并用1g/L的硫代硫酸钠作为光亮剂可以得到光亮的银层，不过镀液的阴极极化值低于氰系镀液。1955年，Cemeprok提出用亚铁氰化钾作为配位体镀银，使用温度为60～80℃，电流密度为1.0～1.5A/dm^2；镀液的均一性很好，可以直接镀；镀层晶粒细密，容易打光，可镀厚层；阳极钝化可定期加入10～12ml/L氨水来消除。1957年，Batashev和Kitaichik研究了添加剂为动物胶的碘化物镀银层，指出其镀层显微结构与氰化物的相当。1959年，Popov和Kravtsova研究了硫氰酸铵镀银液，可在铜和黄铜上镀银，添加动物胶可改善镀层的光泽度。

1961年，Cuhra和Gurner在捷克专利中提出用氧化银、硫代硫酸钠、硫酸氢钾和少量硫脲组成的镀银液，该配方除应用于金属零件外也适合于陶瓷和其他绝缘材料。1962年，苏联专利（212690）中提出了用焦磷酸钾和碳酸铵组成的镀银液，其具有很好的均一性。1963年，有人把亚铁氰化钾和硫氰酸钾同时作为银的配位体，先用亚铁氰化钾使银离子转变为[$KAg(CN)_2$]，然后再加入KSCN，所得镀层与氰化物镀液的相当，镀层细致，均一性好，适用于镀形状复杂零件。同年，Kaikaris和Kundra研究了溴化铵体系镀银，用动物胶作为光亮剂，可以得到光亮、细致和附着力好的银层。同年，Batashev对碘化物镀液进行研究，发现碘常与银共沉积，其镀层比氰化物粗糙，但在附着力、针孔率和硬度上是令人满意的。1964年，Popova等研究了pH=7.5～8.5的乙二胺镀银液，提出黄铜经汞齐化或先在亚铁氰化钾镀液中预镀后进入乙二胺镀银液电镀。在Fischer和Weiner的《贵金属电镀》一书中介绍了亚硫酸银的配合物镀银配方，认为该镀液的均一性好，镀层结晶细致易打光。同年，在法国专利和随后的美国专利中同时提出用4-氨磺基苯甲酸作为配位体的镀银液，认为其镀层类似于氰系镀层。1966年，Ncakoba在苏联专利中提出用磺基水杨酸镀银，镀液由磺基水杨酸银盐、磺基水杨酸铵、碳酸铵和醋酸铵组成，pH=8.0～9.0，电流密度为0.5～1.5A/dm^2；英国专利提出用磷酸三钠和磷酸三铵镀银的工艺，该镀液的pH值为8.5～9.0，最佳温度为35℃，使用电流密度为1.2～1.7A/dm^2。同年，Racinskiene等提出含氨或不含氨的氨磺酸镀银工艺，可在钢、镍或汞齐化的铜和黄铜上镀银，若加动物胶可得光亮镀层。1967年，Hazapemblah

在苏联专利中提出用乙二胺和亚硫酸钠当配位体镀银，镀品必须先在亚硫酸钠预镀液中浸银（浸镀银）后再电镀。同年，在苏联专利中还提出用硫酸铵镀银的工艺，镀液中添加少量柠檬酸钾（4g/L）、硫酸高铁（1～3g/L）和大量的氨水，这样可获得光亮而硬的银层。1968 年，英国专利中提出在硫氰酸盐溶液中加聚乙烯吡咯烷酮可获得半光亮的镀银层。

1970 年，美国专利中提出类似苏联在 1962 年提出的工艺的焦磷酸-氨体系镀银工艺，把苏联采用的碳酸铵改为碳酸钾和氨水。1971 年，Jayakishnan 等用含高硫酸的碘酸-硫化钾镀银液作为不锈钢冲击镀银液，同年苏联发表了两个磺基水杨酸镀银专利，分别在镀液中加入乙二胺和铵盐。1972 年，有人通过对极化曲线的测量，认为在过量 KI 溶液中存在三种配位离子：AgI_2^-、AgI_3^{2-} 和 AgI_4^{3-}，且在镀得的光亮银层中含有少量 I_2（约 0.05%），所用光亮剂为聚乙烯醇（1.2g/L）。如预先用浓 KI 溶液处理表面，可使得在铜、黄铜表面上直接镀银成为可能。1975 年，日本公开专利（昭 48-89838）用含柠檬酸钾 20g/L 的碘化钾镀银液来电镀印制电路板，在 60℃，1.0A/dm^2 时的沉积速度为 10μm/15min。同年，南京大学化学系方景礼教授根据国内外无氰电镀的成功经验，发表了《双络合剂电镀理论的依据及其应用》一文，用混合配体配合物的概念解释了镀液中多种配位体的作用。苏联专利 487.960 中提出用含高氯酸钾、高氯酸铵和乙醇的高氯酸盐镀液镀银工艺，从该镀液中可获得光亮的镀层。德国 Schering 公司声称发明了一种称为“Argatect”的镀银液。1976 年，各国杂志上透露这种镀液是由硫代硫酸银配合物组成的，用于挂镀时，镀液的银含量为 20～40g/L，pH=8.0～10.0，使用温度为 15～30℃，电流密度为 0.8A/dm^2，阴极电流效率为 98%～100%；用于滚镀时，银含量为 25～35g/L，电流密度为 0.4A/dm^2，其他指标和挂镀相同。从当年发表的德国专利（2.410.441）来看，所用的添加剂可能是分子量大于 1000 的聚乙烯亚胺，用量为 0.08g/L 左右。由“Argatect”所得到的镀银层是纯银，并非合金，银层的耐磨性好，适合插接零件使用，在 200℃时具有热稳定性，硬度也不改变，而且还具有能从冲洗液中用简单的方法回收一定数量金属银的优点。

1976 年，我国电子工业部和西南师范学院联合研究成功亚氨基二磺酸镀银新工艺，这是国际首创的新型无氰镀银体系，现已在一些工厂应用多年，其镀层性能与氰化物的相当，只是镀液的稳定性差些。美国 Techinc 公司在德国专利中首次提出用丁二酰亚胺光亮镀银的工艺，它具有镀液稳定、镀层结晶细致且相当光亮、铜材可以直接镀银、镀层性能与氰化物的接近等优点，其主要缺点是丁酰亚胺本身在碱性溶液中会水解，同时镀层相当脆。

1978 年，美国公司的丁二烯亚胺及其衍生物镀银工艺又获得美国专利，内容与 1976 年批准的德国专利相同。同年，美国专利 4067784 中提出了氯化银-硫代硫酸钠-亚硫酸氢钠-硫酸钠光亮镀银工艺，所用光亮剂如前所述。日本棋山武公司提出了一种无氰镀银工艺，其配方为：磷酸氢二钾 100～150g/L，硝酸银 20～40g/L，碳酸钾 30～55g/L，氨水 20～40ml/L，pH=9.5～11.0，阴极电流密度为 0.3～1.5A/dm^2。

1979 年，Flectcher 和 Moriarty 在美国专利中提出微氰光亮镀银工艺，其配方为：$KAg(CN)_2$ 45～75g/L，$K_2P_2O_7$ 50～150g/L，硒化物 0.4～1mg/L，pH=8.0～10.0，温度 18～24℃，阴极电流密度 0.1～2.0A/dm^2。该镀液含游离氰化物低于 1.5g/L，焦磷酸钾也可用磷酸盐、柠檬酸盐、硼酸盐或酒石酸盐代替。镀液成分适当变更后，即可成为冲击镀液和高速镀液，高速镀液的使用电流密度可达 50A/dm^2。日本日立公司在美国专利中提出打底镀银溶液可采用的配位体如下：氨、硫代硫酸盐、溴化物、碘化物、甲胺、硫脲、二甲胺、甘氨酸、乙醇胺、咪唑、烯丙基胺、正丙胺、胺群、苯基硫代乙酸、苯甲基硫代乙酸、β-苯甲基硫代丙酸和硫氰酸盐。在中国电子学会第一届电子电镀年会上，南京大学化学系方景礼教授提出了“多元配合物电镀”的理论概念，并解释了配位体、缔合剂和表面活性剂在镀液中的作用。

1980 年，我国广州电器科学研究院岑启成、刘慧勤、顾月琴三位工程师成功地实现了以SL-80 位光亮剂的硫代硫酸铵镀银新工艺，并于 1982 年 11 月通过技术鉴定，其使用电流密度比其他无氰镀液都高，镀层光亮细致、耐变色性能优于氰化物镀银层。德国专利提出用硫代硫酸盐-硫氰酸盐光亮镀银工艺，并用锑的酒石酸盐、甘油、烷胺和其他多羧酸配合物作为光亮剂。

1991 年出版的 *Metal Finishing* 中，介绍了一种由甲基磺酸银、碘化钾和 *N*-(3-羟基-1,2-亚丁基）对氨基磺酸组成的无氰镀银液。日本专利 03-061393 提出了一种用硫代羰基化合物作为光亮剂的无氰镀银液。1992 年世界专利 WO 92-07975 提出了用氨基酸特别是甘氨酸作为配位体的无氰镀银液，但要求恒电位电镀且阴阳极要用隔膜隔开。1996 年，日本专利 96-41676 中提出在烷基磺酸镀银液中用非离子表面活性剂作为晶粒细化剂，可以获得致密性与氰化物镀银液相当的镀层。1997 年德国专利提出用硫代硫酸盐和有机亚磺酸盐组成的无氰镀银液。

2001 年美国专利 6251249 中提出在烷基磺酸、烷基磺酰胺或烷基磺酰亚胺无氰镀银液中，用有机硫化物和有机羧酸作为光亮剂。2003 年，美国专利 US 6620304 中提出了一种无氰又无有害物质的环保无氰镀银液，其银盐采用甲基磺酸银，配位体是氨基酸或蛋白质。该镀银液的稳定剂用硝基邻苯二甲酸，pH 缓冲剂用硼砂或磷酸盐，再加少量表面活性剂作为晶粒细化剂和润湿剂，镀液的 pH＝9.5～10.5，温度为 25～30℃，阴极电流密度为 $1A/dm^2$。

2005 年，美国 Technic 公司在世界专利 WO 2005083156 中提出用脲基乙酸内酰胺或取代脲基乙酸内酰胺作为银的配位剂，它是一种环状的二亚胺，其结构与丁二酰亚胺相似，但它比丁二酰亚胺更稳定，在碱性条件下不易水解。在这一系列的化合物中，最具商业价值的是二甲基脲基乙酸内酰胺，它与导电盐、表面活性剂以及联吡啶组成的电镀液可以获得镜面光亮的镀银层。

参考文献

[1] 宁远涛，赵怀志．银［M］．长沙：中南大学出版社，2005.

[2] 王玥，冯立明．电镀工艺学［M］．二版．北京：化学工业出版社，2018.

[3] 方景礼．电镀配合物——理论与应用［M］．北京：化学工业出版社，2008.

第3章

电镀银的前处理技术

3.1 机械法前处理

机械法前处理是通过旋转、振动、磨削等作用，对基体材料的粗糙表面进行机械整平，达到去毛边、去毛刺、去氧化皮、去锈迹、抛光等表面光饰的目的，也起到一定脱脂的效果。一般用于无氰镀银或镀铜的零件具有价格高、重量轻、精密度高等特点，因此对这些零件的处理要格外地小心，不可使用高强度、高硬度的设备。一般机械法前处理阶段的工艺主要包括抛光、滚光、刷光等。根据基体材料的性质、基体材料表面的状态以及制件的形状尺寸，也可以适当增减其他的机械处理方法。机械法前处理在镀银工艺中尤为重要，很多中大型电气（器）零部件不易拆装，可利用机械法对材料表面进行磨光，磨光后再利用刷镀法补银。

3.1.1 机械抛光工艺

抛光是借助粘有抛光膏的抛光轮在高速旋转下抛光处理表面的过程。其目的是减少制件表面粗糙度 Ra，使制件获得平整光亮的外观，一般多用于铜、锌、铝及其合金的预加工，也用于制件镀上镀层后的精加工。抛光都是在较平整的表面上进行的，对基材没有明显的磨耗。

当抛光轮高速旋转时，零件在力的作用下与轮摩擦而产生高温，使金属的塑性提高，凸起部分在磨料作用下被碾压、整平，部分镀层材料被抛掉。而抛光膏中的脂和蜡是黏结剂和润滑剂，使抛光膏能黏附在布轮和零件上。

预处理抛光的实质是除去零件表面金属氧化膜，在最外层膜被抛去后，新的金属表面在高温下又迅速被氧化，然后又被抛去，这样反复地生成与去掉氧化膜，最终可以获得平整光亮类似镜面的表面。

从机械性质来说，抛光一般是用较软的抛光材料作用较硬的工件表面。

3.1.1.1 抛光轮与抛光设备

抛光轮一般用棉布、细毛毡、皮革或特种纸等材料制作。抛光轮的硬度与缝合线的距离及材料有关。抛光轮的种类一般包括非缝合式、缝合式、风冷布轮等。抛光轮又分为整部轮、抛光单片、普通单片、加密单片、异形布轮、整纸抛光轮、纸布混合抛光轮等。

正确选择抛光轮的圆周速度是保证表面处理质量的重要因素，应根据基体或镀层材料及抛光要求选择抛光轮的圆周速度。一般在粗抛光时选用较大的圆周速度，精抛光时选用较小的圆周速度。抛光时，把零件压在抛光轮的适当部位，其用力大小、抛光时间的长短、手的动作等，依赖抛光工的实际经验，需要在实践中调整完善操作规程。

多数情况下零件磨光与抛光可在同一机器上进行，只是磨光时用磨光轮，抛光时用抛光轮。手工操作的磨光、抛光机已有定型产品，一般都是双工位的。磨光轮或抛光轮的轮芯直接安装在水平主轴两端的锥形螺纹上。磨光轮或抛光轮应在停车状态下安装。为保证安全和延长轮子使用寿命，严禁轮轴反转，以免造成事故。

磨光、抛光质量的好坏除了与轮子质量、选用的磨料、转速等有关外，很大程度上还与磨光、抛光机的轮轴旋转时的平稳性（即径向跳动）有关。径向跳动越小，磨光质量越好。

3.1.1.2 抛光膏和抛光液

（1）抛光膏

零件抛光效果的好坏不仅与选择的抛光轮圆周速度及抛光轮质量有关，还与选用的抛光剂品种有关。抛光剂分抛光膏和抛光液两种。抛光膏因其兼具研磨及抛光性能，在钢铁、有色金属制品、塑料及贵重金属制品上应用极为广泛。不同种类的抛光膏适用于不同的抛光件，主要区别在于抛光膏的磨料不同。现有磨料多为无机物，尤其是以氧化物软磨料为主。常用品种为石英粉、白刚玉、碳化硅、氢氧化钙、氧化铬绿、氧化铁、石灰、硅藻土、氮化硼、白泥（瓷粉或高岭土）等，它们是抛光膏的主要成分。其配比用量（含量）、细度、粉粒形状、硬度、耐磨性五大因素对于抛光膏的质量及对抛光件的抛光效果影响很大。除磨料外抛光膏也会添加一定量的油脂，油脂的作用是两个：一个是在抛光过程中可令固体粉料均匀黏合并冷却润滑；另一个是防止工件表面产生划痕。抛光膏中的油脂，多用硬脂酸、橄榄油、氯化石蜡、褐煤蜡、锭子油、亚麻籽油等，品种较多。不同油脂与磨料的配合极为重要。

（2）抛光液

抛光液使用的抛光磨料与抛光膏相同，但前者在室温下，呈液态油状或水乳状（不得用易燃物），替换了抛光膏中固态的黏结剂，因此得到流动性更好的液态抛光剂。使用抛光液时由加压供料箱、高位供料箱或泵打入喷枪，再喷到抛光轮上。供料箱的压力高低或泵的功率由抛光液的黏度、所需供给量等因素决定。

3.1.2 机械刷光工艺

刷光处理和磨光、抛光处理类似，也是一种传统的机械处理方法，一般指使用金属丝、动物毛、天然纤维或人造纤维制成的刷轮对零件进行加工的过程。可以干刷、湿刷或混刷。从机械性质来说，刷光一般是用较硬的材料作用在较软的工件表面。

3.1.2.1 刷光的一般用途

① 表面清理：用来除去零件表面氧化皮、锈蚀、旧涂装层、焊渣及其他污物，也可用于零件浸蚀后的去浮灰。

② 去毛刺：用来除去零件机械加工后留在表面边缘上的毛刺。

③ 丝纹刷光：在零件表面产生有一定规律的、细密的刷光丝纹以达到装饰的目的。

④ 缎面修饰：使用细而软的刷轮，使零件表面获得无光的缎面状外观。

3.1.2.2 刷光的设备与操作

刷光是用旋转的细弹簧钢丝或黄铜丝制成的刷轮来磨刷零件，一般用清水或细石灰浆湿刷。刷光机一般都是制成双工位，长轴两端用锥形螺纹固定刷轮，刷轮的间距为850～900mm，刷轮轴线离地面的高度为850～900mm，刷轮的最大直径一般为200mm，刷轮转速通常为1400～2900r/min，电动机功率为1.1～1.5kW。刷轮轴不应做反向旋转，以免刷轮从轴上脱落下来。

不同类型的刷轮对各种金属的清理程度区别很大。粗细不同的黄铜丝可以得到不同程度的缎面，适用于对浸蚀后的铜、黄铜、铜合金表面进行清理。镍-银丝使用场合基本上与黄铜丝刷轮相同，但主要用于要求用金属丝刷轮处理后仍保持白色的软金属零件加工，因为黄铜丝的刷轮加工后会留下黄色。中、细规格的钢丝可得到缎面，或进行丝纹刷光；粗钢丝用于去毛刺、除锈痕、铸铁表面清理等方面。不锈钢丝使用场合与钢丝轮相似，可防止零件表面变色和生锈，但因价格高而较少用。

不同刷光目的使用的设备略有区别。

① 表面清理：清除零件表面氧化皮、锈蚀、焊渣、旧涂层时，需要高的切削力和转速，常选用刚性大的钢丝刷轮，丝径粗，常采用2000～2800r/min的旋转速度清理；清除零件表面的一般污物或浮灰时，一般选用黄铜丝、猪鬃或纤维丝刷光轮，常采用1800～2000r/min的旋转速度干刷或湿刷，湿刷时根据情况可使用自来水或有脱脂功能的清洗剂。

② 去毛刺：去毛刺时需要刷轮有相当高的切削力，钢零件一般要用粗的钢丝轮，对于外表面棱边的毛刺，常采用直径为0.3mm的短丝密排辐射轮，刷轮的线速度一般为33m/s；对于零件圆孔棱边的毛刺，常采用杯形刷轮，其线速度为22～33m/s；对于内螺纹零件的毛刺则要用小型刷光轮。

③ 丝纹刷光：丝纹刷光时要根据零件材料和形状的不同、装饰要求的不同来选用不同类型和材料的刷轮。对于较软的基材（铝、银、铜、黄铜）应选用黄铜丝或镍-银丝刷轮，反之则选用钢丝刷轮。铝铭牌、面板则常用含细磨料的织物（俗称百洁布）作为刷光材料。用环形刷轮可得到圆弧形的丝纹，而用辐射刷轮则可得到直线形的丝纹。丝纹刷光时，压力不能太大，否则将不是丝的端面而是丝的侧面与零件接触，这样就不会产生丝纹效果。丝纹刷光的转速不宜太大。丝纹刷光可以干刷，也可以湿刷。干刷时，零件表面应清洁，无锈蚀与油污；湿刷时，应使用无腐蚀作用的清洁剂。

④ 缎面修饰：缎面修饰通常使用刚性小的波形刷轮，采用细而软的金属丝或动物毛、纤维刷轮。其速度小（15～20m/s），压力低，使刷轮丝轻轻擦过零件表面，刷痕均匀一致，并与零件的轮廓线平行，也可使用浮石粉和水进行湿法操作。有时也采用抛光轮，涂无油抛光膏加工或用粘有很细磨料的人造纤维磨轮进行操作，其操作方法与金属刷轮相同。对人造纤维刷轮来说，使用高的速度和压力不仅影响缎面修饰效果，而且人造纤维可能会因摩擦过热而碳化划伤零件表面。

3.1.3 滚光

滚光（barrel burnishing）是将零件放入装有磨料、化学药品、水等的滚筒中旋转，通过零件与零件、零件与磨料之间的相互滚动摩擦作用及化学药品所产生的化学反应，清除零件表面的油污、氧化皮、毛刺、毛边和锈迹，从而达到降低基体表面的粗糙度、倒角，获得光洁表面的目的。滚光具有生产效率高、效果好、设备简单、操作方便、成本低等优点，因此在表面处理行业中得到广泛推广与应用。滚光适用于大批量小型零件的加工，不适于易变形、易叠合、薄片状、盲孔较深的零件的加工。滚光分为普通滚光与离心滚光，前者应用更为普遍。

普通滚光是将零件与磨料、化学药品、水等放入滚筒中做低速旋转，靠零件与磨料的相对运动进行表面光洁处理的过程。其特点是设备成本低、装载量大，但转速低、滚光的时间长、表面光洁度稍差。

滚筒的形状及尺寸与滚光的效果密切相关。滚筒形状一般有圆形、六边形、八边形等。圆形滚筒不利于零件翻动，滚光效果较差，故极少采用。多边形滚筒利于零件翻动，相互碰撞的机会增加，滚光的时间短，效果好，生产效率高，故普遍采用。

滚筒的材料一般采用钢板或硬聚氯乙烯塑料板。钢板制作的筒壁耐磨、耐碱性较好，寿命较耐水硬质木板寿命长，成本较低，但不耐酸，工作时噪声大，多为大中型滚筒普遍采用。硬聚氯乙烯塑料板制作的筒壁工作时噪声小，耐酸碱，但耐磨性差，故多为小型滚筒采用。

滚光（光饰）的磨料一般为石英砂、金刚砂、铁屑、锯末、细沙、碳化硅、棕钢玉、白钢玉、陶瓷、氧化硅、高铝瓷、塑料磨块等。一般有三角形、扇形、圆柱、菱形、圆球、圆锥、V形、椭圆、三星、四星、颗粒等形状。

零件在滚筒内的装载量一般占其体积的60%～75%，零件、磨料、化学溶液的总装载量一般控制在滚筒体积的90%左右（若添加酸性溶液，应遵循先加足水，后补加酸的原则，以防止零件局部产生过腐蚀）。若装载量过大，零件不易翻动，滚磨作用减弱，则滚光时间延长，生产效率低；若装载量过小，零件翻动剧烈，零件碰撞与滚磨作用过强，极易碰伤或划伤零件表面，造成表面粗糙，甚至产生变形或断裂。

滚筒的转速应根据零件的质量、滚筒的直径来制定，一般控制在20～60r/min。若转速过高，离心力加大，零件与磨料会贴在筒壁上，随其一起旋转，无法产生翻动，造成滚磨作用减弱，滚光效果较差；若转速过低，滚磨作用减弱，磨削量较小，造成零件表面的清洁度不好。

滚光时间应根据零件的材质、形状、表面状态、加工要求等来制定，一般控制在数小时或数天。若滚光时间过长，则磨削量过大，易损坏零件；若滚光时间过短，则零件表面的粗糙度高，光洁度不好，达不到光饰的目的。

3.2 除油

黏附于镀件表面的油污成分比较复杂，按照化学性质，通常分为皂化类和非皂化类。

从动植物中获得的油脂主要成分是甘油三酯，能与碱发生皂化反应，称为可皂化油脂。矿物油（如汽油、凡士林、石蜡和各种润滑油等）是防锈油、润滑油、切削油的重要成分，属于有机碳氢化合物，不与碱起反应，称为非皂化油。除油（degreasing）时，要根据零件表面油污的特性及受沾污的程度来选择除油污的方法。前处理的除油方法有有机溶剂除油、化学除油、电化学除油、擦拭除油、滚筒除油、超声波除油等。常用除油方法的特点及适用范围，如

表 3-1 所示。

表 3-1 常用除油方法的特点及适用范围

除油方法	特点	适用范围
有机溶剂除油	能溶解皂化油脂和非皂化油脂,一般不腐蚀零件,除油快,但不够彻底,需用化学或电化学除油进行补充除油。有机溶剂易燃、有毒、污染环境、成本较高	对油污严重的零件及易被碱液腐蚀的零件,做初步除油
化学除油	除油方法简便,设备简单,成本低,但除油时间较长	一般零件的除油
电化学除油	除油速度快而彻底,能除去零件表面的浮灰、浸蚀残渣等机械杂质,但阴极除油时零件易渗氢,对深孔内油污去除较慢且需直流电源	要求除油质量较高的场合或阳极去除浸蚀残渣
超声波除油	对零件基体腐蚀小、除油效率高、净化效果好。零件的边角、细孔、盲孔以及内腔内壁等都能彻底除油	形状复杂的特殊零件的除油
滚筒除油	工效高、质量好,但不适用于大零件和易变形的零件	精度不太高的小型零件
擦拭除油	设备简单,操作灵活方便,不受零件限制,但劳动强度大,工效低	大、中型零件或其他方法不易除油的零件

对金属表面有重油脂的零件，可先用有机溶剂或乳化液进行粗除油，然后采用以表面活性剂为主的除油剂除油或碱液除油，最后采用电化学方法补充除油。为了将油脂彻底去除，往往将上述除油方法联合使用，这样可以取得更好的除油效果。用超声波作用于清洗溶液（超声波除油），可以更有效地除去制件表面的油污及其他杂质，可以提高除油速度和除油质量。

3.2.1 有机溶剂除油

有机溶剂除油（solvent degreasing）是利用有机溶剂对油脂的物理溶解作用，将制件表面的可皂化油和不可皂化油除去。其特点是除油速度快，一般不腐蚀制件，但除油不彻底。当附着在零件上的有机溶剂挥发后，其中溶解的油仍残留在零件上，所以有机溶剂除油常作为初步处理，还必须采用化学除油或电化学除油进一步处理。另外，大多数有机溶剂易燃，有一定毒性。

常用的有机溶剂分为烃和氯代烃两类，烃类有汽油、煤油、苯类（甲苯、二甲苯）和丙酮、酒精等，生产中主要用汽油或煤油，多采用冷态浸渍或擦拭；氯代烃类有四氯化碳、三氯乙烷、三氯乙烯、四氯乙烯等，生产中应用最多的是三氯乙烯和四氯化碳。氯代烃溶剂除油效率高、稳定、挥发性小、不易燃、可加温操作。其缺点是有毒，生产中需要有良好的安全措施，除油设备应配备完善的通风装置，实验室使用要在通风橱中操作并遮盖，但不能密封。

3.2.2 化学除油

化学除油（chemical degreasing）是利用热碱溶液或含有表面活性剂的溶液对油脂的皂化和乳化作用，将零件表面油污除去的过程。主要包括碱溶液除油、乳化液除油、酸性溶液除油和表面活性剂除油等。

碱性溶液包括两部分：一部分是碱性物质，如氢氧化钠、碳酸钠等；另一部分是硅酸钠、乳化剂等表面活性物质。碱性物质的皂化作用主要除去可皂化油，表面活性剂的乳化作用对皂化油和非皂化油都有效果。化学除油工艺简单，成本低廉，除油液无毒、不易燃，但常用的碱性化学除油工艺乳化能力较弱，当零件表面油污中主要是矿物油，或零件表面附有过多的黄油、涂料乃至胶质物质时，在化学除油之前先应用机械方法或用有机溶剂将其除去，这一工序不可疏忽。在生产上，化学除油主要用于预除油，然后再进行电化学除油将油脂彻底除尽。

3.2.2.1 化学除油原理

(1) 皂化作用

动植物油的成分可用通式 $(RCOO)_3C_3H_5$ 表示，其中 R 为高级脂肪酸烃基，含 17～22 个碳原子。油脂在热碱液中发生如下化学反应：

$$(RCOO)_3C_3H_5 + 3NaOH \longrightarrow 3RCOONa + C_3H_5(OH)_3$$

若 $R=C_{17}$ 脂肪链，RCOONa 即为硬脂酸钠（肥皂），硬脂酸钠能溶于水，是一种表面活性剂，对油脂溶解起促进作用。

(2) 乳化（emulsification）作用

化学除油中常采用阴离子型或非离子型表面活性剂，如硅酸钠、硬脂酸钠、OP 乳化剂等。在除油过程中，首先是乳化剂吸附在油与溶液的分界面上，其中亲油基与零件表面的油发生亲和作用，亲水基则与除油水溶液亲和；在乳化剂的作用下，油污对零件表面的附着力逐渐减弱，同时在流体动力等因素的共同作用下，油污逐渐从金属零件表面脱离，呈细小的液滴分散在除油液中，变成乳浊液，达到除去零件表面油污的目的。加热和搅拌都会加速除油过程。

3.2.2.2 化学除油液成分及工艺条件

(1) 碱溶液除油

碱溶液除油是以碱对植物油、动物油起皂化作用，将油脂转化为水溶性而除去。碱溶液除油是使用最久、最广泛的一种传统的清洗除油方法，由于原料来源广泛，价格低廉，设备简单，操作方便，目前仍获得广泛应用。

因为皂化反应需要在较高的温度下进行，所以碱溶液除油需要较高的温度。除油溶液常用的成分有：氢氧化钠、碳酸钠、磷酸三钠、硅酸钠、除油添加剂等（见表 3-2）。各组分的作用如下：

① 氢氧化钠。氢氧化钠是强碱，具有较强的皂化能力，但对铝、锌、锡、铅及其合金等金属有较强的腐蚀作用，对铜及其合金也有一定的氧化和腐蚀作用。所以对钢铁件除油，氢氧化钠含量应小于 100g/L；对铜及其合金件除油，氢氧化钠含量应小于 20g/L；对铝、锌、锡、铅及其合金件除油，则不能用浓碱液，最好使用碱性盐，如碳酸钠、磷酸三钠等。

② 碳酸钠。碳酸钠溶液具有一定碱性，但对铝、锌、锡、铅及其合金等金属腐蚀作用不明显。碳酸钠对油脂的皂化性很弱，它在除油溶液中主要起润湿零件和分散油脂的作用。此外，碳酸钠吸收空气中的二氧化碳后，能部分转变为碳酸氢钠，对溶液的 pH 值有良好的缓冲作用。

③ 磷酸钠。它在水溶液中水解成磷酸氢二钠和氢氧化钠，可对溶液起缓冲作用。它对铝、锌、锡、铅及其合金等金属腐蚀性不强，常用作这些金属的除油剂。其磷酸根还具有一定的乳化能力。磷酸钠渗透、润湿作用较好，而三聚磷酸钠的渗透、润湿作用更好，但价格较贵。磷酸钠容易从零件表面洗净，同时它还能帮助清洗镀件表面吸附残留的硅酸钠。磷酸钠和三聚磷酸钠都是含磷化合物，虽然含量不大，但从环境保护和维持生态平衡考虑，应尽可能采用无磷的其他添加剂。

④ 硅酸钠。它具有较强的乳化能力和一定的皂化能力，对铝、锌等有一定的缓蚀作用。硅酸钠能水解成游离碱和硅酸，渗透入油脂和其他污物中，通过渗透和膨胀作用，可将油脂和污物剥离到溶液中。其胶态的硅酸具有较大的颗粒，可吸附油脂和污物，并悬浮在溶液中，有较好的除油效果。但残留在零件表面的硅酸盐较难洗净，除油后必须彻底洗净。如果残留在零

件表面的硅酸盐进入下道工序，浸蚀液会凝结成不溶性的硅凝胶，就难以清洗掉，将影响镀层的结合力。

⑤ 除油添加剂。除油溶液中常添加乳化剂（表面活性剂），常用的有 OP 乳化剂和十二烷基苯磺酸钠等。表面活性剂可选用非离子型或阴离子型。如果将两种表面活性剂合起来使用，效果或比单独使用好。表面活性剂的加入可使除油溶液有乳化作用，从而使这种碱性除油溶液兼具了皂化和乳化两种功能，皂化作用可以除去动、植物油，乳化作用可以除去矿物油，从而提高除油效果。

表 3-2 常用的除油碱溶液的溶液组成及工艺规范

溶液成分及工艺规范	钢铁	铜及其合金	铝及其合金	锌及其合金	镁及其合金	锡、铅及其合金
	含量/(g/L)					
氢氧化钠 NaOH	50～100	10～15	—	—	—	—
碳酸钠 Na_2CO_3	20～40	20～30	40～50	10～20	10～20	25～30
磷酸三钠 Na_3PO_4	30～40	50～70	40～50	10～20	10～20	25～30
硅酸钠 Na_2SiO_3	5～15	10～15	20～30	10～20	10～20	—
OP 乳化剂	—	—	—	2～3	1～3	—
温度/℃	80～95	80～95	60～70	50～60	60～80	80～90
时间/min	依据零件表面油脂、污物情况，除尽为止					

（2）乳化液除油

乳化液除油是用含有有机溶剂、水和乳化剂的液体除去镀件表面油污的过程。在煤油、汽油或其他有机溶剂中加入适量的表面活性剂和水，搅拌均匀后即形成具有乳化性能的乳化除油液（见表 3-3）。乳化液除油有较强的除油能力，除油速度快、效果好，能除去重油脂、黄油、抛光膏等，但选择表面活性剂是除油的关键。这种除油液的有机溶剂具有含量低、挥发少、污染轻、使用安全、不燃等优点。但乳化液除油只能脱重油，除油不够彻底，电镀前还需再进行电化学除油。

表 3-3 常用的除油乳化液的溶液组成及工艺规范

溶液成分及工艺规范	配方 1	配方 2	配方 3	配方 4	配方 5
	含量/(g/L)				
煤油	89	—	62	90	67
粗汽油	—	82	—	—	—
三乙醇胺	3.2	4.3	5	7.5	3.6
三氯乙烯	—	—	20	—	—
松节油	—	—	—	—	22.5
月桂酸	—	—	—	—	5.4
油酸	—	—	—	15	—
乙二醇丁醚	—	—	—	—	1.5
表面活性剂	10	14	15	—	—
水	余量	余量	余量	余量	余量
温度/°C	20～40	20～40	20～40	20～50	20～50

3.2.2.3 化学除油注意事项

化学除油的主要工艺条件包括温度、时间和搅拌情况。

① 加温能够加快溶液对流，加速皂化和乳化作用，从而加速除油过程。同时溶液温度升高，可增加油脂和硬脂酸钠在除油液中的溶解度，对清洗零件和延长除油液使用时间有利。但

温度不宜过高，否则会降低乳浊液的稳定性，甚至使油脂析出聚集，重新吸附在零件表面。同时高温下能源消耗会大大增加，蒸发的碱雾增多，污染环境。

② 搅拌能显著提高除油效果，因为搅拌作用能更新零件表面的乳化液层，加速零件表面油滴分散到溶液中的速度。除油的时间应视工件的污染情况而定。

③ 在化学除油后，必须进行认真的漂洗。化学除油后的零件，一般先用60℃左右的热水清洗，将皂化产生的皂液洗去，然后再用流动冷水洗净。若除油后直接用冷水洗，则会使皂化产物粘在零件表面，不易完全除去。尤其是用硅酸钠作乳化剂时，它在金属表面形成的膜很难漂洗干净，对后续的电镀工序造成麻烦。

④ 除油液长时间使用，除油速度会变慢，除油效果降低，此时应适量补充一些原料，或者更换新的溶液。

⑤ 对于污染严重且污渍成分复杂的基材，首先应采用机械方法除油，在化学除油工序中可采用两种不同性质的配方相结合的办法使油污去除得更彻底。

3.2.3 电化学除油

电化学除油（electrochemical degreasing）又称电解除油，是在碱性溶液中，以零件为阳极或阴极，采用不锈钢板、镍板、镀镍钢板或钛板为对电极，在直流电作用下将零件表面油污除去的过程。电化学除油液与碱性化学除油液相似，但其主要依靠电解作用强化除油效果，通常电化学除油比化学除油更有效，速度更快，除油更彻底。

电化学除油方法有阴极除油、阳极除油和阴极-阳极联合除油。电化学除油方法的特点和适用范围见表3-4。

表3-4 电化学除油方法的特点和适用范围

除油方法	特点	适用范围
阴极除油	①阴极上析出氢气，气泡小而密、数量多（要比阳极除油析出的氧气多一倍），除油快、效果好，不腐蚀零件。但易渗氢，不适合用于高强度钢、高强度螺栓、弹簧、弹簧垫圈和弹簧片等一些弹性零件； ②当溶液中含有少量锌、锡、铅等金属时，零件表面将有海绵状金属析出，从而影响镀层与基体金属之间的结合力，这时可加入配合剂来处理	适用于在阳极上容易溶解的有色金属如铝、锌、锡、铅、铜及其合金等零件的除油
阳极除油	基体金属（钢铁零件）无氢脆，能去除零件表面的浸蚀残渣和某些金属薄膜，如锌、锡、铅、铬等，但除油速度比阴极除油速度低；对有色金属（如铝、锌、锡、铅、铜及其合金等）电化学腐蚀大，不宜采用	对于硬质高碳钢、弹性材料零件如弹簧、弹簧薄片等，为避免渗氢，一般采用阳极除油，但不适用于化学性能较活泼的金属材料除油
阴极-阳极联合除油	联合除油是交替地进行阴极和阳极除油，发挥两者的优点，克服其缺点，是较有效的电化学除油方法。根据零件材料性质，选用先阴极除油而后转为短时间的阳极除油，也可以选用先阳极除油而后转为短时间的阴极除油	一般用于无特殊要求的钢铁零件的除油

3.2.3.1 电化学除油原理

电化学除油时间短，除了具有化学除油的皂化与乳化作用外，主要体现在电化学作用上。在电解条件下，电极的极化作用降低了油渍与溶液的界面张力，溶液对零件表面的润湿性增加，使油膜与金属间的黏附力降低，使油污易于剥离并分散到溶液中乳化而除去。在电化学除油时，不论基材作为阳极还是阴极，表面上都有大量气体析出。当零件为阴极时（阴极除油），其表面析出氢气；零件为阳极时（阳极除油），其表面析出氧气。电解时金属与溶液界面所释放的氧气或氢气在溶液中起乳化作用。因为小气泡很容易吸附在油膜表面，随着气泡的增多和长大，这些气泡将油膜撕裂成小油滴并带到液面上，同时对溶液起到搅拌作用，加速了零件表面油污的脱除速度。在阴极电解除油中，新生成的氢原子具有极强的还原活性，能够还原界面的氧化物等，利于降低界面物质的黏附作用；在阳极电解除油中，新生成的氧原子又具有较强的氧化能力，可以作用于油污分子使其氧化成易溶于水的含氧化合物。此外，电解除油的电流密度大，界面放热量大，局域高温也有助于油污分子的活化去除。

电化学除油可分为阴极除油、阳极除油及阴极-阳极联合除油。

① 阴极除油的特点是在制件上析出氢气：

$$2H_2O+2e^- = H_2\uparrow+2OH^-$$

除油时析氢量多，分散性好，气泡尺寸小，乳化作用强烈，除油效果好，速度快，不腐蚀零件。但析出的氢气会渗入金属内部引起氢脆，故不宜用于高强度钢、弹簧钢等对脆性较敏感的金属零件。此外，当电解溶液中含有少量锌、锡、铅等金属粒子时，零件表面将会有一层海绵状金属析出，污染金属零件，并影响镀层的结合力。因此，采取单一的阴极电化学除油是不适宜的。

② 阳极除油的特点是在制件上析出氧气：

$$4OH^- = O_2\uparrow+2H_2O+4e^-$$

除油时，一方面氧析出的气泡少而大，与阴极电化学除油相比，乳化能力较差，因此除油效率较低；另一方面由于氢氧根离子放电使阳极界面层溶液的 pH 值迅速降低，也不利于除油。同时阳极除油时析出的氧气促使金属表面氧化，甚至使某些油脂也发生氧化，以致难以除去。此外，有些金属或多或少地发生阳极溶解。所以，有色金属及其合金和经抛光过的零件，不宜采用阳极除油。但阳极电化学除油没有氢脆，镀件上也无海绵状物质析出。根据以上利弊关系的比较，采用单一的阳极电化学除油也是不适宜的。

③ 由于阴极除油和阳极除油各有优缺点，生产中常将两种工艺结合起来，即阴极-阳极联合除油，取长补短，使电化学除油方法更趋于完善。在联合除油时，最好采用先阴极除油、再短时间阳极除油的操作方法。这样既可利用阴极除油速度快的优点，同时也可消除氢脆。因为在阴极除油时渗入金属中的氢气，可以在阳极除油的很短时间内几乎全部被除去。此外，零件表面也不至于被氧化或腐蚀。实践中常采用电源自动周期换向实现阴极-阳极联合除油。

对于黑色金属制品，大多采用阴极-阳极联合除油。对于高强度钢、薄钢片及弹簧件，为保证其力学性能，绝对避免发生氢脆，一般只进行阳极除油。对于在阳极上易溶解的有色金属制件，如铜及其合金零件、锌及其合金零件、锡焊零件等，可采用不含氢氧化钠的碱性溶液阴极除油。若还需要进行阳极除油以除去零件表面杂质沉积物，则电解时间要尽量短，以免零件遭受腐蚀。

3.2.3.2　电化学除油液组成及工艺条件

一般来说，电化学除油液与化学除油液的组成比例近似但也有一定的差别。在电化学除油中表面活性剂要少加或不加，强碱（NaOH）用量也较化学除油少，操作温度也略低，时间也更短，总体上更温和。除表 3-5 中的化学品外，还可以适量加入三聚磷酸钠等具有更好乳化能力、润湿能力的试剂，增强除油效果。

表 3-5 常用电化学除油溶液的配方及工艺条件

成分及工艺条件	高强度钢	一般钢铁		铜及其合金	锌及其合金
		配方 1	配方 2		
氢氧化钠 NaOH/(g/L)	40～60	10～20	10～20	—	—
碳酸钠 Na_2CO_3/(g/L)	30～50	20～30	50～60	25～30	5～10
磷酸钠 Na_3PO_4/(g/L)	15～30	20～30	30～40	25～30	10～20
硅酸钠 Na_2SiO_3/(g/L)	3～5	—	5～10	3～5	5～10
温度/℃	70～80	70～80	60～80	60～80	40～50
电流密度/(A/dm^2)	2～5	5～10	5～10	5～8	5～7
时间	阴极 5～10min	阴极 5～10min 后阳极 0.2～0.5min	阴极 1min 后阳极 15s	阴极 20～30s	阴极 20～30s

3.2.3.3 电化学除油注意事项

对除油质量影响较大的电化学除油工艺条件是电流密度、温度与除油时间。

① 电流密度的选择应保证析出足够数量的气泡，既能使油污被机械撕裂、剥离电极表面，又能搅拌溶液。提高电化学除油的电流密度可以加快除油速度，缩短除油时间，提高生产效率，但电流密度提高，阴极除油渗氢作用增大，电能消耗加剧。另外，阳极除油时可适当降低电流密度以防止金属过腐蚀，所以电化学除油时电流密度一般控制在 5～15A/dm^2。

② 温度升高能加强乳化作用，从而有利于提高除油效果，同时可以增加溶液电导率，降低槽电压，节约电能。但溶液温度过高会使溶液蒸发加快，施工环境差。温度过低时，除油效果降低，有时零件表面还可能出现锈蚀。电化学除油一般控制在 60～80℃之间。按常规工艺，先用阴极除油 3～7min，再用阳极除油 0.5～2min，以此综合阴、阳极除油的优点以达到对油污的彻底清除。

③ 电化学除油时，电极上不断产生的氢气和氧气具有一定的乳化作用，故电化学除油溶液中可以少加或不加乳化剂。过多的乳化剂在液面形成的泡沫易黏附在零件表面，不易清洗，也影响电极表面气体的逸出。当大量析出的氢气和氧气被液面上的泡沫覆盖时，一旦遇到电极与挂具接触不良引起电火花，即引起爆炸，造成安全事故。

④ 电化学除油中，由于高温和气泡的作用，会产生浓重的刺激性气体，生产中应做好气体过滤，实验也应在通风良好的环境中做。

3.2.4 超声波除油

将制件放在除油液中，使除油过程处于一定频率的超声波作用下的除油过程，称为超声波除油（ultrasonic degreasing）。超声波是频率为 16kHz 以上的高频声波。超声波除油是基于空泡化作用的原理。当超声波作用于除油液时，由于压力波（疏密波）的传导，溶液在某一瞬间受到负压力，而后瞬间受到正压力作用，如此反复作用。当溶液受到负压力作用时，溶液中会出现瞬时的真空，出现空洞，溶液中蒸汽和溶解的气体会进入其中，变成气泡。气泡产生后的瞬间，由于受到正压力的作用，气泡受压破裂而分散，同时在空洞周围产生数千大气压的冲击波，这种冲击波能冲刷零件表面，促使油污剥离。超声波强化除油，就是利用了局域冲击波对油膜的破坏作用及空泡化现象产生的强烈搅拌作用。引入超声波可以强化除油过程、缩短除油时间、提高除油质量、降低化学药品的消耗量，尤其对复杂外形零件、小型精密零件、表面有难除污物的零件及绝缘材料制成的零件有显著的除油效果，可以省去费时的手工劳动，防止零件的损伤。

超声波除油的效果与零件的形状和尺寸、表面油污性质、溶液成分、零件的放置位置等有关，因此，最佳的超声波除油工艺要通过试验确定。超声波除油所用的频率一般为 30kHz 左右。零件小时，采用高一些的频率，零件大时，采用较低的频率。超声波是直线传播的，难以到达被遮蔽的部分，因此应该使零件在除油槽内旋转或翻动，以使其表面上各个部位都能得到超声波的辐照，获得较好的除油效果。另外，超声波除油溶液的浓度和温度要比相应的化学除油和电化学除油低，以免影响超声波的传播，也可减少金属材料表面的腐蚀。

3.3　浸蚀工艺

3.3.1　浸蚀

浸蚀（pickling）又称酸洗，是将金属制件浸在较高浓度和一定温度的浸蚀溶液中，利用化学或电化学方法除去金属制件表面上氧化物和锈蚀物的过程，分为化学浸蚀和电化学浸蚀两类。靠浸蚀剂的化学作用将锈蚀物、氧化物去除的方法称为化学浸蚀。将被浸蚀的零件通以直流电的浸蚀过程称为电化学浸蚀。浸蚀的作用是将金属零件表面上的氧化膜、锈斑和污垢等除去，露出新鲜的金属表面。浸蚀方法和浸蚀剂的组成，应根据金属零件的材料、金属锈蚀的程度、金属氧化物的性质及表面处理后的要求加以选择。对于精密、小巧和薄层类零件，要格外注意浸蚀液的组成对零件腐蚀的影响，浸蚀液的腐蚀能力过强会严重降低零件的尺寸，影响精密度。在反应过程中也要控制反应时间，一方面时间过长会加快渗氢速率，降低镀层的结合力，影响镀层质量；另一方面也会出现过腐蚀的现象，表面出现花纹或者发雾等。一般零件的浸蚀要求：

① 浸蚀只除去氧化膜、锈斑等化合物，不腐蚀其基体金属；

② 不渗氢或少渗氢；

③ 不产生或少产生浸蚀残渣（挂灰）；

④ 为了抑雾和缓蚀（防止基体金属过腐蚀）等，要在浸蚀溶液中加入一些添加剂，特别是加入缓蚀剂，能防止基体金属过腐蚀和减少对基体金属的渗氢量。

3.3.2　浸蚀常用的酸和缓蚀剂的作用及其功能

（1）硫酸

硫酸在室温下，对金属氧化物的溶解能力较弱，提高浓度不能显著提高硫酸的浸蚀能力，60%（质量分数）以上的硫酸几乎不能溶解氧化铁。因此，硫酸用作浸蚀除锈溶液时，其浓度一般控制在 8%～20%（质量分数）。提高温度，可以大大提高硫酸的除锈能力。硫酸挥发性低，适宜用于加热浸蚀，工件氧化皮较厚，需要强浸蚀时，硫酸除锈液一般可加热到 50～60℃。若加热温度再高，硫酸对氧化皮的溶解速度无明显增大，但容易过度腐蚀基体金属，并引起基体氢脆，故温度一般不宜超过 75℃，同时应加入适当的缓蚀剂。

硫酸溶液广泛用于钢铁、不锈钢、铜和铜合金的浸蚀。浓硫酸也常与盐酸、硝酸、磷酸、氢氟酸等混合使用，用于多种金属和合金的光亮浸蚀、化学抛光、电解抛光。

（2）盐酸

盐酸在常温下，对金属氧化物有较强的溶解能力，但对钢铁等金属基体溶解比较缓慢，因此，用盐酸除锈时，不易发生过腐蚀和严重的氢脆，工件表面残渣较少。盐酸除锈能力几乎与其浓度成正比。在相同的浓度和温度下，盐酸的浸蚀速度比硫酸快得多。由于浓盐酸挥发性大，故大多在室温下浸蚀除锈，浓盐酸用量一般不超过360g/L。

盐酸分子只含有一个氢原子，所以用与硫酸同等摩尔浓度的盐酸浸蚀钢铁时，其电离的氢离子只有硫酸的一半，因此用盐酸浸蚀钢铁，零件氢脆现象相对比较轻。盐酸浸蚀钢铁的腐蚀产物为氯化物，易溶于水，表面残留物少，易于清洗干净。盐酸浸蚀溶液宜加入缓蚀剂。

(3) 硝酸

硝酸是一种氧化性强酸。工业浓硝酸通常有两种规格：密度为1.41g/cm^{3}时，其质量分数≥68%；密度为1.501g/cm^{3}时，其质量分数为98%。钢铁零件镀前浸蚀很少用硝酸，但硝酸是许多光亮浸蚀溶液的重要组成成分，如硝酸和硫酸的混合酸可用于铜及铜合金零件的光亮浸蚀；硝酸与氢氟酸的混合酸广泛用于去除铅、不锈钢、镍基和铁基合金、钛、锆及某些钴合金上的热处理氧化皮；硝酸与硫酸、盐酸、磷酸混合后常用于铜和铜合金的化学抛光、不锈钢光亮浸蚀、钢铁件强浸蚀后去除残渣；硝酸还用于铝及铝合金碱浸蚀后的浸亮；等等。

硝酸挥发性强，浸蚀金属时，会放出大量有害气体（氧化氮类），并释放出大量的热，污染环境，伤害人体，应做好安全防护，酸槽应加强通风和冷却槽液。目前，有些有机添加剂添加到硝酸的光亮浸蚀溶液中，可有效地抑制氮氧化物气体的逸出，改善环境。

(4) 磷酸

磷酸是中等强度的无机酸，磷酸的浸蚀能力较低，用磷酸溶液除锈时，一般都需要加热。磷酸溶液除锈，产生氢脆的可能性较小，残留在工件表面的少量酸液，能转化为不溶性磷酸盐保护膜，具有缓蚀性。磷酸适用于焊接件、组合件涂装前的除锈。

磷酸的成本较高，单独用于浸蚀的不多，一般仅在有特殊要求的情况下才用磷酸来除锈。而它常与一定比例的硝酸、硫酸、醋酸或铬酐配合，用于铝、铜、钢铁等金属的光亮浸蚀。在盐酸浸蚀溶液中加入适量磷酸，能加速钢铁氧化膜的剥离。

(5) 缓蚀剂

浸蚀溶液中加入缓蚀剂，可以减少浸蚀时基体金属的溶解，防止过腐蚀和产生氢脆现象，而且能减少化学品的消耗。缓蚀剂的作用原理是它能吸附在裸露金属的活性表面上，提高析氢的过电位，从而降低金属的腐蚀。缓蚀剂一般不被金属的氧化物所吸附，因此不影响氧化物的溶解。

目前常用的缓蚀剂，用于硫酸溶液的有硫脲、二邻甲苯基硫脲（若丁）、六亚甲基四胺（乌洛托品）和动物蛋白水解产物；用于盐酸溶液的主要有六亚甲基四胺、丁炔二醇和丙炔醇等。

缓蚀剂的用量取决于被浸蚀零件的材质，浸蚀溶液的组成、浓度和温度，以及被除物的性质。在浸蚀溶液中，缓蚀剂一般使用浓度约为0.5%～1%（质量分数），浸蚀溶液使用时间增长，缓蚀剂的缓蚀效果也会下降，所以需定期向浸蚀溶液中补加缓蚀剂。

弱浸蚀因其酸的浓度低，浸蚀时间短，不需加缓蚀剂。

3.3.3 化学浸蚀原理

3.3.3.1 钢铁零件的化学浸蚀

钢铁零件容易被氧化和腐蚀，其表面一般都存在氧化皮和铁锈。常见的氧化物有灰色的氧化亚铁（FeO）、赤色的三氧化二铁（Fe_2O_3）、橙黄色含水的三氧化二铁（$Fe_2O_3 \cdot nH_2O$）和蓝黑色的四氧化三铁（Fe_3O_4）等。

钢铁零件因大气腐蚀产生的锈蚀，一般是氢氧化亚铁和氢氧化铁。铁的氧化物、氢氧化物与酸作用都容易被溶解而除去，以硫酸浸蚀为例，其反应如下：

$$FeO + H_2SO_4 \longrightarrow FeSO_4 + H_2O$$

$$Fe(OH)_2 + H_2SO_4 \longrightarrow FeSO_4 + 2H_2O$$

$$2Fe(OH)_3 + 3H_2SO_4 \longrightarrow Fe_2(SO_4)_3 + 6H_2O$$

钢铁零件因高温而产生的氧化皮，主要是四氧化三铁和三氧化二铁，其在硫酸和盐酸溶液中都较难溶解，但当基体金属（铁）被溶解时，可产生氢气，促使氧化皮从钢铁基体表面脱落。同时，析出的氢能将四氧化三铁、三氧化二铁还原为氧化铁，从而使之溶解，又能借助氢气泡析出产生的机械作用，促使氧化物溶解和剥离。钢铁氧化物用盐酸浸蚀时，其化学反应如下：

$$FeO + 2HCl \longrightarrow FeCl_2 + H_2O$$

$$Fe + 2HCl \longrightarrow FeCl_2 + H_2\uparrow$$

$$Fe_2O_3 + 4HCl + 2[H] \longrightarrow 2FeCl_2 + 3H_2O$$

$$Fe_3O_4 + 6HCl + 2[H] \longrightarrow 3FeCl_2 + 4H_2O$$

常温下，硫酸溶解三氧化二铁和四氧化三铁的能力是较弱的，提高温度可加快其浸蚀速度。钢铁氧化物用硫酸浸蚀时，其化学反应如下：

$$FeO + H_2SO_4 \longrightarrow FeSO_4 + H_2O$$

$$Fe + H_2SO_4 \longrightarrow FeSO_4 + H_2\uparrow$$

$$Fe_2O_3 + 2H_2SO_4 + 2[H] \longrightarrow 2FeSO_4 + 3H_2O$$

$$Fe_3O_4 + 3H_2SO_4 + 2[H] \longrightarrow 3FeSO_4 + 4H_2O$$

$$Fe_2(SO_4)_3 + H_2 \longrightarrow 2FeSO_4 + H_2SO_4$$

$$Fe_2(SO_4)_3 + Fe \longrightarrow 3FeSO_4$$

钢铁零件在浸蚀过程中析出氢，氢原子易扩散到金属内部而引起氢脆，而氢气从浸蚀溶液中逸出时易造成酸雾。所以，钢铁零件化学浸蚀时，常在浸蚀溶液中加入缓蚀剂、润湿剂、抑雾剂等。钢铁零件常用的化学浸蚀溶液的组成和工艺规范见表3-6。

表3-6 钢铁零件常用的化学浸蚀溶液的组成和工艺规范

溶液成分及工艺规范	氧化物不多的零件		光亮、少锈、有氧化皮的碳钢件、合金钢件、弹簧或高强度拉力钢	合金钢零件		光亮浸蚀
	配方1	配方2		预浸	浸蚀	
	含量/(g/L)					
硫酸(浓)	100～200	—	—	230	—	600～800
盐酸	—	5～360	150～360	270	450	5～15
硝酸	—	—	—	—	50	400～600
六次甲基四胺	—	3～5	—	—	—	—
磺化煤焦油	—	—	—	10mL/L	10mL/L	—
温度/℃	室温	10～35	室温	50～60	30～50	15～35
时间/min	除净为止	1～5	除尽为止 1～5	1	6s	3～10s

3.3.3.2 不锈钢零件的化学浸蚀

不锈钢表面大都附有一层致密难溶的氧化皮或自然钝化膜，这层氧化皮或钝化膜中含有氧化铬、氧化镍和十分难溶的氧化铁铬（$FeO \cdot Cr_2O_3$）等，电镀前必须彻底清除干净。为了有效清除氧化皮和钝化膜，并尽量减少基体金属的腐蚀，不锈钢零件的化学浸蚀一般需经过松动氧化皮、浸蚀以及清除浸蚀残渣等步骤。

（1）松动氧化皮

进行电镀的不锈钢主要有两大类：一类是奥氏体型的，如1Cr18Ni9Ti、1Cr14Mn14Ni等，这类中含镍量较高；另一类是非奥氏体型的，包括马氏体型和铁类型的不锈钢，如0Cr13、1Cr13、2Cr13等，这类材料中含碳量较高。这些不锈钢材料成型时表面产生的氧化皮，一般浸蚀很难除去，应先采用松动氧化皮处理。在不含强腐蚀性酸的条件下，借助氧化剂的作用，促使氧化层中的低价铬、铁转变为高价的化合物，使氧化物结构发生变化，附着力降低，从而松动氧化物。不锈钢零件松动氧化皮的溶液分为碱性溶液和酸性溶液两类，其溶液的组成和工艺规范见表3-7、表3-8。

表3-7 不锈钢零件松动氧化皮碱性溶液的组成和工艺规范

溶液成分及工艺规范	配方1	配方2	配方3	配方4
	含量/(g/L)			
氢氧化钠 NaOH	650～750	600～700	80～100	600～800
硝酸钠 $NaNO_3$	200～250	—	—	—
亚硝酸钠 $NaNO_2$	—	150～200	—	—
高锰酸钾 $KMnO_4$	—	—	20～50	—
温度/℃	140～150	135～145	80～105	140～145
时间/min	20～60	60～120	10～15	10～15

表3-8 不锈钢零件松动氧化皮酸性溶液的组成和工艺规范

溶液成分及工艺规范	配方1	配方2
硫酸 H_2SO_4(d=1.84)	10%	—
盐酸 HCl(d=1.18)	10%	—
硝酸 $NaNO_3$(d=1.41)	—	80～150mL/L
温度/℃	55～60	室温
时间/min	视需要定	30～60

注：表中浓度含量(%)为体积分数。

（2）浸蚀

不锈钢含有镍、铬等元素，表面上的氧化皮或钝化膜非常致密，浸蚀时一般都采用混合酸。不锈钢浸蚀的溶液的组成和工艺规范见表3-9。

表3-9 不锈钢浸蚀的溶液的组成和工艺规范

溶液成分及工业规范	配方1	配方2	配方3	配方4	配方5	配方6	配方7	配方8	配方9	配方10
	含量/(g/L)									
硫酸 H_2SO_4(d=1.84)	200～250	少量	60～80	40～60	—	—	10%①	—	8%～10%②	80～100
盐酸 HCl(d=1.18)	80～120	300～500	—	130～150	60	—	—	—	—	—
硝酸 HNO_3(d=1.41)	—	—	20～30	—	130～150mL/L	300～400	250～300	15～25mL/L	6%～8%②	70～80

续表

溶液成分及工业规范	配方 1	配方 2	配方 3	配方 4	配方 5	配方 6	配方 7	配方 8	配方 9	配方 10
	含量/(g/L)									
氢氟酸 HF	—	—	—	—	2～5ml/L	80～140	50～60	—	4%～6%②	50～60
缓蚀剂	—	适量	—	适量	适量	—	—	—	—	—
若丁磺化煤	0.1～0.2	—	—	—	—	—	—	—	—	—
温度/℃	40～60	室温	55-65	室温	室温	室温	室温	55～65	15～25	室温
时间/min	约 60	30～40	50～60	20～40	2～10	15～45	20～50	30～60	1～2	30～50
适用范围	一般不锈钢的预浸蚀		1Cr13、2Cr13、3Cr13 等不含镍的不锈钢	马氏体不锈钢	1Cr18Ni9Ti 等奥氏体不锈钢表面的较厚氧化皮的浸蚀（配方 5 还具有光亮浸蚀的效果）			非镍铬不锈钢	马氏体不锈钢精密零件	1Cr18Ni9Ti 等不锈钢精密零件

①为体积分数。

②为质量分数。

3.3.3.3 铝及铝合金零件的化学浸蚀

铝是两性金属，其氧化物既可在酸溶液中溶解，也可在碱溶液中溶解，故可采用酸或碱溶液来浸蚀。

铝及铝合金零件化学浸蚀溶液的组成和工艺规范见表 3-10。

铝及铝合金零件光亮浸蚀（出光）溶液的组成和工艺规范见表 3-11。

表 3-10 铝及铝合金零件化学浸蚀溶液的组成和工艺规范

溶液成分及工艺规范	通用配方（纯铝、铝锰系防锈铝合金等）		各种铝合金阳极化前浸蚀		砂面浸蚀	精度要求高的铝及铝合金
	含量/(g/L)					
盐酸	—	—	—	—	100	—
硝酸	—	100～500	200～400			10%～30%
氢氧化钠	60～80	—	—	40～50	50～60	—
氢氟酸	—	—	—	—	—	1%～3%
30%过氧化氢	—	—	—	—	35	—
氟化钠	—	—	10～20	40～60	—	—
三氯化铁	—	—	—	—	75	—
氟化氢铵	—	—	—	—	70	—
温度/℃	60～70	室温	室温	40～66	35～45	室温
时间/min	0.1～2	1～5	0.1～0.3	0.5～2	1～3	0.1～0.3

注：1. 表中含量(%)为体积分数；

2. 弱腐蚀也采用 3%～5%(质量分数)的 NaOH 溶液，在室温下，处理时间为 0.5～1min。

表 3-11 铝及铝合金零件光亮浸蚀（出光）溶液的组成和工艺规范

溶液成分及工艺规范	铝及铝合金出光	硅含量小于 10% 及一般的铝合金	硅含量大于 10% 的铝合金	无黄烟光亮浸蚀
	含量/(g/L)			
硫酸 H_2SO_4(d=1.84)	500	—	—	30%～40%
硝酸 HNO_3(d=1.41)	500	400～800	50%	—
磷酸 H_3PO_4(d=1.7)	—	—	—	60%～70%
氢氟酸 HF 40%	—	—	50%	—
温度/℃	室温	室温	室温	100～120
时间/min	0.1～0.3	3～5	0.2～0.5	0.5～2

注：表中含量（%）为体积分数。

3.3.3.4 铜及铜合金零件的化学浸蚀

铜及铜合金零件的化学浸蚀，一般情况下要进行两道连续的浸蚀工序，即先进行一般浸蚀（即预浸蚀），后进行光亮浸蚀。当铜及铜合金件表面有厚的黑色氧化皮时，在预浸蚀前，可在10%～20%（质量分数）硫酸溶液中（50～60℃）进行疏松氧化处理。经过机械抛光的铜及铜合金件，一般只需弱浸蚀即可。铜及铜合金零件化学浸蚀溶液的组成和工艺规范见表3-12。

表3-12 铜及铜合金零件化学浸蚀溶液的组成和工艺规范

溶液成分及工艺规范	一般浸蚀(预浸蚀)			光亮浸蚀			
	一般铜及铜合金件	一般铜及铜合金件	铍青铜件	一般铜及铜合金件	铜、黄铜、铍青铜件	铜、黄铜、低锡青铜、磷青铜件	铜、黄铜、铜锌镍合金件
	含量/(g/L)						
硫酸 H_2SO_4(d=1.84)	150～250	25%	—	1份体积	—	600～800	—
盐酸 HCl(d=1.18)	—	—	—	0.02份体积	—	—	—
硝酸 HNO_3(d=1.41)	—	12.50%	600～1000	1份体积	600～1000	300～400	10%～15%
氯化钠 NaCl	—	—	—	—	0～10	3～5	—
磷酸 H_3PO_4(d=1.7)	—	—	—	—	—	—	50%～60%
醋酸 CH_3COOH	—	—	—	—	—	—	25%～40%
温度/℃	40～60	室温	80～100	室温	≤45	≤45	20～60

注：1. 在一般浸蚀（预浸蚀）中，也可采用100～360g/L盐酸（HCl），室温；

2. 表中浓度（%）均为体积分数；

3. 浸蚀时间依据零件表面氧化皮状态而定，除净为止。

3.3.4 弱浸蚀

当零件表面的大量氧化物及锈蚀产物经浸蚀除去后，在进入电镀工序之前，还需进行弱浸蚀（acid dipping），有时也称活化，其目的在于进一步除去零件表面在运送、保存过程中所形成的薄层氧化膜，使基体晶格暴露，处于活化状态，保证镀层与基体金属间的良好结合。金属制品经弱浸蚀处理后，应立即予以清洗并转入镀液进行电镀。如果弱浸蚀溶液不污染镀液，最好不经清洗而将活化后的零件直接入镀槽电镀。

弱浸蚀液浓度低，浸蚀能力较弱，不会损坏零件表面的光洁度，处理时间也短（从数秒到数分钟），并且一般在室温下进行。对于黑色金属的弱浸蚀，可以用化学法，也可以用电化学法。当采用化学法时，弱浸蚀溶液一般选用质量分数为3%～5%的稀盐酸或稀硫酸，室温下处理0.5～1min。当采用电化学弱浸蚀时，多用阳极处理，采用1%～3%的稀硫酸溶液，阳极电流密度为5～10A/dm^2。弱浸蚀溶液的选择应同时考虑对后续电镀溶液的影响。铜及铜合金零件弱浸蚀溶液的组成和工艺规范见表3-13。

在弱浸蚀时要注意，钢铁或有色金属制件表面的弱浸蚀需在分开的槽中进行。因为在弱浸蚀时，铜离子和铁离子都会与酸反应，若在钢铁件弱浸蚀时溶液中存在铜离子，铜的电位比铁高，就会按如下反应式，在钢铁制件表面析出疏松的置换铜而影响镀层的结合力：

$$Fe + CuSO_4 \longrightarrow FeSO_4 + Cu\downarrow$$

如果弱浸蚀后不能立即电镀，则应将处理后的零件放在稀的Na_2CO_3（质量分数为3%）溶液中保存，在进行电镀时要充分清洗，并重新进行弱浸蚀。

表 3-13 铜及铜合金零件化学弱浸蚀溶液的组成和工艺规范

溶液成分及工艺规范	配方 1	配方 2
硫酸 H_2SO_4(d=1.84)	5%～10%	—
盐酸 HCl(d=1.18)	—	3%～10%
温度/℃	室温	室温
时间/min	0.5～1.0	0.5～1.0

注：表中含量（%）为体积分数。

3.4 基材的化学与电化学抛光技术

3.4.1 化学抛光原理及特点

化学抛光是金属零件在一定的溶液中和特定的条件下进行化学光亮浸蚀处理，以获得平整、光亮表面的过程。在化学抛光过程中，一般认为由于金属微观表面形成了不均匀的钝化膜，或由于形成了类似电化学抛光过程中所形成的稠性黏膜，从而表面微观凸出部分的溶解速度显著大于凹下部分，因此降低了零件表面的显微粗糙度，使零件表面更加平整和光亮。

同电化学抛光相比，化学抛光具有下列特点：

① 所需设备较简单，不需要外加电源及导电系统装置；

② 适应性强，可以抛光处理细管、深孔及形状更为复杂的零件；

③ 生产工艺简单，操作方便，生产效率高；

④ 化学抛光的表面质量，一般略低于电化学抛光；

⑤ 溶液调整和再生较困难，抛光过程中往往产生氧化氮等有害气体。

金属的化学抛光适用范围广，如钢铁（包括不锈钢）、铜和铜合金、铝和铝合金、镍、锌、镉以及其他金属等的化学抛光。

3.4.2 不同种类金属化学抛光液的组成与工艺操作

3.4.2.1 不锈钢件的化学抛光

不锈钢的原始表面一般都是暗灰色的，如果要达到镜面光亮，就需要机械抛光。但大多数不锈钢不需要镜面光亮，只要一般光亮就行，这样采用化学抛光或电化学抛光方法就能达到。不锈钢件常用的化学抛光溶液的组成及工艺规范见表 3-14。由于不锈钢牌号很多，其含镍、铬、钛等成分不一样，因此究竟选用何种溶液配方，需先做小样试验来确定。

表 3-14 不锈钢件化学抛光溶液的组成及工艺规范

溶液成分及工艺规范	配方 1	配方 2	配方 3	配方 4	配方 5	配方 6
	含量/(g/L)					
盐酸 HCl(d=1.18)	120～180mL/L	67mL/L	65～80	60	55mL/L	200mL/L
硝酸 HNO_3(d=1.41)	15～35mL/L	40mL/L	180～200	132	—	—
磷酸 H_3PO_4(d=1.7)	25～50mL/L	—	—	—	180mL/L	—
硫酸 H_2SO_4(d=1.84)	—	227mL/L	—	—	—	—
40%氢氟酸 HF	—	660mL/L	70～90	25	—	—
草酸 $H_2C_2O_4$	—	—	—	—	40mL/L	—
硝酸铁[$Fe(NO_3)_3$]	—	—	18～25	—	—	—
冰醋酸 CH_3COOH	—	—	20～25	—	—	—

续表

溶液成分及工艺规范	配方1	配方2	配方3	配方4	配方5	配方6
	含量/(g/L)					
36%过氧化氢 H_2O_2	—	—	—	—	—	400mL/L
柠檬酸饱和溶液	—	—	60mL/L	—	—	—
磷酸氢二钠饱和溶液	—	—	60mL/L	—	—	—
六亚甲基四胺[$(CH_2)_6N_4$]	—	—	—	2	—	—
OP-10乳化剂	—	—	—	—	4mL/L	—
聚乙二醇($M=6000$)	—	—	—	—	—	2
复合缓蚀剂	1～5	—	—	—	—	—
光亮剂	3～5	—	—	—	—	—
水溶性聚合物	20～40	—	—	—	—	—
温度/℃	15～40	50～80	50～60	<40	70～85	15～35
时间/min	12～48	3～20	0.5～5	3～10	0.5～1	2～10

注：1. 配方1中的添加剂：复合缓蚀剂采用若丁和有机胺等；光亮剂采用氯烷基吡啶、卤素化合物和磺基水杨酸；水溶性聚合物为黏度调节剂，采用纤维素醚和聚乙二醇的混合物等。

2. 配方1抛光时要抖动零件，避免气泡在表面停滞；加入适量甘油，可改善抛光质量。

3. 硝酸型溶液的抛光作用较强，其缺点是有大量氮氧化物（黄烟）产生。

3.4.2.2 铝及铝合金件的化学抛光

铝及铝合金件的化学抛光溶液有两种类型，即酸性抛光溶液和碱性抛光溶液。

(1) 酸性化学抛光溶液

传统的酸性抛光液有磷酸-硝酸、磷酸-硫酸-硝酸等体系。一般认为，磷酸具有较高的黏度，它的主要作用是较缓慢和有选择地溶解表面微观凸起部分的铝和氧化铝，生成黏性液膜，附着在零件表面上。这层黏性液膜对整平和抛光表面起着十分重要的作用，所以抛光液中磷酸的浓度较高。硫酸有选择地溶解材料表面的铝和氧化铝，能提高铝表面抛光的活性，加快抛光速度，适量的硫酸还具有增光作用。硝酸起到局部钝化的作用，防止铝及铝合金表面严重腐蚀。

传统的酸性抛光处理过程中产生大量氮氧化物气体（黄烟），污染严重。目前，国内已研制开发出多种组合添加剂，取代硝酸。无硝酸抛光液适用于铝、铝-镁合金及铝-镁低硅合金。

铝及铝合金件的酸性抛光溶液的组成及工艺规范见表3-15。

表3-15 铝及铝合金件的酸性抛光溶液的组成及工艺规范

溶液成分及工艺规范	配方1	配方2	配方3	配方4	配方5
	含量(质量分数)/%				
磷酸 H_3PO_4($d=1.7$)	77.5	75	70～80	50	—
硫酸 H_2SO_4($d=1.84$)	15.5	8.8	10～15	6.5	—
硝酸 HNO_3($d=1.41$)	6	8.8	10～15	6.5	13
冰醋酸 CH_3COOH	—	—	—	6	—
硼酸 H_3BO_3	0.4	—	—	—	—
硫酸铵[$(NH_4)_2SO_4$]	—	44	—	—	—
硫酸铜 $CuSO_4$	0.5	0.02	—	—	—
硝酸铜[$Cu(NO_3)_2$]	—	—	—	3g/L	—
氟化氢铵 NH_4HF_2	—	—	—	—	10
尿素[$(NH_2)_2CO$]	—	3.1	—	—	—

续表

溶液成分及工艺规范	配方1	配方2	配方3	配方4	配方5
	含量(质量分数)/%				
糊精	—	—	—	—	1
温度/℃	100～105	100～120	90～120	90～95	50～57
时间/min	1～3	2～3	0.2～0.4	0.2～0.4	0.2～0.4

注：1. 配方1适用于纯铝和铜含量较低的铝合金。
2. 配方2适用于纯铝和铝-镁合金。
3. 配方3适用于铜、锌含量较高的高强度铝合金。
4. 配方4适用于铝-锌-镁合金；铝-镁-铜合金，锌含量不超过7%，铜含量不超过5%的其他铝合金。
5. 配方5适用于硅含量大于2%的铝合金、高纯铝。
6. 用含有铜离子的抛光溶液抛光过的零件，应在400～500g/L的硝酸溶液中，在室温下浸渍数秒至十多秒，以除去表面的接触铜。

(2) 碱性化学抛光溶液

碱性抛光溶液是利用铝及铝合金零件在碱性溶液中的选择性自溶解作用，达到整平和抛光零件表面的目的。由于碱比酸对铝及铝合金有更强的溶解能力，故采用碱性抛光溶液，铝及铝合金零件的质量损失较酸性抛光溶液更多，同时碱性抛光溶液工艺的控制比酸性抛光溶液工艺控制更困难。

铝及铝合金件的碱性抛光溶液的组成及工艺规范见表3-16。

表3-16 铝及铝合金件的碱性抛光溶液的组成及工艺规范

溶液成分及工艺规范	配方1	配方2
	含量/(g/L)	
氢氧化钠 NaOH	350～650	400～500
硝酸钠 $NaNO_3$	—	300～350
亚硝酸钠 $NaNO_2$	100～250	—
磷酸三钠 Na_3PO_4	10～40	20～30
氟化钠 NaF	20～50	—
氟化钾 $KF \cdot 2H_2O$	—	30～50
温度/℃	110～130	110～120
时间/min	0.1～0.25	0.3～0.9

注：碱性抛光溶液配方1、2，应注意防止过腐蚀。碱性化学抛光后应迅速在50℃左右的温水中清洗，清洗后再用250～300mL/L的硝酸溶液进行中和出光，在室温下，处理10～30s，经水洗后，进入下一道工序。

3.4.2.3 铜及铜合金件的化学抛光

铜及铜合金件一般使用磷酸-硝酸-醋酸溶液进行化学抛光，由于含有硝酸，抛光过程中有大量氮氧化物（黄烟）产生，污染环境，所以应尽量选用不含硝酸的抛光液，保护环境。铜及铜合金件化学抛光溶液的组成及工艺规范见表3-17。

表3-17 铜及铜合金件化学抛光溶液的组成及工艺规范

溶液成分及工艺规范	配方1	配方2	配方3	配方4
	含量/(g/L)			
磷酸 H_3PO_4(d=1.7)	500～600	160～170	40～50	70%～94%(质量分数)
硝酸 HNO_3(d=1.41)	100	30～40	6～8	6%～30%(质量分数)
冰醋酸 CH_3COOH	300～400	110～120	35～45	—
硫酸 H_2SO_4(d=1.84)	—	20～30	—	—
30%过氧化氢(H_2O_2)	—	15～20	—	—

续表

溶液成分及工艺规范	配方 1	配方 2	配方 3	配方 4
	含量/(g/L)			
8-羟基喹啉	—	少量	—	—
温度/℃	40～60	30～50	40～60	25～45
时间/min	3～10	1～3	3～10	1～2

注：1. 配方 1、2 适用于铜和黄铜的抛光，配方 1 的温度降至 20℃时，可以抛光白铜。

2. 配方 3 的酸含量低，适用于铜及黄铜的抛光，当温度降至 20℃时，可用于抛光白铜。

3. 配方 4 适用于铜铁组合体的抛光。

3.4.3 电化学抛光机理及特点

电化学抛光（electrochemical polishing）又称电解抛光或电抛光，是对金属表面进行精加工的一种电化学方法。它是将金属制件置于一定组成的电解液中进行的特殊阳极处理，以降低制件表面上微观的粗糙度，从而获得平滑光亮表面的加工过程。它既可用于金属制件镀前的表面处理，也可用于镀后镀层的精加工，还可作为金属表面的一种加工方法。

同机械抛光相比，电化学抛光具有下列特点。

① 机械抛光是对零件表面进行磨削而得到平滑表面的加工过程。这样在零件表面会形成一层冷作硬化的变形层，同时还会夹杂一些磨料。而电化学抛光是通过电化学溶解使被抛光零件表面得到整平的过程，表面没有变形层产生，也不会夹外来物质。但在电解过程中阳极上有氧析出，会使被抛光表面形成一层氧化膜。

② 电化学抛光多相合金时，因各相溶解不均反而可能形成不平整的表面。铸件夹杂物多而难以电化学抛光。粗糙度大、深的划痕不能被电化学抛光平整。而机械抛光对基材要求却低得多。

③ 形状复杂的零件、细小零件、薄板及线材等，用电化学抛光比机械抛光容易得多。

一般认为，在电化学抛光时，金属制品表面同时处于两种状态之下：微观凸起处的金属表面处于活化状态，该处的溶解速度大；微观凹处表面处于钝化状态，该处的金属溶解速度小。这样，经电化学抛光处理一段时间后，制品表面的微凸起处便被整平，出现光亮的外观。关于电解抛光的机理，至今仍未得到统一的见解。以下简单介绍电化学抛光过程的黏膜理论和氧化膜理论。

(1) 黏膜理论

电抛光过程中，在一定条件下，金属阳极的溶解速度大于阳极溶解产物离开阳极表面向电解液深处扩散的速度，于是溶解产物就在阳极表面附近积累，使阳极附近金属盐浓度不断增加，形成一层电阻比较大的黏性膜，并且此黏性膜可以溶解在电解液中。在金属凹凸不平的表面上，此黏性膜分布是不均匀的，在表面微凸处薄一些，而在表面微凹处厚一些。凸起处的黏膜薄，电阻小，因此电流密度大，氧气析出多，故该处溶液的搅动程度大，液体易于更新，凸起处的黏膜溶解较快。凹处的黏膜厚，电流密度也小，故对黏膜的溶解不利，处在黏膜的保护之下，溶解速度很慢。随着电抛光时间的延续，阳极表面上的凸起处逐渐被削平，整个表面变得平滑光洁。一般认为黏性膜还有另外一个作用，即阻碍阳极的溶解，使阳极的极化作用加强。

(2) 氧化膜理论

电抛光过程中，在阳极溶解的同时，当阳极电位达到氧的析出电位时，由于新生态氧的作用，金属阳极表面上形成一层氧化膜，它有一定的稳定性，从而使金属阳极的表面由活化状态转入了钝态。但这层氧化膜在电解液中是可以溶解的，所以此时建立的钝态并不是完全稳定的。由于阳极表面微凸处电流密度高，形成的氧化膜比较疏松，而且该处析出的氧气较多，对溶液的搅拌作用大，溶液易于更新，有利于阳极溶解产物向溶液中扩散，故该处氧化膜的化学溶解速度较快。相比之下，阳极表面的微凹处则处于相对稳定的钝态，氧化膜的溶解和生成速度均较表面微凸处慢。在整个电抛光过程中，氧化膜的形成和溶解反复进行，而且凸处比凹处进行得快，结果，凸处就优先被整平，从而达到了抛光的效果。

3.4.4 不同种类金属电化学抛光液的组成与工艺操作

3.4.4.1 电抛光溶液要求

电抛光溶液对于抛光的质量有重要影响，其组成因待抛光金属材料的不同而异，无统一配方。对于电抛光溶液都有如下要求：

① 电抛光溶液中应当含有一定量的氧化剂，这对金属表面形成氧化膜和黏性膜是有利的，但不能有破坏氧化膜和黏性膜的活性离子，如 Cl^- 等存在；

② 在不通电情况下，电抛光溶液不应对抛光金属有明显的腐蚀作用；

③ 无论通电与否，电抛光溶液都必须足够稳定；

④ 电抛光溶液应当有较宽的工作范围（如温度、电流密度等）和通用性，允许的电流密度下限应较小；

⑤ 抛光能力强、电能消耗小、低廉和无毒；

⑥ 对阳极产物的溶解度大，并且容易将其清除。

由于金属和合金的物理化学性质相差很大，所以很难找到一种通用的电抛光溶液。工业上采用的电抛光溶液大致分为两类。

第一类是电阻较低的电抛光溶液。此类电抛光溶液可以采用较低的电压（<25V），其主要成分是磷酸，有时也添加一定比例的硫酸。由于磷酸黏度大，对金属的化学溶解性小，易于形成薄膜，抛光极限电流密度较小，因此大多数情况下都采用磷酸作为电抛光溶液的主要成分。电抛光溶液中加入一定量的硫酸，可以提高抛光速度、增加光泽度，但含量不宜过高，以避免引起腐蚀。为防止被抛光金属的腐蚀，还可加入少量金属盐和有机添加剂。在生产中也可采用硫酸与柠檬酸混合型电抛光溶液，有的电抛光溶液中还加入少量的甘油、甲基纤维素等助剂。

第二类是高电阻的电抛光溶液。此类电抛光溶液需要直流电压为 50～200V，这类电抛光溶液应用较少，其主要成分是高氯酸，有时也加入些醋酸、酒精等有机物。虽然此类电抛光溶液所抛金属的光洁度很高，但生产成本高且不安全，电抛光溶液分解时可能发生爆炸，主要用于制备金相磨片。

3.4.4.2 电抛光工艺规范

影响电抛光质量的主要因素除了电抛光溶液外，还包括电流密度、温度、抛光时间、搅拌条件、阴极材料等。只有将这些条件与抛光液的组成很好地配合起来，才能得到满意的抛光效果。

(1) 电流密度

电解抛光时，多数情况下，阳极电流密度与被溶解金属的量几乎呈线性关系。对于任何一种金属-电抛光液系统，都存在着最适宜的电流密度。一般而言，电流密度过低，电极处于活化状态，由于金属的阳极溶解，表面将产生浸蚀，表面较粗糙；电流密度过高时，氧气将大量析出，使阳极局部表面被覆盖而导电不良，另外，可能引起阳极表面局部过热，造成金属表面过腐蚀，表面光洁度变坏，同时电能消耗也增大。

（2）温度

当抛光电流密度一定时，随着抛光液温度升高，电抛光速度提高。因为温度升高，溶液黏度降低，对流作用加强，扩散速度加快，阳极附近溶液迅速更新，从而有利于阳极溶解。但从获得高的金属表面光泽度考虑，不宜采用过高的温度。因为温度过高时，阳极表面抛光液容易过热，产生的气体和蒸汽可能将抛光液从金属表面挤开，从而降低了抛光的效果。

（3）时间

电解抛光过程的持续时间取决于下列因素：金属制品原始的表面状态、所用的电流密度和温度、电解液的组成以及金属的性质等。在电抛光开始的一段时间内，阳极表面的整平速度最大，以后就越来越小，甚至到某一时间后，再延长抛光时间，不仅不能使表面粗糙度降低，反而会使之增加。一般情况下，随着电流密度的增加和温度的提高，抛光时间应缩短。当制品原始表面质量好且要求高时，抛光时间应缩短。为了提高表面光泽度，达到良好的抛光效果，在实践中常采用反复多次抛光的方法，而每次抛光的时间均应控制在许可的范围之内。

（4）搅拌条件

电解抛光时搅拌电解液常常可以提高抛光质量，因为它能使阳极表面附近的抛光液更新，抛光液的温度更加均匀，防止金属表面局部过热，加快黏膜的溶解速度，从而提高抛光速度。同时，搅拌还可赶走滞留在金属表面的气泡，以消除麻点或条纹。但是搅拌的速度不宜过大，否则会使黏膜溶解速度过快而影响抛光的效果。实际生产中常采用移动阳极（往复式或上下式）的方法来搅拌溶液，移动速度为1～2m/min。

3.4.4.3 不同金属材料的电抛光溶液

（1）不锈钢件的电化学抛光

不锈钢件电化学抛光，一般在化学抛光后进行，也可以未经化学抛光直接采用电化学抛光。但大多不锈钢件不需镜面光亮，只要一般光亮就行，这时选用化学抛光或电化学抛光就能达到。若要得到镜面光亮的零件，应先进行机械抛光然后再进行电化学抛光。

不锈钢件电化学抛光溶液的组成及工艺规范见表3-18。

表3-18 不锈钢件电化学抛光溶液的组成及工艺规范

溶液成分及工艺规范	配方1	配方2	配方3	配方4	配方5
	含量/(g/L)				
磷酸 H_3PO_4(d=1.7)	50～60	5～10	11	50～60	42
硫酸 H_2SO_4(d=1.84)	20～30	15～40	36	20～30	—
甘油[$C_3H_5(OH)_3$]	—	12～45	25	—	47
水	20	23～5	18	20	11
溶液密度/(g/cm^3)	1.64～1.75	—	>1.46	1.64～1.75	—
温度/℃	50～60	50～70	40～80	50～60	100
阳极电流密度/(A/dm^2)	20～100	20～100	10～30	20～100	5～15
电压/V	6～8	—	—	6～8	15～30
时间/min	10	2～8	3～10	10	30
阴极材料	铅	铅	铅	铅	铅
适用范围	1Cr18Ni9Ti、0Cr18Ni9等奥氏体不锈钢	一般不锈钢	不锈钢，抛光质量一般，溶液寿命长，不需再生处理	不锈钢(无铬抛光液)	不锈钢(无铬抛光液)

（2）铝及铝合金件的电化学抛光

铝及其合金的电抛光工艺多采用以磷酸为主的抛光液。此类抛光液的特点是对铝基体的溶解速度快，整平性能好，电抛光后金属表面会生成一层抗腐蚀能力很强的氧化膜，一般制品不需再进行阳极化处理。电抛光溶液中磷酸主要用于溶解铝及其氧化物，添加硫酸可以降低抛光液的电阻，从而降低操作电压，促进电解过程稳定。

铝的纯度对电抛光的质量有明显的影响。此外，抛光液中的氯离子是有害杂质，当氯离子的含量超过1%时，铝制品的表面易出现点状腐蚀，含量超过5%时，应该部分或全部更换抛光液。此外，抛光液应定期补加水及酸，使抛光液的相对密度维持在1.67～1.70。抛光结束后，应迅速将零件从抛光液中取出，并立即进行充分洗涤，否则抛光面上容易产生斑点。抛光后若需除去制品表面的氧化膜，可用10%的NaOH溶液，于50℃左右浸数秒即可。

① 酸性电化学抛光溶液。铝及铝合金件的电化学抛光可采用磷酸-硫酸型的酸性溶液，这类溶液对基材的溶解速度高，整平性能好，零件可不必预先进行机械抛光。其溶液的组成及工艺规范见表3-19。

表3-19　铝及铝合金件酸性电化学抛光溶液的组成及工艺规范

溶液成分及工艺规范	配方1	配方2	配方3
	含量/(g/L)		
磷酸 H_3PO_4(d=1.7)	420	90%(体积分数)	75
硫酸 H_2SO_4(d=1.84)	20～30	—	7
甘油[$C_3H_5(OH)_3$]	47	10%(体积分数)	15
40%氢氟酸(HF)	11	—	3
温度/℃	80～90	85～90	室温
电压/V	—	12	12～15
时间/min	8～10	1～3	5～10
阳极电流密度/(A/dm^2)	30～40	—	—

② 碱性电化学抛光溶液。碱性溶液的电化学抛光，所使用的电流密度较低，对基材溶解速度较小，主要用于进一步提高机械抛光过的铝件的光洁度。但对基材有一定的浸蚀，而且抛光后还需进行阳极氧处理，才能使零件有较好的抗蚀性。碱性溶液的电化学抛光虽然能达到全光亮的目的，但抛光液在抛光通电前或在断电情况下，对铝和铝合金基体能起腐蚀作用。抛光后应立即清洗，否则由于碱液的腐蚀，表面粗糙度会增大，光泽度降低，因此，碱性溶液适用于对一些精密度和表面粗度要求不高的铝及铝合金件进行抛光。铝及铝合金件碱性电化学抛光溶液的组成及工艺规范见表3-20。

表3-20　铝及铝合金件碱性电化学抛光溶液的组成及工艺规范

溶液成分及工艺规范	配方1	配方2	配方3
	含量/(g/L)		
碳酸钠 Na_2CO_3	350～380	150	300
磷酸三钠 $Na_3PO_4\cdot 12H_2O$	130～150	50	65
氢氧化钠 NaOH	3～5	—	10
酒石酸盐 $M_2C_4H_4O_6$	—	—	30
温度/℃	94～98	80～90	70～90
阳极电流密度/(A/dm^2)	8～12	3～5	2～8
电压/V	12～25	12～15	—
时间/min	6～10	5～8	3～8
阴极材料	不锈钢或钢板	不锈钢	不锈钢或钢板

注：抛光溶液需要搅拌或阳极移动。

(3) 铜及铜合金件的电化学抛光

铜及其合金的电抛光工艺常用的低磷酸含量的电化学抛光溶液组成及工艺规范见表3-21。其中配方1适用于铜及黄铜件的电抛光；配方2和配方4适用于黄铜及青铜的电抛光；配方3适用于黄铜及其他铜合金的电抛光。新配制的抛光液应进行通电处理，通电量为5～8A·h/L。

表3-21 铜及其合金的低磷酸含量的电化学抛光溶液的组成及工艺规范

工艺规范	配方1	配方2	配方3	配方4
磷酸 $H_3PO_4(d=1.70)/(mL/L)$	74	85	41.5	44
硫酸 $H_2SO_4(d=1.84)/(mL/L)$	—	—	—	19
甘油 $C_3H_5(OH)_3/(mL/L)$	—	—	24.9	—
乙二醇 $C_2H_4(OH)_2/(mL/L)$	—	—	16.6	—
乳酸(85%)/(mL/L)	—	—	8.3	—
铬酐/(mL/L)	6	—	—	—
水/(mL/L)	20	15	8.7	37
温度/℃	20～30	18～25	25～30	20
阳极电流密度/(A/dm²)	30～40	4～8	7～8	10
抛光时间/min	1～3	10～15	5～15	15
阴极材料	不锈钢、铜	不锈钢、铜	不锈钢、铜	铜

目前常用的铜及铜合金件高磷酸含量的电化学抛光溶液，其溶液的组成及工艺规范见表3-22。

表3-22 铜及铜合金件的高磷酸含量的电化学抛光溶液的组成及工艺规范

溶液成分及工艺规范	配方1	配方2	配方3	配方4
	含量/(g/L)			
磷酸 $H_3PO_4(d=1.7)$	700	670	470	350
硫酸 $H_2SO_4(d=1.84)$	—	100	200	—
乙醇 C_2H_5OH	—	—	—	620
水	350	300	400	—
溶液密度/(g/cm³)	1.55～1.60			
温度/℃	20～30	20	20	20
阳极电流密度/(A/dm²)	6～8	10	10	2～7
电压/V	1.5～2	2～2.2	2～2.2	2～5
时间/min	15～30	15	15	10～15
阴极材料	铅	铅	铅	铅

注：1. 配方1适用于纯铜或黄铜，铝青铜，锡青铜，磷青铜以及铍、铁、硅或钴的含量低于3%（质量分数）的青铜。

2. 配方2适用于纯铜或黄铜。

3. 配方3适用于纯铜和锡含量低于6%（质量分数）的铜合金。

4. 配方4适用于锡含量大于6%（质量分数）的铜合金。

3.5 非金属表面处理技术

3.5.1 概述

非金属大多为非导电体材料，而非金属电镀已有近一百年的历史了。电镀过程是电沉积过程，它是电解液中金属离子在直流电的作用下，在阴极（金属材料）表面上还原成金属（或合金）的电化学过程。因此被镀覆的制品都必须具备金属导电的性能，故非金属材料的电镀必须使其表面预先金属化。

非金属表面金属化主要是通过一系列化学反应使金属离子还原成金属，沉积于制件表面的工艺过程。这些氧化还原反应所依据的原理综合起来就是表面金属化原理。当然，也可以用喷涂、真空镀膜等物理方法对非金属表面进行金属化。非金属表面金属化之后，就可以按金属材料电镀的方法进行电镀加工。

非金属材料有很多，适合表面金属化的材料也很多，但不是所有的非金属材料都能表面金属化，而且表面金属化的工艺也不完全一致。但是非金属材料表面金属化前都需要经过除油、粗化和化学沉积金属层等工序以保证电镀层的结合力和均匀性。

非金属电镀目前已经获得广泛应用，其产品几乎应用到各个领域，从装饰性应用领域到工业应用领域。其中，ABS 塑料产品电镀是非金属电镀中应用最多、规模最大的一项技术。非金属电镀不仅提供了新的装饰手段，而且可以说是提供了新的材料利用范围。它扬长避短，将非金属的轻便、易加工的优点与金属的强度和优良的物理性能结合起来，解决了不少设计中对材料的特殊性能要求，使非金属电镀的功能性即工艺性用途比装饰性用途更广泛。

3.5.2　非金属电镀的特点

（1）加工成形容易

非金属材料便于制作形状复杂的零件，经电镀后表面具备了金属性能。这比用金属制作复杂制品要简便、快速，提高了生产效率。

（2）改变了非金属材料的物理性能

在产品设计中有时选用塑料之类的非金属材料，但因强度、导电、耐热等方面的物理性能受到限制而弃用。非金属材料经过电镀后，就可以使其制件表面具有导电性，耐热性及机械强度也进一步增加，扩大了它的应用范围。

（3）使产品轻量化

经过电镀的非金属材料制件替代金属制件，将大大减轻制件重量。这在航空、航天、军事等领域极具价值，在日常用品及工业领域中也大受欢迎。

（4）具有高的抗腐蚀性能

非金属制品一般都有较好的抗腐蚀性，在使用中绝无生锈现象发生。经过电镀后的非金属制品特别是塑料制品其缺点被镀层保护起来，提高了抗老化和抗溶剂性能。镀层本身由于是在非金属表面生产，免除了常规电镀中基体金属产生的影响，特别是电化学的影响，因此其抗腐蚀能力大大提高。

（5）成本大大降低

由于非金属材料制品特别是塑料制品加工成形容易，经电镀后可以替代金属制品，因而比金属制品电镀后的成本要低得多。不仅仅材料成本降低，更是加工成形的成本降低，生产效率也大幅度提高，最终使整个成本大幅度降低。

（6）满足某些特殊性能要求

利用非金属电镀这一技术，可以制造某些特殊产品或零件。比如，在陶瓷体上镀铜，在光学玻璃上镀银来制造某些特殊零件，在塑料上电镀以屏蔽电磁场。

3.5.3　非金属材料表面金属化工艺

目前非金属材料表面金属化的工艺很多，大致有如下两种方法，即干法和湿法。

3.5.3.1 干法

干法有真空沉积、溅射、化学气相沉积（如用四羰基镍）和喷镀。

① 真空沉积法：在真空（$<10^{-5}$mbar，1mbar=10^2Pa）中，用物理法气相沉积金属于非导体上，是应用非常广泛的金属化技术。主要采用容易气化的金属，如铝、金、银、铜。被镀塑料制件，一般先涂以清漆，经过真空沉积厚约 0.1μm 的紧密金属膜，使表面金属化。主要用于电容器膜、纽扣、反光镜、小工艺品等。

② 溅射法：在较高的真空度（0.001～1mbar）中进行，在两个电极之间加上高压时产生放电现象，把金属原子从金属阴极溅射到需要金属化的制件上。这种工艺主要用于镀贵金属，以生产极薄透明的镀层（如保护银防变色、防眩目太阳眼镜等）。

上述两种工艺镀层极薄，有的金属昂贵，有的结合力差，因此不适合作为金属电镀的底层。

③ 金属喷涂法：用火焰、等离子体或已经熔融的其他金属，把金属粉（粉末法）或金属丝（丝法）熔化，再气化成高度分散的射流，沉积在需要金属化的制件上。此法适用于迅速地获得技术上要求较厚的镀层，其镀层粗糙、有孔隙、与非金属表面结合力差。

④ 化学气相沉积：以挥发性的金属化合物（如四羰基镍）作为金属来源，在常压下工作，通过升高温度，使化合物分解为金属和一氧化碳气体，这样，在含有四羰基镍的气氛中预加热到 60℃的塑料制品表面上，即迅速产生均匀、无孔隙的镀镍层。这种技术大多应用于其他方法不能方便施工的镀层，如钨和铬。

3.5.3.2 湿法

湿法包括浸渍法和喷液法，是以水溶液进行无电解沉积金属层，即用化学还原法在水溶液中把金属沉积在经过前处理的非导体表面。

喷液法是将金属盐水溶液（如氨性硝酸银溶液）以及还原剂（如甲醛溶液），用喷枪同时喷到预先经清洗和活化的非导体表面上，两种溶液发生反应，沉积出金属。这种技术主要用于制镜，个别情况下用于小型塑料制件。

浸渍法是将事先经除油→敏化→活化后的非金属制件，浸入到含有所需镀层金属的金属盐和还原剂的水溶液中，在一定工作条件下，使其表面沉积出金属层的工艺过程。

3.5.4 非金属电镀的主要性能要求

非金属电镀的主要性能要求有结合力、抗蚀性、耐热性以及一些特殊性能要求（如导电性、耐磨性、力学性）。

(1) 结合力

结合力是非金属电镀的一个最基本也是最重要的指标。不同基材和不同用途的非金属电镀件，对结合力的要求也各不相同。而结合力大小与基材本身的物理、化学性能有关。就塑料电镀而言，它的结合力与材质及用途有关，如装饰性塑料电镀件，要求金属镀层的结合力为 8～15N/cm（镀层的标准剥离值），此范围可确保产品的实际使用。不同种类塑料与金属镀层间的结合力相差很大，见表 3-23。

表 3-23　不同种类塑料与金属镀层间的结合力（剥离强度）

塑料名称	结合力/(N/cm)	塑料名称	结合力/(N/cm)
ABS(通用级)	1.2～27	氟塑料	9～71
ABS(电镀级)	8～54	聚丙烯酸酯	1.8～2.7
聚丙烯(PP)	7～71	尼龙	14
聚乙烯	7～9	聚碳酸酯	27
聚苯乙烯	1	聚砜	29～50
改性聚苯乙烯	1.4～14	聚醚	9

（2）抗蚀性

非金属电镀件的抗蚀性能比具有同样镀层厚度的金属电镀件高。其原因是非金属材料本身具有一定抗腐蚀性。

（3）耐热性

耐热性对塑料镀件而言，主要取决于塑料本身的耐热能力，不同种类的塑料其耐热能力各不相同。而任何一种塑料电镀后，它们的耐热能力都有不同程度的提高，其主要原因是塑料表面的金属镀层有利于热的逸散。

提高塑料与镀层的结合力，亦可改善塑料电镀件的耐热性。另外塑料与镀层的热胀系数相差越小，塑料电镀件的耐热性能越高。

（4）力学性能

塑料经电镀后，其力学性能亦有所提高。

（5）导电性和耐磨性

非金属一般都是非导体，经电镀后表面镀覆了一层金属，其导电、导热性能大幅度提高，可成为导电体。同时，其耐磨性能也得到了提高。

3.5.5　非金属电镀的工艺程序

使非金属表面金属化的每一个化学处理过程，都构成一个工序，这些工序按加工过程先后顺序的排列就是工艺流程。非金属表面电镀的一般工艺流程如下：消除应力（塑料制品）→表面去油处理（包括有机去油）→清洗→中和处理→清洗→化学粗化→清洗→中和处理→清洗→去离子水清洗→敏化处理→清洗→去离子水清洗→活化处理→清洗→去离子水清洗→化学镀→清洗→活化→清洗→电镀加厚。对于不同的非金属材料，上述流程中的工序会有些改变或增减，但一般都可以按照这个流程获得表面金属化和电镀的效果。

3.5.5.1　消除应力

塑料制品在注塑时，注塑工艺的条件、注入位置、模具制造、制品形状等因素不同，都会使注塑成型的制件在某些部位存在着内应力。当有应力的部分遇热接近软化点时，它会首先变形。严重的内应力会造成表面粗化不足，使敏化、活化和金属化发生困难。为了使内应力较大的部位达到粗化要求，往往又会使其他部位粗化过度，破坏了塑料中的树脂相，使镀层结合力下降。所以应事先消除内应力，以使塑料制品表面能均匀金属化，并且结合力良好。

（1）应力检测

测定注塑件应力的方法如下：将被测的塑料件浸入市售的冰醋酸中（25±3）℃浸30～60s，取出后立即水洗晾干（也可不洗），塑料件上有应力的表面有发白现象，如用30～50倍放大镜观察，可看到这些发白部位都是裂纹，说明有应力存在，裂纹越多，应力越大，无应力部位无此现象。

（2）应力消除

消除应力的方法有热处理法和化学法。

① 热处理法：把塑料制件放入电烤箱中缓慢升温至热处理温度（稍低于塑料热变形温度10～15℃，见表3-24），恒温保持一定时间（时间长短依塑料品种和制件厚度不同而异），就ABS塑料而言，一般为6～24h，然后停止保温，在烤箱内，缓慢自然冷却至室温。

表3-24　某些常用塑料制件去除应力的热处理温度

塑料名称	去应力热处理温度/℃	塑料名称	去应力热处理温度/℃
ABS	65～75	聚砜	110～120
聚丙烯	80～100	改性聚苯乙烯	50～60
聚甲醛	90～120	聚碳酸酯	110～130

② 化学法：将制件在丙酮（体积分数为25%）溶液中于室温下浸泡5～30min。ABS塑料可用化学法除应力。因丙酮有脱脂能力，故把这种方法称为脱脂整面二合一（使表面粒子变成球形）。

3.5.5.2　除油

塑料表面都是疏水的，其他非金属材料一般也不是亲水的。这使得在其表面进行化学处理非常困难。为了使后面的各项工序易于进行，去掉油污是必不可少的工序。它可使粗化过程获得最佳效果。

非金属材料表面除油，与其他材料表面除油相仿。但采用的溶液配方及工艺条件，应考虑到材料的物理、化学性质，不至于使表面发生明显损伤。

非金属材料表面除油主要有有机溶剂除油、碱性除油、酸性除油三种方法。

（1）有机溶剂除油

对于表面有脱膜剂，如蜂蜡、硅油及其他有机污染物的制件，应先进行有机溶剂除油。它的作用是利用有机溶剂的溶解作用对表面油污进行溶解，它不仅可以去除表面有机油污，而且对表面有一定的整理作用，从而对表面粗化起到一定预处理作用。特别是塑料零件表面金属化工艺流程中有“整面”这道工序，实际上就是用有机溶剂对塑料零件表面进行整理。常用的有机溶剂有丙酮、酒精、二甲苯、三氯乙烯等，其中丙酮、二甲苯有整面作用。除油方式可以用浸泡刷洗、超声波清洗或喷淋，也可加温，但对于不同溶剂上述方式有一定的针对性，同时要考虑到技术安全原则。常用塑料适用的有机溶剂见表3-25。

表3-25　常用塑料适用的有机溶剂

塑料	溶剂	塑料	溶剂
ABS	乙醇	环氧树脂	甲醇、酮类
聚氯乙烯	甲醇、乙醇、三氯乙烯、丙酮	聚酰胺	汽油、三氯乙烯
聚苯乙烯	甲醇、乙醇、三氯乙烯	氟塑料	丙酮
酚醛塑料	甲醇、丙酮	聚酯	丙酮

（2）碱性除油

碱性除油可结合合成洗涤剂在中等温度下进行。这种方法比用有机溶剂去除蜡层后单独用合成洗涤剂的除油效果更好。合成洗涤剂一般都是一些阴离子表面活性剂或非离子表面活性剂，如烷基苯酚聚氧乙醚、OP乳化剂等。碱性除油溶液组成及工艺条件见表3-26。

表3-26 碱性除油溶液组成及工艺条件

溶液组成及工艺条件	配方1	配方2
碳酸钠 Na_2CO_3/(g/L)	20～30	25～35
磷酸钠 Na_3PO_4/(g/L)	30～40	30～40
氢氧化钠 NaOH/(g/L)	10～20	—
表面活性剂/(mL/L)	2～5	
乳化剂(OP、洗涤剂等)/(mL/L)	—	10
十二烷基硫酸钠	—	1
温度/℃	60～70	≤70
时间/min	10～30	20

3.5.5.3 粗化

塑料及其他非金属制品多数是压制成型的，所以表面光滑，虽然经过前面的除油工序表面已经无油污，但光滑的表面无法得到结合力良好的镀层，所以必须进行粗化处理，使表面失去原来的光泽变成均匀细致的毛面。表面粗化程度的好坏是决定镀层结合力好坏的关键。所以粗化的目的是：其一，使表面亲水；其二，使表面微观粗糙。所谓表面亲水是使塑料表面聚合分子链断裂，由长链变为短链，并在断链处形成无数亲水基团，使塑料表面的疏水基团变为亲水基团，即增加了亲水性。所谓表面微观粗糙，是指我们肉眼不能看出的粗糙，它增大了镀层与塑料表面的接触面积。粗化的方法有机械粗化、有机溶剂粗化、化学粗化三种。

(1) 机械粗化

机械粗化法是以物理的方法，使非金属材料表面粗化，形成微观粗糙来增加镀层与基体的接触面积，以提高它们之间的结合力。机械粗化方法一般是喷砂、滚磨或砂纸打毛。但机械粗化只能获得一定限度的结合力，很难达到理想结合力的要求，一般用在陶瓷、玻璃或玻璃钢等制品上。

(2) 有机溶剂粗化

对于不适宜用机械和酸液粗化的塑料制件，可用有机溶剂粗化。它是利用有机洗涤剂对塑料制品的溶解、溶胀作用使其表面失去原来光泽，呈现出无光的粗糙表面。使用该法应特别注意不要溶胀过度，以免塑料制件变形，如热固性塑料可在有机溶剂中，在室温下处理3～5min，相关有机溶剂及用量见表3-27。

表3-27 有机溶剂及用量

氢醌	400mL	丙酮	400mL
邻苯二酚	100mL	—	—

(3) 化学粗化

它是利用非金属材料中可与酸或碱起反应的物质的可溶性特点来设计的方法。它处理后的镀层比机械粗化方法处理后的镀层有更强的结合力。这是因为机械粗化的表面是呈现碗状的小型凹坑。而化学粗化原理是一种蚀刻作用，仅从几何形状上看，化学粗化的表面积大于机械粗化获得的表面积。更重要的是化学粗化后塑料表面的特殊状态。

目前国内普遍采用的化学粗化溶液是硫酸-铬酐（或其钾、钠盐）溶液，为提高粗化后的亲水性，可在溶液中加入润湿剂。润湿剂要选用耐氧化和强酸性的化合物。除此之外，还有一种改良型的粗化液。这种溶液是在上述溶液中加入磷酸，磷酸的加入能缓和粗化作用，防止过度粗化。在粗化溶液中必须严格控制硫酸、铬酐和水的含量。

粗化溶液有高硫酸（低铬酐）型和低硫酸（高铬酐）型两种。高硫酸型粗化液的粗化速度慢，操作范围窄，容易损害ABS塑料结构，低硫酸型粗化液则相反。

常用粗化液的组成及工艺条件见表3-28。

表 3-28 常用粗化液的组成及工艺条件

溶液组成及工艺条件	配方1	配方2	配方3	配方4	配方5	配方6
铬酐/(g/L)	400	100～200	30	6	—	—
硫酸/(g/L)	350	600～500	10～80	620	830	590
磷酸/(g/L)	—	—	180	154	—	190
重铬酸钾/(g/L)	—	—	—	—	29	200
温度/℃	50～60	60～70	60～70	60～70	50～100	60～70
时间/min	20～40	60～120	60～120	0.5～4.5	0.5～5	30～60

3.5.5.4 还原或中和

还原或中和主要是为了清除粗化后表面的残余酸液，防止起氧化作用的铬酐被带入下道工序，导致敏化溶液失效，同时影响镀层与基体的结合力。还原溶液配方及工艺条件见表3-29。

表 3-29 还原溶液配方及工艺条件

水合肼 $N_2H_4 \cdot H_2O$	2～10mL/L	温度	室温
盐酸 HCl,37%	10～15mL/L	时间	3～5min

如果不用上述还原溶液处理也可用中和溶液处理，中和溶液用1：9的氨水溶液，室温下浸洗3～5min。

3.5.5.5 敏化

敏化的目的是为在非金属表面上建立起以贵金属为核心的催化中心而准备条件，因此敏化剂也就是还原剂。最常用的敏化剂是氯化亚锡（$SnCl_2 \cdot 2H_2O$），其他如钛、锗、钍等的化合物也可以作为敏化剂使用。但从成本上考虑，使用氯化亚锡作还原剂是最经济的。

敏化通常在酸性二价锡盐溶液中进行，常用的配方见表3-30。

表 3-30 敏化溶液组成及工艺条件

溶液组成及工艺条件	配方1	配方2	配方3	配方4	配方5
氯化亚锡 $SnCl_2 \cdot 2H_2O$/(g/L)	10～30	100	—	10～100	—
盐酸 HCl(37%)/(mL/L)	40～50	—	50	10～50	—
氢氧化钠 NaOH/(g/L)	—	150	—	—	—
酒石酸钾钠 $KNaC_4H_4O_6$/(g/L)	—	175	—	—	—
三氯化钛 $TiCl_3$/(g/L)	—	—	50	—	—
金属锡条	1条	1条	—	—	—
氟硼酸亚锡 $SnBF_5$(47%)/(g/L)	—	—	—	—	20
氟硼酸 HBF_4(52%)/(mL/L)	—	—	—	—	10
温度/℃	室温	18～25	18～25	室温	室温
时间/min	3～5	2～3	3～4	3	1～5

溶液配制时应将氯化亚锡溶解在盐酸中，然后加水至所需体积，这样才能得到清澈的溶液。若次序颠倒，则因发生水解，将得到浑浊乳白液，降低敏化效果，同时，在这种溶液中胶状分散的锡盐凝聚物将使非金属表面粗糙影响镀层质量。

$$SnCl_2 + H_2O = Sn(OH)Cl(\text{碱性氯化亚锡}) \downarrow + HCl$$

$$SnCl_2 + 2H_2O \longrightarrow Sn(OH)_2(氢氧化亚锡) \downarrow + 2HCl$$

在大量生产中，为简化配制手续和便于使用，可先配制浓缩敏化液，使用时按比例加去离子水稀释。

敏化溶液中亚锡离子会受空气中氧的作用而生成四价锡离子失去还原能力。

$$2Sn^{2+} + O_2 + 4H^+ \longrightarrow 2Sn^{4+} + 2H_2O$$

为了缓解这种作用，可在敏化液中加入金属锡条或锡粒，使 Sn^{4+} 还原为 Sn^{2+}。

$$Sn^{4+} + Sn \longrightarrow 2Sn^{2+}$$

敏化液中 $SnCl_2$ 含量在 10～50g/L 范围内都能正常使用，盐酸的加入主要是防止 $SnCl_2$ 的水解，故盐酸的多少对敏化效果影响很小，加入量以使 $SnCl_2$ 不水解为限。处理温度与时间要相适应。敏化溶液浓度低时，可适当延长敏化时间。对于润湿性差的材料，在敏化液中可加入 0.5g/L 的润湿剂，如十二烷基硫酸钠或其他表面活性剂。

一般认为敏化反应并不是在敏化液中完成，而是在水洗时完成。这是因为浸渍过敏化溶液的零件移入水槽清洗时，由于清洗水的 pH 值远高于敏化液 pH 值，会立即发生 Sn^{2+} 的水解反应。

$$SnCl_2 + H_2O \longrightarrow Sn(OH)Cl + HCl$$

$$SnCl_2 + 2H_2O \longrightarrow Sn(OH)_2 + 2HCl$$

上述反应产物生成微溶于水的凝胶物质 $Sn_2(OH)_3Cl$，其反应式为：

$$Sn(OH)Cl + Sn(OH)_2 \longrightarrow Sn_2(OH)_3Cl$$

生成的凝胶物质沉积在非金属表面上形成一层很薄的膜。因此从敏化液中取出的非金属制件，既要清洗干净，又不能用过大水流和长时间清洗，否则不利于凝胶物质的形成与附着。非金属表面经过敏化处理后表面建立了催化中心，就可以进行活化处理。

3.5.5.6　活化

活化的目的是在非金属表面建立起无电解镀时所需要的贵金属微粒（Ag、Au、Pt、Pd）沉积在表面形成的贵金属催化中心。它是由于活化溶液中的 Ag^+、Au^+、Pt^+、Pd^{2+} 等金属离子，被敏化时吸附的还原剂所还原而形成金属微粒的。这些微粒中，用银盐活化的约为 3.0～10.0nm，用钯盐活化的约为 5.0nm。

$$Sn^{2+} + 2Ag^+ \longrightarrow Sn^{4+} + 2Ag \downarrow$$

$$Sn^{2+} + Pd^{2+} \longrightarrow Sn^{4+} + Pd \downarrow$$

活化溶液一般有银盐和钯盐两种。银盐活化液一般只适用于无电解镀铜，而钯盐活化液同时适用无电解镀铜和无电解镀镍，在无电解镀时钯盐活化的起始沉积速度比银盐活化的要快得多。

（1）银盐活化

银盐活化液组成及工艺规范见表 3-31。

表 3-31　银盐活化液组成及工艺规范

溶液组成及工艺条件	配方 1	配方 2
硝酸银 $AgNO_3$/(g/L)	1～3	20～30
氨水 $NH_3 \cdot H_2O$/(g/L)	调至溶液透明	—
乙酸 CH_3COOH/(mL/L)	—	500
温度/℃	15～25	15～25
时间/min	1～5	1～5

该溶液的配制是先将硝酸银溶解在4倍质量的去离子水中，然后逐渐加入氨水，此时溶液会出现棕色沉淀，随着氨水的加入，棕色沉淀逐渐消失，氨水加到溶液澄清为止（氨水用量以此为准），再用去离子水稀释至规定体积。氨水浓度过高，会造成 Ag^+ 还原困难。硝酸银的含量必须适当，浓度过低，则溶液稳定性差，使用寿命短；浓度过高会引起非金属表面催化中心过多，使化学沉铜反应过快，而得不到结合力良好的致密镀层。为了提高活化液稳定性，使用时不要在强光下操作，平时避光放置，并经常滤去活化液中的固体物质。该溶液的金属银只对镀铜有催化活性。

（2）还原

还原是针对浸过硝酸银活化液的非金属材料，浸过银盐活化液的表面再经过浸还原液，可使银离子能充分还原成银原子。活化后可直接浸还原液，浸渍后不必清洗就可直接无电解镀铜。还原液组成及工艺条件见表3-32。

表3-32　还原液组成及工艺条件

甲醛 HCHO	1体积	温度	室温
去离子水	9体积	时间	浸渍0.5～1min

（3）钯盐活化

钯盐活化液组成及工艺规范见表3-33。

表3-33　钯盐活化液组成及工艺规范

溶液组成及工艺条件	配方1	配方2
氯化钯 $PdCl_2$/(g/L)	0.25～0.5	0.5
盐酸 HCl,38%/(mL/L)	50～100	—
硼酸 H_3BO_3/(g/L)	—	10
温度/℃	15～25	15～25
时间/min	1～5	1～5

溶液的配制方法是将盐酸稀释5倍再加入 $PdCl_2$ 搅拌至溶解，该溶液沉积出来的金属钯对化学镀铜和化学镀镍都有催化作用。两种活化液相比较而言，银盐活化液比较经济但稳定性不好，使用寿命短；而钯盐活化液稳定性好，使用寿命长，但价格昂贵。

（4）解胶

解胶是针对浸过胶体钯的非金属表面。浸渍过胶体钯的表面吸附被锡离子保护的钯粒子，在水洗后锡形成水解膜。为了使钯粒子能暴露，必须去掉锡的水解膜，把吸在钯外面的 SnO_3^{2-}、Sn^{2+}、Cl^- 等离子去掉，此过程叫解胶。解胶可在酸性和碱性溶液中进行。解胶溶液组成及工艺条件见表3-34。

表3-34　解胶溶液组成及工艺条件

溶液组成及工艺条件	酸性解胶溶液	碱性解胶溶液
盐酸 HCl(37%)/(mL/L)	100	
氢氧化钠 NaOH/(g/L)	—	50
水 H_2O/(mL/L)	900	1000
温度/℃	40～50	室温
时间/min	0.5～1	0.5～1

3.6 浸镀银

3.6.1 浸镀银概述

镀银前预处理可以包括汞齐化、浸镀银和预镀银。汞齐化因用到剧毒液态金属汞，所以本节将主要讨论浸镀银。浸镀银过程是铜基材和镀液中的银离子间的置换反应。由于银的标准电极电位比铜正，当铜基体进入镀银液时，易发生置换反应。不受控的置换反应影响镀层与基体的结合力。因此铜零件在镀银前需进行浸镀银处理。一般浸镀银溶液中除了含有银盐外，还含有络合剂或添加剂，本质上讲浸镀银是一种受控的置换反应。虽然理论上结合力有明显提高，但实际效果受实验环境、溶液情况等多种因素的制约。溶液方面的影响因素包括：硝酸银的含量、络合剂和添加剂的含量、溶液的 pH 值、温度、浸镀银时间等。

置换法浸镀银是较新的工艺，其镀层平整，银层厚度较薄，仅为0.2～0.3μm，特别适用于高密度细线和细孔的印制板。浸镀银不需要加入还原剂，是利用基体金属的标准电极电位与银的不同而置换银，同时基体发生氧化、溶解，溶液中的 Ag^+ 沉积至基体表面。一旦基体金属表面全部被银覆盖，其反应就停止。

浸镀银的前处理从原理上是一种可控的、均匀的、高质量的置换化学镀，它的实现与工艺条件控制关系密切。不当操作或不好的工艺配方不仅不能起到预镀效果，还会影响后续的镀层质量。

3.6.2 浸镀银的溶液组成及工艺规范

表 3-35 浸镀银的溶液组成及工艺规范

溶液成分及工艺规范	配方 1	配方 2	配方 3
	含量/(g/L)		
硝酸银 $AgNO_3$	8	7.5	—
甲基磺酸银 $AgCH_3SO_3$	—	—	18～20
硫代硫酸钠 $Na_2S_2O_3 \cdot 5H_2O$	105	—	—
25%氨水(NH_4OH)	75	—	—
亚硫酸钠(Na_2SO_3)	—	100	—
乙二胺四乙酸二钠(EDTA$Na_2 \cdot 2H_2O$)	—	10	—
六次甲基四胺($C_6H_{12}N_4$)	—	10	—
甲烷磺酸(CH_3SO_3H)	—	—	100
1,4-双(2-羟乙基硫)	—	—	25
温度/℃	室温	室温	40

表 3-36 其他浸镀银的溶液组成及工艺规范

溶液组成及工艺规范	配方 1	配方 2	配方 3	配方 4
硝酸银/(g/L)	15～25	8.5～17	—	20～25
亚硫酸银/(g/L)	—	—	0.5～0.6	—
硫脲/(g/L)	200～220(过饱和)	—	—	100～180
亚硫酸钠/(g/L)	—	124～186	—	—
硫酸铜/(g/L)	—	0.2～0.3	—	—
无水亚硫酸钠/(g/L)	—	—	100～200	—
温度/℃	室温	室温	15～30	15～30
时间/min	1～3	表面均匀为宜	3～10s	2～3
pH	4	5.0～6.0	—	1.0～2.0

表 3-36 中配方 1 的制备流程如下：

分别用纯水溶解硝酸银和硫脲，将两种溶液加在同一容器中，要不断搅拌至白色沉淀溶解为止；用 1∶1 的盐酸调节 pH=4.0，配好的溶液有过量的硫脲沉于底部，这是正常现象，不要将其滤去。

表 3-36 中配方 2 的制备流程如下：

① 取硝酸银 8.5～17g 溶于蒸馏水中；

② 取亚硫酸钠 124～186g 溶于蒸馏水中；

③ 将硝酸银溶液倒入亚硫酸钠溶液中，加入溶解好的硫酸铜；

④ 用若干克活性炭过滤；

⑤ 用硫酸（相对密度为 1.84）和柠檬酸混合调 pH 值到 5.0～6.0。

表 3-36 中配方 3 的注意事项如下：

浸镀银后必须加强清洗，以防浸镀银液带入镀银液中污染镀液。依据不同的镀件，如果结合力要求高，可以增加浸镀银工艺。但是并不是浸镀银工艺就能提高镀件镀层结合力，有时候浸镀银工艺可能还会使结合力下降。

3.7 预镀

预镀是铝、锌、镍合金压铸件电镀过程中的关键工序，更是镀银前常用的前处理工艺之一。铜及铜合金一般不用预镀，但预镀可使镀层的质量更好及保护主镀槽镀液。一般要求预镀液对基体金属的浸蚀性小，并在镀件表面能形成一层完全覆盖的致密且附着力好的预镀层，以保证后续的电镀质量。多数无氰镀银工艺要求在基材表面预镀铜或预镀银，并有多种预镀工艺。

3.7.1 碱性无氰预镀铜

近来研制开发出的一般性的碱性无氰预镀铜工艺，经实际生产使用效果很好。碱性无氰预镀铜工艺也能获得均匀、细致光亮、结合力良好的镀层。镀液中不含氰化物及其他的有毒物质，而且覆盖能力优异，无论是内孔还是直角拐角处均可获得均匀的镀层。碱性无氰预镀铜的溶液组成及工艺规范见表 3-37。

表 3-37 碱性无氰预镀铜的溶液组成及工艺规范

溶液成分及工艺规范	配方 1	配方 2	配方 3	配方 4
	含量/(g/L)			
硫酸铜 $CuSO_4 \cdot 5H_2O$	—	8～12	—	8～12
HEDP(100%计)	—	—	—	80～130
碳酸钾 K_2CO_3	30～50	40～60	—	40～60
CuR-1 添加剂	—	—	—	20～25mL/L
焦磷酸铜 $Cu_2P_2O_7 \cdot 3H_2O$	—	—	28	—
焦磷酸钾 $K_4P_2O_7$	—	—	254	—
柠檬酸钾 $C_6H_5O_7K_3 \cdot H_2O$	—	—	23	—
碱式碳酸铜[$CuCO_3 \cdot Cu(OH)_2 \cdot nH_2O$]	50～60	—	—	—

续表

溶液成分及工艺规范	配方1	配方2	配方3	配方4
	含量/(g/L)			
柠檬酸 $C_6H_8O_7$	250～300		—	—
酒石酸钾 $K_2C_4H_4O_6 \cdot 4H_2O$	20～40	6～12	—	—
光亮剂/(mL/L)	—	3～5	—	—
pH值	8.0～10.0	9.0～10.0	8.0～8.3	9.0～10.0
温度/℃	25～50	30～50	18～22	40～50
阴极电流密度/(A/dm²)	0.5～2.5	1～1.3	2～2.5	1～1.5

注：1. 配方1为柠檬酸盐镀液，配方2为酒石酸盐镀液。

2. 配方4按需要称取HEDP（络合剂），用水稀释至总体积的60%左右，逐渐加入浓的KOH溶液（KOH要缓慢加入，以防止中和放热反应过分激烈），调节pH值至8.0左右。然后加入所需铜盐［$CuSO_4 \cdot 5H_2O$］或［$CuCO_3Cu(OH)_2$］，搅拌溶解后加入导电盐 K_2CO_3。待全部溶解后，若pH值偏低，可加入KOH调节pH值至9.0～10.0。然后加入添加剂CuR-1，最后加水稀释至所需体积，要求不高时，可不加添加剂。

预镀铜阳极容易钝化，需要及时打磨。

3.7.2 预镀银

镀银件的基材一般为铜、铁、镍及合金，其电极电位都比银负，当零件与镀银液接触时，会发生置换反应，使银层与基体结合力差；同时置换反应产生的铜、铁离子还会污染镀液。为避免这一现象的发生，零件镀银前必须进行特殊的预处理。预镀银作为比较好的前处理方法，因而被广泛使用。该方法是在专用的镀银溶液中，使零件表面镀上一层薄而结合力良好的镀层，然后镀银加厚。预镀银的电解液采用高浓度络合剂和低浓度的银盐组成，操作时带电下槽，在极短时间内生成致密且结合力好的银层。现阶段预镀银工艺主要包括氰化法和无氰法。氰化法电解液组成为：氰化银3～5g/L，氰化钾60～70g/L，碳酸钾适量。其阳极采用不锈钢，$D_k=0.3A/dm^2$，在室温下工作60～120s。由于氰化物有极强的毒性，氰化物预镀液已被逐步淘汰。

无氰预镀银工艺可采用嘉兴锐泽表面技术有限公司的ZHL-01无氰预镀银工艺，该工艺适用于一般镀件的预镀银。

(1) ZHL-01无氰预镀银工艺特点

① 银含量低至3g/L，适用于镀银打底，经济性好。

② 工作效率高，该工艺中的阴极电流密度高于氰化镀银，可以提高工作效率，提高设备的利用率。

③ 镀层与基体结合力好。

④ 深镀能力强。

⑤ 镀层内应力小。

⑥ 镀液可以稳定存放2年以上。

⑦ 抗污染能力强，维护方便。

⑧ 无氰镀液配方，完全满足环保和安全生产的要求。

⑨ 电镀电源输出电压小于1.5V，镀液成分稳定，不易分解，因此维护周期比氰化镀银工艺长，维护成本低。

(2) 镀液成分的作用及工艺条件对镀层的影响

① $AgNO_3$ 为主盐，与允许电流密度有关，同时影响镀层外观。低银含量配方中其浓度控

制在4～8g/L，银离子含量不足时，及时加入适量的硝酸银饱和溶液。注意，滴加硝酸银溶液时会有白色沉淀生成，所以滴加时要缓慢，在搅拌的条件下进行。

② 主络合剂与$AgNO_3$的质量比保持在10～12：1。其总浓度在50～70g/L。在此范围，镀层具有较大的电流工作范围，具有较好的结合力。此外，浓度过低将导致阳极溶解能力降低。若阳极溶解性变差，可以适当增加主络合剂的浓度。

③ ZHL-01的复合添加剂中，包含了主光亮剂和辅助光亮剂、去应力剂、表面活性剂和整平剂。其浓度过低会影响光亮电流范围。维护的添加量为1.0mL/L，如果遇到光亮电流范围降低，应及时补加。

3.8 高速镀银防置换

在引线框架的高速镀银工艺中，高速镀银溶液为高银离子、低游离氰体系，且镀银工艺使用的温度较高，如果不采取适当的防银置换措施，铜工件容易与镀银液发生置换反应，并在工件上形成疏松的银置换层，产生镀银层与基材之间结合力不足的隐患。因此在前处理工艺中，必须对工件进行处理，避免基材在镀液中与游离的银离子发生置换反应，保证生产的镀层与基材之间具有良好的结合力。

当前，国内外应用于实际生产的防银置换方法有多种，按照各个方法的作用机理，可分为以下三种：

① 生产过程中，使工件带电入槽；

② 高速电镀之前，在工件上预镀一层与基材结合力良好的薄银层；

③ 高速电镀之前，将工件放入防银置换剂中进行处理。

一般情况下防银置换最有效的方式是预镀银，后续得到的银镀层与基材之间结合力良好。但是，预镀银是将整个工件进行预镀，而引线框架要求是局部镀银，所以后续需进行退银，这样既浪费了大量的贵金属银，又使镀银工艺复杂化。在高速镀银工艺中，镀液中银离子含量高，电镀温度高，阴极电流密度大，单纯采用带电入槽的方式不能完全防止银发生置换，使产品质量存在隐患。而将工件放入防银置换剂中进行预处理，作为一种新型、节材和简便的方法得到一定应用。当前市场上常用的防置换剂，在具有一般防银置换效果的同时，也存在降低上银速度，影响镀层亮度，甚至导致银镀层变色等问题。

相比于预镀银和带电入槽，采用防银置换剂对基材进行处理的方法简单、节材，并且效果较好。有效的防银置换剂，不但能有效地防止或抑制基材在高速镀银溶液中与银置换，而且其在镀液中的积累也不会对镀层产生不利影响。通常防银置换剂的成分如下。

① 含有R-SH结构的可溶性硫醇化合物。其中R为脂肪羧酸或芳香羧酸，硫代乳酸和硫代苹果酸是这类物质的典型代表。

② 含有1,3-亚硫脲基团的环状化合物，即含有 $-\underset{R_1}{\underset{|}{N}}-\underset{S}{\underset{\|}{C}}-\underset{R_2}{\underset{|}{N}}-$ 结构的化合物。其中，R_1，R_2为氢原子、烷基或者芳香基。硫代巴比妥酸是这类化合物的典型。

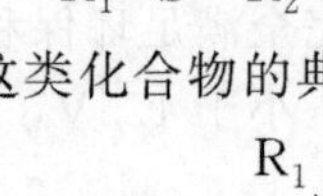

③ 二硫代氨基甲酸、氨基硫脲的化合物或它们的盐，即含有 $(R_1)(R_2)N-\underset{S}{\underset{\|}{C}}-SH$ 结构的化合

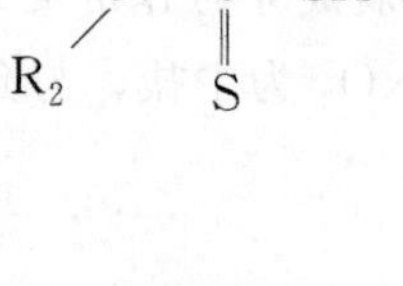

物。其中 R_1、R_2 为氢原子、烷基或者芳香基。二乙基二硫代氨基甲酸是这类化合物的典型。

防银置换剂对基材开路电位的影响与基材和高速镀银溶液之间的置换速度有对应关系：电位提高幅度大的置换速度慢，电位提高幅度小的置换速度快。硫代乳酸、硫代苹果酸、硫代巴比妥酸都能抑制或减慢铜基材与高速镀银溶液之间的置换反应。并且，硫代巴比妥酸的防银置换效果比硫代乳酸和硫代苹果酸好。硫代苹果酸、硫代巴比妥酸在高速镀银溶液中会对镀层带来不利的影响，如消光、变色。硫代乳酸在镀液中不会对镀层带来不利的影响，还能进一步提高镀银层的光泽度。

参考文献

[1] 宁远涛，赵怀志．银［M］．长沙：中南大学出版社，2005.

[2] 陈天玉．不锈钢表面处理技术［M］．第二版．北京：化学工业出版社，2016.

[3] 叶人龙，等．镀覆前表面处理［M］．北京：化学工业出版社，2006.

[4] 李昇．金属表面清洗技术［M］．北京：化学工业出版社，2007.

[5] 胡传炘．实用表面前处理手册［M］．第二版．北京：化学工业出版社，2006.

第4章

无氰镀银

4.1 无氰镀银概述

4.1.1 无氰镀银发展概述

英国人Elkington兄弟于1838年首次申请氰化镀银专利，从此电镀工业也进入了一个新时代。之后在电镀科研人员的不断努力之下，又出现很多工艺配方，但仍是以氰化物体系为主。随着社会的进步与发展，人们对于环境问题越来越重视。由于传统的氰化镀银工艺污染严重，无氰电镀工艺的研究有了广阔的空间。

Frary于1913年详细论述了有关无氰镀银的研究进展。20世纪40～60年代，有关无氰镀银的专利层出不穷。进入到70年代，电镀工作者对无氰镀银做了更深入的研究，其所制得的镀液性能和稳定性得到进一步优化，镀层性能也进一步提高。在此期间，我国一些电子电镀企业、高校和研究所也开发出多种无氰镀银工艺，尽管镀液稳定性和镀层光亮性有所提高，但是这些工艺大多未进入工业化连续生产阶段。20世纪80年代，Rosegren等在专利中提出了以有机磷酸作为银离子配位剂的无氰镀银配方。在此专利中，他们制出的镀液稳定，可以实现高速镀银。90年代时，科研人员进一步丰富了无氰镀银的体系和添加剂。Jayakrishnan等人开发出以丁二酰亚胺为配位剂的无氰镀银工艺，在一定电流范围内可以得到镀层光滑、银白色的镀件，但未对镀层与基体的结合力进行测试。之后Masaki等人在Jayakrishnan的研究基础上进行改进，以聚乙烯亚胺为光亮剂，得到了与氰化镀银相似的镀层。

我国的无氰镀银工艺研究在20世纪70年代已经达到一定技术水平，并形成了较为完整的体系，但是镀液的稳定性、镀层性能仍然与氰化镀银具有较大差距。1980年，广州电器科学研究所岑启成、刘慧勤等人成功研制了SL-80为光亮剂的硫代硫酸铵镀银工艺，其镀层光亮细腻，耐变色性能优于氰化镀银的镀层。2005年，苏永堂等研究了硫代硫酸盐无氰脉冲镀银工艺，在最佳工艺条件下可得到光亮的银镀层，与直流电镀银相比，抗变色性能和耐蚀性均显著提高。哈尔滨工业大学安茂忠教授对5,5-二甲基乙内酰脲（DHM）无氰镀银体系有着深入的研究，且在国内推广应用无氰镀银已有多年，铜材在其研发的无氰镀银工作液中可以达到无银的置换，其工艺较稳定，可用于汽车、电器的零部件镀银。王为教授于2007年研究无氰镀银，在工艺技术、添加剂机理方面的研究已取得许多成果，工艺较为稳定。本科研组在无氰镀银的应用研究上也开展工作多年，在添加剂作用机理、无氰镀银镀层的物化性能、镀层的后处理以及光亮银层的工艺应用等方面取得较多实用成果，工艺稳定，已广泛应用。刘明星等人开发出了以开缸剂LD-7805M为工作液的无氰镀银工艺，其分散能力与深镀能力均满足生产要求，所得的镀层外观平整光亮、结晶均匀细腻、与基体材料结合力好，其可焊性、导电性及抗变色性能等接近于传统氰化镀银的镀层。

随着电镀技术的不断进步，在改善镀层性能、镀液性能方面有了更多的研究与投入。同时精细化工的发展为无氰镀银的进一步发展拓展了空间。电镀电源技术的发展和其他辅助设备技术的进步，也为无氰镀银工艺取得新的突破创造了条件。

4.1.2 无氰镀银主要体系

在国内外科研工作者、电镀工作者的努力下，诸多的无氰镀银的配位体系被开发出来。国外工作者提出过EDTA、柠檬酸、琥珀酰亚胺、乙二胺、硫脲、硫代硫酸钠等体系，国内研究人员对亚氨基二磺酸镀银、硫代硫酸铵镀银、咪唑-磺基水杨酸镀银、亚硫酸盐镀银等体系研究较为深入。尽管体系种类较多，但相对成熟的主要有以下几大类体系。

4.1.2.1 硫代硫酸盐体系

硫代硫酸盐镀银在诸多无氰镀银体系中，是一种比较接近氰化镀银的体系，其应用一直处于主导地位。1975年，Culjkovie等人发展了一种硫代硫酸盐光亮镀银液，其深镀能力接近氰化镀液，且镀层有良好的导电能力和抗变色性能。随后Leahy等研究了在硫代硫酸盐体系中加入亚硫酸氢盐缓冲剂和硫酸盐以及一些添加剂的镀银工艺，得到了比较稳定的镀液，申请了专利。1989年，Sriveeraraghavan等人报告了一种稳定性可达数月的硫代硫酸银镀液，而且在铜基体上沉积银时有较好的结合力。1994年，Nobel等报道了至少含有一种单价态金属如铜、银或金的电镀液，其主要含有硫代硫酸根离子以及作为稳定剂的有机亚磺酸盐混合物，在pH小于7.0时硫代硫酸根离子有足够的稳定性。

进入新世纪后硫代硫酸盐镀银的研究渐少，一些报道也是对原有工艺的进一步优化或改良。2002年，芝加哥精饰研究所撰写了《WMRC报告》提交至伊利诺伊州废物管理研究中心(Waste Management and Research Center)，报告中提到他们通过考察市场上的两种无氰镀银工艺，发现效果均不是很好，主要存在的问题有：溶液对其他杂质金属比较敏感；无法得到亮白的镀银层；在光亮镍和铜基体上结合力差。同时报告也提出了一些改进缺陷的措施。

近几年，国内科研人员在这方面也做了大量的工作。魏立安在硫代硫酸盐镀银工艺的基础上，通过加入辅助络合剂及光亮剂，获得了较为理想的无氰镀银层，其镀层质量不亚于氰化镀银层。苏永堂、谷会军、周永璋等均有过这方面的报道。2005年，苏永堂等研究了硫代硫酸盐无氰脉冲镀银工艺，在最佳工艺参数下得到的镀银层镜面光亮，与直流电镀相比，抗变色性能和耐蚀性均显著提高；若加入纳米SiO_2、纳米TiO_2，所得复合镀层的耐蚀性较纯银镀层更好。

同时，太原某公司也推出了经过硫代硫酸盐体系改进的无氰镀银工艺，在某军工厂运行了15年，生产稳定，质量达到军标要求，其他单位也有应用。

综上，硫代硫酸盐镀银主要采用硫代硫酸钠或硫代硫酸铵作为主络合剂，以焦亚硫酸钾作为辅络合剂。硫代硫酸盐镀银溶液成分简单，配制方便，覆盖能力好，电流效率高，镀层细腻，可焊性好，体系主盐为氯化银或硝酸银。其主要存在的问题是镀液稳定性不高，允许使用的阴极电流密度范围较窄，另外经济性也略差。

4.1.2.2 亚氨基二磺酸铵（NS）镀银

NS无氰镀银工艺是我国20世纪70年代第四机械工业部重点科研攻关项目。2001年，白祯遐等介绍了亚氨基二磺酸铵（NS）碱性（pH=8.0～9.5）无氰光亮镀银，其所在的西北机器厂表面处理分厂从1975年底以来就一直使用NS镀银，基本没有出现大的故障，镀液稳定性不低于氰化镀银液，分散能力和深镀能力也较好，镀层质量优良，但镀液中氨易挥发，pH值变化较大，对Cu、Fe等杂质敏感。

此体系以亚氨基二磺酸铵为主络合剂，硫酸铵作为辅络合剂，主盐为硝酸银。其可获得细腻光亮，可焊性、耐蚀性、抗硫性、结合力等皆良好的镀层，覆盖能力接近氰化镀银。

4.1.2.3 咪唑-磺基水杨酸镀银

该体系使用咪唑作为银的配位剂。磺基水杨酸与咪唑银缔合形成负离子，易在阴极表面产生吸附。该工艺可获得光亮细腻的镀层，性能接近氰化镀银，镀液稳定性相对较好，对Cu^{2+}不敏感。此镀液的缺点是允许使用的电流密度小，配位剂价格昂贵，生产成本高，实际推广使用较为困难。

4.1.2.4 甲基磺酸镀银

1991年，Kondo等报道了甲基磺酸银-碘化钾无氰镀银工艺，并发现铜片浸入镀液时无明显置换反应，但该镀银层光泽度不高，且有黄点，可以通过浸泡KI溶液除去。目前还没有该工艺应用于实际生产的报告。1993年，井上博之等采用碘化物-甲基磺酸盐无氰镀银，镀层经96h的SO_2气体试验后，其接触电阻是氰化物镀银层接触电阻的1.19倍。2003年，安茂忠等报道了碘化物镀液脉冲电镀Ag-Ni合金工艺，确定了Ag-Ni合金镀层的最佳镀液组成及工艺条件。

4.1.2.5 丁二酰亚胺镀银

1981年，Hradil等发表了丁二酰亚胺无氰镀银专利，电流密度在0.1～3.0A/dm^2，能镀出光亮或半光亮的银或银合金层。1996年，Jayakrishnan等报道了一种丁二酰亚胺无氰镀银液的组成，该镀液的pH值为9.0～10.0，电流密度为0.5～1.0A/dm^2，镀液分散能力稍高于常规的氰化镀液，但镀层达不到镜面光亮。Dini等人发现丁二酰亚胺无氰镀银层碳、氢、氧、氮含量分别高出氰化镀银层10～25倍、7～10倍、10倍、300倍，此工艺镀银层厚度能达到125μm，有很高的硬度和较好的耐磨性能，但电导率较差。1998年，Masaki等报道了在以丁二酰亚胺和甲基磺酸银为主体的镀液中加入聚乙烯亚胺可以获得镜面光亮的镀银层，工作电流密度可达2A/dm^2。当以分子量为600的聚乙烯亚胺为添加剂时，镀层最亮且光亮区范围最宽。该镀层的可焊性与氰化镀银层相同，导电性和硬度则高于氰化镀银层。其存在的问题是经过长时间的电镀，槽电压会提高，且在阴、阳极表面有白色物质形成，经分析该白色物质为

$Ag(C_4H_4O_2N)_2$，在实际操作中可以加大搅拌来减少 $Ag(C_4H_4O_2N)_2$ 的生成。但至今没有发现此镀液实际推广应用的报道。在国内，蔡积庆于 1997 年概述了以有机磺酸银盐、丁二酰亚胺及其衍生物络合剂为主的无氰镀银液，能得到优于传统镀液的镀银产品，适用于航空和电子工业领域产品的表面精饰，这说明甲基磺酸盐对镀银层有一定的正面影响。周永璋等也做了一些研究，通过改变该工艺中各组分含量、电流密度以及 pH 值，确定了最佳的工艺条件。此体系以丁二酰亚胺及焦磷酸钾为配位剂，镀液不含氨，pH 值范围较宽，镀层光亮。但是丁二酰亚胺易水解，经自来水清洗后镀层发黄变色。国内某企业利用丁二亚酰胺体系开展试生产，据介绍镀层易发黄，难以满足客户的需求。

4.1.2.6 乙内酰脲镀银

1997 年，Asakawa 发表了乙内酰脲无氰镀银液以及快速镀银、浸银液专利，其性能与氰化物镀银液相当。2005 年，Morrissey 等提到乙内酰脲无氰镀银液中加入 2,2-联吡啶能获得光亮镀银层。卢俊锋等也发表了以乙内酰脲为络合剂的无氰镀银工艺研究报告，该镀液稳定性好，镀层结晶细腻、光亮、结合力好，镀液分散能力接近氰化镀银液。此体系以 5,5-二甲基乙内酰脲为配位剂，所获得的镀层均匀细腻、色泽光亮，且与基体结合良好，镀液的分散能力和覆盖能力均与氰化镀银液接近。

4.1.3 现有无氰镀银的特点和问题

现有无氰镀银体系各自都具有其特点，但是也存在一些问题。这直接反映出无氰镀银与氰化镀银相比在发展上还是具有一定差距的，主要表现在以下三方面。

（1）镀层性能

目前较多无氰镀银的镀层性能仍然不能满足工程应用的要求，特别是电子电镀，有着更高的要求，如结晶需要细腻平滑、镀层纯度高、焊接性能好、导电性能好、延展性好等。

（2）镀液稳定性

稳定性是衡量镀液性能的重要指标。多数的无氰镀银体系，不论是酸性还是碱性或是中性，都在不同程度上存在稳定性问题，这样会缩短镀液的使用寿命，企业的维护难度和成本也会增加。

（3）工艺性能

无氰镀银液往往分散能力较差，这样工艺性不能满足加工需求，从而使应用受限。其允许电流密度低，也难以用于连续电镀生产。

因此无氰镀银不能完全取代氰化镀银，许多电镀行业依然在大量地使用含有剧毒的氰化物。对于无氰镀银的研究与发展仍需要更多的努力。

4.1.4 工艺条件对无氰镀银的影响

在无氰镀银的过程中，工艺条件对于镀层的性能、光泽、均匀度均有很大的影响。其中电流密度、温度、pH 值的影响最为显著。

（1）电流密度对无氰镀银工艺的影响

电流密度的大小对于银晶粒的成核和生长方式有着直接影响。在一定范围内，晶核数量随着电流密度的升高而增加，从而使银在基体上的沉积紧密而细腻。一般情况下，电流密度低时结晶细腻、柔软，沉积速度慢，生产效率低；电流密度高时结晶粗大、硬度高，沉积速度快，生产效率高。

由于不同的镀液所允许的电流密度上限不尽相同，当超过这个上限后，镀银层的光亮色泽会逐渐消失，表面结晶粗糙，质量下降。因此，要获得合格的镀银层，必须根据镀液的体系和施镀环境来合理地选择电流密度。

(2) 温度对无氰镀银工艺的影响

电镀过程中，温度需要控制在合适的范围内，才能获得结晶细腻且均匀的镀层。一般来说，升高温度，可以提高镀液的导电性，可相应地增大阴极电流密度和沉积速度；但温度过高，不仅会使镀银层结晶疏松，色泽下降，表面发雾，还会加快镀液的挥发，使镀液稳定性降低。温度还可以通过影响电流密度进而影响镀层质量，当温度过低时，电流效率明显下降，沉积速率减慢。因此，在其他条件恰当时，需要将温度控制在合适的范围内，才能获得较好的镀银层。

(3) pH 值对无氰镀银工艺的影响

pH 值主要影响镀液体系中配合物的形式，同时对镀层外观也有明显影响。当 pH 值过高时，会导致镀层变脆粗糙；当 pH 值过低时，阴极电流效率降低，容易产生针孔，严重时会有大量氢气析出。因此，pH 值需严格控制，才可获得较好的镀层。

4.1.5 镀液组成对无氰镀银工艺的影响

(1) 主盐浓度对无氰镀银工艺的影响

从经济因素考虑，无氰镀银一般常用的主盐为硝酸银 ($AgNO_3$)，镀液中 $AgNO_3$ 浓度对体系的阴极极化、分散能力和沉积速度有很大的影响。一般镀液中银离子的含量为 20～40g/L。银离子含量不仅影响镀液性能和镀层质量，更关系到镀液的使用成本。当银离子的含量低时，有利于银与络合剂形成稳定的配位体，提高阴极极化和分散能力，从而可得到结晶致密的镀层。当银离子的含量较高时，镀液的导电性提高，但银离子含量过高时，镀层结晶粗糙、色泽泛黄。因此，对于硝酸银含量的控制对镀银层质量有着直接影响。

(2) 电镀添加剂对无氰镀银工艺的影响

电镀添加剂就是添加到电镀溶液中的化学试剂，是加入基础镀液中的添加物，是基础镀液以外的新增成分。电镀添加剂有一个显著的特点就是用量少，作用却很大。不论是何种镀银体系，加入少量的添加剂，都会使得镀层的性能有很大的改善。在无氰电镀过程中，添加剂在电场的作用下基本都会参与电极过程，从而对金属银的电结晶过程产生影响。例如无氰镀银中的有机添加剂可以吸附在电极表面，对银离子的还原起到阻滞的同时，使银结晶的成核数目增加而生长速度减慢，这样便达到了使银粒子结晶细化和光亮的效果。因此无氰电镀添加剂的开发与研究，对于提高镀液稳定性和改善镀层性能有着极大的作用。

无氰镀银添加剂主要有无机添加剂和有机添加剂两种。无机添加剂主要是可溶性金属化合物，通常为 As、Bi、Co、Cd、In、Ni、Pb、Se、Sb、Te 和 Ti 等金属的硫酸盐、硝酸盐等无机酸盐，氧化物或氢氧化物，其中以 As、Bi、Sb、Se、Te 等的可溶性金属化合物为佳。有机添加剂主要是非离子型表面活性剂、聚胺类化合物、含氮杂环化合物、含硫化合物和氨基酸化合物。非离子型表面活性剂最好使用亲疏平衡值 HLB＞11 的聚乙二醇（分子量为 1000～

10000)、聚氧乙烯烷基醇等；聚胺类化合物有乙二胺、二乙三胺、EDTA、二乙三胺五乙酸、三乙四胺六乙酸、聚乙烯亚胺（分子量为600～10000）、聚乙胺等，其中以聚乙烯亚胺和聚乙胺为佳；含氮杂环化合物有咪唑、1-甲基咪唑、苯并咪唑、苯并三氮唑、α,α-联吡啶、邻菲罗啉等；含硫化合物有NaSCN、$Na_2S_2O_3$、$K_2S_2O_5$、硫脲、乙基硫脲、氨基噻唑、巯基苯并噻唑；氨基酸化合物有酪氨酸、蛋氨酸、组氨酸、色氨酸和丝氨酸等。

电镀工作者对无氰镀银进行了大量研究，至今，还没有一个可以完全取代氰化物镀银。大致存在的问题有以下几点。

① 镀银层易变色。银在大多数有机酸、强碱及盐溶液中有良好的化学稳定性，但在含有卤化物、硫化物的空气中，银表面很快变色。这是所有镀银普遍存在的问题，所以一般要进行后处理。

② 镀层结合力差。镀银制件一般是铜和铜合金，由于铜的标准电位比银负得多，当铜及其合金零件进入镀银液时，在未通电前即发生置换反应，表面形成疏松置换银层，它与基体的结合力差，同时还有部分的铜杂质污染镀液，常采用浸银方式避免此类问题发生。

③ 镀液稳定性较差，寿命较短。主要是镀液中络合剂络合能力不够，Ag^+很容易被器壁吸附，添加剂使用不理想，很容易使镀液产生沉淀物。

④ 镀液成本较高，工业实用价值不高。无氰镀银所使用的络合剂和添加剂价格高，购买困难，虽然其小槽实验镀液和镀层性能都能接近氰化镀银，但如果应用于实际生产，厂家很难接受。前几年的上海国际表面处理技术展上，美国电化学产品公司（Electrochemical Products Inc.）在其产品目录中列出了E-Brite50/50环保型、高科技产品，但是价格非常高。

无氰镀银仍处于研发阶段。根据报道，无氰镀银已研制出了十多种工艺，但至今仍无较成熟的工艺应用于市场，完全取代氰化镀银。无氰镀银的研究，大都侧重于工艺方面，如络合剂和添加剂对镀层形貌的影响，而对镀液的电化学性能研究较少。目前，各种电镀工艺中都采用了不同类型的络合剂和添加剂，但对络合剂和添加剂的作用机理研究比较少，而了解络合剂和添加剂的作用机理，对电镀工艺的确定及优化具有理论指导意义。

4.1.6 添加剂与酸度的关系

添加剂对镀层光泽度的作用受酸度的影响，其中在酸性条件下对镀层起光亮或半光亮作用的有硫代氨基脲、2-巯基苯并噻唑、α-氨基吡啶等含硫化合物和含氮杂环化合物；在碱性条件下对镀层起光亮或半光亮作用的有L-组氨酸、聚乙烯亚胺等氨基酸和聚胺类化合物。

（1）含硫化合物

硫脲能产生半光亮作用，加入量应控制在1.5～3g/L，若过多，不但不能增加光泽度，反而会导致深镀能力下降，还会使镀层产生脆性。若因硫脲过多而使镀层发脆，可以加入非离子型表面活性剂来弥补。硫代氨基脲能产生半光亮作用，加入量为0.6～1.0g/L，过多，则镀层发脆。

（2）含氮杂环化合物

α-氨基吡啶可使镀层更细腻，有半光亮作用。苯并三氮唑可增强镀层的抗变色能力。含氮杂环化合物为对称性化合物，可以细化镀层的晶形，使镀层更加平整，加入量应控制在0.1g/L左右。

聚胺及醇胺类化合物三乙醇胺可使镀层结晶细腻，半光亮。聚乙烯亚胺可使镀层半光亮，效果要比醇胺类的好，且可使阴极电流密度范围扩大。

表面活性剂聚乙二醇为非离子型表面活性剂，在镀银液中使用分子量越高的越好。试验表明，镀液中加入 0.2g/L 左右的分子量为 10000 的聚乙二醇就可起到显著的作用。

4.2 硫代硫酸盐镀银

4.2.1 硫代硫酸盐无氰镀银的基本特征

硫代硫酸盐镀银是无氰镀银中应用较为广泛的工艺之一。它在国内的一些工厂中已有多年的应用经历。现有的生产实践表明了该无氰镀银工艺具有较好的深镀能力和分散能力。其镀层的结晶细腻，经镀后处理能够获得洁白光亮的外观。此外，其镀层与基体的结合力良好。但是，硫代硫酸盐体系有着明显的工艺问题，具体包括：镀液的稳定性差，易变黑，严重的时候无法生产；镀液的银含量较高，经济性略差，不适合规模较大的民用产品生产；工艺允许的电流密度范围较窄，对工艺控制带来不便。

现有的硫代硫酸盐镀银体系一般为弱酸性，但也有中性和弱碱性的体系。除了硫代硫酸钠或硫代硫酸铵主络合剂外，也包括了其他辅助络合剂。添加剂一般包括 1,3-二氨基硫脲（CH_6N_4S）、硫代氨基脲（CH_5N_3S）、丙烯基硫脲、二乙烯三胺、聚乙烯亚胺、三乙醇胺、烟酸、2,6-二羟基异烟酸等。为了解决镀液稳定性问题，镀液中添加了焦亚硫酸钾（$K_2S_2O_5$）作为稳定剂。

采用焦亚硫酸银为银盐，硫代硫酸钠为络合剂，两者生成银的“阴络离子型”络合物，反应式如下：

$$Ag_2S_2O_5 + 2Na_2S_2O_3 \longrightarrow 2Na[Ag(S_2O_3)] + Na_2S_2O_5$$

$$Ag_2S_2O_5 + 4Na_2S_2O_3 \longrightarrow 2Na_3[Ag(S_2O_3)_2] + Na_2S_2O_5$$

该反应有 $Na[Ag(S_2O_3)]$ 和 $Na_3[Ag(S_2O_3)_2]$ 这两种络合物生成，但主要是后者。$[Ag(S_2O_3)]^-$ 不稳定常数 $K=1.5\times10^{-9}$，$[Ag(S_2O_3)_2]^{3-}$ 不稳定常数 $K=3.5\times10^{-14}$，使得络合物在电解过程中具有较高的阴极极化作用，从而达到了细化镀层和提高镀层分散性能的目的。

焦亚硫酸银由硝酸银和焦亚硫酸钾作用而得：

$$2AgNO_3 + K_2S_2O_5 \longrightarrow Ag_2S_2O_5 + 2KNO_3$$

在此反应中，还有硝酸钾同时生成，为了避免冗长的洗涤沉淀时间，可简化配制过程，不必去除硝酸钾，因为硝酸钾的存在并无影响。当 H^+ 存在时，硫代硫酸根会发生硫的析出倾向：

$$S_2O_3^{2-} + H^+ \longrightarrow HSO_3^- + S\downarrow$$

硫的析出将危害镀液。当 HSO_3^- 的浓度增加时，反应向着生成 $S_2O_3^{2-}$ 的方向进行。而焦亚硫酸根在水溶液中存在着下列平衡：

$$S_2O_5^{2-} + H_2O \longrightarrow 2HSO_3^-$$

此平衡增加了溶液中 HSO_3^- 的浓度，抑制了 $S_2O_3^{2-}$ 的分解，因此，焦亚硫酸钾还起着极为重要的保护硫代硫酸根的作用，使得镀液较稳定。

4.2.2 弱酸性硫代硫酸盐无氰镀银

此类配方（见表 4-1）的镀液均呈弱酸性，一般在 5.0～6.0 之间，pH 值过低，硫代硫酸盐分解析出硫，出现黑色硫化银。pH 值大于 7.0 时，银离子会与氢氧根反应，并进一步产生 Ag_2O 黑色沉淀。

表 4-1　弱酸性硫代硫酸盐无氰镀银溶液

镀液基本组成	配方 1	配方 2	配方 3	配方 4	配方 5
硝酸银 $AgNO_3$/(g/L)	30～50	35～45	40	45	30
硫代硫酸钠 $Na_2S_2O_3$/(g/L)	225	280～300	200	250	200
焦亚硫酸钾 $K_2S_2O_5$/(g/L)	40	35～45	40	45	—
乙酸铵 CH_3COONH_4/(g/L)	25	15～35	—	—	—
氨三乙酸 $N(CH_2COOH)_3$/(g/L)	—	4～6	—	—	—
硝酸钾 KNO_3/(g/L)	—	8～12	—	—	—
硫代氨基脲 CH_5N_3S/(g/L)	0.6～0.8	—	—	—	—
添加剂	—	1.2～1.8mL/L	10～20g/L	0.08g/L	40g/L
电流密度/(A/dm²)	0.1～0.3	0.1～0.6	0.2～0.3	0.5	0.4
镀液温度/℃	室温	室温	室温	25℃	室温
pH 值	5.5～6.0	5.0～6.0	5.0	6.0～7.0	5.0～6.0

(1) 配方 1[1]

配方 1 中，焦亚硫酸钾起到稳定剂作用。其镀液的配制有如下具体要求。首先将所需质量的 $AgNO_3$ 和焦亚硫酸钾（$K_2S_2O_5$）分别用 1/4 欲配镀液体积的蒸馏水溶解，并在搅拌下将 $K_2S_2O_5$ 溶液倒入 $AgNO_3$ 溶液中，生成焦亚硫酸银的浑浊液。然后立即将溶液缓慢加入 $Na_2S_2O_3$ 溶液中，使 Ag^+ 与 $Na_2S_2O_3$ 配位，生成微黄色的澄清液。再将所需质量的乙酸铵（CH_3COONH_4）加入溶液中，静置一段时间后，加入所需质量的硫代氨基脲（CH_5N_3S），使其全部溶解。最后将欲配镀液的蒸馏水补齐。

经过一系列的工艺优化可以确定，$AgNO_3$ 含量在 40～45g/L，电流密度在 0.20～0.25A/dm² 时镀层表观质量较好，呈光亮的银白色，结晶细腻。从 XRD 图中可确定（220）晶面是银层的择优取向生长方向。EDS 谱也表明镀层为纯银镀层。SEM 表征表明镀层均匀平整。$AgNO_3$ 最佳用量为 40g/L，最佳电流密度为 0.25A/dm²，所制备的镀层光亮平整，晶粒尺寸在 35nm。

(2) 配方 2[2]

该配方发表较早，并开展了企业的小试生产，镀层性能基本满足需求。其镀液中氨三乙酸能为金属离子提供四个配位键，而且它的分子又较小，因而它具有非常强的络合能力，能与各种金属离子形成稳定的螯合物，起到辅助络合剂的作用。硝酸钾是导电盐，有利于扩大电流密度的范围。其添加剂为环氧氯丙烷、二乙烯三胺和丙烯基硫脲的反应产物。其镀层光亮，结晶细腻，脆性较小。其深镀和均镀能力达到了部分产品的要求。

(3) 配方 3[3]

该配方与配方 1 类似，可以看作配方 1 的优化方案。其添加剂中包含了 20g/L 的光亮剂和 20g/L 的其他添加剂。其镀层厚度可以达到 10～15μm 以上。试片弯曲 180°数次直至断裂，断面无脱落现象；在镀层上划“十”字，然后在铜丝轮机上机械抛光也未发现脱落现象；加热至 400℃保持 1h，镀层无起泡。以上结果基本可以表明其镀层结合力良好。此外，导电性和焊接性的测试也表明，该工艺的镀层与氰化镀银层差异不大。

(4) 配方 4[4]

在该配方中，添加剂选用了聚乙烯亚胺。聚乙烯亚胺（polyethyleneimine，PEI）又称聚氮杂环丙烷，是一种水溶性高分子聚合物，具有较高的反应活性。当聚乙烯亚胺含量小于 0.06g/L 时，镀层不够光亮；含量超过 0.10g/L 时，镀层表面易发花；含量为 0.06～0.08g/L 时，镀层均匀光亮。PEI 作为添加剂时，银的还原反应阻力增大，即 PEI 对银的电沉积有阻化作用，这与循环伏安曲线测试所得结果一致。此外，含 PEI 镀液中银的成核密度远大于不含

PEI的镀液，说明加入PEI可以显著提高银在硫代硫酸盐体系中的电结晶成核密度。从XRD图中可以确认（111）晶面是银层的择优取向生长方向。SEM表征表明，聚乙烯亚胺添加剂的加入对镀层结晶颗粒有显著的细化作用，平均粒径由约78nm降至约50nm。

（5）配方5[5]

按照配方5的工艺条件，在阴极电流密度较小时，镀层外观较差，镀层结合力较差，电沉积速度慢；随着电流密度的增大，电沉积速度也不断增大，但当阴极电流密度超过0.5A/dm^2时，镀层光泽度下降。因此，阴极电流密度在0.3～0.4A/dm^2之间时，既可获得光亮而结合力好的镀层，同时又有勉强可以承受的电沉积速度。

添加剂系无机物和有机物混合而成，无机物为含硫类化合物，对银离子有配位络合作用；有机物为含氮类化合物，可吸附在阴极表面上，增加阴极极化，使镀层结晶细腻光亮。当添加剂低于30g/L时，镀层外观不光亮、发黄，结合力不好；当添加剂超过30g/L，镀层性能变化很小。所以添加剂质量浓度在30～40g/L为宜。

4.2.3 弱碱性硫代硫酸盐无氰镀银

表4-2 弱碱性硫代硫酸盐无氰镀银溶液

镀液基本组成	配方1	配方2
硝酸银 $AgNO_3$/(g/L)	40	40
硫代硫酸钾 $K_2S_2O_3 \cdot 1/2\ H_2O$/(g/L)	650～700	650～700
焦磷酸钾 $K_4P_2O_7$/(g/L)	30	—
氯化钠 NaCl/(g/L)	—	17
丁二酰亚胺 $C_4H_5NO_2$/(g/L)	20～30	25～30
烟酸 $C_6H_5NO_2$/(g/L)	4～6	2～4
电流密度/(A/dm^2)	0.1～0.6	0.1～0.6
镀液温度/℃	>15	>15
pH值	8.0～8.5	8.0～8.5

表4-2所述配方的镀液均呈弱碱性，但pH值一般不大于9.0。pH值过高时，银离子会与氢氧根反应，并进一步生成Ag_2O黑色沉淀。

配方1和配方2[6]，按照上述工艺条件，可以获得光亮细腻的镀层。但在较高的电流密度下，光泽度变差。试片经180°反复弯折直至断裂，镀层无起皮脱落；划“十”字，镀层也无起皮脱落；经200℃烘烤1h后自然冷却，镀层无起泡和脱落现象。镀层脆性较小，易焊接。

在上述配方中，焦磷酸钾或氯化钠作为沉淀剂使用，它与硝酸银反应生成焦磷酸银或氯化银的白色沉淀，随后可以与硫代硫酸根络合溶解。丁二酰亚胺起到缓冲剂作用，可以维持镀液的pH值在8.0左右，能长期保持良好的镀液稳定性，同时该物质也起到辅助络合剂的作用。烟酸起到光亮剂的作用，在不加烟酸时镀层虽为白色，但无光泽；加入烟酸可以获得半光亮的镀层外观。工作镀液需维持在15～40℃，低于该区间，允许电流密度降低。

4.2.4 中性硫代硫酸盐无氰镀银

此类配方（见表4-3）的镀液，pH值在6.5～7.0，呈中性，镀液相对稳定。其镀层结晶细腻且光亮，有较好的抗变色能力。此类镀液成本略高，但也有一定的实用价值。

表 4-3 中性硫代硫酸盐无氰镀银

镀液基本组成	配方 1	配方 2	配方 3	配方 4
硝酸银 $AgNO_3$/(g/L)	45～50	45～50	45～50	45～55
硫代硫酸钠 $Na_2S_2O_3 \cdot 5H_2O$/(g/L)	250～260	350～360	350～360	350～360
焦亚硫酸钾 $K_2S_2O_5$/(g/L)	45～50	45～50	45～50	50～55
氨基磺酸 NH_2SO_3H/(g/L)	20	—	20	—
聚乙烯亚胺 PEI/(mL/L)	0.1	0.1	0.1	0.05～0.1
烟酸 $C_6H_5NO_2$/(g/L)	—	2.0	2.0	3～4
电流密度/(A/dm^2)	0.2～0.6	0.2～0.6	0.2～0.6	0.2～0.6
镀液温度/℃	10～35	10～35	10～35	10～30
pH 值	7.0	7.0	7.0	6.5～7.0
镀层外观	细腻、银白	光亮	光亮	—

(1) 配方 1～3[7]

在配方 1 中，氨基磺酸起到辅助络合剂的作用，可以减少黑色沉淀，增加镀液的稳定性，所以主络合剂硫代硫酸钠用量少于其他配方。配方 1～3 中都使用了 0.1mL/L 的聚乙烯亚胺（M=1300）作为添加剂。该化合物可以明显地增加光亮电流区间，改善镀层的外观。但添加剂过量使用会使镀层发脆。聚乙烯亚胺在电镀过程中的分解产物可以用活性炭吸附，重新补加添加剂后镀液可以循环使用。烟酸起到次级光亮剂的作用。当它单独使用时，光亮作用不大，但当与聚乙烯亚胺联合使用时，可以使镀层银白、细腻光亮，且在较低的电流密度下也可以获得光亮镀银层。

配方 1～3 获得的镀银层经过弯折、断开、热振试验，表现出了较好的结合力。实验也证明了镀银层的焊接性属于易焊级。

(2) 配方 4[8]

该配方是表 4-3 中前 3 个配方在工厂中的实际应用。硝酸银提供银离子，当银离子浓度低时，电流密度上限较低，且镀层光亮性较差；银离子浓度高时，电流密度上限提高，镀层光亮性变好，但分散能力降低。此外，银离子浓度高则带出的银离子也较多，企业消耗较大，故硝酸银含量应控制在 40～50g/L。焦亚硫酸根离子对硫代硫酸根起保护作用，保证了溶液的稳定性。硫代硫酸钠是主络合剂，它与银离子生成稳定的硫代硫酸银络合离子。当硫代硫酸钠含量低于 250g/L 时，溶液易出现黑色沉淀，并且镀层粗糙；当它的含量达到 350g/L 时，溶液的稳定性提高，并得到均匀细腻的镀层。故硫代硫酸钠含量应控制在 350～360g/L 之间。烟酸是良好的表面活性物质，在该配方中作为添加剂使用，可提高基体表面的活性。例如，当烟酸为 2g/L 时，黄铜和白铜的焊接抛光件上的镀银层结合力不好；将烟酸含量提高到 3～4g/L 时，结合力大为改善。当烟酸与聚乙烯亚胺共同使用时，后者的作用增强，并扩大了允许的电流密度范围。聚乙烯亚胺是光亮剂，能改善镀层质量，得到细腻光亮的镀层，但是当它过量使用时，镀层的脆性有所增加。此外，当聚乙烯亚胺与烟酸共同存在时，镀层的抗硫能力也有所提高。

4.2.5 含铵盐的硫代硫酸盐无氰镀银

虽然在环保方面对氮元素有一定的要求，但是含有铵盐的硫代硫酸盐无氰镀银具有更好的性能。一般认为，硫代硫酸铵与银离子的络合属于双络合体系，较单络合体系具有更大的优越性。双络合体系通常具有更大的阴极极化电势，所以镀液性能和镀层质量更好。含铵盐的硫代硫酸盐无氰镀银也能够获得更大的电流密度。

表 4-4 含铵盐的硫代硫酸盐无氰镀银溶液

镀液基本组成	配方 1	配方 2	配方 3
硝酸银 $AgNO_3$/(g/L)	40～50	44	45～50
硫代硫酸钠 $Na_2S_2O_3 \cdot 5H_2O$/(g/L)	—	220	—
硫代硫酸铵 $(NH_4)_2S_2O_3$/(g/L)	200～250	—	230～260
醋酸铵 NH_4Ac/(g/L)	—	30	—
焦亚硫酸钾 $K_2S_2O_5$/(g/L)	40～50	44	40～50
SL-80 添加剂/(mL/L)	8～12	—	—
硫代氨基脲 CH_5N_3S/(g/L)	—	0.8	—
阳极去极化剂/(g/L)	0.3～0.5	—	—
晶粒细化剂/(g/L)	—	—	0.9
整平剂/(g/L)	—	—	0.03
苯亚磺酸钠 $C_6H_5SO_2Na$/(g/L)	—	—	10
电流密度/(A/dm^2)	0.3～0.8	0.2～0.4	0.3～0.4
镀液温度/℃	室温	25	室温
pH 值	5.0～6.0	5.0～6.0	5.0～6.0

(1) 配方 1[9]

配方中以硝酸银为主盐，硫代硫酸铵为主络合剂，焦亚硫酸钾为稳定剂。在该工艺中，添加剂的选择很重要。不含添加剂的镀液，镀层结晶粗糙、发黄，工作电流密度低，且镀液的分散能力不足。SL-80 添加剂是一个由含氮的有机物与环氧基团的缩合物。它可以使镀层结晶细腻，呈银白色，并可提高镀液的阴极电流密度和分散能力。随着该添加剂量的增加，镀层的硬度也有下降的趋势。

(2) 配方 2[10]

镀液中的醋酸铵作为 pH 缓冲剂，能够在一定程度上减少镀层的脆性。硫代氨基脲作为表面活性物质，可使镀层结晶细腻，也利于阳极溶解，不产生黑色钝化膜。利用该配方制备的镀层样品具有较好的结合力。将 0.20～0.35A/dm^2 电流密度下制得的试片弯曲 180°数次，直至断裂，或利用硬质钢刀在镀层上划方格，结果均表明，镀银层未出现起皮、脱落现象。不同的电流密度下晶面的择优取向不同，电流密度增大时，(111) 取向的晶面占比逐渐减小，而 (222) 取向的晶面占比略有增大，说明大电流密度导致表面沉积生长迅速，高活性的晶面占比增加。

利用类似配方，在溶液温度为 15～30℃，阴极电流密度为 0.1～0.3A/dm^2 的条件下，开展了工艺应用研究。试验中使用了退火的 SAE4340 钢 (40CrNiMoA) 试片，在上述确定的工艺参数范围内得到镀层厚度为 15～25μm 的 15 件镀银件，对其进行了镀银层的表面质量、结合力、焊接性能、电阻、防腐蚀性能及耐高温性能的测试。结果表明，该工艺具备了结合力好、焊接性好、接触电阻较小、耐蚀性好、防变色能力强、耐高温性好等优点，具有不亚于氰化镀银层的质量，可以实现对氰化镀银工艺的部分替代。

(3) 配方 3[11]

配方中晶粒细化剂主要是聚胺类化合物，可以选择 1000～5000 分子量的聚乙烯亚胺。整平剂为阴离子表面活性剂，可以选用十二烷基硫酸钠或十二烷基磺酸钠。苯亚磺酸钠一般起到稳定剂的作用。实验表明，添加了苯亚磺酸钠的镀液的主络合剂在一个月内减缓分解 5%～8%，焦亚硫酸钾的分解也减缓了近 4%。通过扫描电镜可以观察到晶粒细化剂和整平剂对镀层的结晶结构有明显的改善，同时对扩大工作电流密度范围也有很好的作用。

4.2.6 硫代硫酸盐无氰镀银镀液的稳定性[12]

硫代硫酸盐镀银层虽然具有优良的耐蚀性、可焊性和接近氰化镀银的外观，同时对人体无害，但硫代硫酸盐镀液使用一段时间后，槽液易发黑，镀层光泽度变差，光亮电流密度范围变窄，不仅操作极为不便，而且增加了生产成本。加入焦亚硫酸钾稳定剂可以在一定程度上改善镀液的稳定性，但会使镀层质量尤其是镀层耐变色性和导电性变差。因此硫代硫酸盐无氰镀银液的稳定性研究对镀液维护、电镀产品的质量控制有重要的意义。镀液稳定性研究的基础配方如表 4-5 所述。

表 4-5 镀液基础配方

镀液组成	基础配方	镀液组成	基础配方
硝酸银 $AgNO_3$/(g/L)	50	镀液温度/℃	室温
硫代硫酸铵 $(NH_4)_2S_2O_3$/(g/L)	200	pH 值	5.0～6.0
焦亚硫酸钾 $K_2S_2O_5$/(g/L)	50		

(1) 镀液光照稳定性

上述基础镀液暴露在阳光下时各成分含量随时间的变化见表 4-6。从表中可以看出，随着放置时间的延长，镀液中各成分含量都逐渐减少，且配位剂、稳定剂的含量变化非常大，在 1 天后镀液完全发黑，10 天后完全分层，下层为黑色沉淀物，上层为清澈的镀液。

表 4-6 镀液暴露于阳光下时各成分含量随时间的变化

t/d	1	3	5	7	10
硝酸银 $AgNO_3$/(g/L)	39.3	36.7	34.9	32.8	30.6
硫代硫酸铵 $(NH_4)_2S_2O_3$/(g/L)	192.6	184.7	176.3	165.3	160.1
焦亚硫酸钾 $K_2S_2O_5$/(g/L)	38.4	36.6	34.2	32.6	31.1

(2) 镀液暗稳定性

镀液在室温避光处静置时各成分含量随时间的变化见表 4-7。随放置时间延长，镀液的配位剂（硫代硫酸铵）、稳定剂（焦亚硫酸钾）含量变化较小。镀液在室温避光处放置时不发黑，不浑浊。

表 4-7 镀液在室温避光处静置时各成分含量随时间的变化

t/d	1	3	5	7	10
硝酸银 $AgNO_3$/(g/L)	44.3	43.7	42.9	41.8	41.6
硫代硫酸铵 $(NH_4)_2S_2O_3$/(g/L)	241.6	240.7	239.3	238.3	237.1
焦亚硫酸钾 $K_2S_2O_5$/(g/L)	44.2	43.6	342.2	41.9	41.7

镀液在 40℃避光静置时各成分含量随时间的变化见表 4-8。从表 4-8 可知，随时间延长，镀液中各成分含量都逐渐减少，26h 后配位剂、稳定剂含量明显减少，26h 后镀液开始发黑，70h 后镀液完全发黑。

表 4-8 镀液在 40℃避光静置时各成分含量随时间的变化

t/h	18	26	34	42	52	70
硝酸银 $AgNO_3$/(g/L)	42.3	41.4	39.6	37.5	36.5	35.7
硫代硫酸铵 $(NH_4)_2S_2O_3$/(g/L)	234.5	222.7	204.3	191.3	180.1	171.8
焦亚硫酸钾 $K_2S_2O_5$/(g/L)	43.6	42.1	40.7	39.6	37.8	36.2

综上所述，影响镀液稳定性的外界环境因素主要是阳光，其次是温度，且镀液发黑与镀液中的配位剂和稳定剂的含量有密切关系。

(3) 镀液工作稳定性

连续镀状态下只补加去离子水、不补加镀液成分时镀液各成分含量随时间的变化见表 4-9。从表 4-9 可知，随时间延长各成分含量虽减少，但其比例比较恒定，说明镀液成分含量减少主要是因为电化学沉积；7 天后镀液中配位剂、稳定剂的含量已非常低，也说明镀液发黑与镀液中的配位剂和稳定剂有必然关系。在连续镀时，镀液不会完全发黑，但 7 天后有少许的黑色沉淀物，15 天后有大量的黑色沉淀物，且镀层开始发花，有条纹出现。

表 4-9　连续镀状态下镀液各成分含量随时间的变化

t/d	1	3	5	7	10	13	15
硝酸银 $AgNO_3$/(g/L)	41.0	39.4	37.5	35.3	32.8	29.6	28.5
硫代硫酸铵$(NH_4)_2S_2O_3$/(g/L)	230.6	223.2	215.3	205.9	196.1	187.8	183.5
焦亚硫酸钾 $K_2S_2O_5$/(g/L)	44.6	42.9	40.7	37.6	35.3	32.4	31.3

连续镀状态下每天补加镀液主要成分使其保持在初始浓度，15 天后镀液仍清澈透明，且镀层始终结晶细腻、光滑。因此，在生产过程中要定期分析、补加镀液组分。测量采用化学分析法，存在一定的测量误差，故硫代硫酸铵的含量要比基础配方含量偏大。

(4) 镀液稳定性分析

镀液变黑有两个主要原因。其一是硫代硫酸盐含量不足。硫代硫酸盐是 Ag^+ 的配位剂，当其含量不足时 $[Ag_2(S_2O_3)_3]^{4-}$ 发生离解：

$$[Ag_2(S_2O_3)_3]^{4-} \longrightarrow Ag_2S_2O_3(\text{白色})\downarrow + 2S_2O_3^{2-}$$

$Ag_2S_2O_3$ 沉淀不稳定，立即在水作用下发生水解反应：

$$Ag_2S_2O_3 + H_2O \longrightarrow Ag_2S(\text{黑色})\downarrow + H_2SO_4$$

另一个原因是焦亚硫酸钾不足。焦亚硫酸钾与主盐硝酸银配位，可避免银离子与配位剂硫代硫酸盐直接接触而生成硫化银沉淀。Ag^+ 首先与焦亚硫酸根反应生成焦亚硫酸银，再与配位剂硫代硫酸盐反应生成银的阴离子型配位化合物。此外，镀槽 pH 值过低也会使黑色的 Ag_2S 沉淀析出。

$$[Ag_2(S_2O_3)_3]^{4-} + 2H^+ \longrightarrow Ag_2S(\text{黑色})\downarrow + 2S + SO_4^{2-} + 2SO_2\uparrow + H_2O$$

配置镀液时使用自来水或操作中将 Cl^- 带入槽液中时，则有极易感光的 AgCl 生成。该卤化物在光照下，逐渐与硫代硫酸钠中的活性硫作用，生成黑色 Ag_2S 沉淀，使槽液发黑。

(5) 镀液使用与维护

为了使槽液稳定，防止槽液发黑现象产生，根据生产经验，归纳几条排除槽液发黑故障的措施如下。

① 按规定周期（6 天）分析槽液成分，即使停镀不用时也应按期进行分析，根据分析的结果进行各组分的添加和调整。

② 凡是新配槽液或添加硝酸银时，必须按照下列步骤进行：分别将 $AgNO_3$、$K_2S_2O_5$ 和 $Na_2S_2O_3$ 用蒸馏水溶解后，首先将 $AgNO_3$ 和 $K_2S_2O_5$ 两溶液混合，再接着加入 $Na_2S_2O_3$ 溶液搅拌到清澈为止。若发现有色泽不正或有暗色现象，应用活性炭（2g/L）进行搅拌处理，最后过滤，直到溶液清澈为止。

③ 预浸银槽液必须用蒸馏水配制，且该槽液的分析调整也应同②一样处理。

④ 电镀操作时，预浸银前的水洗工序最好用蒸馏水，以免Cl^-等杂质混入。

⑤ 调低槽液的pH值时，不能用浓酸调整，最好采用1∶(1～2)的硫酸，在不断搅拌下慢慢加入，最后搅拌均匀为止。

⑥ 若发现槽液已发黑，应停止施镀，加入2g/L的活性炭，连续搅拌约1h，长时间静置后过滤，用蒸馏水调到相应容积。取样分析后，根据分析结果，将镀液成分调整到规范值，而后可以继续施镀。

⑦ 发现槽液变蓝色时，说明已溶入了Cu^{2+}杂质。这时可以采用稍高于规范电流密度上限值的阴极电流密度进行通电处理，时间由污染离子含量而定。

⑧ 每天施镀完毕后，用黑色塑料布将槽液盖严，防止光照和杂质混入。

4.2.7 化学法硫代硫酸盐无氰镀银液组分的测定

(1) 指示剂的配制

铁铵钒：将2g硫酸(高)铁铵[$NH_4Fe(SO_4)_2 \cdot 12H_2O$]溶于100mL沸水中，滴加煮沸过的浓硝酸直到棕色褪去。

淀粉：将1g可溶性淀粉以少量水调成浆，倒入100mL沸水中，搅匀，沸腾1～2min，冷却，加入2～5滴氯仿。

(2) 主盐硝酸银的测定

用移液管吸取5mL待测液置于250mL锥形瓶中，在通风橱内加浓硝酸、浓硫酸各10mL，加热到冒白烟，待黄色沉淀全部溶解后自然冷却至室温，加30～40mL水摇匀，继续冷却，加2～3滴铁铵钒指示剂，用0.1mol/L标准硫氰酸铵溶液滴定至浅红色刚刚出现时为终点。计算公式如下：

$$\rho=(C \times V_1 \times M)/V_2$$

式中，ρ为硝酸银含量，g/L；C为标准硫氰酸铵溶液的摩尔浓度，0.1mol/L；V_1为消耗标准硫氰酸铵溶液的体积，L；M为硝酸银的摩尔质量，169.87g/mol；V_2为待测液体积，0.005L。

(3) 配位剂硫代硫酸钠的测定

用移液管吸取1mL待测液放入250mL锥形瓶中，加5mL 40%的甲醛和25mL水，摇匀，放置15min，加淀粉指示剂1mL，用0.1mol/L标准碘溶液滴定至呈现蓝色，蓝色保持0.5min不消失即为终点。计算公式如下：

$$\rho=2(C \times V_1 \times M)/V_2$$

式中，ρ为硫代硫酸钠含量，g/L；C为标准碘溶液的摩尔浓度，0.1mol/L，V_1为消耗碘溶液的体积，L，M为硫代硫酸钠的摩尔质量，158.2g/mol；V_2为待测液体积，0.001L。

(4) 稳定剂焦亚硫酸钾的测定

用移液管吸取1mL待测液放入250mL锥形瓶中，加蒸馏水25mL、淀粉1mL，用0.1mol/L标准碘溶液滴定至呈现蓝色，且蓝色不消失为终点。计算公式如下：

$$\rho=2[C \times (V_1-V_2) \times M]/V_3$$

式中，ρ为焦亚硫酸钾含量，g/L；C为标准碘溶液的摩尔浓度，0.1mol/L；V_1为滴定配位剂和稳定剂所消耗的碘溶液的体积，L；V_2为滴定配位剂所消耗的碘溶液的体积，L；

M 为焦亚硫酸钾的摩尔质量，55.6g/mol；V_3 为待测液体积，0.001L。

4.3 亚氨基二磺酸铵（NS）镀银

4.3.1 亚氨基二磺酸铵（NS）镀银的发展概况

该镀银工艺是在我国建立发展起来的一项技术。重庆地区电镀技术交流组为了摸索无氰镀银新工艺，于1973年7月由西南师范学院、国营716厂、国营289厂、国营662厂、国营497厂、重庆电器厂等十一个单位组成了无氰镀银攻关组。从焦磷酸盐到用NS作添加剂的无氰镀银，经过几百次试验，此后又经过西南师范学院化学系和716厂反复试验，并与四机部成都无氰镀银公关组密切协作，研制成功了新型无氰电镀络合剂亚氨基二磺酸铵（NS），并在理论上做了探讨，选择了将NS用于镀银的主络合剂，进行了镀液分析方法的研究，还进行了工业试生产，开展了镀液和镀层性能的测试。试验结果证明了NS镀银的镀液和镀层性能基本上可以满足工业生产的要求。该成果于1976年12月由重庆市科技局主持鉴定，其后被全国25个省、自治区、直辖市的数百家工厂和研究所采用，并作为一个新工艺被编入《电镀原理与工艺》《电镀工艺学》等专著或教科书中。该成果获得了1978年全国科学大会奖和四川省重大科技成果二等奖。

为了得到类似于氰化物且能用于多种金属电镀的络合剂，则所求络合剂需同时含有氮配位基和氧配位基。从这个角度来看，氨羧络合剂是候选之一。但考虑到污水的处理，则希望获得一种在碱性溶液中稳定，在酸性溶液中迅速水解，并破坏络合作用的物质，氨-磺类物质具有这种性质。亚氨基二磺酸盐在碱性条件下失去亚氨基上的氢后能形成共轭体系，且具有一定的络合能力。由于复合络合物进行电镀在提高极化、获得良好镀层方面更具优点，因此亚氨基二磺酸盐常与氨的复合络合物 $[NH_3AgN(SO_3^-)_2]^{2-}$ 合用进行镀银。

NS镀银液具有成分简单，配制方便，易于调整维护，对多数杂质不太敏感，分散能力和深镀能力均与氰化镀液接近的优点。其镀层细腻，焊接性能和抗硫性能良好。但是该镀液氨含量较高，对环保处理的要求高，pH值变化较大，需经常调整。环境温度较高的情况下操作时，氨味较重，同时氨的存在也表现了对铜离子的敏感，因此对镀前预处理的操作要求严格。

4.3.2 亚氨基二磺酸铵（NS）的基本性质

亚氨基二磺酸铵是一种白色晶体粉末，在碱性溶液中可以稳定存在，在酸性溶液中易分解，其水解反应如下：

$$HN(SO_3)_2^{2-} + H_2O \longrightarrow H_2NSO_3^- + HSO_4^-$$

亚氨基二磺酸盐离子 $[HN(SO_3)_2^{2-}]$ 的氨性溶液能与钡盐生成白色的沉淀，该沉淀物能完全溶于稀酸，这是与硫酸钡沉淀的不同之处。而氨基磺酸盐离子（$H_2NSO_3^-$）则不能与钡盐生成沉淀物。虽然亚氨基上的H较硫酸根上的H酸性要小，但仍然能被金属离子所取代。因此，亚氨基二磺酸能生成两类盐：①碱式盐，$MN(SO_3M)_2$，其中所包含的三个氢原子可全部被金属离子取代；②中性盐，$HN(SO_3M)_2$，其中仅两个氢原子可被金属离子取代。亚氨基二磺酸盐大多都易溶于水。碱式盐经弱酸处理极易转化为中性盐，同样，中性盐也能被过量的碱转化为碱式盐。

4.3.3　亚氨基二磺酸铵的制备方法

(1)　制备方法1

最早于1834年，德国人Heinrich Rose通过氨气与固体三氧化硫反应生产制备出亚氨基二磺酸盐。根据原理，按计量比的反应可以得到二铵盐和三铵盐，反应方程式如下：

$$4NH_3+2SO_3 \longrightarrow NH_4N(SO_3NH_4)_2$$

$$3NH_3+2SO_3 \longrightarrow NH(SO_3NH_4)_2$$

相关文献报道，三铵盐也可以通过氨与氯磺酸反应制得；二铵盐可以通过氨基甲酸铵与焦硫酰氯、硫酰氯或氯磺酸相互作用制备。除此之外，在160℃加热条件下，氨基磺酸铵脱氨分解也可以得到亚氨基二磺酸铵；尿素与浓硫酸或100%的硫酸反应也能制备出亚氨基二磺酸铵与硫酸铵的混合物。根据文献所报道的多种方法，考虑到原材料成本及制备条件的难易程度，一般采用尿素与浓硫酸反应的方法进行制备。文献结果表明，尿素量与硫酸的比例（摩尔比）为1∶1.25时，NS产量最高，当反应物比例低于或高于1∶1.25时，NS的产量均降低。

具体制备步骤为：以1mol的尿素计，取98%的浓硫酸68mL放置于体积较大的反应容器中，将60g尿素缓慢加入，同时加以缓慢搅拌，并冷却；然后再缓缓升温至130～140℃之间，并使温度维持在该区间（此时体系中发生化学反应放出气体）直至反应自发进行，有大量的二氧化碳气体放出，体积剧烈膨胀并固化从而得到疏松多孔的白色固体，进一步将温度维持在50℃左右；将获得的固体溶于稀氨水，保持溶液为碱性，过滤，冷却，通入液氨，析出白色固体，过滤，重结晶，最终得到亚氨基二磺酸的三铵盐；在60～70℃条件下烘干至氨味消失，亚氨基二磺酸三铵盐转化为二铵盐。

(2)　制备方法2

在空气中，亚氨基二磺酸三铵盐不稳定，易脱氨脱水转化为二铵盐，其组分会因脱氨逐渐变化而不稳定。实验中发现，将三铵盐转化为二铵盐时，若温度过高，时间过长，则部分会分解成硫酸盐；若温度过低，则转化所需时间过长，不易完全转化。而且二铵盐分解成硫酸盐，不仅与加热温度有关，还与产物和周围空气中存在水分的多少有关，一般转化温度以60～70℃为宜。要知道转化是否完全或是否有部分分解成硫酸盐，可以将经过一定温度、时间转化后的产物取一定量溶于蒸馏水，测pH值。因为三铵盐为碱性，二铵盐为微弱酸性（pH=5.2），若产物溶解后pH值为碱性，加入$BaCl_2$溶液后产生沉淀，加盐酸酸化后沉淀立即完全溶解，说明三铵盐存在，未完全转化；若产物溶解后pH值约为5.2，加入$BaCl_2$溶液后，溶液澄清透明无沉淀生成，说明产物已经完全转化为二铵盐；若产物溶解后pH<5.2，加入$BaCl_2$溶液后立即产生白色沉淀，且不再溶解，说明产物有部分分解为硫酸盐。

除此之外，进一步对二铵盐进行了热重分析和差热分析。结果表明，二铵盐加热到80℃后就有热反应；180℃以后，重量增加更为明显；加热到320℃出现较大的吸热反应，是二铵盐的熔化，同时从热重曲线可以看出已有少许失重；到420℃以后，重量急剧下降至零。差热曲线转折点约在430℃，此时出现大的吸热反应，是样品剧烈分解的热效应。

制备所得的二铵盐二次重结晶后经红外光谱分析，与文献结果对照证明是亚氨基二磺酸铵。亚氨基二磺酸铵是白色结晶粉末。由于其酸性条件下水解严重，故其溶解和结晶均需在碱性溶液中进行，作为电镀用试剂，不一定要转化为二铵盐，以三铵盐形式更加有利方便。

具体制备步骤为：将133份98%的H_2SO_4置于敞开的大体积容器中，将60份尿素缓慢加入其中，并在冷却条件下加以搅拌（温度须低于40℃），然后以沙浴的方式缓缓升温至

130℃左右，维持恒温0.5h，之后迅速升温至140～160℃（依据H_2SO_4的浓度决定），此时反应自发进行，并伴有大量二氧化碳气体放出，在数分钟内温度上升至300℃左右，体积膨胀近30倍，最终得到疏松多孔的白色固体，即粗化的NS。取该固体200g溶于500mL的氨水中，通氨气使温度维持在5℃以下，最后得到透明晶体，抽滤，检查SO_4^{2-}、Fe^{2+}及$(NH_2)_2SO_4$和游离硫。若制备要求不符合，按上述方法重结晶一次，在热空气流中烘干至氨味消失即可，特别注意烘烤温度不得超过60℃。

4.3.4 亚氨基二磺酸铵（NS）镀银的几种重要的研究体系

表4-10 亚氨基二磺酸铵（NS）为主络合剂的无氰镀银

镀液基本组成	配方1	配方2	配方3	配方4	配方5
硝酸银 $AgNO_3$/(g/L)	25～30	25～30	25～30	25～30	40
亚氨基二磺酸铵/(g/L)	80～100	80～100	80～100	50～60	150
硫酸铵$(NH_4)_2SO_4$/(g/L)	—	—	—	50～60	60
乙酸铵 CH_3COONH_4/(g/L)	—	15～20	—	15～20	—
酒石酸 $C_4H_6O_6$/(g/L)	—	—	—	1～2	—
柠檬酸 $C_6H_8O_7$/(g/L)	—	—	2～4	—	—
电流密度/(A/dm²)	0.3～0.6	0.3～0.6	0.3～0.6	0.5	0.2～0.5
镀液温度/℃	室温	室温	室温	室温	室温
pH值	8.8～9.5	8.8～9.5	8.8～9.5	8.5～9.0	9.0～10.0

表4-10所述配方中[13]，配方1为基础配方，可满足一般生产要求。所获得的镀层结晶细腻，镀液的分散能力及深镀能力均不错。配方2和3出槽后就比较光亮，浸亮后可得镜面光洁度的镀层。其中配方2对铜的敏感度较小，氨味也不太浓，配方3最光亮，但硬度和脆性稍高。这说明适量增加辅助络合剂，例如NH_3或柠檬酸根均有利于镀层外观。配方4比配方2使用了更大量的铵盐配位剂，镀得的镀层内应力小，对铜的敏感度也较小，但光亮和细腻程度不及配方2和3。综合考虑，配方1是主要推荐的工艺，对镀层外观和性能有更高要求可以考虑配方4。

以配方4为例，现讨论NS镀银的工艺问题。硝酸银是银离子的来源，它的含量与允许电流密度有直接关系。若想提高允许电流密度，可以加大硝酸银的用量，同时也需要相应地提高主络合剂的用量。

亚氨基二磺酸铵和硫酸铵是络合剂，在溶液中可建立如下的平衡：

$$HN(SO_3^-)_2 + OH^- \rightleftharpoons [N(SO_3^-)_2]^- + H_2O \tag{4-1}$$

$$NH_4^+ + OH^- \rightleftharpoons NH_3 + H_2O \tag{4-2}$$

$$[N(SO_3^-)_2]^- + NH_3 + Ag^+ \rightleftharpoons NH_3AgN(SO_3^-)_2 \tag{4-3}$$

① 根据计算，络合30g/L的硝酸银，需要37g/L的NS，3g/L的游离氨。但考虑到上述平衡反应(4-1)中的$pK=8.8$；反应(4-2)的$pK=9.3$；反应(4-3)的$pK=6.0$，所以若想在较低的pH值下使银离子充分被络合，则NS和NH_3均需过量。

② 根据实验确定，当pH=9.0时，NS为50～60g/L，$(NH_4)_2SO_4$为50～60g/L，且硫酸铵过量还能提高镀液的电导率，改善分散能力及防止NS的水解。

③ 醋酸铵：由于Ac^-阻滞作用强，故对提高分散能力，获得平整光亮的镀层，减少对Cu的敏感和Fe的干扰均有良好的效果。此外由于Ac^-利于增加镀层的张应力，可与SO_4^{2-}形成的压应力相抵消，从而可获得内应力小、脆性小的镀层。

④ 酒石酸：当其与Ac^-配合使用时，对扩大光亮区、减小内应力、克服脆性、促进阳极溶解均有一定的好处。其量以1～2g/L为宜。实践证明用量过高，会产生脆性。

操作条件的选择依据如下。

(1) pH值

从上述平衡可知，只有当pH值高到一定值时，方能形成络合物。但pH值太高时生成氨合物的趋势增大，引起极化率变小，使镀层变粗。故应在镀液pH值为9.0左右时进行操作。

(2) D_k

基础配方的D_k上限是较高的，而且高电流端可获得十分光亮的镀层，但考虑到采用过高电流密度的条件下进行电镀时，易造成胶态水合离子放电，引起镀层加含杂质，或因结晶过细而产生晶格扭转，造成脆性。故建议D_k=0.3～0.5A/dm^{2}为宜。

该工艺中，利用远近阳极法得到镀液的分散能力为50.8%；利用铜库仑计法测得电流效率达到100%；直径1cm，长15cm的贯通铜管可以镀穿。镀液的稳定性好，在实验室光线下放置半年，镀液仍然澄清透明，并且镀液的性能也基本稳定。

镀层外观为半光亮，可以通过浸亮变成全光亮。镀层的结合力很好，反复弯曲数次至断裂，无脱皮现象；镀层划“十”字，无脱落现象；加热至400℃保持2h，而后立即浸入冷水，无起泡现象。用毛细管法和润湿法测得镀层的焊接性能与氰化镀银层相当。经人工抗硫性能试验得到镀层与氰化镀层相当，自然暴露下比氰化镀层抗变色能力要好。用扭转法测得镀层内应力与氰化镀层相当，比NS-硫酸铵加柠檬酸盐的镀层小一半以上。

配方5[14]是以配方1为基础，结合线材电镀情况，进行的镀银试验。其主盐和络合剂浓度更高。经过较长一段时间的试验，其镀层的主要性能分别达到或接近氰化镀银质量，但表面细腻程度较氰化镀银稍差。

该工艺流程如下：混合处理→水洗→光泽酸洗→水洗→浸1∶1盐酸→浸硫脲银→水洗→浸10%硝酸→水洗→NS镀银→水洗→成膜→水洗→去膜→水洗→出光→水洗→电解钝化→水洗→样品检测。工艺流程中各工序的操作条件见表4-11。

表4-11　工艺流程中各工序的操作条件

工序	项目	条件
(1)混合处理	OP-乳化剂	8～10g/L
	工业盐酸(1.19)	80～100mL/L
	铬酐(CP)	150～200g/L
	硫酸(1.84)	25～30g/L
(2)浸饱和硫脲银	硫脲	220～250g/L
	硝酸银	13～15g/L
	pH值	2.0～3.0
	温度	室温
	时间	浸上一层均匀银为止
(3)成膜	铬酐	75～85g/L
	氯化钠	10～15g/L
(4)去膜	氨水	60mL/L
(5)出光	硝酸	20～30mL/L
(6)电解钝化	$K_2Cr_2O_7$	20～30g/L
	K_2CO_3	40～60g/L
	电流密度	3～6A/dm^2
	t	3～5min

该工艺生产的镀件其镀层性能经如下检测。

① 将经挂镀的线绕于直径为其3倍的玻璃棒上，取下观察镀层表面是否有裂纹。弯曲成死弯折断，观察断面上镀层是否有脱离铜线及掉皮现象。

② 将镀银线由0.32mm镀厚至0.35mm，通过18道模子，拉拔成0.1mm镀银线，镀层不脱皮，不发脆。

③ 长为200mm左右的镀银线，先用乙醇除油，然后浸入相对密度为1.142的多硫化钠溶液中30s，取出后用清水洗涤，表面不变黄，没有黑色斑点出现。

④ 将镀银线在温度为(400±10)℃的高温炉中烘烤30min，不起泡，不变色。

⑤ 漏铜检验：用长为200mm的单线试样于中间折叠后，先置于30%硫酸中浸泡3min，取出后立即放入铜试剂溶液中检验，观察镀银线的变色情况。

表4-12 铜试剂检验配方(以配100mL计)

铜试剂(二乙胺硫代甲酸钠，0.2%)	15mL	氢氧化铵(1∶1)	15mL
柠檬酸氢二铵(50%)	10mL	去离子水	60mL

配置后的检验溶液的pH值约为9.0，且应现用现配。0.45mm以上的挂镀镀银铜线，经铜试剂检验，超过5min；0.45mm以下的挂镀镀银铜线，经过18道模拉拔至0.1mm，经铜试剂检验不低于5min。

4.3.5 亚氨基二磺酸铵(NS)二元络合无氰镀银

这一类NS无氰镀银液中，硫酸铵的含量或者远高于NS含量，或者两者含量均较高，因此可以看作是包含亚氨基二磺酸铵(NS)的二元络合剂的无氰镀银。

表4-13 包含亚氨基二磺酸铵(NS)的二元络合剂的无氰镀银

镀液基本组成	配方1	配方2	配方3	配方4	配方5	配方6
硝酸银/(g/L)	30	30～45	40～50	30～45	25～30	25～30
亚氨基二磺酸铵/(g/L)	40～50	100～150	140～180	100～150	50～60	50～60
硫酸铵/(g/L)	80～100	100～120	120～160	100～120	100～120	100～120
柠檬酸三铵/(g/L)	1～2	—	—	2～4	2	—
磺基水杨酸/(g/L)	—	—	—	—	—	8
光亮剂A/(mL/L)	—	—	8～12	—	—	—
光亮剂B/(mL/L)	—	—	4～6	—	—	—
电流密度/(A/dm²)	0.3～0.5	0.2～0.5	0.2～2.0	0.2～0.5	0.3～0.5	0.3～0.5
镀液温度/℃	室温	15～35	室温	10～30	室温	室温
pH值	8.5～9.0	8.2～8.8	8.0～9.5	8.2～8.8	8.5～9.0	8.5～9.0

(1) 配方1[15]

当亚氨基二磺酸铵(NS)含量从30g/L变化到50g/L时，阴极极化曲线向负电位移动，但不明显。电流密度在0.5A/dm²以下时极化率变化不大，NS含量增高到60g/L，阴极极化曲线反而移向正方。NS含量由30g/L增加到50g/L时，光亮区的范围也随着扩大，但增加到60g/L时，光亮区反而缩小。硫酸铵的主要作用是提高溶液的电导率和使溶液能保持一定的游离氨。随着硫酸铵浓度的增加，溶液的电导率也随着提高，分散能力也增大。柠檬酸三铵可以改善镀层的光亮范围，提高镀液的分散能力，增加阴极极化，使镀银层结晶细腻。pH 值影响游离氨浓度，pH 值越高，游离氨浓度也越高。从复合络合物的结构可以看出，要络合 30g/L 硝酸银大约要 3g/L 的游离氨，为了保证阳极正常溶解大约要有 5g/L 的游离氨。此外，pH 值越高，溶液的导电性也越好，也有利于改善镀液的分散能力。光亮区范围也随着 pH 值增高而扩大。但过高浓度的游离氨对铜腐蚀严重，氨的挥发也加快。综合考虑上述因素，pH 值应控制在 8.5～9.0 为宜。

镀层的结合力较好，在黄铜板上刻划及弯曲 180°至铜板折断后未见银层脱落。用毛细管法和焊料润湿法进行测试，得到 NS 镀银层与氰化镀银的镀层焊接性接近。人工抗硫性试验表明，NS 无氰镀银层与氰化镀银层相差不大。天然暴露试验中 NS 镀银比氰化镀银要好很多。上述配方的银镀层的硬度较大，约是氰化镀银层的两倍，采用阴极弯曲变形法测量镀层内应力，结果也表明 NS 镀银层的内应力比氰化镀层大。从硫含量的定量分析可以看出，其镀银层的硫含量高达 0.092%，而氰化镀银层几乎检测不到。硫的夹杂导致了镀层硬度高，内应力大，抗硫性好，脆性大，但并不引起表面电阻的显著变化。

除了铁离子杂质外，其他金属离子对镀银层几乎无影响。铁离子的存在使光亮区变小，可加入重硫酸铵把二价铁离子氧化成三价铁离子，随后生成氢氧化铁沉淀除去。因电镀液中含有游离氨，所以对铜很敏感，铜的混入使溶液变蓝，但对银层质量无影响，即使铜离子含量高到 8g/L，在霍尔槽（Hull Cell）试验中，光亮区也不受影响。但在长期生产中铜的累积会越来越高，可采用离子交换法和萃取法处理。

溶液中可能消耗的组分是 NS。在长期生产中，这种物质会分解成氨基磺酸铵和硫酸铵，所以要经常分析调整。硫酸铵无需分析，生产过程中含量会不断增高，它能提高溶液的电导率和改善溶液的分散能力。pH 值也会经常变化。在生产中，游离氨会不断挥发，特别是夏天，温度高，挥发更快，从而导致 pH 值下降，所以要经常用氨水调整。

(2) 配方 2[16]

该配方中 NS 和硫酸铵的浓度均较高。在碱性条件下，NS 失去亚氨基上的 H 以后，能形成一个共轭体系，具有一定的络合性。同时，它在电极表面有一定吸附作用，可提高阴极极化。因此，NS 同时显示了络合剂和表面活性剂的双重作用。碱性条件下，NH_3 与 NS 组成复合络合体系，可以与 Ag^+ 形成复合络合物 $[NH_3AgN(SO_3)_2]^{2-}$，其稳定化常数 $\beta_1=10^6$，$\beta_2=10^8$。

镀液中各组分及工艺规范的作用如下。

① 银盐。银盐是镀液中 Ag^+ 的来源，其在镀液中加入的形式可为 $AgNO_3$、Ag_2CO_3、Ag_2SO_4。通过梯形槽（霍尔槽）试验和极化曲线的测定进行优选。实验结果表明极化度 $AgNO_3>Ag_2CO_3>Ag_2SO_4$；梯形槽光亮区比较，$AgNO_3\approx Ag_2CO_3>Ag_2SO_4$。另外采用 Ag_2CO_3 时，阳极在低温时溶解性较好，但极化度比 $AgNO_3$ 小，而 Ag_2CO_3 不稳定，槽中镀液配置过程繁杂且昂贵。而使用 $AgNO_3$ 只要控制一定的阴、阳极面积，阳极溶解较好。因此该配方选用 $AgNO_3$。

$AgNO_3$ 含量与 NS 和 $(NH_4)_2SO_4$ 含量有关。在后者含量一定的情况下，$AgNO_3$ 含量增大，阴极极化度减小，分散能力和深镀能力都变差；但含量较低时，梯形槽试片光亮区较小。由正交实验综合考虑，$AgNO_3$ 以 30～45g/L 为宜。

② NS。NS 是络合剂，镀液中有氨存在时，形成 $[NH_3AgNS]^{2-}$ 复合络离子。由于络离

子在阴极上放电缓慢而产生较大的极化作用，进而得到光亮的镀层。

为了形成稳定的复合络合离子，镀液中 Ag^+ ：NS（摩尔比）＜1。在电流密度较低时，随着 NS 含量的增大，阴极极化作用加强，梯形槽试片的光亮区也随着 NS 含量的增大而增大，但到一定量时影响变得不显著。由正交实验选出 NS 用量为 100～150g/L。

③ 硫酸铵。硫酸铵在溶液中也起到络合作用，它主要是提供形成复合络离子所需的 NH_3。溶液中只要 NH_3：NS＝1：1（摩尔比）时，便可形成复合络离子，但考虑到平衡移动使之形成稳定的络离子，NH_3：NS 要大于 1。

此外，硫酸铵的加入使得镀液中的导电离子增加，因而增大了溶液的电导率，从而增大了镀液的分散能力和深镀能力。由正交设计实验选出硫酸铵的用量在 100～120g/L。

④（NS/$AgNO_3$）的质量比值。从实验得知，当 $(NH_4)_2SO_4$ 含量在 80～120g/L 范围内，pH＝8.5～8.8 之间，NS：$AgNO_3$ 的质量比大于 2 时便能得到光亮细腻的镀银层，电流密度较大。即使 NS 和 $AgNO_3$ 用量在本工艺范围之内，若 NS：$AgNO_3$＜2（质量比），电流密度也会受到影响。因此控制 NS 和 $AgNO_3$ 的质量比值很重要。

⑤ pH 值。复合络合离子的形式与溶液的 pH 值之间的关联极为密切。只有控制在一定的 pH 值区间内才可形成稳定的复合络离子。若在 25℃时，NS 需选用 105g/L，$AgNO_3$ 为 30g/L 进行电镀，只有 pH 值为 8.55 时，体系中 NH_3 达到 0.17 M，才能使银离子两个配体达到平衡。若要维持体系中 NH_3：$[NS]^{3-}$ ＝1：1，则 pH 值应为 9.15，这是因为 NH_3 与 $NH(SO_3)_2^-$ 之间存在化学平衡反应。该平衡虽对游离的氮有一定固定作用，但 pH 值过高，NH_3 蒸气压较大，易挥发，从而使镀液 pH 值变化大。因此希望在不影响电镀性能的前提下，将 pH 值控制在尽可能低的范围内。为此，在配方中加入 $(NH_4)_2SO_4$ 即可创造这种条件，因为增加了 $[NH_4^+]$。当 $(NH_4)_2SO_4$ 用量为 100g/L 时，虽然 pH＝8.2，而 $[NH_3]$ 即可达 0.17M，因此，在 pH＝8.2～8.5 之间，可近似看作体系中 NH_3 与 $[NS]^{3-}$ 的浓度比为 1：1。在本工艺范围内，只要控制 pH＝8.2～8.8，溶液中的 NH_3 含量便可以满足复合络离子的生成条件，因此选中 pH＝8.2～8.8，最佳为 8.5～8.8。

⑥ 温度。从梯形槽实验看到试片光亮区随温度的升高而扩大，并向大电流密度方向移动，但小电流密度区的半光亮区增大。当温度升高到 41℃时，小电流密度区还产生灰白镀层而有花斑。从极化曲线观察到，随着温度的升高，极化作用减弱。

（3）**配方 3**[17]

该配方从 1975 年底到 2001 年在西北机器厂表面处理分厂使用了近 25 年，应用于专用设备上的电气零件镀银，主络合剂为 NS，镀槽为 500L，见表 4-14。该工艺稳定，几乎没有出现大的故障，也没有因为镀液故障停产。其镀液稳定性不低于氰化镀银液，镀层质量优良，而且 NS 原料价格适宜。经过多年的生产实践和改进，总体而言，NS 光亮镀银液成分简单，性能稳定，分散能力和深镀能力好。该工艺电流密度范围宽，电流效率较高，沉积速度较快。采用该工艺的镀层结晶细腻，不需要后续出光即可获得光亮的镀银层。经电解钝化后，再浸有机保护剂，镀层抗变色性能优良。NS 本身相对毒性较低，并且具有在碱性介质中稳定，在酸性条件下易分解为无毒物质的特性。处理废液时，只要将含 NS 的废水与电镀酸性废水混合即可，后处理相对简单。其光亮剂的加入可得到镜面光亮的镀层，镀后不需要出光，可减少银的损耗。

该配方的工艺流程：前处理（方式与前文一致）→浸银→水洗→浸稀硝酸（3%～5%）→水洗→镀银→水洗→电解钝化→水洗→浸涂保护膜→干燥→检验

表 4-14 工艺规范

(1)浸银	$AgNO_3$	10～20g/L
	$CS(NH_2)$	200～250g/L
	pH	2.0～4.0
	T	室温
	t	60～120s
(2)电解钝化	$K_2Cr_2O_7$	30～40g/L
	$Al(OH)_3$	0.5～1g/L
	pH	6.0～8.0
	电流密度	0.05～0.1A/dm^2
	T	室温
	t	2～5min

(4) 配方 4[18]

该配方在天水长城低压电器厂用于生产。通过比较硫代硫酸铵镀银和亚氨基二磺酸铵(NS)镀银两种工艺，认为NS镀银工艺简单，相对容易掌握，具有镀液稳定性好，深镀及均镀能力佳，电流密度较宽，电流效率较大，沉积速度较快等特点。镀层结晶细腻，光泽度好，不经出光，即能获得光亮的镀层，能满足低压电器产品的需要。特别是经重铬酸钾（或重铬酸钠）电解处理后，镀层的抗暗防变色性能优良。因不需加浸防银变色剂或其他的有机膜层，经电解处理后的镀银零件只要保管条件优良，就能保证镀件在2～3年内保持满意的银白色光泽。而且在镀层厚度只有6μm的情况下，其连续两次顺利通过盐雾试验考核，最长达6周。因此可以认为NS无氰镀银工艺是一种较为理想的无氰镀银工艺。

其工艺使用说明如下。

① 对于NS的含量以配方值的上限最佳，一般控制在140～160g/L。对于复杂的镀件或为了提高深镀能力和电流密度，NS含量可提高到250g/L以上。

② $AgNO_3$ 的含量应较低，一般控制在30～45g/L为好。

③ 硫酸铵是镀液中的辅助络合剂和导电盐，控制在110～130g/L时镀层结晶细密，阴极极化度较好。

④ 柠檬酸三铵为该镀液的光亮剂，加入柠檬酸三铵后，镀件出槽后不经出光，直接电解钝化即可满足电气零件对光泽度的需求，可节约成本，提高工效。

⑤ 镀液的pH值在8.3～8.6最好。

⑥ 电流密度一般控制在0.2～0.5A/dm^2，但当NS、$AgNO_3$ 含量高时，电流密度可增大至1～1.5倍。

(5) 配方5和配方6[19]

在该配方中，柠檬酸三铵和磺基水杨酸两种添加剂都起到很好的光亮作用，所得到的镀层结晶细腻光亮，镀层的结合力、焊接性能、抗硫性能、抗潮湿性能等都较好。但未经活性炭处理的NS镀液所得到的镀层硫含量较高、脆性大，镀层经650℃烧氢退火处理后外观变灰白。NS体系配方的镀液成分简单，配制方便，易于维护调整。废水好处理。深镀能力、电流效率与氰化镀液接近，但从极化曲线测定结果来看，极化度不如氰化镀液，分散能力略逊于氰化物配方的镀液。

NS体系镀液对铜敏感，尤其是若预浸银不好则镀液会因铜溶解而变蓝。根据试验研究，镀液硫酸铜含量至8g/L时，对镀层质量无影响。

4.3.6 亚氨基二磺酸铵（NS）镀银的成分检测

4.3.6.1 银的测定

（1）原理

$$Ag^{+} + CNS^{-} \longrightarrow AgCNS(\text{白色沉淀})\downarrow$$
$$Fe^{3+} + 3CNS^{-} \longrightarrow Fe(CNS)_3(\text{红色})\downarrow$$

该方法在酸性溶液中以硫氰酸钾滴定银，以高价铁盐为指示剂，滴定终点为产生红色硫氰酸铁。

（2）铁铵矾指示剂

2g 硫酸高铁铵（$NH_4Fe(SO_4)_2 \cdot 12H_2O$）溶于 100mL 水中，滴加刚煮沸过的浓硝酸，直至棕色褪去。

（3）分析方法

用移液管准确吸取 5mL 镀液于 250mL 锥形瓶中，加水 60mL，加浓硝酸 2mL，铁铵钒指示剂 2mL，以标准的 0.1mol/L 硫氰酸钾溶液滴定至淡红色为终点。

（4）计算

$$AgNO_3 = \frac{MV \times 169.9}{5}$$

式中，M 表示标准硫氰酸钾溶液摩尔浓度；V 表示耗用标准硫氰酸钾溶液的体积，mL。该方法在滴定过程中需剧烈晃动，以便于 Ag^{+} 的解吸。

4.3.6.2 亚氨基二磺酸铵的测定

（1）原理

$$HN(SO_3^{-})_2 + H_2O \longrightarrow HSO_4^{-} + NH_2SO_3^{-}$$
$$HSO_4^{-} + OH^{-} \longrightarrow H_2O + SO_4^{2-}$$

该方法是基于亚氨基二磺酸铵在酸性溶液中能较快地水解生成硫酸氢铵和氨基磺酸铵，因为有硫酸氢根离子的生成，所以增加了溶液的酸度，然后以甲基红为指示剂，用碱中和。

（2）试剂

甲基红指示剂：0.1g 甲基红溶于 100mL60％的乙醇中；标准 0.05mol/L 硫酸溶液；标准 0.1mol/L 氢氧化钠溶液。

（3）分析方法

用移液管准确吸取 1mL 镀液于 250mL 锥形瓶中，加水 60mL，加甲基红指示剂 4 滴，用 0.05mol/L 硫酸滴定至黄色变红色为止，然后准确加入 5mL 0.05mol/L 的硫酸加热，并煮沸 10min（至少要煮沸 10min，否则亚氨基二磺酸铵水解不完全，影响测定），冷却，用 0.1mol/L 氢氧化钠滴定红色变黄色为终点。

（4）计算

$$m_{NS} = (M_1V_1 - M_2V_2) \times 211$$

式中，M_1 和 M_2 分别为标准氢氧化钠溶液摩尔浓度和标准硫酸溶液摩尔浓度；V_1 和 V_2 分别为耗用标准氢氧化钠溶液体积和耗用标准硫酸溶液体积（即 5mL）。

4.3.6.3 硫酸铵的测定

（1）原理

$$(NH_4)_2SO_4 \longrightarrow 2NH_4^+ + SO_4^{2-}$$

该方法原理是镀银中的硫酸根、亚氨基二磺酸根在氨性溶液中都能与加入的 Ba^{2+} 生成沉淀，即硫酸钡和亚氨基二磺酸钡沉淀。根据硫酸钡沉淀在酸性溶液不溶解，而亚氨基二磺酸钡溶于酸性溶液的特性，可将其分离。分离后用过量的标准 EDTA 去络合 Ba^{2+}，在氨性溶液中生成 EDTA-Ba 盐，然后再用标准的锌溶液反滴过剩的 EDTA。

（2）试剂

5%硝酸钡溶液；3mol/L 硝酸；氨水，相对密度 0.9；0.05mol/L 的 EDTA 标准溶液；氨性缓冲溶液，pH=10.0（54g NH_4Cl 溶于 350mL 相对密度为 0.9 的氨水中，加水稀释至 1L）；铬黑 T 指示剂；0.05mol/L 的标准锌溶液。

（3）分析方法

用移液管准确吸取镀液 10mL 于 200mL 容量瓶中，稀释至刻度线。然后再用移液管准确吸取 10mL 于 250mL 锥形中，加水 200mL，加 5%硝酸钡溶液 5mL，用 3mol/L 硝酸调节 pH 至 4.0 左右，这时的沉淀是硫酸钡。立即用双层慢过滤纸过滤，用 3%的硝酸铵溶液洗涤沉淀 3～4 次，再用蒸馏水洗涤 3～4 次。将沉淀转移至 250mL 锥形瓶中，加水 10mL，加氨水 10mL，准确加入 0.05mol/L 的 EDTA 30mL，加热至沉淀全部溶解。冷却，加入 pH=10.0 的氨性缓冲溶液 10mL，铬黑 T 指示剂适量，用 0.05mol/L 标准锌溶液反滴定过剩的 EDTA 由蓝色变为紫色为终点，另取 EDTA（30mL）做空白试验。

（4）计算

$$(NH_4)_2SO_4 = \frac{(V - V_1) \times M \times 0.132 \times 1000}{0.5}$$

式中，V 表示空白试验用去标准锌溶液的体积，mL；V_1 表示测定样品用去标准锌溶液的体积，mL；M 表示标准锌溶液的摩尔浓度。

4.4 甲基磺酸镀银

4.4.1 甲基磺酸的基本性质

甲基磺酸（methane sulfonic acid，MSA）又称甲磺酸或甲烷磺酸，分子式为 CH_3SO_3H，分子量是 96.11g/mol，是一种有机强酸、非氧化性酸。甲磺酸为无色或微棕色油状液体，低温下为固体，溶于水、醇和醚，不溶于烷烃、苯、甲苯等，在沸水、热碱液中不分解，对金属铁、铜和铅等有强烈腐蚀作用。其对人体的皮肤、黏膜有强刺激作用，但比亚甲磺酸毒性小。甲基磺酸是重要的有机合成和医药中间体，常作为溶剂、烷基化和酯化试剂应用于有机合成中。另外，它又是理想的整平剂和光亮剂，在过去几年中，甲基磺酸盐电镀液已经应用到锡和锡铅合金电镀上，许多新电镀液性能很大程度上取决于所用的甲基磺酸质量的好坏。因此，甲基磺酸是一种很有发展前途的化工产品。合成甲基磺酸主要有化学合成法和电解法。化学合成法主要有甲基磺酰氯水解法、硫酸二甲酯法、卤甲烷法、醋酸法、甲硫醇法、KSCN 合成法。这些化学合成方法所生产的产品分离相对困难，产生的硫酸较多，且低浓度硫酸的沸点和甲基磺酸相差不多。此外，其生产带有很大的环境污染，例如产物中有HCl。电解法是一种较先进的方法，但它对电极的要求很高，电极要求采用耐酸性优良的导电体如铂、金等贵金属，而且过程中腐蚀性较大，所以此法的生产成本较高。

4.4.2 甲基磺酸在电镀领域的应用

在过去的二三十年中，甲基磺酸（MSA）体系电镀配方已经得到广泛的应用，尤其是在电子行业相关电镀领域。由于MSA相对危害小且废水处理简单，已逐步替代了传统的氟硼酸镀液。此外，MSA在酸性、中性及碱性溶液中都很稳定，在不同操作温度下都无明显水解。MSA对车间环境及设备要求相对不高，镀液产生废物较少，引起溶液中各种金属离子氧化的概率较小。该体系可采用惰性阳极，因此可使初期投资最小化。该镀液对陶瓷及玻璃无侵蚀，产生的镀层无结节，这些都是电子电镀的主要要求。

表4-15列出了甲基磺酸与硫酸在某些性能上的比较，可见MSA的氧化性较小。这一特性对以多价态存在的金属电镀（如锡、铁等）以及有添加剂的操作十分有利。同时，该镀液具有可使用不溶性阳极的优势。

甲基磺酸是强酸，在浓度为0.1mol/L的水溶液中完全电离。MSA镀液与盐酸和硫酸相比，在相同氢离子浓度下具有较低的电导率，相应的盐则具有较高的可溶性（见表4-16），这一特性使其镀液可在非常高的电流密度下操作，如高速电镀及连续电镀，这样也就提高了生产率。MSA还可以提高表面活性剂和其他有机添加剂的可溶性。

MSA镀液比氟硼酸及氟硅酸的毒性低，且后两者具有催泪性，会生成HF。相比而言，MSA则可作为相当安全的电解液使用。

表4-15　甲基磺酸与硫酸的物理特性比较

特性	H_2SO_4	CH_3SO_3H
颜色	无色	无色
分子量/(g/mol)	98	96.11
ρ/(g/cm³)	1.83	1.48
沸点/℃	约290	122
冰点/℃	10.4	19
热稳定性/℃	340	180
酸式电离常数(pK_a)	−3	−2
腐蚀性能	较高	较低
氧化能力	强氧化力	非氧化剂
2mol/L电导率/(s·cm²/mol)	413.84	232.97
1mol/L电导率/(s·cm²/mol)	444.88	299.60
0.5mol/L电导率/(s·cm²/mol)	464.12	336.47
可溶金属盐的种类	较少	较多

最重要的是，甲基磺酸可生物降解，最终生成硫酸盐和二氧化碳，且可循环率达80%。总的来说，甲基磺酸电解液在环保方面具有明显的优势。

其在电镀领域的具体应用包括：镀锡、镀铅、镀锡铅合金、铜铅锡合金镀层、不含铅的锡合金电镀工艺、浸锡镀层和镀银。

表 4-16 金属甲基磺酸盐和硫酸盐的溶解度[20]

金属	ρ(甲基磺酸盐)/(g/dm³)	ρ(硫酸盐)/(g/dm³)	金属	ρ(甲基磺酸盐)/(g/dm³)	ρ(硫酸盐)/(g/dm³)
锂*	771.79	555.56	钴@	630.00	334.80
钠*	666.64	197.35	镍@	529.70	377.44
钾*	601.80	108.86	铜@	507.10	336.90
镁*	300.00	316.34	铅@	1032.72	—
钙@	671.80	3.39	银#	754.67	8.67
锶@	707.80	—	锌#	551.64	535.81
钡@	520.44	—	镉#	967.71	646.07
锰@	710.33	531.30	锡#	1157.59	303.88

注：带*号的磺酸盐用其相应的金属氢氧化物制备，带@号的磺酸盐用其相应的金属碳酸盐制备，带#号的磺酸盐用其相应的金属氧化物制备。

（1）镀锡

电子行业的迅猛发展促进了镀锡及锡合金需求的增长，镀锡常应用于工程、通信、军事、消费产品领域，如印刷电路板、连接器、阀门、轴承、半导体、晶体管、电线及金属条等。常见的镀锡液有两种：一是日本流行的苯酚磺酸镀液体系，二是美国流行的基于卤化物的镀液体系。前者不会生成氯化物或氟化物等沉渣，但导电性差；后者具有优异的电解性能，可提高生产效率，但镀槽中会生成大量沉渣，增加了处理成本。添加了特殊添加剂的新型 MSA 镀液可在宽电流密度范围内获得均匀的镀层，且生产效率等同于甚至超过卤化物镀液体系，而无氟化物沉淀产生。在化学需氧量（COD）方面，MSA 电解液的 COD 是苯酚磺酸镀液的 1/3。该镀液具有万能性，用于滚镀或挂镀以及高速卷镀时的镀液组分和添加剂都保持不变。

MSA 镀液在电流密度高于 $30A/dm^2$ 时有较高的电镀效率，而在电流密度较低时，电镀效率则较低。MSA 镀液在较高电流密度和较低电流密度下所呈现的微观形态和晶体取向都不相同，这会引起反射度和回流特性上的区别。MSA 镀液中的镀层形态也显示出随着操作条件（尤其是电流密度低于 $6A/dm^2$ 时）的不同而有较大的差异。基于以上因素，MSA 镀液的电流密度应高于 $10A/dm^2$。

在电子应用中，一般不采用光亮镀锡，这是由于实际生产工艺会产生较高的镀层内应力及有机物含量，影响镀层的可焊性。因此具有良好可焊性、低阻抗和较长使用寿命的光滑缎面镀层最常被采用。

（2）镀铅

镀铅及铅合金（主要是锡铅合金）的酸性电解液的设计主要集中在可溶性、性能及环保方面，包括以下两种完全基于铅的水性电化学性能的重要技术：用于电子行业的锡铅焊料电沉积以及用于汽车行业的铅酸电池的生产。至今只有氟硼酸、氟硅酸以及 MSA 体系的电解液在市场上获得了成功。

MSA 作为一种电化学工艺电解液的重要组分，在功能及环保方面都优于氟硼酸、氟硅酸及其他 HF 络合酸（如 HPF_6、$HSbF_6$）。铅精炼工业中以 MSA 替代氟硅酸可获得不少功能及环保方面的优势。锡铅焊料电镀及铅精炼中都采用高浓度 Pb^{2+} 的酸性水溶液，但是 Pb^{2+} 只在很少的几种酸性电解液中可溶解，这些溶液包括甲基磺酸、氟硼酸、氟硅酸、硝酸、高氯酸、氯酸、乙酸以及连二硫酸。

甲基磺酸铅镀液适用于轴承、连接器的电镀，镀铬阀门形阳极的电镀，以及蓄电池零件的电镀等。

(3) 镀锡铅合金

近年来电镀锡铅焊料市场已普遍以 MSA 镀液替代氟硼酸镀液，在该工艺中，采用了 Sn^{2+}、Pb^{2+} 的酸性水溶液，游离酸以及表面活性剂。MSA 体系电镀液配方优化完善，所获得的可焊性锡铅镀层在外观、合金含量、厚度、延展性等方面具有特定的性能。该锡铅合金镀层在工业上可应用于电气设备的连接头，其功能主要是保护连接头不被氧化及防止可焊性的降低。可焊性锡铅镀层有时也被用在印刷电路板上作为制造工艺的一部分，在金属丝表面镀上锡或锡铅合金作为可焊性及腐蚀防护镀层。

(4) 铜铅锡合金镀层

采用 MSA 体系电镀液生产的铜铅锡合金镀层目前主要作为轴承的润滑层，预计将来在电子行业也会有较多的应用。

(5) 不含铅的锡合金电镀工艺

由于采用锡铅焊料的电子设备废弃时会带来环境污染隐患，无铅产品已成为市场主流。任何铅替代品都必须满足现有锡铅焊料的要求，且不能影响到互连元件的技术性能。另外，替代焊料的熔点关系到替代焊料是否可采用现有的装配技术。无铅焊料应具有近似于现有的锡铅合金焊料的熔点或熔点范围，不可采用高焊接温度，因为那样会使元件产生过高的热应力。对无铅焊料的研究还需考虑替代物的实用性和成本问题。作为无铅软焊替代物的锡合金包括锡铋、锡铟、锡银、锡锌及锡锑。其中锡铋和锡银最多被采用，这两种合金都是采用 MSA 配方来制备。而由于铜基体的干扰，不能采用 X 射线荧光（XRF）对实际工件的合金组分进行测量，使得铜锡合金的应用存在一定的限制。

(6) 浸锡镀层

近年来，用于传输饮用水的铜管浸锡问题越来越受到人们的关注，因为饮用水中的铜污染有可能超过允许范围。传统的盐酸制备的浸锡镀层结合力不好，而采用 MSA 镀液所获得的镀层为纳米晶态，呈现出更好的晶体取向，且表面形貌致密、规则。后者可生成最大厚度约为 1.5μm 的镀层，也可应用于电子领域。

(7) 镀银

由于镀银层可提供高导电性、良好的耐蚀性及软焊性能，因此其广泛应用于互连元件中。为了取代传统的氰化物镀液，引入了 MSA 基础配方。通过使用添加剂，可获得在各方面都能与氰化镀银相近的白色镀银层。

4.4.3 酸性甲基磺酸镀银

表 4-17 酸性甲基磺酸镀银

镀液基本组成	配方 1	配方 2	配方 3
甲基磺酸 CH_3SO_3H/(g/L)	100	—	—
硝酸银 $AgNO_3$/(g/L)	—	—	20～45
甲基磺酸银/(g/L)	10	55	15～40
KI/(g/L)	—	500	—
HBPSA/(g/L)	—	5	—
氨基磺酸 NH_2SO_3H/(g/L)	—	—	2～7
硼酸 H_3BO_3/(g/L)	—	—	3～8
柠檬酸 $C_6H_8O_7$/(g/L)	100	—	—
硫脲 CH_4N_2S/(g/L)	50	—	—

续表

镀液基本组成	配方 1	配方 2	配方 3
2-巯基苯丙噻唑 $C_7H_5NS_2$/(g/L)	2	—	—
OP-10/(g/L)	5	—	—
光亮剂 SH-1/(g/L)	1.0	—	—
光亮剂 SH-2/(g/L)	0.2	—	—
电流密度/(A/dm^2)	0.5	0.5～3.0	
镀液温度/℃	室温	50	20～40
pH 值	—	5.0	3.0～5.0

(1) 配方 1[21]

该配方中 SH-1 为芳香醛的衍生物，光亮剂 SH-2 为肟类。当 SH-1 和 SH-2 单独使用时，都不具有明显的光亮效果，只有当两者联合使用，特别是当 SH-1 浓度为 1.0g/L，SH-2 的浓度为 0.2g/L 时霍尔槽试片具有最佳的光亮效果。该镀液的均镀能力 $T=94\%$。深镀能力测定中，铜管的内壁均有镀层。阴极电流效率在 95%。

(2) 配方 2[22]

该配方可以获得外观银白色的镀层。在 1.0～3.0A/dm^2 阴极电流范围内，镀液的电流效率在 95%左右。HBPSA 作为添加剂，其分子式如下：

$$CH_3—\underset{\displaystyle OH}{\underset{|}{CH}}—CH_2—CH═N—C_6H_4—SO_3H$$

添加 HBPSA 后，均镀能力达到 30%，其表面形貌与氰化镀银相当，接触电阻和焊接性能也均与氰化镀银相当。

(3) 配方 3[23]

该工艺条件只做了基础的尝试，所获得的结果仅具有初步参考价值。按照该工艺的报道，镀液的电流效率不高，在 0.3A/dm^2 时有最大的电流效率，也仅达到 70%。辅助络合剂的加入对电流效率略有改善，其他镀液性能和镀层性能介绍得也不全面，同时没有给出具体镀件的照片，推测工艺的实用价值不大。

4.4.4 碱性甲基磺酸镀银

表 4-18 碱性甲基磺酸镀银

镀液基本组成	配方[24]	镀液基本组成	配方[24]
甲基磺酸银/(g/L)	91	电流密度/(A/dm^2)	2.0
琥珀酰亚胺 $C_4H_5NO_2$/(g/L)	149	镀液温度/℃	25
硼酸 H_3BO_3/(g/L)	31	pH 值	10
聚乙烯亚胺 PEI/(g/L)	0.5		

该配方银含量较高，可以获得光亮镀银层。镀层的电阻与氰化镀银相当，或略小；其硬度则略大于氰化镀银。在该体系中，硼酸的加入可以极大地保持镀液 pH 值的稳定。不加入硼酸的情况下，连续镀 120h，镀液的 pH 值由 10.0 下降到 7.4 左右。琥珀酰亚胺作为主络合剂，在 pH 值小于 7.0 时会变得不稳定，导致溶液产生沉淀，镀层的外观也会变差。PEI 作为光亮剂可以使镀层获得镜面光亮效果。不同分子量的 PEI 所得光亮效果也不同，分子量 $M=300$ 的效果较差，$M=600$ 的 PEI 表现最好，更高的分子量 $M=1000$ 时，表现较前者略差。同时，PEI 的加入也有利于提高镀液的电流效率。加入 0.5g/L 的 PEI 后，镀液可以在小于 3A/dm^2

的大范围内具有接近100%的电流效率。从扫描电镜的形貌可以观察到，当加入0.5g/L的$M=600$的PEI后，晶粒更为细腻，即使在$2.0A/dm^2$的大电流密度下，这一特征仍然可以保持。此外，该配方的无氰镀银层相较氰化镀银有更好的焊接性能。

4.5 磺基水杨酸镀银

4.5.1 磺基水杨酸的基本性质

磺基水杨酸（见图4-1），为白色结晶或结晶性粉末，对光敏感，高温时分解成酚和水杨酸，遇微量铁时即变粉红色。水杨酸为邻羟基苯甲酸，最初是由柳树皮中所含的水杨酸制得。水杨酸经过磺化作用，引入磺基（$—SO_3H$）后便生成磺基水杨酸。其分子式为$C_7H_6O_6S \cdot 2H_2O$，结构式为$HOC_6H_3(COOH)SO_3H \cdot 2H_2O$分子量为254.21。它为白色结晶性粉末，遇铁颜色变红，易溶于水，需避光、密封保存。磺基水杨酸的用途很广泛，一般用于尿中蛋白和铁离子检验，成为测定铝、铍、钙、铬、铜、铁、铅、镁、钠、钛、铊、硝酸盐等的试剂和测定铁的络合指示剂。

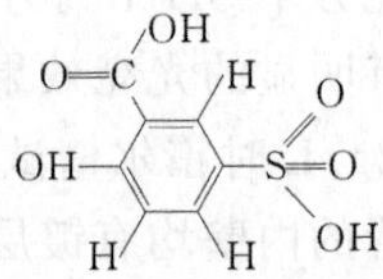

图4-1 磺基水杨酸的分子结构

磺基水杨酸曾在一种双层镀镍工艺中获得应用，可以获得应力低、延展性好的双层镀镍层。据介绍，含有磺基水杨酸的镀镍溶液用于半光亮镀镍。磺基水杨酸在铁镍合金镀工艺中也有应用，这种镀液所镀合金在光亮性、平整性、耐蚀性及套铬性能等方面与常见的光亮镀镍层性能相似。该镀液除含有铁、镍金属硫酸盐外，还含有一种多取代基的芳香族化合物、含硫氧化合物或三元不饱和脂肪族光亮添加剂及缓冲盐。镀液中添加的磺基水杨酸起辅助光亮剂的作用。镍铁沉积过程中采用可调的直流电，其电压超过沉积所需基本电压10倍，在阴极上Fe^{3+}被还原为Fe^{2+}，镀液的pH值维持在2.5～3.5范围内，从而改善了镀层质量，特别是它的力学性能。

常用的磺基水杨酸镀银中的添加剂：*N*,*N*-二甲基甲酰胺、三亚乙基四胺、*N*,*N*-二甲氨基丙胺、乙二胺、2,2′-联吡啶。

4.5.2 磺基水杨酸在镀银工艺中的应用

表4-19 磺基水杨酸镀银液配方

镀液基本组成	配方1	配方2	配方3	配方4
硝酸银/(g/L)	20～40	20～30	20～40	25～35
磺基水杨酸/(g/L)	100～140	100～140	100～140	120～140
氢氧化钾/(g/L)	8～13	—	8～13	—
碳酸铵/(g/L)	—	17～25	—	—
醋酸铵+氨水(1∶1)/(g/L)	20～30	—	—	—
氨水/(g/L)	—	—	44～66	—
醋酸铵/(g/L)	—	57～60	46～68	120～160
电流密度/(A/dm^2)	0.2～0.4	0.3～0.5	0.2～0.4	0.1～0.5
镀液温度/℃	—	室温	—	10～20
pH值	8.5～9.5	8.0～9.0	8.5～9.5	8.0～9.0

目前，电镀手册等参考文献中介绍了一些磺基水杨酸型镀银液配方（见表4-19），但数量

不多，最典型的是配方1。其现有工艺存在不少缺陷，特别是偏碱性条件下采用氨水这种易挥发的物质，这对于保持镀液的稳定性造成了困难。

(1) 配方1[25]

① 配置方法：先称取磺基水杨酸所需量，溶于总体积的2/5至3/5的水中；称取氢氧化钾所需量用水溶解，待冷却后加入前液；称取硝酸银所需量用水溶解后，在搅拌下加入混合液；加入水溶的定量醋酸铵后，加入同量的氨水，用氢氧化钾调整pH值，加水至规定体积。

② 此配方适用于挂镀，若用于滚镀，除工艺条件相同外，溶液成分可调整如下：磺基水杨酸120～150g/L，硝酸银25～40g/L，醋酸铵＋氨（1∶1）25～30g/L，氢氧化钾10～13g/L。

③ 操作要点：镀前测pH值，用20%氢氧化钾溶液或浓氨水调整，经预镀或浸镀银后方可镀银；阳极铜挂钩勿入镀液以免发生置换反应。未镀时镀槽加盖，勿光照。

(2) 配方2

用碳酸氨替代氨水，与醋酸氨按照1∶1的比例加入，保持镀液的总氨量依旧在20～30g/L范围内。

(3) 配方3

磺基水杨酸镀液配方，除操作条件、硝酸银、氢氧化钾与磺基水杨酸的含量与配方1相同外，其他成分略有不同：醋酸铵46～68g/L，氨水44～66mL/L。实际上这两者的含量还是以1∶1的比例加入的，因为镀液的总氨量与配方1相同。

(4) 配方4[26]

该配方是中国振华集团群英无线电器材厂自2004年投产的一个工艺。其工艺流程包括：浸蚀（工业盐酸）→清洗→光泽浸蚀→清洗→去离子水清洗→镀铜→清洗→浸银→清洗→去离子水清洗→活化→清洗→去离子水清洗→镀银→回收→清洗→去离子水清洗→成膜→清洗→脱膜→清洗→浸亮→清洗→钝化→清洗→去离子水清洗→脱水→烘干→检验。

通过试镀，零件表面银镀层结晶细腻，白如陶瓷，镀层均匀，焊接性能良好。对样件做破坏性结合力检验：将断裂面放在40倍的放大镜下观察，在断裂部位有镀层脱离基体的现象。分析认为结合力没有达到最佳状态。经过前后工序的摸底试验，得出结论，结合力没有达到最佳状态的原因与退火有关，无论是在氢气中，还是在真空中只要将可伐合金在500℃长时间退火，可伐合金镀银后的抗弯曲疲劳能力就可以得到明显的改善。

具体的工艺条件对镀层和镀液性能的影响如下。

① 温度与表面状态。经过近5年的批量电镀生产，对不同温度条件下的电镀进行研究，镀银层表面状态的质量与3个方面有关：基体材料及表面状态、中间镀层、镀银工艺控制。当电解液温度达到25℃时，施镀出来的镀层表面结晶粗大，反光较差。温度控制在10～20℃，镀层外观结晶相对细腻，所以在磺基水杨酸镀银工艺中配备冷却设备是很有必要的。从这一点上看，该工艺的操作性能较差。

② 温度与镀速的关系。经过对电解液中各种成分的化验分析，将各种化学成分调整到基本相同，镀件（可伐合金）相同，阴极电流密度相同，电镀时间相同，而在温度不同的条件下镀速是不相同的。随着镀液温度升高镀速有加快的趋势，但到一定的温度后又下降，同时发现温度到25℃时，镀层结晶粗大。

③ 温度与电流密度。磺基水杨酸镀银的电流密度不仅小，而且区间窄。在8～40℃范围内，电流密度上限随温度的升高而增大，温度高于40℃时，电流密度上限有所减小。这是因

为温度升高，溶液电导率增加，浓差极化减小，因而极限电流密度增大。但当高于25℃后表面状态就出现结晶粗大的现象。结合对镀银的外观要求，槽液温度控制在10～20℃为宜。

为了能够得到更好的镀速，在10～20℃的条件下将电流密度控制在0.1～0.5A/dm^2。该工艺中利用较高浓度的醋酸铵来代替部分氨水，解决了氨气挥发带来的镀液不稳定和对环境的影响，因此具有了更大的工业应用价值。但镀液维护要求较为严格。

④ 电镀过程中容易带进的金属离子[27]。

a. 紫铜复杂零件电镀，浸银（置换银）不好时，长时间电镀，会使镀液中铜离子含量增加。当铜离子的含量达40mg/L时，溶液呈紫绿色，在取样瓶中呈浅红色。

b. 铁合金零件电镀，当预镀铜层不好时，浸银（置换银）就会不好，导致镀液中铁离子含量高，当铁离子含量达20mg/L时，溶液呈绿色，在取样瓶中呈浅紫色。

c. 不锈钢、铜合金电镀，当预镀铜层质量不好时，溶液中会有锌离子、铬离子。锌离子达10mg/L时，溶液呈黑色，在取样瓶中呈浅黄色，有黑色小颗粒物。

d. 滚镀后会出现白色微细结晶，使溶液混浊，隔一定时间，结晶下沉，溶液就会澄清。

e. 电镀过程中，阳极上易出现浅黄色或灰黑色，或有一层可擦洗的膜，或出现暗灰色。

f. 电极杆易出现绿色或黑色，极易进入溶液。

⑤ 溶液维护。

a. 新配制的电镀液应认真细致地进行过滤，不得有悬浮物或沉淀。若明显有黑色沉淀或悬浮物，过滤时要在两过滤纸之间加颗粒状活性炭。过滤完毕的溶液用取样瓶取样，静放24h后，对取样液和槽液进行观察、对比。若溶液与空气的界面在槽体上显示黑色，则必须对溶液进行充分搅拌，对pH值进行调整后重新过滤静放；若溶液与空气的界面在槽体上显示黄色或有红色现象，应对磺基水杨酸进行分析，重新按2g/L加入活性炭进行过滤后静放，直至溶液与空气界面显示浅黄色，无残留物为准。

配制好的溶液，经小电流电解10h以上，分析后主盐在规定范围内，方能电镀。若电解后，极板有挂灰、变暗或有红色现象，主盐又在范围内，需对添加剂进行调整，重新加活性炭处理，重新加添加剂，重新电解，直至极板无异常现象，方能电镀。

b. 长期使用的电镀液，连续工作1个工作日后要仔细观察溶液的变化，应用取样瓶取样与新配的合格溶液进行比较，发现异常应立即要求分析。连续工作2～3个工作日，必须对槽液进行分析，并及时对槽液成分进行调整。每次工作前、后均要对pH值进行检测，若发现溶液表面有亮色物或溶液表面发亮，要先对pH值进行调整，然后再进行过滤。若溶液有黏稠现象，溶液表面有亮色物等，则极板已钝化，要对极板进行活化处理。

c. 正常的生产还需经常添加原料以补偿主要成分的消耗，溶液成分每15天分析一次，根据分析数据调整。新、旧溶液加入时要充分搅拌，因两溶液的离子活性有区别，加入后要进行过滤和电解处理，方能进行电镀。新配制的溶液应防止带入材料杂质，以及其他有害有机物质；及时调整pH值，防止磺基水杨酸电离出来的—SO_3H与银生成沉淀物。

d. 浸银（置换银）后必须清洗干净，否则硫脲会进入镀液，生成硫化银，产生黑色沉淀，影响镀液质量。

e. 槽液必须保持清洁，一般情况下，每半月过滤一次，过滤前加0.5～1g/L活性炭处理，可去除溶液中的有机杂质，如果零件生产批量大，可根据具体情况增加过滤处理。

f. 电镀完毕，必须对槽液进行检查，不得有零件掉在溶液里；槽液要加盖保护，防止灰尘或其他液体进入槽液内，同时阻止空气中部分有害物质进入。

g. 平时要严把“四关”：溶液成分合格以及银极板清洁；镀前零件表面清洁；操作时电流

密度、温度、pH值应随时保持在范围之内；及时观察溶液变化情况，随时对槽液进行调整和补充。

h. 从银极板在电镀过程中的变化可发现溶液的情况，阳极银板发生钝化现象（浅黄色挂灰、发白或棕黑色现象），说明磺基水杨酸含量偏少，此时镀层的均匀性差，相同条件下电镀时间加长，易造成槽液成分失调。

i. 活化液带入电镀液易使pH值变化大，镀层有晶格、花纹、发白。

j. 采用循环过滤，改善浓差极化。

⑥ 杂质对镀层质量的影响。

批量生产时，刚配制的镀液只生产了3～4月，镀层质量明显下降，晶粒明显粗大，易产生烧焦，镀层厚度均匀性差、结合力差。对溶液进行铜、铁、铅、锌、铬、镍杂质分析。分析结果为，溶液中铜离子为48mg/L，亚铁离子为35mg/L，锌、铬离子为12mg/L，铅和镍未检出。铜离子、亚铁离子等含量高，能够引起低电流密度区镀层变暗，导致镀层粗糙，使结合力下降，孔隙率上升，镀层厚度均匀性差，可焊性大大下降。锌离子和铬离子的进入，怀疑是钝化溶液混入。

铜离子直接影响镀层的质量，且极易进入溶液中，应严格防护。铜离子易带进槽液的因素较多，主要有：材料含铜杂质；铜件镀银时预镀银不好，长时间镀银；阴、阳极杆被溶液腐蚀带进去铜离子。因此，配制镀液的主盐均用分析纯材料，一旦出现异常，将对整批材料进行分析。极杆（铜棒）在安装前应镀上镍，从而防止铜离子在电镀时进入槽液中。若发生铜制零件或未电镀好的零件不慎掉进镀槽中，应及时取出。铜零件预镀银、铁零件镀铜预镀银等应仔细检查，预镀银不得在镀银槽内长时间电镀，防止亚铁离子、锌离子以及铬离子的带入。

4.5.3 磺基水杨酸-咪唑的二元络合体系的无氰镀银

作为镀银工艺主要系列之一的磺基水杨酸型镀银液，在电镀工业中获得了一定的应用，见表4-20。在一种采用磺基水杨酸作络合剂的镀银溶液中，加入了像咪唑这样的氮茂（杂）环系有机化合物（见图4-2）。咪唑的学名为1,3-二氮唑，为无色菱形柱状结晶，易溶于水、醇、醚和吡啶，微溶于苯和石油醚，沸点为255～256℃。咪唑具有酸性，也具有碱性，可与强碱反应形成盐。咪唑的化学性质可以归纳为吡啶与吡咯的综合。

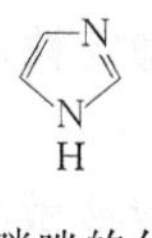

图4-2 咪唑的分子结构

咪唑的分子式为$C_3H_4N_2$，分子结构中含有两个间位氮原子。

表4-20 磺基水杨酸-咪唑镀液配方

镀液基本组成	配方1	配方2	配方3
$AgNO_3$/(g/L)	20～30	40	20
磺基水杨酸 $C_7H_6O_6S\cdot 2H_2O$/(g/L)	130～150	130	170
咪唑 $C_3H_4N_2$/(g/L)	130～150	130	140
醋酸钠 NaAc/(g/L)	—	40	—
醋酸钾 KAc/(g/L)	40～60	—	—
添加剂	—	—	适量
电流密度/(A/dm²)	0.1～0.3	0.1～0.2	0.2
镀液温度/℃	室温	室温	20～30
pH值	7.5～8.5	8	7.5～8.5

工艺流程：有机溶剂除油→晾干→电解除油→水洗→盐酸腐蚀→水洗→混酸光泽腐蚀→水洗→中和处理→水洗→镀铜→充分水解/带电入槽→预镀银→水洗→镀银→水洗→镀后处理。

(1) 配方1[28]

该配方以咪唑为络合剂，磺基水杨酸为缔合剂，无氰无氨，各组分不挥发、不分解，镀液稳定性好，不需要经常调整加料，大大降低了生产维护费用及劳动强度。某企业十几年来，陆续投产了三个镀槽（预镀、挂镀、滚镀各一）共70L，先后经过4年的生产考验，镀液配制及操作简便，镀层质量经有关单位测定，各项指标符合要求，与氰化镀银层相当，其中抗硫性、抗盐雾腐蚀性等项优于氰化镀银层，见表4-21。

表4-21　镀液、镀层性能

性能＼体系	咪-磺镀银	氰化镀银
电流效率	99.60%	99.00%
沉积速度	10.40μm/h(D_k=0.2A/dm^2)	10.34μm/h(D_k=0.2A/dm^2)
分散能力	46%	48%
深镀能力	符合标准	符合标准
表面电阻	$1.74\times10^{-4}\Omega/m^2$	$2.00\times10^{-4}\Omega/m^2$
显微硬度	77.00kg/mm^2	60.80kg/mm^2
结合力	符合标准	符合标准
电导率	$6\times10^{-2}\Omega\cdot cm$	$9\times10^{-2}\Omega\cdot cm$
含硫量	0.007%	0.009%
焊接性	平均流布直径10mm	平均流布直径10mm
抗硫性	变色面20%～30%	变色面50%～60%
盐雾腐蚀	腐蚀点5处	腐蚀点20多处，余轻蚀
插拔次数	5000次(平均)	2000次(平均)
寿命	400A·h无变化	—

镀液稳定性评价：该镀液由于各成分没有挥发、分解及其他物化特性，其稳定性已超过氰化镀银。

对该镀液做不通电长期放置及连续通电的稳定性试验，结果均令人满意。镀槽配制后，经过四年的生产考验，镀液除水分蒸发，补充少量蒸馏水之外，其中各成分皆未做补充加料，未调整pH值。4年后的分析结果为，硝酸银含量接近工艺下限，但仍在工艺范围内，其他成分正常，相对密度由1.1250降为1.1200，pH值未变，生产上仍在正常使用。试验结果表明：只要阴极与阳极面积比控制适当（即1：2～3），在电镀过程中，银离子的阴极沉积与阳极溶解量基本上是平衡的，仅仅消耗了阳极银板。因此，在这种情况下不必补充银离子。如果阴、阳极面积比控制不当，则需要在一定时间内，根据分析结果补充硝酸银。而氰化镀银液在中等生产量的情况下，几乎每月要补充氰化钾。相比之下，使用咪唑镀银液，就大大降低了维护费用及劳动强度，且无刺激性氨气味，这对操作者来说是极为方便的。

该镀液的光、热稳定性好，不怕光照、日晒，无论在配制过程中或已配好的镀液均无光敏反应，故不必考虑避光问题。该镀液在电炉上加热煮沸，无异常变化。其光、热稳定性是显著的，而氰化物在光热作用下会加速分解。

据对无氰镀银液抗铜性的评价来看，该镀液的抗铜性是较好的。该镀液对铜的溶解极为缓慢。在铜件表面前处理质量好，无氧化膜及锈蚀的情况下，立即浸入镀液时，则会很快产生一层致密的、附着力好的化学沉积层，同时防止铜的继续溶解；如果前处理不当，或零件本身材料或结构上有问题，往往难免产生缓慢的铜置换。如此长期积累，镀液会因铜杂质的增多，由淡黄色变为草绿色，再多即成深蓝色，但并不影响电镀。若想除去铜杂质恢复镀液本色，可用离子交换树脂，在特制的装置内将镀液处理后，再补充少量硝酸银即可。氰化物镀液也有铜置换，只不过不显色而已。镀液的抗氯性也是好的。镀液中加入自来水（其中氯离子较少）时，无白色混浊。

镀层质量情况：磺基水杨酸-咪唑镀层抗硫性及抗盐雾腐蚀性良好。在与氰化镀银相同的条件下获得的镀层，经过硫化氢气体及盐雾腐蚀试验，该镀层在硫化氢气氛中的变色面积相当于氰化镀银层的1/2，盐雾腐蚀点相当于氰化镀银层的1/4。在实际生产中发现，磺基水杨酸-咪唑镀银层不合格镀层的退除时间较氰化镀银层长，如将磺基水杨酸-咪唑镀银与氰化镀银两种厚度相同的镀层，同时置于同一退镀液中，氰化镀银层30min全部退完，磺基水杨酸-咪唑镀银层则要1h以上。这可能是由于咪唑本身就是一种良好的缓蚀剂。磺基水杨酸-咪唑镀银层的显微硬度略高于氰化镀银层，耐磨性试验表明，其平均插拔次数大大超过氰化镀银层。同时，镀层的硫含量及表面电阻略低于氰化镀银层，这可能是镀层结晶细化的缘故。磺基水杨酸-咪唑镀银层的结合力及焊接性能与氰化镀银层相当，均符合标准。

磺基水杨酸-咪唑镀银层的显微金相表明，其表面结晶形态呈规则的三叉状晶粒，中间交点凸起，在显微镜下有立体感。氰化银层，在同样条件下，呈不规则的点状晶粒，两种镀层在表面结晶形态上有着明显的差别。

操作注意事项：

① 该镀液在生产操作上与其他无氰镀银一样，要求前处理质量好，镀铜底层均匀、细腻、色泽正常，镀铜后需迅速带电进入预镀槽具；

② 对大面积的板状件或多接缝的零件，酸洗后最好做中和处理，以免砂眼、接缝处镀后产生斑迹；

③ 在波导电镀过程中，每10min左右，需将辅助阳极活动一次，并将镀件移动位置，以便更新溶液；

④ 采用阴极移动及脉冲电源电镀，电流密度可提高1～2倍。

该工艺配方可以获得银白色、平整的镀银层，但是工艺的电流密度窗口太窄，仅有0.1～0.2A/dm^2，因此工艺的实用性价值不高。

（2）配方2[29]

该配方中，以咪唑作为第二元络合剂，参与对银离子的络合。与前配方类似，以醋酸钠代替醋酸钾，但是工艺电流密度窗口的问题没有解决。

（3）配方3[30]

与硫代硫酸钠及磺基水杨酸无氰镀银工艺相比较，本工艺的一个重要特点是镀液具有良好的稳定性。双络合银具有良好的稳定性，且溶液中不含易挥发性的物质，因此镀液具有很好的稳定性，实验曾在电流密度为0.1～0.3A/dm^2 的条件下使镀液累计运转30h，镀液的pH值始终维持在7.5～8.5之间，镀液中没有出现浑浊或银的析出等现象。在实验过程中，镀液无需进行维护处理。

实验过程中发现，银盐的浓度对镀层的质量有明显的影响。一般银盐浓度较低时，镀层色泽不好，无金属光泽；而银盐浓度太高则镀层结晶粗糙，厚度不均匀，结合力下降。较好的$AgNO_3$银盐浓度为20g/L。

4.6 烟酸镀银

4.6.1 烟酸的基本性质

烟酸属于维生素 B_3，又称尼克酸，化学式为 $C_6H_5NO_2$，化学名称为3-吡啶甲酸，其结构见图4-3。其热稳定性好，能升华，工业上常采用升华法提纯烟酸。烟酸外观为白色或微黄色晶体，可溶于水，主要存在于动物内脏、肌肉组织，水果、蛋黄中也有微量存在，是人体必需的13种维生素之一，属于B族维生素。烟酸可以用作食品添加剂和饲料添加剂，因此该物质的生物安全性非常好。烟酸还是一种应用广泛的医药中间体，以其为原料，可以合成多种药品，如尼可刹米和烟酸肌醇酯等。此外，烟酸还在发光材料、染料、电镀行业等领域发挥着不可替代的作用。

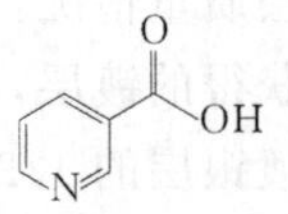

图4-3 烟酸的分子结构

烟酸为白色结晶或结晶性粉末；无臭或有微臭，味微酸；水溶液显酸性。烟酸在沸水或沸乙醇中溶解，在水中略溶，在乙醇中微溶，在乙醚中几乎不溶，在碳酸钠溶液或氢氧化钠溶液中易溶。

烟酸是重要的化工助剂和缓蚀抑制剂，在感光材料中可以作为抗氧化剂和抗灰雾剂。在电镀时，烟酸也是极佳的光亮添加剂，在每升电镀液中只要添加1～10g烟酸就有显著的效果。

4.6.2 烟酸无氰镀银的化学机理

我国于1978年研发了无氰镀银工艺烟酸氨性光亮镀银，其性能接近或达到氰化镀银标准，是很有发展前途的无氰镀银体系。从理论上探讨该电极过程的机理对完善其配方，改进工艺条件具有重要意义。对该体系槽液中放电粒子的形式已进行过推测，已证明在本体溶液中 Ag^+ 以 $Ag(NH_3)_2^+$ 的形式存在，而在电极表面是以 $[Ag\ (C_6H_4NO_2)_2]^-$ 形式放电。由此可说明该电极过程必然存在着前置的化学转化步骤，这种转化可能是均相的也可能是异相的。

烟酸分子对电极过程的影响主要体现在电极上的吸附。烟酸结构中含有一个吡啶环，具有π电子云，同时氮原子上有孤对电子，可作为传递电子的媒介基团。烟酸与 Ag^+ 的络合常数的对数为4.14，NH_3 与 Ag^+ 的络合常数的对数为7.05，两者相差三个数量级。这说明烟酸与 Ag^+ 的配位能力远弱于 NH_3 与 Ag^+ 配位能力，因此若不存在其他因素的影响，则 $C_6H_4NO_2^-$ 取代 NH_3 的反应必然非常困难，但由于烟酸吸附在电极上，随着电极电位向负方向移动，电极上的自由电子向吸附在电极上的烟酸根负离子的π轨道上移动，使得烟酸负离子π电子云密度增加，根据软硬酸碱理论，此时烟酸根与 Ag^+ 的络合能力显著增加，而且随着电位的负移而加大，因此异相前置转化速度随电位负移而增大，当电位达到某一数值时，该过程的速度会快到不影响整个电极过程。综上所述，可认为烟酸氨性光亮镀银电极过程中存在着异相前置化学转化步骤。根据以上分析讨论，可以初步推断可能存在以下电极过程：

$$C_6H_4NO^-_{2(sol)} \rightleftharpoons C_6H_4NO^-_{2(ads)}$$

$$Ag(NH_3)_2^+ + C_6H_4NO^-_{2(surf)} \rightleftharpoons Ag(NH_3)(C_6H_4NO_2)_{(sur)} + NH_3$$

$$Ag(NH_3)(C_6H_4NO_2)_{(surf)} = Ag(NH_3)(C_6H_4NO_2)_{(ads)}$$

$$Ag(NH_3)(C_6H_4NO)_{(ads)} + e^- = Ag + NH_3 + C_6H_4NO^-_{2(ads)}$$

4.6.3 烟酸镀银的应用体系

表 4-22 烟酸镀银的基础镀液配方

镀液基本组成	配方1	配方2	配方3	配方4	配方5
硝酸银 $AgNO_3$/(g/L)	43～51	40	40	50	42.5～51
烟酸 $C_6H_5NO_2$/(g/L)	92～111	70～100	90	110	92～111
醋酸铵 NH_4Ac/(g/L)	77	60	77	77	77
碳酸钾 K_2CO_3/(g/L)	70～80	75	75	80	34.5～41.5
氢氧化钾 KOH/(g/L)	46～55	30	50	适量	46～55.5
$NH_3 \cdot H_2O$/(mL/L)	32	适量	32	32	32
电流密度/(A/dm^2)	0.2～0.4	0.3	0.3	0.1～0.4	0.2～0.5
镀液温度/℃	室温	室温	20	室温	室温
pH值	9.0～9.5	—	9	8.9	9.0～9.5

(1) 配方1[31]

上海机电二局电镀人员成功完成烟酸镀银实验。其镀液性能除分散力稍差外，其他如深镀能力、沉积速度均与氰化镀银相当，镀层结合力、硬度、脆性均达到氰化镀银水平，而且镀层外观更加光亮，抗腐蚀性能亦更优良。其工艺流程如下：化学除油→流动水清洁→弱酸活化(HCl)→流动水清洁→亮浸蚀（混合酸）→流动水清洁→弱酸浸蚀（HCl）→流动水清洁→浸银（表4-23）→流动水清→蒸馏水清洗→镀银→流动水清洁→浸热蒸馏水→烘干。

表 4-23 浸银配方及工艺

配方	工艺条件	配方	工艺条件
$AgNO_3$/(g/L)	8.5～17	pH(H_2SO_4 调节)	5.0～6.0
Na_2SO_3/(g/L)	124～185	T/℃	室温
$CuSO_4$/(g/L)	0.2～0.3	t/min	1～2

(2) 配方2[32]

该配方尝试了在316L不锈钢基底上开展无氰镀银。该种不锈钢易生成氧化膜，因此，与其他金属相相比较，前处理过程更为复杂。

① 工艺流程为：打磨→抛光→碱洗→酸洗→闪镀镍→镀铜→镀银。

② 闪镀镍镀液组成及工艺条件：氯化镍200～240g/L，盐酸126mL/L，电流密度2～8A/dm^2。

③ 镀铜液组成及工艺条件为：碱式碳酸铜14g/L，EDTA-2Na 120～170g/L，氢氧化钾适量，pH=12.0～13.0，温度50～70℃。

该工艺在电沉积过程中随着镀液中烟酸含量的不断增加，沉积电位不断降低，由0.085V降低到0.030V，同时达到稳定电沉积的时间不断缩短。电沉积电位降低导致电沉积过程中阴极过电位增加，更加有利于形成新的晶核，从而获得致密镀层。当在烟酸质量浓度为70g/L和80g/L的镀液中电沉积时，电位明显高于浓度为90g/L和100g/L镀液的电位。当烟酸含量在90g/L以上时，络合离子浓度提高，导致析出电位变得更低。

烟酸是有机物，加入镀液后，形成致密的吸附膜。阴极表面分子与有机物分子之间存在的化学作用大于分子间的静电作用。烟酸的空间位阻阻碍正电性一端与阴极的吸附，电位进一步向负电位方向变化。随着烟酸含量的增大，电位-时间曲线的稳定沉积电位降低。

当电流密度为0.3A/dm^2时，对烟酸含量为70～100g/L的镀银液的镀层做了XRD表征，结果显示，衍射图中仅出现了Ag的衍射峰，未出现其他金属衍射峰，说明镀层为纯银镀层。

标准卡片中对应 Ag 的衍射有 4 个峰，以（111）面衍射峰强度作为 100 计，则强度由强到弱依次是（200）为 40，（311）为 26，（220）为 25；而测试的 4 种不同成分含量的镀液中所得镀银层最强峰均未出现在（111）晶面上，说明烟酸体系中电沉积获得的镀银层都出现了明显的择优取向。当烟酸质量浓度在 70～90g/L 之间，得到的镀银层的最强峰在（311）晶面上；质量浓度为 100g/L 时，在（220）晶面上出现了择优取向。随着烟酸含量的增加，络合作用加强，改变了镀银层的择优取向。

由 Scherrer 公式计算得到镀银层晶粒粒径。70g/L 的烟酸镀液中所得镀层晶粒为 44.0nm，80g/L 的烟酸镀液所得镀层晶粒为 40.8nm，90g/L 的烟酸镀液中所得镀层晶粒为 31.0nm，100g/L 烟酸镀液中所得镀层晶粒为 29.8nm。可以得出，随着烟酸质量浓度的提高，镀层晶粒也越小。

在烟酸镀银的体系中，烟酸并不是作为主要的络合反应试剂与银离子进行络合。这一体系中主要是银氨络合反应。其反应方程式为：

$$Ag^{+}+2NH_3 \longrightarrow [Ag(NH_3)_2]^{+}$$

银氨络合的稳定常数相比氰化物小很多，所以银氨络合很容易离解出银离子，络合能力较弱。烟酸作为络合剂，对银氨络合有一定的辅助作用，但是其作为一种有机物，在镀液中还起到了稳定剂和光亮剂的作用。镀液加入烟酸后在阴极表面的活性位上发生了吸附，对沉积过程起到一定的抑制作用，晶核的形成和生长也需要更高的过电势，镀液镀覆时的电流密度范围减小。随着烟酸质量浓度的增大，镀层的耐蚀性反而降低。

（3）配方 3[33]

将规格为 12mm×15mm×0.3mm 的铜片进行如下预处理：砂纸打磨→蒸馏水超声波清洗→除油（15% NaOH，温度 65℃，时间 10min）→蒸馏水超声波清洗→电解抛光（待镀铜片为阳极，另一个铜片为阴极，磷酸体积分数为 80%，电压为 1.6V，时间为 5min）→蒸馏水超声波清洗→干燥。

浸银工艺在铜基体表面得到一层很薄的银层以防止铜离子进入镀液。浸银配方与工艺参数为：$AgNO_3$ 15g/L，硫脲 200g/L，温度为 20℃，pH＝4.0，时间为 80s。浸银结束后，使用大量去离子水冲洗，然后于 65℃烘 5min。

当电流密度为 0.1A/dm^2 时，镀层表面存在大量孔洞，镀层不够致密、均匀；电流密度增大到 0.3A/dm^2 时，镀层表面均匀、致密，孔隙减少至消失；继续增加到 0.5A/dm^2，镀层表面依旧平整、致密，但存在少数极为细小的孔隙。这是由于电流密度升高导致析氢副反应加剧，产生的气泡使镀层表面有孔隙。增大电流密度到 0.8A/dm^2 时，镀层表面变得粗糙，颗粒间存在大量孔隙。这是由于电流密度过大导致镀层烧焦，与基体结合不牢固的部分掉在镀液中，使镀层疏松多孔。

电流密度为 0.1～0.8A/dm^2 时，烟酸体系镀银层表面形貌先变平整均匀，后变疏松多孔。电流密度为 0.8A/dm^2 时得到的镀银层已经完全失去应用价值。电镀时间相同时，镀银层随着电流密度的增大而增厚。在 0.3A/dm^2 的电流密度下制备的银镀层表面最平整致密，耐蚀性也最好。

（4）配方 4[34]

该配方工艺主要研究了烟酸镀银层的内应力。

该工艺电流密度在 0.1A/dm^2 时，镀银层内应力很小，仅为 3MPa，随着电流密度的增加，镀层的内应力逐渐增大。在通常允许的电流密度范围上限内，即当电流密度为 0.3～

0.4A/dm^2 时，内应力可达 40～50MPa。当电流密度大于 0.6A/dm^2 时，镀层变黑，此时已不是 Ag^+ 放电产物，因而不能用于 XRD 分析。

随着 pH 值升高，镀层应力也升高。从 pH=8.0 到 pH=10.0，镀层应力增加了近 3 倍。随着镀液温度升高，应力有所降低，这里仅局限于实际电镀工艺范围内所进行的试验。从 10℃到 40℃，应力降低约一半。烟酸含量在大于 25g/L 时，内应力基本不变化。碳酸钾含量从 20g/L 到 60g/L 时，内应力增加了约 3 倍。

将烟酸镀银所得的镀银层放置一定时间，并不断测量其内应力，结果中可以看出，镀层内应力随时间延长而不断下降。经过 60 天以后，其基本上达到无应力状态。

总体而言，烟酸镀银层具有内应力。严格地讲，镀银层内或多或少都会存在一些内应力。从文献结果来看，目前常规配方中烟酸镀银层的确存在内应力，一般情况下内应力较小，且随着工艺条件的变化而有所不同。烟酸镀银后，需要马上进行拉丝时，镀银铜线既经受拉伸，又有压缩的复合形变。这时，作用在被拉伸变形金属上有作用力、反作用力及摩擦力。其作用力是由拉伸引起的，使被拉金属在变形中发生拉应力。反作用力是由于模孔壁阻碍金属流动而形成的垂直于模壁表面的法向力，在变形金属中产生的垂直拉伸方向的压应力。当镀层中存在残余应力时，与这些外加应力叠加就会使材料破裂。因而烟酸镀银后，不加任何处理，就进行减径拉丝，会引起镀层开裂。从实验结果来看烟酸镀银层内含有内应力，应力值比氰化镀银层的大，而且呈拉应力状态，这样在拉力作用下易损坏。而氰化镀银层不仅应力值小，而且呈压应力状态，因此镀层抗拉性能比抗压性能高，可以经受拉丝等复合形变。而银氨镀层呈粉末状，不是一种致密银层，虽然处于无应力状态，但不能经受任何变形。

烟酸的镀银层的应力可以消除。烟酸镀银层内的残余应力，通过放置一段时间或加热到一定温度都可以消除。有诸多金属学著作中都对此做了描述：当金属原子存在应力、相变等情况下，处于活跃态，为将其转变到稳定态，就必须要有足够的动能，使原子克服亚稳态与稳态之间的位能垒，即要求原子具有一定的移动性。所以点阵由活跃转变到稳定的过程，只有当金属加热到足够高的温度时才有实际上可察觉的速度，如果在较低温度下进行，则需要相当长的时间。这种原子的移动性，使原子结构重新排布。烟酸镀银层点阵扭曲回复的条件是放置一个月以上或加热到 200℃保持 1h，这样可有效消除应力。将铜丝用烟酸镀银后分别放置一个月和加热至 200℃保持 1h，再进行拉丝减径，都没有发现银层表面开裂。

（5）配方 5[35]

① 镀液中各成分作用及工艺条件的确定。

a. 烟酸：烟酸含量为 0.6～1.2mol/L 时，对镀液的电导率及分散能力基本无影响；烟酸含量为 0.9mol/L 时，光亮区范围较宽。

b. K_2CO_3：镀液电导率随 K_2CO_3 含量的增加而增大，工作电流密度随 K_2CO_3 含量的增加而升高；镀液分散能力随着 K_2CO_3 含量的增加而略有增大，但不显著；K_2CO_3 含量低于 0.2mol/L 时，梯形槽试片近端光亮区有一条黑色带，含量为 0.3～0.5mol/L 时，梯形槽试片呈半光亮至光亮。

c. $AgNO_3$：镀银液的分散能力随 $AgNO_3$ 含量的增加而略有降低；$AgNO_3$ 含量为 0.3mol/L 时，梯形槽试片呈半光亮至光亮；$AgNO_3$ 含量为 0.4mol/L 时，最大工作电流密度可达 0.6A/dm^2（温度 32℃）。

d. 总氨量：镀液电导率随氨含量的增加而增大；镀液分散能力虽然随氨含量的增加而略有降低，但不明显；镀液的总氨量为 1.2～1.6mol/L 时，梯形槽试片光亮区及半光亮区范围较宽。

e. pH值：镀液电导率随pH值的升高而增大，镀液pH值小于8.5时，梯形槽试片近端出现灰黑色烧焦镀层。

② 镀液性能与镀层性能的测试。

a. 分散能力测定：采用直接测量法，实验结果表明，烟酸镀银为32%，氰化镀银为42%。

b. 阴极电流效率测定：利用铜库仑计测定，结果表明，烟酸镀银为99.6%，氰化镀银为100%。

c. 梯形槽光亮区实验：结果表明，烟酸镀银试片光亮区及半光亮区较宽，而氰化镀银试片半光亮区较窄。

d. 深镀能力测定：烟酸镀银与氰化镀银溶液的深镀能力基本相当，在不加辅助阳极的情况下，烟酸镀银的深镀能力为管内径的8倍左右。

e. 沉积速度测定：烟酸镀银与氰化镀银的沉积速度相当，当电流密度为0.3A/dm^{2}时，电镀60min，镀层厚度基本均为11μm。

4.6.4 含添加剂的烟酸镀银液

表4-24给出了含添加剂的烟酸镀银液配方，探究了2,2-联吡啶对烟酸镀银的影响。

表 4-24 含添加剂的烟酸镀银液配方[36]

镀液基本组成	配方	镀液基本组成	配方
硝酸银 $AgNO_3$/(g/L)	50	2,2-联吡啶 $C_{10}H_8N_2$/(g/L)	0.07～0.12
烟酸 $C_6H_5NO_2$/(g/L)	90	硫代硫酸钠 $Na_2S_2O_3$/(g/L)	0.033～0.045
醋酸铵 NH_4Ac/(g/L)	77	电流密度/(A/dm^2)	0.3
碳酸钾 K_2CO_3/(g/L)	80	镀液温度/℃	21
氢氧化钾 KOH/(g/L)	50	pH值	9.2
氨水 $NH_3 \cdot H_2O$/(g/L)	32		

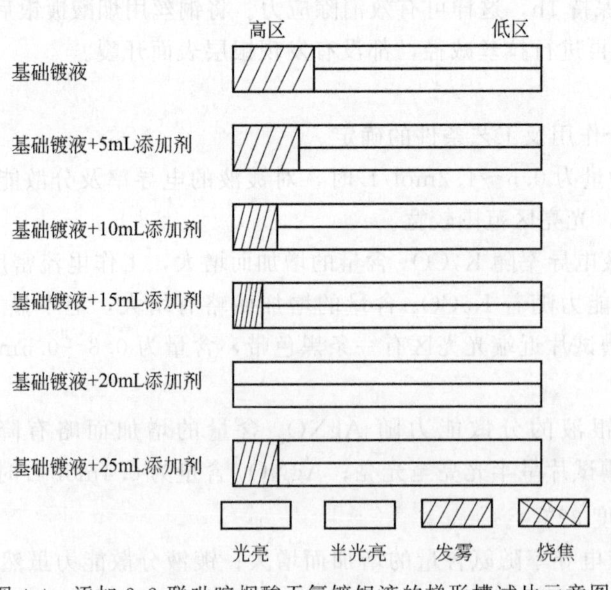

图4-4 添加2,2-联吡啶烟酸无氰镀银液的梯形槽试片示意图

从图 4-4 可以看出，基础镀液配方所得镀层高区发雾，低区也只能获得半光亮镀层，镀液添加 2,2-联吡啶后镀层的外观有了较大的改变，尤其是低区，但浓度必须控制，最佳浓度范围为 0.07～0.12g/L，浓度太高或太低，高区都会出现发雾现象。

从上面的结果可以看出，添加剂虽然可以扩大镀液的阴极电流密度，但是镀层外观未达到全光亮。鉴于此，考虑采用两种及两种以上添加剂复合来提高镀层的亮度。

4.6.5 低浓度烟酸镀银

低浓度的意义：改善分散能力；具有经济性。见表 4-25。

表 4-25 低浓度烟酸镀银液配方

镀液基本组成	配方	镀液基本组成	配方
硝酸银 $AgNO_3$/(g/L)	20～27	氨水 $NH_3 \cdot H_2O$/(g/L)	19～27
烟酸 $C_6H_5NO_2$/(g/L)	44～59	电流密度/(A/dm^2)	0.2～0.3
碳酸钾 K_2CO_3/(g/L)	69	镀液温度/℃	室温
氢氧化钾 KOH/(g/L)	22～30	pH 值	9.0～9.5
醋酸铵 NH_4Ac/(g/L)	23～31		

如果镀件对光泽度无要求，则可以采用低浓度烟酸镀银工艺，其主要特点是分散能力和深镀能力比高浓度强，但光亮性不如高浓度的好，即使加入添加剂，光亮性也不能明显改善。

4.6.6 烟酸无氰镀银的问题

烟酸无氰镀银优点较多，但还是存在一些问题：

① 镀液中由于氨的存在，极易引入 Cu^{2+}。目前对于 Cu^{2+} 的处理，还未有行之有效的方法，另外镀液一般情况下都会存在氨味。

② 由于烟酸的络合能力差，镀液中游离的 Ag^+ 较多，在清洗镀件时，由于清洗槽内存在 Cl^-，清洗溶液易变浑浊，会对操作者带来不便。

③ 烟酸来源较为困难，成本较高。

4.6.7 烟酸镀银液的化学分析方法

(1) $AgNO_3$ 的测定

① 方法步骤。

在镀液中加入稍过量的 KI，I^- 与 Ag^+ 可以生成 AgI 沉淀。过量的 KI 以曙红为指示剂，用标准 $AgNO_3$ 溶液滴定，间接测出 $AgNO_3$ 含量。其滴定原理为当溶液中稍过量的 Ag^+ 被 AgI 吸附，沉淀物带正电荷而吸附曙红指示剂阴离子，从而使沉淀表面呈红色，指示滴定终点。

② 试剂配制。

a. 0.1mol/L NaCl 标准溶液：称取在 350℃ 灼烧至恒重的 NaCl 2.9234g 溶于水，在 500mL 容量瓶中稀释至刻度，摇匀。

b. $AgNO_3$ 标准溶液：称取 16.9g $AgNO_3$（分析纯）溶于 1L 水中，然后放置于棕色瓶中。

标定：吸取 25mL 标准 0.1mol/L NaCl 溶液于 250 ml 锥形瓶中，加水 50mL，加 5% K_2CrO_4 指示剂 1mL。用配好的 $AgNO_3$ 溶液滴定至 AgCl 白色胶状沉淀周围呈红色为终点。

$$C=\frac{25\times0.1}{V}$$

式中，C 表示 $AgNO_3$ 溶液的摩尔浓度；V 表示耗用 $AgNO_3$ 溶液的体积。

c. 0.15mol/L KI 溶液：称取 25g KI（分析纯）溶于 1 L 水中。

d. 曙红指示剂：称取 0.5g 曙红指示剂溶于 100mL 水中。

③ 分析方法。

吸取镀液 5mL 于 250mL 锥形瓶中，用移液管加入 0.15mol/L KI 溶液 20mL，再加水 15mL。滴加 0.5%的曙红指示剂 3 滴，此时溶液呈红色。用 0.1mol/L 的标准 $AgNO_3$ 溶液进行滴定，待沉淀由橘黄色变成玫瑰红色为终点，此时溶液红色消失，沉淀凝聚呈红色，记录耗用的 $AgNO_3$ 溶液体积为 V_2。

另吸取 0.15mol/L KI 溶液 20mL，滴加 3 滴曙红指示剂，以 0.1mol/L 的标准 $AgNO_3$ 溶液滴定至沉淀由橘黄色变为玫瑰红色为终点，记录耗用 $AgNO_3$ 溶液的体积为 V_1。

④ 计算结果。

$$AgNO_3(g/L)=\frac{(V_1-V_2)\times C\times169.87}{5}$$

式中，V_1 表示滴加 20mL 0.15mol/L KI 溶液所消耗的 $AgNO_3$ 溶液的体积；V_2 表示回滴 KI 时所用 $AgNO_3$ 溶液的体积；C 表示 $AgNO_3$ 溶液的摩尔浓度；169.87 为 $AgNO_3$ 分子量；5 为所取镀液的体积，mL。

(2) 烟酸含量的测定：EDTA 法

① 方法步骤。

在 pH＝5.0～5.8 的条件下，加入过量的 $CuSO_4$，使之生成烟酸铜沉淀。剩余的 Cu^{2+} 使用 EDTA 滴定，算出烟酸的含量。

② 试剂。

(1∶1) HCl；1.0mol/L NaOH 溶液；0.25mol/L $CuSO_4$ 溶液；0.05mol/L EDTA 溶液；PAN 指示剂：1-[2-吡啶基偶氮]-2-萘酚 0.2g 溶于 100mL 乙醇溶液中。

③ 分析方法。

吸取镀液 5mL 于 50mL 烧杯中，加入约 15mL 的水，加热至 80～90℃，滴加（1∶1）HCl 并煮沸，检查 AgCl 是否沉淀完全；用紧密滤纸过滤于 100mL 容量瓶中，用热水洗涤沉淀，使滤液不超过 60mL，稍冷，用 1mol/L NaOH 和 HCl（1∶1）调节 pH 为 5.2～5.8（应用精密 pH 试纸测定），加入 25mL pH＝4.0 的 0.25mol/L 的 $CuSO_4$ 溶液，稀释至刻度，充分摇动，15min 后用干漏斗干滤纸过滤。滤液接入干燥的锥形瓶中，用移液管取此滤液 20mL 于 250mL 锥形瓶中，在电炉上加热至 60～70℃，取下，滴加 PAN 指示剂 3 滴，用 0.05mol/L EDTA 溶液滴定至由紫变蓝绿为终点，记下所用 EDTA 溶液的体积。

④ 计算。

$$C_6H_5NO_2=(A-B)\times M\times246.2$$

式中，A 表示相当于 5mL $CuSO_4$ 溶液的 EDTA 溶液体积（取 0.25mol/L $CuSO_4$ 溶液 25mL，于容量瓶中稀释至 100mL，从中吸取 20mL，加热至 60～70℃，用 PAN 做指示剂，

用 0.05mol/L EDTA 溶液滴定至由紫蓝绿，记下体积 A)；B 表示滴定试样所用 EDTA 溶液的体积；M 表示 EDTA 摩尔浓度；246.2 为烟酸分子量的 2 倍。

4.7 丁二酰亚胺镀银

4.7.1 丁二酰亚胺的基本性质

丁二酰亚胺，也称作琥珀酰亚胺，分子式为 $C_4H_5NO_2$。该化学品呈无色针状结晶或具有淡褐色光泽的薄片，味甜，易溶于水、醇或氢氧化钠溶液，不溶于醚、氯仿。其熔点为 126.5℃，沸点为 288℃。丁二酰亚胺具有刺激性，在使用过程中应避免吸入和避免与皮肤接触。它的主要用途为有机合成、制药、电镀和化学分析等。

丁二酰亚胺分子（图 4-5）具有环形羰基结构，且羰基连有一个 N—H 键，这使得丁二酰亚胺能像弱酸一样，在碱性环境下形成阴离子与金属配位。丁二酰亚胺与银离子的络合能力较强，其络合物稳定常数为 $K_{稳}=3.5\times10^9$，表面活性很大，并能抑制碱性溶液中汞的溶解和氢的析出反应。根据研究表明，丁二酰亚胺兼有络合剂和表面活性剂的作用，因此在镀液中可不另加表面活性剂。

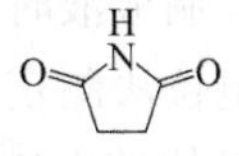

图 4-5 丁二酰亚胺的分子结构

4.7.2 丁二酰亚胺与银离子的络合物

相关研究指出，丁二酰亚胺与 Ag^+ 存在多种配位形态，目前尚无相关研究确切证实哪几种较为常见。根据有机晶体数据库可以推测，丁二酰亚胺与 Ag^+ 的配位形态可能有 $[Ag(C_4H_4NO_2)]$、$[Ag(C_4H_4NO_2)_2]^-$、$[Ag(C_4H_4NO_2)_3]^{2-}$ 和 $[Ag_2(C_4H_4NO_2)_4]^{2-}$ 几种，相关方程式为：

$$C_4H_5NO_2 \rightleftharpoons C_4H_4NO_2^- + H^+$$

$$C_4H_4NO_2^- + Ag^+ \rightleftharpoons [Ag(C_4H_4NO_2)]$$

$$2C_4H_4NO_2^- + Ag^+ \rightleftharpoons [Ag(C_4H_4NO_2)_2]^-$$

$$3C_4H_4NO_2^- + Ag^+ \rightleftharpoons [Ag(C_4H_4NO_2)_3]^{2-}$$

$$4C_4H_4NO_2^- + 2Ag^+ \rightleftharpoons [Ag_2(C_4H_4NO_2)_4]^{2-}$$

4.7.3 丁二酰亚胺镀银的应用体系

表 4-26 丁二酰亚胺单络合剂无氰镀银

镀液基本组成	配方 1	配方 2	配方 3
硝酸银 $AgNO_3$/(g/L)	45～55	40～50	40～50
丁二酰亚胺 $C_4H_5NO_2$/(g/L)	90～110	60～70	60～70
焦磷酸钾 $K_4P_2O_7$/(g/L)	90～110	—	—
硝酸钾 KNO_3/(g/L)	—	70～90	70～90
氢氧化钾 KOH/(g/L)	45～50	适量	适量
三乙烯四胺 $C_6H_{18}N_4$/(g/L)	0.3～0.8	0.3	—
邻苯甲酰磺酰亚胺(糖精)$C_7H_5O_3NS$/(g/L)	—	1.0～2.0	—

续表

镀液基本组成	配方 1	配方 2	配方 3
烟酸 $C_6H_5NO_2$/(g/L)	—	—	2.0～4.0
苯亚磺酸钠 $C_6H_5SO_2Na$/(g/L)	—	—	1.0～3.0
电流密度/(A/dm^2)	0.2～0.7	0.1～0.9	0.1～1.0
镀液温度/℃	20	15～35	15～35
pH 值	8.5～10.0	8.5～10.5	8.5～10.5

(1) 配方 1[37]

在碱性溶液中，Ag/Ag^+-丁二酰亚胺体系的平衡电位随溶液 pH 值的增加显著负移，表明银离子与丁二酰亚胺的络合作用主要发生在碱性溶液中。因此，在配制镀液时，先将丁二酰亚胺溶于氢氧化钾中，然后加入硝酸银，这样配制出的溶液清亮，否则会出现浑浊或沉淀。通过实验发现，配制镀液时丁二酰亚胺与硝酸银的摩尔比必须大于 2，否则也产生沉淀。根据相关研究，包括用电位法测定的络合物稳定常数的数据比较，可以推断其络合物结构为 $[Ag(C_4H_4NO_2)_2]^-$。

具体的电镀工艺过程：铜或铜合金零件→化学除油→热水洗→冷水洗→混合酸洗→冷水洗→蒸馏水洗→镀银→水洗→200～250℃烘 2～3h→浸亮→水洗→浸 3%硝酸→水洗→浸热水→烘干。

Ag^+ 在 Ag^+-丁二酰亚胺体系中电沉积时，阴极极化比较大，在电流密度为 0.3～0.5A/dm^2 的区间内，极化度较大。实验测得的极化度为 0.5V/(A/dm^2)，而氰化物体系在同样电流密度范围内的极化度为 0.2V/(A/dm^2)，因此，丁二酰亚胺镀银得到的镀层结晶细腻光亮。

Ag^+ 在 Ag^+-丁二酰亚胺体系中的阳极极化曲线测量表明此体系中银电流密度较大，可达 1A/dm^2。阳极溶解时，若电流密度更大，则发现阳极上生成一层很薄的灰膜，但对极化并无影响，在阳极极化曲线上看不出明显的钝化过程。在镀银工艺要求的电流密度范围内阳极能正常溶解。

丁二酰亚胺镀银液中，加入 0.5mol/L 的硝酸钾或 0.5mol/L 的亚硝酸钾或 0.125mol/L 的焦磷酸钾作为导电盐对阴极极化影响不大，对溶液的电导率影响也不大。

由于导电盐的种类对阴极极化和溶液电导率的影响轻微，对镀层质量也无明显影响，因此选用以上任何一种导电盐均可。

丁二酰亚胺易水解，溶液 pH 值越高，水解越严重。水解引起 pH 值下降。但 pH 值在 8.0～10.0 之间变化对阴极极化影响不大。大量实验表明，镀液 pH 值在 8.5～10.0 之间均能得到良好镀层。若 pH 值下降至 8.5 以下，加 KOH 调节至 8.5 以上后仍可使用。应该指出，在 pH 值为 8.0～10.0 的范围内，此体系的平衡电位随溶液的 pH 值增加而显著负移，说明络合物的存在形式及银离子浓度均有明显的变化。相关研究表明丁二酰亚胺能在电极表面形成一吸附层，银析出的反应速度由电活性粒子透过此吸附层的速度所决定。因此，在此 pH 值范围内，即使溶液中银离子存在形式不同也不会对阴极极化产生明显影响。

配方 1 镀液性能与氰化物镀银液的比较列于表 4-27。

丁二酰亚胺镀银液的分散能力及深镀能力均比氰化物镀银液好。阴极电流效率及阴极沉积速度接近氰化物镀银液。但梯形槽试片表明，丁二酰亚胺镀银试片的光亮区宽度不如氰化物镀银试片，且镀液温度对光亮区宽度影响较大。温度高时光亮区较宽，电流密度范围也较宽。实验结果表明，可用的电流密度范围在 20℃以上时为 0.2～0.8A/dm^2；20℃以下时，为 0.2～0.6A/dm^2；10℃以下时，一般低于 0.5A/dm^2。

表 4-27 配方1的镀液性能与氰化物镀银液的比较

性能比较 \ 镀银体系		丁二酰亚胺镀银液($AgNO_3$ 50g/L, $C_4H_5NO_2$ 100g/L, $K_4P_2O_7$ 100g/L, KOH 50g/L)	氰化物镀银液(AgCl 36g/L, KCN 65g/L)
分散能力	远近阴极法($K=2$) 25℃, 0.3A/dm²	79.7%	41.20%
深镀能力	ϕ8mm×80mm 紫铜管 25℃, 0.3A/dm²	全部镀上	10mm 未镀上
梯形槽试片	25℃, 0.3A 电流, 电镀 5min	光亮区较窄	光亮区较宽
阴极电流效率	20℃, 0.3A/dm²	102.50%	100.00%
沉积速度	20℃, 0.3A/dm²	10.3μm/h	10.9μm/h

由以上实验分析可得，丁二酰亚胺镀银液稳定性良好，经长久搁置不变色，也无沉淀析出。在采用优选配方镀液的1L镀槽中进行电镀达10～15A·h后，才出现工作电流密度范围下降的现象，阳极开始有薄层灰黑膜生成。当在镀液中补充少量丁二酰亚胺后，即可消除电流密度下降现象，使阳极正常溶解且镀层仍然良好。因此，当出现电流密度下降现象时，只需适当地添加丁二酰亚胺及导电盐，镀液即可长期使用。

用优选的配方及工艺条件，以黄铜片为基体进行电镀，将所得试片与氰化物镀银试片在以下几个方面比较镀层质量。

① 镀层与基体金属的结合力。

a. 机械弯曲试验：将尺寸为60mm×40mm、镀层厚度为1μm的试片，用电工钳夹住，经180°反复弯曲至断裂，丁二酰亚胺镀银片与氰化物镀银片裂口处，镀层均无起皮脱落现象。

b. 高温结合力试验：将尺寸为60 nm×40mm、镀层厚度10μm的试片放在马弗炉内，加热至300℃，保温1h后迅速取出，浸入冷水中，丁二酰亚胺镀银片及氰化物镀银片均无镀层脱落及起泡现象。

② 镀液的分散能力、覆盖能力、电流效率及镀速。

在室温、0.3A/dm² 电流密度下，镀液的分散能力接近80%；长80mm、直径8mm的紫铜管可以全部镀上；电流效率达到100%；镀速为10.3μm/h，与氰化镀银相当。

③ 镀层硬度与可焊性。

丁二酰亚胺镀银片显微硬度（116HV）比氰化物镀银片的显微硬度（93HV）略高。丁二酰亚胺镀银片及氰化物镀银片均易焊。

④ 镀层内应力与脆性。

绕线试验：将ϕ0.5mm紫铜丝，分别用丁二酰亚胺镀液及氰化物镀液镀上银层（约10μm厚），在直径为2mm的铜棒上缠绕20圈，用3倍放大镜观察表面状况，结果表明两种镀层均未起皮、裂纹。

丁二酰亚胺镀银体系所得镀层结晶细腻光亮，但易发黄，显微硬度及镀层碳含量均比氰化物的高。实验采用在镀液中加入各种吸附能力强的添加剂的方式，企图改善镀层发黄，均未取得明显效果。后采用镀片出槽后用沸水煮及浸强酸、强碱的方法，也不能防止镀层发黄。因此，实验认为镀层发黄可能是由于丁二酰亚胺的表面活性很强，在镀层中造成一定程度的夹杂所致，故采用加温烘烤的办法，使夹杂的有机物在烘烤时挥发出来，然后进行镀后处理。经这样处理后，可以基本上防止镀层发黄，同时镀层显微硬度及碳含量均明显下降，这进一步证明了有机物在镀层中有夹杂。一般采用在200～250℃烘2～3h，烘烤温度高时，时间可缩短一些，若烘烤温度低，则时间要长一些。镀片经过烘烤处理后，在干燥器中放置半年仍未变黄，悬挂在空气中四个月后仅局部有些发黄。

以上实验表明，丁二酰亚胺与银的络合能力强，在电极上的吸附能力也很强，即兼有络合剂和表面活性剂的作用。因此，丁二酰亚胺镀银液组成较简单，不需要加入氨水和铵盐，也不用加入其他添加剂。对导电盐的选择也无特殊要求。此体系中银的析出电位较负，同时由于丁二酰亚胺对银的络合能力大于对铜的络合能力，一般铜及铜合金零件无需浸银就可以直接在该体系中镀银，并且不产生置换现象。电镀过程中阴极极化相当大，极化度也较高，获得的镀层光亮细腻，结合力良好，分散能力及深镀能力均超过氰化镀银，特别是深镀能力好。与其他无氰镀银体系比较，此体系的优越性表现在一方面不需加入氨水或铵盐，防止了氨对环境的污染；另一方面无需预浸银，减少了镀前操作步骤，避免了浸银液中的杂质带入电镀槽。

在丁二酰亚胺体系中，银阳极溶解性能虽不及氰化物体系，但根据阳极极化曲线测量结果，其仍可通过约 $1A/dm^2$ 的电流，在镀银使用的电流密度范围内，阳极能正常溶解。

丁二酰亚胺与银的络合性能在 pH＞8.0 时明显表现出来，并随着 pH 值的增加 Ag/Ag^+-丁二酰亚胺体系的平衡电位负移，说明丁二酰亚胺与银离子的络合主要发生在碱性溶液中，但丁二酰亚胺在碱性溶液中易水解，且引起溶液 pH 值下降。实验表明，水解产物以及 pH 值在 8.5～10.0 之间对镀层质量无影响。此镀液不但工作 pH 值范围较宽，而且电流密度范围也较宽，电流密度在 $0.2 \sim 0.8A/dm^2$ 范围内均能得到良好的镀层。

丁二酰亚胺镀银液稳定性良好，在使用较长时间后，若发现电流不稳定，可加入适量的丁二酰亚胺或导电盐后继续使用，镀层质量同样良好。

丁二酰亚胺镀银工艺的缺点是镀层搁置后易发黄，可能是由于丁二酰亚胺过于强烈地在电极表面上吸附，造成了镀层夹杂。总之，丁二酰亚胺镀银工艺的优点是主要的，在各种无氰镀银工艺中它具有一定的应用价值。

(2) 配方 2 和配方 3[38]

某公司从 1980 年 6 月份开始试验丁二酰亚胺体系镀液。经过 10 个月小型试验，到 1981 年 4 月份正式投入生产，已经证明丁二酰亚胺体系镀银工艺的多项技术指标达到甚至超过了氰化镀银的工艺水平。同时还可以省去镀银前的汞齐化或预镀银工序。镀层结合牢固、光亮致密，对于一些要求稍低的镀银件，完全可以省去浸亮、去膜等工序，缩短了工艺流程，提高了生产效率。根据实验得到的丁二酰亚胺体系镀银工艺是比较理想的无氰镀银工艺。

在 25℃和 $0.1A/dm^2$ 的电流密度下，该配方镀液的分散能力接近 50%，阴极和阳极的电流效率接近 100%，均与氰化镀银（$AgNO_3$ 40～50g/L，K_2CO_3 20～30g/L，KCN 60～70g/L）相当。在配方 2 中，糖精在镀液中是应力消除剂，含量低于 1g/L 时，无明显效果；含量过高时，阳极表面生成一种胶状物，不但影响阳极的正常溶解，还污染镀液；最好控制在 1～2g/L 之间。三乙烯四胺在镀液中是一种光亮剂，单独使用时，镀层脆性很大，将试片弯曲即有响声（镀层脱落）。其含量过低时，镀层是一种暗土黄色；含量过高时，光泽度不但没有提高，镀层反而变得相当粗糙；所以最佳含量应在 0.3～0.8g/L。烟酸在镀液中有光亮剂和表面活性剂的作用，能使镀层光亮致密。苯亚磺酸钠在镀液中起阳极活化剂作用。镀液中无苯亚磺酸钠时，阳极面积必须是阴极面积的 4 倍，银阳极表面才是洁净的银白色。但这时镀液中银离子上升很快，造成比例失调，镀液不稳定。要是阳极面积小于阴极面积的四倍，银阳极表面即生成一种很厚的白色沉淀物，使镀层起刺。特别是在调整 pH 值后，不能立即电镀，否则毛刺更为严重。当苯亚磺酸钠含量在 1～3g/L 时，阴、阳极面积比例保持在 1∶2，银板即是洁净的银白色，不必用过大的阳极，就能使镀液中的银离子保持稳定，也不会在阳极表面上产生白色沉淀物而影响生产。

4.7.4 丁二酰亚胺复合络合剂镀银

表 4-28 丁二酰亚胺复合络合剂无氰镀银

镀液基本组成	配方 1	配方 2	配方 3	配方 4
硝酸银 $AgNO_3$/(g/L)	45	50	45	—
甲基磺酸银 $AgCH_3SO_3$/(g/L)	—	—	—	50
丁二酰亚胺 $C_4H_5NO_2$/(g/L)	80	100	80	120
DMH $C_5H_8N_2O_2$/(g/L)	15	10～30	15	—
四硼酸钠 $Na_2B_4O_7 \cdot 10H_2O$/(g/L)	—	—	—	10
焦磷酸钾 $K_4P_2O_7$/(g/L)	70	100	70	—
氢氧化钾 KOH/(g/L)	40	适量	40	—
苯骈三氮唑 $C_6H_5N_3$/(g/L)	0.02	—	0.02	—
丙烷磺酸吡啶鎓盐 PPS/(g/L)	—	—	0.01	—
脂肪醇聚氧乙烯醚 Peregal/(g/L)	—	—	0.02	—
OP-10/(g/L)	0.05	—	0.05	—
添加剂/(g/L)	—	—	—	2
电流密度/(A/dm^2)	0.2～0.7	0.2～0.7	0.3	0.3
镀液温度/℃	20	25	20～30	室温
pH 值	8.5～10.0	9.0～10.0	9.0～9.5	9.0

(1) 配方 1[39]

该配方中导电盐为焦磷酸钾，含量过低时影响镀层外观，当其含量大于 50g/L 时外观变化不大。当 pH 值低于 8.5 时，镀液会出现褐色或黑色沉淀，这是因为银离子与丁二酰亚胺的配位主要发生在碱性溶液中。镀液 pH 值过低时，银离子未完全配位，镀液不稳定，易生成沉淀；pH 值过高时，阴极极化增强，阳极表面出现咖啡色的粉末状沉淀物，镀液浑浊，镀层粗糙。由实验可知，pH 值为 9.0～9.5 时，镀层的光泽度较高。因此，适宜的镀液 pH 值为 9.0～9.5。镀液温度对镀层光泽度、电流密度上限的影响较大。镀液 pH 值控制在 9.0～9.5 范围内，固定镀液各组分含量和其他工艺条件，探究温度对镀层光泽度和阴极电流密度上限的影响。从相关实验可知，随镀液温度升高，镀层光泽度先升高后降低，电流密度上限则逐渐升高。30℃时，镀层光泽度最高，约为 256Gs。温度较低时，沉积速率较低，结晶细腻，因此外观较好。镀液温度升高时，离子的扩散速率加快，浓差极化减弱，阴极极化减弱，因此镀层结晶变粗，光泽度下降。综合考虑，取镀液温度为 20～30℃。

随电流密度升高，沉积速率增大，镀层光泽度先增大后减小。在一定的电流密度范围内，提高电流密度有利于镀层结晶细腻，加快沉积速率。综合考虑，适宜的电流密度为 0.35～0.45A/dm^2。

镀层经弯折试验和热振试验后均无脱落、起皮等现象，表明镀层结合力良好。该体系无氰镀银层的抗变色能力优于氰化镀银层。将无氰镀银试样悬挂于实验室中，半年后镀层依旧光亮如新，无发黄现象。采用能谱仪分析所得镀银层化学成分可知，镀层银含量为 100%，证明该体系所得镀层的纯度很高，不含杂质。这也间接说明镀液很稳定，在电镀过程中各组分均未发生分解。

（2）配方 2[40]

该配方主要考察了 5,5-二甲基海因对镀液性能和镀层性能的影响。

当不添加 DMH 时，镀层外观半光亮，发黄；添加 5～10g/L DMH 时，镀层外观半光亮；添加 15～20g/L DMH 时，镀层外观光亮；超过 15～20g/L DMH 时，镀层外观半光亮。可知 DMH 的添加使镀银层色泽不易发黄，更加细腻光亮，光泽度显著提高，最高可达 256Gs。丁二酰亚胺无氰镀银因其银镀层上凹孔的存在，易积聚水分和腐蚀介质，如空气中含硫杂质以及紫外线等，从而导致该镀层相对氰化物镀银层更易发黄。向溶液中添加 DMH 后施镀，由于 DMH 与银离子的配合稳定常数较大，配合物稳定，配位体转化的能量变化较大，此时金属配离子还原时往往产生较大的阴极极化。电化学极化的增大将使晶核的形成速度大于晶体的生长速度，使镀层结晶更细腻，凹孔及微粒相对减少，光泽度得到提高，一定程度上增加了镀层的抗变色能力。

此外，DMH 的添加对沉积速度有一定的提高，在 DMH 质量浓度为 20g/L 时，沉积速度达到最高，为 $1.263g/(dm^2 \cdot h)$，且此时镀层表面光亮细腻。继续添加 DMH，沉积速度降低。DMH 含量过高时，会在电极上产生吸附，造成配合物离子放电困难，沉积速度降低。沉积速度的提高在一定程度上提高了生产效率。

实验表明，DMH 的添加使镀液中配位剂增多，配合物离子浓度增高，降低了浓差极化，从而提高了阴极电流密度。电沉积速度的变化与电流密度的提升成正比，在工业生产中希望最大限度地提升电流密度上限，进一步提高生产效率。

测试结果证明，以丁二酰亚胺与 DMH 为配位剂的镀银层抗变色性能优于未加 DMH 的丁二酰亚胺溶液镀银层。

镀银液稳定性的测定：未加 DMH 的丁二酰亚胺镀液静置于空气中 10 天后发现有沉淀产生，20 天后缸底布满沉淀，镀液发黑报废；而丁二酰亚胺与 DMH 双配位剂的镀液 20 天后仍未发现沉淀，且与采用初始配制镀液所得的镀层相比，其所得镀层的质量并无变化，说明添加了 DMH 后镀液的稳定性有所提升。

（3）配方 3[41]

该配方中包含了对几种不同添加剂的研究。在基础镀液上，不考虑表面活性剂的影响，分别选取 2，2′-联吡啶、PPS（丙烷磺酸吡啶鎓盐）、聚乙烯亚胺、HD-M(2,5-二甲基-3-己炔-2,5-二醇)、苯骈三氮唑（BTA）、1,4-丁炔二醇、PPSOH（羟基丙烷磺酸吡啶鎓盐）作为光亮剂。初步筛选实验表明，PPS、苯骈三氮唑对改善镀层外观有一定的效果，而 2,2-联吡啶、聚乙烯亚胺、HD-M、1,4-丁炔二醇的光亮效果不明显，PPSOH 的加入则会使镀液产生沉淀。因此 PPS、苯骈三氮唑可以考虑做为光亮剂。

PPS 含量的影响：随着 PPS 添加量的增大，镀层的光泽度先增大后减小，当 PPS 添加量为 6mg/L 时，镀层光泽度达到最大，为 256Gs。显然，少量的 PPS 即可显著提高镀层的光泽度。PPS 的光亮效果主要通过其所含的羰基、碳碳三键起作用，这些原子团簇强烈吸附于阴极表面，使阴极电位明显负移，从而使镀层结晶细腻。

苯骈三氮唑含量的影响：苯骈三氮唑的添加量≤15mg/L 时，光泽度随苯骈三氮唑添加量的增大变化不大；苯骈三氮唑的添加量＞15mg/L 时，镀层的光泽度先急剧增大后减小。较佳的苯骈三氮唑添加量为 20mg/L，此时镀层光泽度为 254Gs。

表面活性剂的影响：在基础镀液上，不考虑光亮剂的影响，分别加入 OP-10、脂肪醇聚氧乙烯醚（商品名：Peregal，平平加）对改善镀层外观均有一定的效果，只是用量和范围各不相同。十二烷基苯磺酸钠、十二烷基硫酸钠、聚乙二醇（20000）的光亮效果不明显，并且聚乙二醇（20000）易使镀层发脆，结合力不佳。因此初步选择OP-10、脂肪醇聚氧乙烯醚作为无氰镀银的表面活性剂。

OP-10含量的影响：随着OP-10在镀液中添加量的增大，镀层光泽度总体先增大后减小，当OP-10的含量为50mg/L时，光泽度为257Gs，含量超过70mg/L时，光泽度迅速下降。

脂肪醇聚氧乙烯醚含量的影响：随着镀液中脂肪醇聚氧乙烯醚添加量的增加，镀层光泽度先增大后减小，当含量为18mg/L时，镀层光泽度达到最大（255Gs），随后镀层光泽度急剧下降。脂肪醇聚氧乙烯醚是良好的润湿剂，添加少量即可显著提高镀层光泽度，过量或不足都会造成镀层起泡脱落、变色、起白斑、发花、发雾等故障。

在该配方中，未加入添加剂时，镀层以（111）晶面取向为主；加入添加剂后，镀层沿（111）晶面的取向更为明显，同时促进了难结晶的（200）晶面的生长。这是因为添加剂选择性地吸附于电极的（111）晶面，使（111）晶面的电结晶活化能增大，从而使其在电沉积过程中转化为慢生长面而最终保留下来，成为镀层最终的择优取向。加入添加剂后，镀层较为平整、光滑，结晶比较均匀、细腻。分别对镀银试片进行90℃弯折2次和200℃热振试验，镀层无脱落、起皮现象，表明镀银层结合力良好。且该体系无氰镀银层的抗变色能力优于氰化镀银层。将无氰镀银试样悬挂于实验室中，半年后镀层依旧光亮如新，无发黄现象。

（4）配方4[42]

该配方工艺研究了丁二酰亚胺无氰镀银工艺中各组分含量的变化，对银镀层在附着力、光泽度等方面性能的影响，找出各自的最佳配比；通过改变阴极电流密度、pH值考察对其银镀层质量的影响，找出最佳工艺条件，得到适宜的丁二酰亚胺无氰镀银工艺。

阴极电流密度对镀层质量的影响：阴极电流密度较小时，镀层外观较差，镀层结合力较差，电沉积速度较慢；随着电流密度的增加电沉积速度也不断增大，但镀层仍然光亮，说明电流密度范围很宽。

甲基磺酸银含量对镀层质量的影响：甲基磺酸银是溶液中的主盐，其含量过低，则镀不上，发黄，电流效率和电沉积速度均低；含量太高，则镀层结晶较粗且很不均匀，阳极易钝化，溶液不稳定。

丁二酰亚胺含量对镀层质量的影响：丁二酰亚胺是溶液中的主要络合剂，若含量太少，则镀层半光亮，发黄；随着丁二酰亚胺用量的增加，电流效率、电沉积速度都有所下降。所以确定丁二酰亚胺的含量是至关重要的。

pH值的影响：当pH值小于6.0时溶液不能全溶，当pH值大于10.8时，镀层发黄，综合考虑取pH值在8.0～10.0较为适宜。

4.8 5,5-二甲基乙内酰脲镀银

4.8.1 5,5-二甲基乙内酰脲的基本性质

5,5-二甲基乙内酰脲又名5,5-二甲基海因，分子式是$C_5H_8N_2O_2$，结构式见图4-6，外观为白色至灰白色晶体或结晶粉末。目前主要的工业产品是低黏度甲基海因环氧树脂。甲基海因环氧树脂黏度低、工艺性能好，其黏度比双酚A型环氧树脂低得多，不加稀释剂就有很好的工艺性能；热稳定性好、耐热性高，其涂料在日光或紫外线曝晒下，不易发黄和粉化，性能优于双酚A型环氧树脂及丙烯酸树脂涂料，其耐盐雾、

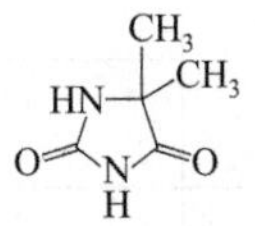

CH$_3$ CH$_3$ HN O N H O

图4-6 5,5-二甲基海因结构式

抗腐蚀性也很突出；在高电压及超高压下电性能突出，尤其是具有优良的耐电弧性和抗漏电痕迹性。

海因表现为弱酸（$pKa=9.1$），以阴离子形式与金属络合。对于过渡系列金属，总浓度稳定常数在以下范围内：$\lg\beta_1=2.4\sim4.5$，$\lg\beta_2=4.2\sim9.3$ 和 $\lg\beta_3=5.2\sim11$。相关稳定常数见表 4-29、表 4-30。

表 4-29 电位滴定法测定金属和 5,5-二甲基海因的稳定常数

金属	β_1	(±σ)	β_2	(±σ)	β_3	(±σ)
Ag(Ⅰ)	3.37×10^4	−0.51	3.08×10^9	−0.23	—	—
Cd(Ⅱ)	1.43×10^3	−0.01	1.48×10^5	−0.05	1.31×10^6	−0.12
Co(Ⅱ)	2.60×10^2	−0.04	—	—	—	—
Ni(Ⅱ)	1.11×10^3	−0.02	8.62×10^4	−0.78	1.50×10^6	−0.19
Cu(Ⅱ)	2.04×10^4	−0.07	1.60×10^8	−0.15	1.19×10^{11}	−0.43
Zn(Ⅱ)	3.00×10^2	−0.22	6.54×10^5	−0.57	1.53×10^8	−0.26

注：(±σ) =绝对标准差，Ⅰ=0.5（$NaNO_3$），温度=25℃。

表 4-30 用特定的离子电极测定海因及 5,5-二甲基海因金属配合物的稳定常数

配体	金属	β_1	β_2
乙内酰脲(海因)	Ag(Ⅰ)	1.15×10^5	1.20×10^9
	Cd(Ⅱ)	1.3×10^3	1.32×10^5
	Ca(Ⅱ)	1.23×10^2	—
5,5-二甲基乙内酰脲	Ag(Ⅰ)	8.71×10^5	1.70×10^9
	Cd(Ⅱ)	2.29×10^3	2.19×10^5
	Ca(Ⅱ)	6.61×10^1	

4.8.2 5,5-二甲基乙内酰脲在无氰电镀领域的应用

4.8.2.1 乙内酰脲类化合物与金属配位的研究

乙内酰脲类化合物与金属的配位作用在 20 世纪八九十年代就得到了关注。相关研究的部分总结见表 4-31[43]。

表 4-31 乙内酰脲类化合物与金属离子配位相关研究

年份	乙内酰脲类化合物	金属离子
1987	乙内酰脲(hydantoin)	锑(Ⅴ),镉(Ⅱ),汞(Ⅱ)
1991	乙内酰脲吡啶(pyridine)	铜(Ⅱ)
1993	1-苯基-2-硫代乙内酰脲(1-phenyl-2-thiohydantoin)	铑(Ⅲ),钌(Ⅲ)
	1-氯苯基-2-硫代乙内酰脲 (1-m-chorophenyl-2-thio-hydantoin)	
	甲氧基苯基-2-硫代乙内酰脲 (1-o-methoxypheny1-2-thiohydantoin)	
	萘基-2-硫代乙内酰脲 (1-naphthy1-2-thiohydantoin)	
1995	5-(2-吡啶亚甲基)乙内酰脲 [5-(2-pyridylmethylene) hydantoin]	镍(Ⅱ),铜(Ⅱ)
1995	5,5-二苯基乙内酰脲(diphenylhydantoin)	锌(Ⅱ)

续表

年份	乙内酰脲类化合物	金属离子
2002	3-氨基环己烷螺-5-乙内酰脲 (3-aminocyclohexanespiro-5-hydantoin)①	铂(Ⅱ)
2007	环丁烷-5-乙内酰脲(cyclobutane-5-hydantoin) 环庚烷螺-5-乙内酰脲 (cycloheptanespiro-5-hydantoin)②	铂(Ⅱ)
2007	3-氨基-5-甲基-5-苯乙内酰脲 (3-amino-5-methyl-5-phenylhydantoin)	铂(Ⅱ)
2009	5-甲基-5(4-吡啶基)乙内酰脲 (5-methyl-5(4-pyridyl)hydantoin)	铂(Ⅱ)
2010	2,4-二硫代乙内酰脲(2,4-dithiohydantoin)	铜(Ⅱ),镍(Ⅱ)
2011	1-甲基乙内酰脲(1-methyhydantoin)	镍(Ⅱ)
2011	乙内酰脲	银(Ⅰ)
	1-甲基乙内酰脲(1-methylhydantoin)	
	5,5-二甲基乙内酰脲(5,5-dimethylhydantoin)	
2013	乙内酰脲	铜(Ⅰ),铜(Ⅱ)
	硫代乙内酰脲(thiohydantoin)	
2013	乙内酰脲-5-乙酸(hydantoin-5-acetic acid)	钴(Ⅱ)
2014	5-甲基-5(4-吡啶基)乙内酰脲 (5-methyl-5-(4-pyridyl)hydantoin)	钯(Ⅱ),钯(Ⅳ)
2014	3-乙基-5-甲基-5(4-吡啶基)乙内酰脲 (3-ethyl-5-methyl-5-(4-pyridyl)hydantoin)	铂(Ⅱ)
	3-丙基-5-甲基-5 (4-吡啶基)乙内酰脲 (3-propyl-5-methyl-5-(4-pyridyl)hydantoin)	
	3-苯甲基-5-甲基-5(4-吡啶基)乙内酰脲 (3-benzyl-5-methyl-5-(4-pyridyl)hydantoin)	
2014	2-硫代乙内酰脲(2-thiohydantoins)	铜(Ⅱ)
	5-吡啶亚甲基-2-硫代乙内酰脲 (5-pyridylmethylene-substituted 2-thiohydantoins)	
2014	3-氨基-5,5-二甲基乙内酰脲 (3-amino-5,5-dimethylhydantoin)	铜(Ⅱ),钴(Ⅱ)
2014	1-甲基乙内酰脲(1-methylhydantoin)	银(Ⅰ)
2015	5-甲基-5-(4-吡啶基)乙内酰脲	钯(Ⅰ),钯(Ⅳ)

① 学名为3-氨基-1,3-二氮杂螺-[4,5]癸烷-2,4二酮，CAS号为16252-63-4。

② 学名为1,3-二氮杂螺[4,6]十一烷-2,4-二酮，CAS号为707-16-4。

乙内酰脲类化合物与金属离子配位时，其配位点存在多种情况，如杂环上的氮配位、氧配位以及乙内酰脲类硫代物中的硫配位。目前关于乙内酰脲类化合物与金属离子配体的研究都是基于制备的晶体，而电镀过程是在镀液中进行的，直接将上述成果用于分析电镀问题未必可行，因此，需要对乙内酰脲类化合物与金属在水溶液中的配位展开进一步的研究探索。

4.8.2.2 乙内酰脲类化合物在电镀中的应用

乙内酰脲类化合物在电镀中应用的较早报道是2003年蔡积庆等以乙内酰脲为主要成分的无氰镀银层电解剥离液。该剥离液能实现在较宽工艺范围内剥离镀银层。目前乙内酰脲类化合物主要应用于无氰电镀金、银中，下文将分别对乙内酰脲类化合物在电镀金、银等领域的研究进行简述。

(1) 乙内酰脲类化合物在电镀金中的应用

金离子在水溶液中的放电电位为正 [$\varphi^{\theta}(Au^{+}/Au)=+1.68V$，相对于标准氢电极]，在电镀过程中容易出现置换反应，因此需要用强配位剂与金离子配位。由于氰化物具有较强的配位作用，电镀金一直被氰化物镀液所主导。近年来乙内酰脲类化合物被用于电镀金中，表现出良好的性能。将乙内酰脲类化合物用于电镀金的报道最早出现在日本专利 JP 20010386147 中，其后乙内酰脲类化合物在电镀金中的应用逐渐展开。

日本 Ohtani 等从含 0.04mol/L $HAuCl_4$、0.24mol/L 配位剂、0.17mol/L Na_3PO_4、0.049mmol/L HCOOTl（起细化晶粒的作用）以及适量 NaH_2PO_4 的镀液中电镀金。对比研究了分别以 1-甲基乙内酰脲（MH）；5,5-二甲基乙内酰脲（DMH）以及 1,5,5-三甲基乙内酰脲（TMH）作为配位剂时镀液的稳定性和电流效率。结果表明，DMH 和 TMH 的配位性能要优于 MH，DMH 可与金离子配位得到平面正方形结构。随后他们对 DMH 体系镀金液进行了优化，得到电镀光亮金层的最佳配方和工艺为：$HAuCl_4$ 0.02mol/L，DMH 0.08mol/L，Na_3PO_4 0.2mol/L，NaH_2PO_4 0.1mol/L，HCOOTl 0.05mmol/L，pH=8.0，温度 60℃，电流密度 0.5～1.5A/dm^2，时间 10min。

哈尔滨工业大学安茂忠教授的课题组对乙内酰脲体系电沉积金做了很多研究。2011 年，杨潇薇等研究了金（Ⅲ）在由 0.03mol/L $HAuCl_4$、0.5mol/L DMH、0.2mol/L K_3PO_4 和一定量 KH_2PO_4 组成的电镀液（pH=9.0）中的电沉积行为，发现 Au（Ⅲ）的沉积是一个受扩散控制的三维连续成核过程。镀液中添加吡啶基化合物后，阴极极化增强，晶粒细化，晶面择优取向逐渐由（110）转变为（200）。随后的研究发现，镀液中单独或同时加入苯磺酸基芳香族化合物和苯吡啶类化合物时，金的沉积电位由−0.5 V 负移至−0.6 V，表明这两种添加剂对金的电沉积有阻化作用，有利于获得细腻、光亮的金镀层。2012 年，他们以 0.05mol/L $HAuCl_4$+0.625mol/L DMH+ 0.4mol/L K_3PO_4+适量 KH_2PO_4 为基础镀液，研究了丁炔二醇、糖精、十二烷基硫酸钠（SDS）这三种添加剂对该体系电镀金的影响，得到复合添加剂：丁炔二醇 1.2mmol/L，糖精 0.55mmol/L，SDS 0.17mmol/L。加入复合添加剂后，镀液性能稳定，金的沉积速率不变，金层的晶粒更为细腻。随后，他们将 DMH 体系（8g/L Au^{3+}+80g/L DMH+80g/L K_3PO_4+0.2g/L 烟酸）镀金工艺应用于惯性约束核聚变金空腔靶的制备中，在靶零件表面电沉积得到约 20μm 厚的均匀、致密的金镀层。

在研究了 DMH 镀金液后，杨潇薇等又开发了 1,3-二羟甲基-5,5-二甲基乙内酰脲（DMDMH）配位体系无氰镀金液：$AuCl_3$ 5g/L（以 Au^{3+} 计），DMDMH 50g/L，K_3PO_4 40g/L，KH_2PO_4 适量，pH=9.0～10.0。相比于 DMH 体系电镀金，DMDMH 体系中金的初始沉积电位和峰电位更低，但允许的极限电流密度较低，所得镀金层结晶更为细小平整，两种体系的镀层都沿金（111）晶面择优生长。DMDMH 镀液静置 1 个月后无变色、沉淀等现象，模拟工业生产过程施镀 2 周（期间补加金盐和调节 pH 值）后镀液和镀层性能无异常。

2015 年，任雪峰等利用量子化学计算对乙内酰脲及其多种衍生物的最高占据分子轨道（HOMO）、最低未占分子轨道（LUMO）、能带隙（ΔEg）进行了计算，优选出 DMH 作为镀金液的配位剂。随后他们采用密度函理论（DFT）、分子动力学（MD）模拟、量子化学和电化学实验相结合的方法，评估了聚乙烯亚胺（PEI）、二吡啶、烟酸这几种添加剂对 DMH 无氰电镀金的影响。

(2) DMH 在无氰镀银体系中的作用

杨培霞等在研究 DMH 主配位体系电镀液时发现焦磷酸钾在 DMH 无氰镀银体系中有辅助

配位的作用，能够提高镀银层的外观质量，抑制阳极钝化。通过正交实验得到最优镀液配方为：硝酸银 25～35g/L，DMH 90～110g/L，焦磷酸钾 30～50g/L，碳酸钾 70～90g/L。其后，针对 DMH-焦磷酸钾双配位体系镀银层出现的灰白色和无光泽问题，在镀液中加入了由无机盐、有机物和表面活性剂等组成的添加剂 hit-903，发现其质量浓度为 0.8g/L 时，可得到外观质量与氰化镀银层相当的镀层。

刘安敏等采用化学计算和分子动力学模拟的方法，对 DMH、羟基吡啶、吡啶、咪唑、烟酸（NA）、烟碱、琥珀酰亚胺、尿嘧啶、乙二胺四乙酸、乙二胺、三乙醇胺和三亚乙基四胺的 HOMO、LUMO 和 ΔEg，以及它们在 Cu、Ag 表面的吸附作用进行了研究，优选出羟基吡啶、烟酸、尿嘧啶作为 DMH 镀银液的辅助配位剂，并研究了添加烟酸的 DMH 镀银液。该镀银液在电镀过程中没有产生置换反应，不需要进行冲击电镀，电流效率可达 100%，所得镀层没有杂质，显微硬度和焊接性与氰化镀银层相当。其后，针对 DMH-烟酸体系镀银层表面的发白问题，他们向其中加入添加剂联吡啶和酒石酸锑钾，镀液组成为：$AgNO_3$ 0.09mol/L，DMH 0.79mol/L，NA 0.79mol/L，K_2CO_3 0.79mol/L，pH=10.0～14.0。研究中发现添加剂对银的放电有阻化作用。加入添加剂后，镀银层的品控和表面粗糙度都减小，在宏观上呈镜面光亮。

另外，天津大学王为教授课题组在 DMH 无氰镀银方面也开展了一些工作。2010 年，肖文涛等研究了光亮剂 2,2-联吡啶对 DMH 无氰镀银的影响。发现 2,2-联吡啶是一种性能优异的光亮剂，能够细化镀层晶粒，使镀层耐磨性和防变色能力提高，结晶取向由（200）晶面转变为（111）晶面。2015 年，朱雅平等结合循环伏安曲线测试、量子化学计算和银层表面形貌分析，考察了 DMH 体系无氰镀银液中 DMH 与银离子的配位形式及其与 pH 值间的关系。结果表明，DMH 与银离子形成 4 种结构的配位离子，各自的稳定性由强到弱（即电沉积由难到易）的顺序为：$[Ag_2(C_5H_6N_2O_2)]>[Ag(C_5H_6N_2O_2)]^->[Ag(C_5H_7N_2O_2)]>[Ag(C_5H_7N_2O_2)_2]^-$。随着溶液 pH 值升高，配位离子向更稳定的配位形式转变，pH=10.0 时，只剩较稳定的 $[Ag_2(C_5H_6N_2O_2)]$ 和 $[Ag(C_5H_6N_2O_2)]^-$，较优的镀液组成为：Ag_2SO_4 0.025mol/L，$C_5H_8N_2O_2$ 0.15mol/L，K_2SO_4 0.2mol/L，pH=10.0。

杜朝军等对 DMDMH-甲基磺酸双配位电镀银体系进行了研究，得到该体系镀银的最佳配方和工艺条件为：硝酸银 35g/L，DMDMH100～110g/L，甲基磺酸 10g/L，pH=8.0～10.0，电流密度 0.6A/dm^2，温度 35℃。该工艺获得了结晶均匀、细腻、平整光滑的镀层，镀液的覆盖能力、电流效率和分散能力接近于氰化镀银。杨晨等研究了 DMH 对丁二酰亚胺电镀银的影响，镀液组成为：硝酸银 50g/L，丁二酰亚胺 100g/L，焦磷酸钾 100g/L，pH=9.0～10.0。结果表明，镀液中加入 DMH 后，电镀光亮银的阴极电流密度上限增大，沉积速率加快，镀层的外观、结合力、抗变色能力和镀液稳定性均提高。DMH 的最佳用量为 20g/L。

（3）乙内酰脲类化合物在电镀其他金属中的应用

目前，乙内酰脲在电镀中的应用主要集中于电镀金、银中，其他金属的电镀也有涉及。Feng 等研究了以 DMH 和 $Na_4P_2O_7$ 为配位剂的锌镍合金电镀工艺，镀液组成为：$ZnSO_4\cdot 7H_2O$ 70g/L，$NiSO_4\cdot 6H_2O$ 30g/L，DMH 140g/L，$Na_4P_2O_7\cdot 10H_2O$ 40g/L，K_2CO_3 95g/L，添加剂 0.04g/L，pH=9.0～10.0。结果表明，该镀液中起主要配位作用的是 DMH。Zhang 等研究了 DMH 和烟酸单独或共同作配位剂时碳钢表面无氰镀铜的电化学行为。结果表明，三种镀液中铜的沉积都是连续成核过程，最优镀液组成和工艺条件为：$CuSO_4$ 0.1mol/L，DMH 0.2mol/L，柠檬酸盐 0.3mol/L，K_2CO_3 0.3mol/L，pH=9.0～10.5，温度 50℃。

4.8.3 5,5-二甲基乙内酰脲镀银的应用体系

表 4-32 5,5-二甲基乙内酰脲单络合剂无氰镀银

镀液基本组成	配方 1	配方 2	配方 3	配方 4	配方 5
$AgNO_3$/(g/L)	20～30	22～30	24	25～35	15～17
5,5-二甲基乙内酰脲 $C_5H_8N_2O_2$/(g/L)	100～120	80～160	100	90～110	34～45
碳酸钾 K_2CO_3/(g/L)	80	0～40	80	70～90	—
氯化钾 KCl/(g/L)	—	13	13	—	7～10
焦磷酸钾 $K_4P_2O_7$/(g/L)	30	—	—	30～50	—
氢氧化钾 KOH/(g/L)	适量	适量	适量	—	—
添加剂(hit-903)/(g/L)	0.8	—	—	—	—
电流密度/(A/dm^2)	0.4	0.5	—	—	1
镀液温度/℃	40	25～50	25	40～60	15～25
pH 值	10.0～11.0	7.0～12.0	8.5～9.0	9.0～11.0	9.0～10.0

(1) 配方 1[44]

硝酸银是该镀液中的主盐，其质量浓度对镀液的导电性、阴极极化及分散能力有一定的影响，当硝酸银浓度低于 25g/L 时，镀层外观可达到半光亮的效果；当硝酸银高于 30g/L 时，随着其质量浓度的增加，镀层质量反而下降。因此，硝酸银的浓度在 25～30g/L 比较合适。

DMH 是该镀银溶液中银的主要配位剂，为保证配位离子有足够的稳定性，要求镀液中存在一定量的游离配位剂。因此，研究了 DMH 质量浓度对镀银层的影响：随着浓度的增加，镀层的质量得到了改善。DMH 浓度大于 100g/L 时，镀层的外观质量不再提高，而镀液中 DMH 质量浓度过高容易从镀液中析出，因此 DMH 浓度可控制在 100～120g/L。

碳酸钾是镀银溶液中的导电盐，能提高镀液导电能力，碳酸钾的加入使镀银层的外观得到改善。这是由于碳酸钾的加入，提高了溶液的电导率。但是碳酸钾质量浓度过高会在镀液中结晶析出，因此从镀层外观和镀液稳定性方面考虑，碳酸钾浓度在 80g/L 左右为宜。

焦磷酸钾是镀银溶液中的辅助络合剂，能进一步提高镀层的外观，并抑制阳极钝化。当焦磷酸钾的浓度大于 40g/L 时，镀层外观较好。但是由于磷的引入不利于环保，因此应尽量使镀液中磷的质量浓度低一些。综合镀层性能和环保因素，可以确定焦磷酸钾浓度为 30g/L。

pH 值影响镀液中配合物的形式，同时对镀层外观也有明显影响。随着 pH 值升高，镀层的外观显著提高，这可能是由于 pH 值升高使 DMH 电离较充分，配合能力较强。但是 pH 值升高，镀速和电流密度上限均有所降低。因此，选择 pH 值为 10.0～11.0。

电镀液不含添加剂时，得到的镀银层呈灰白色没有光泽，因此必须加入添加剂以提高外观质量。hit-903 添加剂主要由无机盐、有机物和表面活性剂等组成。当 hit-903 浓度为 0.8g/L 时镀层光亮，有与氰化镀层相当的外观。当添加剂质量浓度过高时，镀层外观质量有所下降。

优化工艺条件后所得镀银层的 SEM 表征表明镀银层的晶粒比较均匀、细小、致密，从其照片中可以估计出晶粒尺度为数十纳米。

(2) 配方 2[45]

DMH 是本体系镀银液中 Ag^+ 的主要配位剂，是影响镀银层质量的重要因素。当 DMH 含量较低时，镀层外观质量较差，可能是镀液中的 Ag^+ 并不能完全被配位，而且此时阳极钝化情况严重。随着 DMH 含量的增加，镀层质量明显改善，阳极溶解情况也趋于正常。当 DMH 的质量浓度增加到 140g/L 时，镀银层结晶细腻，光亮性较好，但镀层均匀性较差；添加了碳

酸钾后，镀层变得光亮、均匀。当DMH含量进一步增加时，并不能明显改善镀层质量及增加镀层光亮性、均匀性。综合考虑电镀质量与经济因素，DMH的质量浓度控制在130～140g/L。

当硝酸银的质量浓度低于26g/L时，镀层外观均可达到光亮的效果，但此时电流密度上限较低；当硝酸银的质量浓度高于26g/L时，随着其含量的增加，镀层质量反而下降。硝酸银含量过高时，银的成核速率小于晶核的生长速率，导致结晶粗大，镀层表观质量粗糙。因此，镀液中硝酸银的质量浓度控制在26g/L。

碳酸钾是镀液中的导电盐，能提高镀液的导电能力、分散能力，改善镀层的光亮性和均匀性。碳酸钾对镀层外观及分散能力的影响：当镀液中未加入碳酸钾时，镀层虽然光亮，但不均匀；随着碳酸钾加入量的增加，镀液的分散能力提高，同时镀层变得光亮均匀；但当碳酸钾的质量浓度增大到40g/L时，镀液分散能力和镀层的质量未见提高。因此，本体系中合适的碳酸钾的质量浓度为30g/L。

温度过高时，镀液会变得不稳定，而在常温时镀层质量也能满足正常的装饰性和工程性镀银的要求。为操作方便和节约能源，电镀在室温下进行。当pH值在9.0～11.0时，镀层结晶细腻、光亮。pH值过高或过低，镀银层外观均不理想。因此，适宜的pH值范围为9.0～11.0。

将试片两次弯折90°，或加热到200℃并保温1h后再放入冷水中，镀层均未出现起皮、脱落等现象，说明镀层与基体结合良好。中央划痕的试样经电镀后划痕基本消失，表明镀液的整平能力较好。通过远近阴极法测定镀液的分散能力，测试结果为86.75%，与氰化镀银相当。采用ϕ10mm×100mm的紫铜管，测镀液的覆盖能力。结果表明，管内均可镀上银层。在优化的工艺条件下，镀液的电流效率为99.1%。

(3) 配方3[46]

在该配方中测试了多种化合物作为添加剂的光亮效果，其结果可以考虑作为光亮剂开发的参考。几种化合物在上述配方镀液中的作用汇于见表4-33。

表4-33 不同光亮剂对银镀层外观的影响

光亮剂种类	ρ/(g/L)	镀银层外观
1,4-丁炔二醇	0.50～5.0	光亮不均匀
氨基酸	6.0	半光亮
聚乙烯醇(1750)	1.2～1.8	光亮不均匀
酒石酸锑钾	2.0	镀液有沉淀
香草醛	0.2	粗糙
硝酸镧＋EDTA	0.15＋0.50	半光亮
甲醛	0.5	不光亮
三乙醇胺	0.5	半光亮
聚乙二醇(10000)	1.4	半光亮
维生素B_1	0.5	均匀光亮
维生素B_1(50℃)	0.5	均匀光亮
酒石酸钾钠＋酒石酸锑钾	2.0＋2.0	镀液有沉淀
2,2-联吡啶	0.8	均匀光亮
2-巯基苯并噻唑	0.5	半光亮
2,2-联吡啶＋氨基磺酸	0.8＋52.5	半光亮
硫脲	2.0	镀液有灰色沉淀

续表

光亮剂种类	ρ/(g/L)	镀银层外观
糖精	0.5	半光亮
十二烷基磺酸钠	0.1	半光亮
硫代氨基脲	0.5	半光亮

2,2-联吡啶表现出良好的性能。加入2,2-联吡啶后，在小电流密度条件下镀层表面发雾，较大电流密度条件下镀层为光亮的银白色。当其浓度超过1.2g/L时，加大电流密度也制备不出光亮的镀银层。可见，含氮杂环化合物2,2-联吡啶可以细化镀层的晶粒，使镀层更加平整，扩大镀液的电流密度范围。一般而言，加入0.4～1.0g/L 2,2-联吡啶时可以获得较为理想的镀层。

无光亮剂镀液中制备的镀银层的晶体择优取向沿着（200）晶面，含光亮剂镀银层的晶体择优取向沿着（111）晶面。吸附于电极表面的光亮剂通过阻碍金属的电沉积过程，实现晶粒细化。添加剂选择性吸附于电极的某一晶面，增加了该晶面的电结晶活化能，从而使该晶面在电沉积过程中转化为慢生长面而最终保留下来，形成镀层最终的择优取向。镀液中2,2-联吡啶主要通过N原子吸附在银电极表面，并且在金属银的不同晶面上的吸附强度明显不同，表现为对银电极不同晶面的电沉积过程的阻化效果不同。2,2-联吡啶在（111）晶面的强烈吸附导致银镀层形成沿（111）晶面的择优取向。2,2-联吡啶的加入使银镀层的晶粒尺寸降低了1/2左右，晶粒得到显著细化。从SEM图中可以看出，加入2,2-联吡啶后，镀层的表面变得更加平整，结晶也更加细腻。这是因为加入镀液中的2,2-联吡啶能够吸附在阴极表面并形成致密的吸附层，阻碍了配位银离子的放电过程以及吸附银原子的表面扩散过程，增大阴极极化，从而细化了镀层的晶粒。

（4）配方4[47]

在该配方中，同时考察了不同的辅助配位剂的影响与作用，为开发辅助络合剂或复合络合剂提供参考。其他配位剂的影响如表4-34所示。

表4-34　配位剂对镀层表面状态的影响

ρ/(g/L)	10	15	20	25	30	35	40
丁二酰亚胺	无	无	无	略有金属光泽	略有金属光泽	发黄	发黄
咪唑	无	无	无	无	镀层发花有雾状	镀层发花有雾状	镀层发花有雾状
柠檬酸钾	无	无	发白	发白	发白	发白	发白
柠檬酸三铵	无	发雾，置换情况严重	发雾，置换情况严重	发雾，置换情况严重	发雾，置换情况严重	—	—
焦磷酸钾	无	无	无	无	有金属光泽	有金属光泽	有金属光泽

注：丁二酰亚胺和柠檬酸三铵的镀液长时间施镀后发蓝，其余的无变化；“无”表示对镀层质量无明显影响。

（5）配方5[48]

工艺流程为：表面修整→丙酮除油→去污粉擦洗→电抛光→电镀银→清洗→检验。

工艺参数对电镀效果的影响如下。

① 硝酸银：溶液中的主盐，其含量过低，阴极电流密度上限值降低，沉积速度慢；含量太高，镀层结晶较厚，阳极易钝化，溶液不稳定。

② 氯化钾：氯化钾是主导电盐，由于同离子效应氯化钾可起到保护硝酸银的作用，氯化钾浓度过低时，镀液不稳定，电流密度低。

③ 海因：溶液中的主要络合剂，通常与主盐硝酸银的比例为3∶8，得到的镀层均匀、细腻。

④ pH值：pH值控制在9.0～10.0。pH值过低时，溶液不稳定，易出现化学镀现象产生黑色沉淀；当pH值过大时，可以相对地避免化学镀现象，但电镀速度慢，电压相对要高。

⑤ 温度：一般控制在15～25℃。温度低时，阴极电流密度下降，沉积速度慢；温度高时，沉积速度快，但镀液不稳定，镀层质量不好。

⑥ 电流密度：电流密度过小则镀速低；电流密度过大，则镀层粗糙，呈焦黄色，而且在阳极周围易出现黑色沉淀。恢复小的电流密度后还可以使附着在镀层表面的黑色沉淀在一定程度上溶解。

在不同加热情况下，50μm厚度左右的镀银层颜色银白，磨削试验、弯曲试验均为合格。对于一定厚度的镀银层，用不同温度加热、不同方式冷却后，颜色为银白，略显银灰色，加热、磨削、弯曲试验均为合格。通过对正交试验结果进行趋势分析可知，影响镀银层整体质量的关键因素是pH值；硝酸银含量、氯化钾含量、海因含量等对镀层的影响相对不大；温度对镀银层的整体质量影响并不显著。根据这一试验结果，可以制定出符合设计要求的合理镀银工艺。

4.8.4 5,5-二甲基乙内酰脲复合络合剂无氰镀银

表4-35 5,5-二甲基乙内酰脲复合络合剂无氰镀银配方

镀液基本组成	配方1[40]	镀液基本组成	配方1
$AgNO_3$/(g/L)	40～50	氢氧化钾KOH/(g/L)	35～45
丁二酰亚胺$C_4H_5NO_2$/(g/L)	80～100	电流密度/(A/dm^2)	0.3
DMH$C_5H_8N_2O_2$/(g/L)	15～20	镀液温度/℃	室温
焦磷酸钾$K_4P_2O_7$/(g/L)	80～100	pH值	9.0～10.0

该配方研究了DMH作为辅助络合剂，对镀液和镀层性能的影响。DMH的添加使镀银层色泽不易发黄，镀层更加细腻光亮，光泽度显著提高，最高可达256Gs。丁二酰亚胺无氰镀银因其银镀层上凹孔的存在，易积聚水分和腐蚀介质，如空气中含硫杂质以及紫外线等，从而导致该镀层相对氰化镀银层更易发黄。向溶液中添加DMH后施镀，由于DMH与银离子的配合稳定常数较大（配合稳定常数越大，配位化合物越稳定），配位体转化的能量变化自然较大，此时金属配离子还原时往往产生较大的阴极极化。电化学极化的增大将使晶核形成速度大于晶体生长速度的概率增加，使镀层结晶更细腻，凹孔及微粒相对减少，光泽度得到提高，一定程度上增加了镀层的抗变色能力。添加DMH后，镀层较为平整、光滑，结晶比较均匀、细腻。以丁二酰亚胺与DMH为配位剂的镀银层抗变色性能优于未加DMH的丁二酰亚胺溶液镀银层。在丁二酰亚胺镀银溶液中加入DMH的工艺条件下，镀液电流效率为99.2%，电流效率较高。未加DMH的丁二酰亚胺镀液静置于空气中10天后发现有沉淀产生，20天后缸底布满沉淀，镀液发黑报废；而丁二酰亚胺与DMH双配位剂的镀液20天后仍未发现沉淀，且与采用初始配制镀液所得的镀层相比，镀液放置20天后进行电镀所得镀层的质量并无变化，说明镀液的稳定性有所提升。

4.8.5 乙内酰脲衍生物无氰镀银

表 4-36 1,3-二羟甲基-5,5-二甲基乙内酰脲（DMDMH）无氰镀银配方

镀液基本组成	配方 1	配方 2
硝酸银 $AgNO_3$/(g/L)	23	35
1,3-二羟甲基-5,5-二甲基乙内酰脲(DMDMH)($C_7H_{12}N_2O_4$)/(g/L)	50～55	100
间硝基苯磺酸 $C_6H_5NO_5S$/(g/L)	5	—
氯化钾 KCl/(g/L)	—	18
醋酸钠 NaAc/(g/L)	9	15
甲硫氨酸 $C_5H_{11}O_2NS$/(g/L)	30	—
甲基磺酸 CH_3SO_3H/(g/L)	—	10
电流密度/(A/dm^2)	0.6	0.6
镀液温度/℃	35～45	35
pH 值	8.0～10.0	8.0

（1）配方 1[49]

当 DMDMH 含量低时，镀层粗糙，这是因为游离的银离子多，沉积速度过快，导致结晶粗大。当 DMDMH 质量浓度达到 50g/L 时，镀层光亮均匀。进一步增加 DMDMH 含量，镀层质量改善不大。DMDMH 过量时，镀层质量会下降。综合考虑，DMDMH 的用量为 50～55g/L 为宜。经结合力测试表明，加入 50～55g/L 的 DMDMH 时，镀层光亮、致密、均匀，结合力良好，无剥落现象。实验中最佳用量为 50g/L。

硝酸银的最佳用量是 23g/L。当硝酸银含量过低时，镀层因烧焦而发黑，且不均匀；硝酸银含量过高时，结晶粗糙，暗淡无光。可能是因为：含量低时，银络离子扩散速度小于电极反应速度，形成扩散控制，从而使镀层被烧焦而发黑；含量高时，游离的银离子浓度过高，导致结晶粗大。

施镀温度从 25℃ 到 45℃ 变化时，镀层外观基本没有什么变化。但施镀温度高于 45℃ 以后，镀层开始变得粗糙，而且镀液也变得不稳定，这可能是因为络合剂在高于 45℃ 的温度下开始和金属离子解离，导致溶液中游离态的银离子增多，使得结晶粗大。实验中确定操作温度以 25℃ 为宜。

用氢氧化钠溶液调节镀液的 pH 值，当 pH 大于 10.0 时，有黑色不溶物质氧化银生成；当 pH 小于 7.0 时，镀层粗糙不均匀。因此，最佳 pH 为 8.0～10.0。

当甲硫氨酸含量低时，镀层粗糙，这是因为此时游离的银离子太多，沉积速度过快，导致结晶粗大；当甲硫氨酸质量浓度达到 30g/L 时，镀层光亮均匀；进一步增加甲硫氨酸的含量，镀层质量改善不大。因此综合考虑，甲硫氨酸的最佳用量是 30g/L。

在优化的工艺条件下，镀层较为平整、光滑，结晶比较均匀、细腻。结合力测试实验后，镀层未出现起皮、脱落、起泡等现象，表明镀层的结合力良好。

与采用初始配制镀液所得的镀层相比，镀液放置半个月后进行电镀所得镀层的质量并无变化，说明镀液的稳定性比较好。

整平能力测试实验中，中央划痕的镀件经电镀后，划痕基本消失，表明此镀液整平能力良好。

覆盖能力测定实验结果表明，该镀液覆盖能力为 94.27%，高于氰化镀银工艺。

在优化工艺条件下，镀液电流效率为 99.6%，电流效率较高。

镀液分散能力的测试结果为84.85%，与氰化物镀银相当。

(2) 配方2[50]

电镀工艺流程为打磨→除油→水洗→抛光→水洗→预镀银→镀银→水洗→防变色处理。

当DMDMH质量浓度低时，游离的银离子太多，沉积速率过快，结晶粗大，导致镀层粗糙。当DMDMH质量浓度达到100g/L时，镀层光亮、均匀。进一步增加DMDMH质量浓度，镀层质量改善不大，过量时镀层质量还会下降。因此DMDMH的最佳用量是100～110g/L。

甲基磺酸是镀液的辅助配位剂。随着甲基磺酸量的增加，镀层质量不断提高，当达到10g/L时镀层质量最好，光亮，均匀，结晶细腻。

硝酸银的最佳用量是35g/L。当硝酸银质量浓度过低时，镀层发黑且不均匀；过高时结晶粗糙，暗淡无光。其可能原因是：当硝酸银浓度低时，银配离子扩散速率小于电极反应速率，形成扩散控制，镀层被烧焦而发黑；当硝酸银浓度高时，游离的银离子浓度过高，导致结晶粗大。

镀液温度对外观的影响：35～60℃内镀层外观基本不变，但是65℃以上镀层开始变粗糙，而且镀液变得不稳定。这可能是因为配位剂在该温度下开始与金属离子解离，导致溶液中游离态的银离子增多，所以使得镀层结晶粗大。因此温度可以在35～60℃内选择，从节能降耗和生产效率方面考虑，选择35℃作为操作温度。

当pH值大于10.0时，有黑色不溶物质（氧化银）生成；当pH值小于7.0时，镀层粗糙、不均匀。故最佳pH值为8.0～10.0。

其镀层平整光滑，结晶均匀、细腻。结合力测试中，镀层未出现起皮、脱落、起泡等现象，表明镀层结合力良好。镀液的分散能力和覆盖能力接近于氰化物镀银。

4.8.6 5,5-二甲基乙内酰脲镀银的机理研究[51]

采用循环伏安法（CV）测试，结合量子化学计算和镀银层表面形貌的SEM分析，研究了配位剂5,5-二甲基乙内酰脲（DMH）对银电沉积过程的影响。结果表明，Ag^+与DMH配位后，还原电位负移。不同DMH浓度和pH值条件下，DMH与Ag^+形成的配合物形式以及配合物稳定性均不同，随着DMH浓度增大及pH值升高，形成的配合物也更稳定。当pH值为10.0时，DMH与Ag^+能够形成稳定的配合物$[Ag(C_5H_7N_2O_2)]$和$[Ag(C_5H_7N_2O_2)_2]^-$，在适宜的电位范围内能够制备出结构致密，表面平整、光亮的镀银层。

Ag^+与DMH的配位形态有$[Ag_2(C_5H_6N_2O_2)]$，$[Ag(C_5H_6N_2O_2)]^-$，$[Ag(C_5H_7N_2O_2)]$和$[Ag(C_5H_7N_2O_2)_2]^-$四种，相关方程式如下：

$$C_5H_8N_2O_2 \longrightarrow C_5H_7N_2O_2^- + H^+$$

$$C_5H_7N_2O_2^- \longrightarrow C_5H_6N_2O_2^{2-} + H^+$$

$$C_5H_7N_2O_2^- + Ag^+ \longrightarrow [Ag(C_5H_7N_2O_2)]$$

$$2C_5H_7N_2O_2^- + Ag^+ \longrightarrow [Ag(C_5H_7N_2O_2)_2]^-$$

$$C_5H_6N_2O_2{}^{2-} + Ag^+ \longrightarrow [Ag(C_5H_6N_2O_2)]^-$$

$$C_5H_6N_2O_2{}^{2-} + 2Ag^+ \longrightarrow [Ag_2(C_5H_6N_2O_2)]$$

相关量子化学计算结果表明银离子与DMH形成的配合物的稳定性递减顺序为$[Ag(C_5H_7N_2O_2)_2]^- > [Ag(C_5H_7N_2O_2)] > [Ag(C_5H_6N_2O_2)]^- > [Ag_2(C_5H_6N_2O_2)]$。配合物

的稳定性越高，电沉积过程就越难在阴极上被还原。上述结果表明，DMH配位体系中，配位离子还原由难至易的顺序为 $[Ag(C_5H_7N_2O_2)_2]^-$ > $[Ag(C_5H_7N_2O_2)]$ > $[Ag(C_5H_6N_2O_2)]^-$ > $[Ag_2(C_5H_6N_2O_2)]$。

4.9 其他无氰镀银体系

4.9.1 亚硫酸盐无氰镀银

表 4-37 亚硫酸盐无氰镀银配方

镀液基本组成	配方[52]	镀液基本组成	配方[43]
硝酸银 $AgNO_3$/(g/L)	适量	聚乙烯亚胺/(g/L)	适量
无水亚硫酸铵 $(NH_4)_2SO_3$/(g/L)	适量	三乙烯四胺/(g/L)	适量
无水亚硫酸钠 Na_2SO_3/(g/L)	适量	稳定剂	适量
硝酸钾 KNO_3/(g/L)	适量	电流密度/(A/dm²)	0.25～2.0
柠檬酸钾 $C_6H_5K_3O_7$/(g/L)	适量	镀液温度/℃	20～40
氢氧化钾 KOH/(g/L)	适量	pH值	8.0～10.0

工艺流程：黄铜→除油→流动冷水清洗→浸蚀→冷水清洗→浸银→回收槽清洗→流动冷水清洗→镀银→回收槽清洗→流动冷水清洗两遍→热水清洗（70～90℃）→钝化处理→回收槽清洗→流动冷水清洗→热水清洗（70～90℃）→压缩空气吹干→干燥。

无氰镀银溶液的不稳定性一直是困扰其发展应用的一个关键问题。由于镀液不稳定、操作又不方便，因而造成银的较大浪费，使其应用受到了限制。该配方采用亚硫酸盐作主络合剂，柠檬酸盐作辅助络合剂，再加入稳定剂L，它既能调节溶液的pH值，又能与银离子生成稳定络合物，制备出的镀液经试验表明，其稳定性好，且镀层光亮细腻，但若操作不当，其稳定性也会受到影响。

(1) 镀液成分、含量对稳定性的影响

镀液中银离子含量不宜过高，游离 Ag^+ 量越大，稳定性愈差，从而造成器壁上有银和硫化银等沉淀物出现。其原因是亚硫酸盐具有一定的还原性，而且遇光或过热会分解析出硫离子，与银离子生成黑色硫化银沉淀。反应式如下：

$$SO_3^{2-}+2Ag^++H_2O \longrightarrow 2Ag+SO_4^{2-}+2H^+$$

$$2SO_3^{2-} \xrightarrow{\text{光或热}} SO_4^{2-}+O_2\uparrow+S^{2-}$$

$$2Ag^++S^{2-} \longrightarrow Ag_2S\downarrow(\text{黑色})$$

此外，银离子含量过高时，镀层较粗糙；反之，过低则镀速较慢，镀层色泽较差。

亚硫酸盐是主络合剂，它与铵离子一起和银离子生成亚硫酸银铵络合物，适当提高它们的含量有利于镀液的稳定性，使镀层细腻光亮。但由于亚硫酸盐具有还原性，根据能斯特公式得出：

$$E=E^{\theta}-\frac{RT}{F}\ln\frac{a_{SO_4^{2-}}(a_{H^+})^2}{a_{SO_3^{2-}}(a_{Ag^+})}$$

亚硫酸盐含量越高，还原性越强，Ag^+ 易被还原；反之，银络合不充分，造成银沉淀，也导致镀液不稳定。因此，亚硫酸盐的含量应有一最佳范围。

(2) pH 值的影响

亚硫酸盐具有一定的还原能力，并随镀液 pH 值的增加而增大，pH 值明显影响镀液的稳定性。当 pH 值<5.0 时，银明显析出。当 pH>10.0 时，有黑色沉淀生成，该沉淀部分溶于硝酸，此为 Ag、Ag_2O、Ag_2S 混合沉淀，反应式如下：

$$SO_3^{2-} + 2H^+ \rightleftharpoons H_2SO_3$$

$$H_2SO_3 \longrightarrow SO_2 \uparrow + H_2O$$

$$2Ag^+ + 2OH^- \longrightarrow 2AgOH \rightarrow Ag_2O \downarrow + H_2O$$

因此，镀液的 pH 值应控制在一定范围内。

(3) 温度的影响

由于亚硫酸盐过热会分解析出硫离子，并与银离子生成黑色硫化银沉淀。当镀液温度高于40℃时，就会产生硫化银沉淀。试验表明，温度在 20～40℃之间，镀液较稳定，镀层较好，但对电流效率有一定影响。

(4) 稳定剂的影响

由于稳定剂本身具有调节 pH 值并能与 Ag^+ 络合生成稳定络合物的特点，因此，稳定剂的加入，大大提高了镀液的稳定性。加入稳定剂后，银的析出变得缓慢，同时，由于能与银离子络合，从阴极极化曲线可以看出，加入后明显增强了极化作用，促使镀层更加光亮细腻。

要维持镀液的稳定，必须保持镀液正确的组成及配比，控制适当的工艺条件。

4.9.2 巴比妥酸无氰镀银

巴比妥酸（barbituric acid），又称丙二酰脲、2,4,6-嘧啶三酮，是一种有机化合物，化学式为 $C_4H_4N_2O_3$，呈白色结晶性粉末，易溶于热水和稀酸，溶于乙醚，微溶于冷水。其水溶液呈强酸性，可以与金属反应生成盐类。它可用作分析试剂、有机合成原料、塑料和染料的中间体、聚合反应的催化剂。丙二酰脲亚甲基上两个氢原子被烃基取代后的若干衍生物，称为巴比妥类药物，是一类重要的镇静催眠药物。其结构式如图 4-7 所示。其无氰镀银配方见表 4-38。该配方可以进行无预镀无氰镀银。

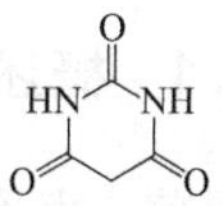

图 4-7 巴比妥酸的分子式

表 4-38 巴比妥酸无氰镀银配方

镀液基本组成	配方[53]	镀液基本组成	配方
硝酸银 $AgNO_3$/(g/L)	17	氢氧化钾 KOH/(g/L)	146
巴比妥酸 $C_4H_4N_2O_3$/(g/L)	45	聚乙烯亚胺 PEI/(g/L)	1
碳酸钾 K_2CO_3/(g/L)	28		

4.9.3 EDTA 无氰镀银

乙二胺四乙酸（EDTA）是一种有机化合物，其化学式为 $C_{10}H_{16}N_2O_8$，常温常压下为白色粉末。它是一种能与 Mg^{2+}、Ca^{2+}、Mn^{2+}、Fe^{2+} 等二价金属离子结合的螯合剂。EDTA 是一种重要的络合剂，它的用途很广，可用作彩色感光材料冲洗加工的漂白定影液，染色助剂，纤维处理助剂，化妆品添加剂，血液抗凝剂，洗涤剂，稳定剂，合成橡胶聚合引发剂。EDTA 是螯合剂的代表性物质，能和碱金属、稀土元素和过渡金属等形成稳定的水溶性络合物。除钠盐外，还有铵盐及铁、镁、钙、铜、锰、锌、钴、铝等各种盐，这些盐各有不同的用途。此外

EDTA 也可用来使有害放射性金属从人体中迅速排出起到解毒作用，也是水的处理剂。EDTA 还是一种重要的指示剂，可以用来滴定金属镍、铜等。

表 4-39 乙二胺四乙酸无氰镀银配方

镀液基本组成	配方[54]	镀液基本组成	配方[45]
硝酸银 $AgNO_3$/(g/L)	17	恒电位(vs. Hg/HgO/NaOH (1.0M))/V	−0.2
EDTA 二钠盐 $C_{10}H_{14}N_2Na_2O_8$/(g/L)	70	镀液温度/℃	25
氢氧化铵 NH_4OH/(g/L)	17.5	pH 值	10
硝酸铵 NH_4NO_3/(g/L)	8.0		

伏安法和动力学研究表明，当 EDTA 阴离子浓度为 0.20mol/L 时，银沉积主要发生在 Ag(Ⅰ)/EDTA 络合物中，而当 EDTA 浓度小于 0.2mol/L 时，Ag(Ⅰ)/NH_3 络合物是主要的银沉积络合物。

镀液（见表 4-39）中 EDTA 的存在改变了沉积电流密度，然而，只有当它作为主要络合剂存在于镀液中时（0.2mol/L EDTA）才会改变沉积电位。在 EDTA 存在和不存在的情况下，银的沉积过程均受极限传质控制，两种银配合物的扩散系数分别为 $6.8\times10^{-6}cm^2/s$ 和 $2.6\times10^{-5}cm^2/s$。

EDTA 具有增亮和平滑性能，提高了银层质量。从 SEM 结果可以推断 EDTA 对银层的形貌有一定的影响，因为它们黏附性好，粒度均匀，涂层完整，而在没有 EDTA 的情况下，基底上有小的晶粒和大的团簇。由 XRD 结果表明，无论 EDTA 浓度如何，银层中微晶的主要取向为（111）。镀液中 EDTA 阴离子浓度的变化对银层的形态不存在显著的影响。

4.10 无氰镀银国内外的产品

4.10.1 概述

目前，市场上可以应用到实际生产中的产品较少，已投入市场化运用的生产商主要包括重庆立道表面技术有限公司（简称重庆立道）和嘉兴锐泽表面处理技术有限公司（简称嘉兴锐泽）等几家。重庆立道开发的无氰电镀银工艺曾获得中国表面工程协会科学技术一等奖，其产品涵盖了光亮电镀银和哑光电镀银，获得了一定数量的企业应用。嘉兴锐泽开发的无氰镀银工艺曾获得中国有色金属工业协会科学技术奖、中国产学研合作创新成果奖、中国表面工程协会科学技术二等奖，其产品也获得数十家企业的应用。

国外生产商主要包括大和化成（日本）和电化学产品（Electrochemical Products Inc.，EPI，美国）、麦德美（MacDermid，MDM，美国）和美泰乐（Metalor，瑞士）等。日本大和化成的产品涵盖了从酸性到碱性的无氰电镀银，产品分化非常细腻，针对某个具体应用均有不同的产品对应。美国电化学产品公司的产品较为单一，同时操作条件要求苛刻。瑞士美泰乐的产品银含量为 30g/L，在室温下操作，工作电流密度为 $0.5A/dm^2$。总体而言，这些国外产品都存在银含量高，价格昂贵，操作要求苛刻，工作效率低等问题，因此，虽然在国内有个别企业应用，但是规模不大。

4.10.2 国内无氰镀银工艺

4.10.2.1 上海择势化学科技有限公司 SILVERPRO 750 无氰镀银工艺

SILVERPRO 750 为无氰光亮镀银工艺，见表 4-40，溶液为弱碱性，可以得到均匀洁白的光亮银层。配合银层封闭剂 SILVERGUARD 910 一起使用，可以得到良好的抗变色性能。其工艺特点如下：① 不含氰化物，水处理方便，环保节能；② 符合 RoHS 要求，操作简单；③ 可用于装饰性电镀，LED、PCB、插接件、开关接点和餐具等电镀。

表 4-40 SILVERPRO 750 无氰镀银工艺槽液组成及操作参数

槽液组成		
产品	标准	范围
SILVERPRO SILVER CONCENTRATE SILVERPRO 银源(15%)	333g/L (Ag+:50g/L)	267～366g/L (40～55g/L)
SILVERPRO 750 CHELATOR SILVERPRO 750 络合剂	150g/L	140～160g/L
SILVERPRO SILVER CONCENTRATE SALT SILVERPRO 750 导电盐	300g/L	280～320g/L
SILVERPRO 750 ADDITIVE SILVERPRO 750 添加剂	20g/L	15～30g/L
操作参数		
温度/℃	23	20～25
电流密度/(A/dm^2)	1	0.3～2.0
阳极	99.99%银板配阳极袋	
阳极：阴极(面积比)	≥2：1	
过滤	连续过滤	
搅拌	溶液搅拌及阴极移动	

注：镀液在高温环境下容易分解，生产之外请低温及遮光维护。

溶液配制：

a. 在清洗干净的槽内加入 1/3 体积的纯水；

b. 边搅拌边慢慢加入所需量的 SILVERPRO 750 CHELATOR 络合剂；

c. 边搅拌边慢慢加入所需量的 SILVERPRO SILVER CONCENTRATE SALT 导电盐；

d. 边搅拌边加入所需量的 SILVERPRO SILVER CONCENTRATE 银源，充分搅拌；

e. 边搅拌边加入所需量的 SILVERPRO 750 ADDITIVE 添加剂，充分搅拌；

f. 用纯水加至工作液位，加热到所需温度，待用。

工艺流程：前处理→水洗→酸洗→水洗→无氰预镀银→水洗→无氰光亮镀银→中和→水洗→防变色处理→水洗→干燥。

4.10.2.2 重庆立道表面技术有限公司 LD-7802 无氰光亮镀银工艺

LD-7802 无氰光亮镀银工艺是无氰碱性的环保光亮镀银工艺。镀液稳定，容易控制，电流效率高，分散能力和覆盖能力好；镀层光亮均匀、可焊性、抗变色能力强、导电性和可焊性优良、硬度高，可应用于电器、电子、通信设备和仪器仪表制造，也可用于工艺饰品等行业。相关镀液组成及操作条件见表 4-41、表 4-42。

工艺流程：前处理→水洗→活化→水洗→预镀银→镀银→回收→水洗→调整处理→水洗→热水洗（50℃，3～5min）→水洗→银保护剂处理。

表 4-41　LD-7802 预镀银溶液组成及操作条件

镀液组成		
镀液成分	标准	范围
硝酸银	1.5g/L	1～2g/L
LD-7802 预镀银开缸剂	350mL/L	300～400mL/L
纯水	650mL/L	600～700mL/L
操作条件		
项目	条件	
阴极电流密度	0.1～0.2A/dm²	
pH 值	9.0～10.0	
温度	25～35℃	
时间	3～5min	
搅拌(阴极移动)	1～4 m/min	
过滤	连续	
阳极	银板	

注：预镀银开缸剂根据银的含量进行分析补加，一般银含量控制在 1.5g/L。

表 4-42　LD-7802 无氰镀银溶液组成及操作条件

镀液组成		
镀液成分	标准	范围
硝酸银	30g/L	25～35g/L
LD-7802M 无氰镀银开缸剂	500mL/L	500～600mL/L
纯水	余量	余量
操作条件		
项目	标准	范围
pH 值	9.5	9.0～10.0
温度	25～28℃	20～30℃
阴极电流密度	0.8A/dm²	0.3～1A/dm²
阴极：阳极(面积比)	1∶2	1∶(2～3)
搅拌(阴极移动)	3～4m/min	3～4m/min
过滤	连续	连续
阳极	银板	银板

(1) 预镀银镀液的配制

a. 加入少量纯水到已清洗干净的镀槽内；

b. 加入所需量的 LD-7802，并加以搅拌；

c. 将所需分析纯硝酸银用少量的纯水溶解，在搅拌下慢慢加入上述溶液中，直至完全溶解；

d. 测量预镀液 pH 值，以氢氧化钾（45%）调至 pH 值为 9.0～10.0；

e. 加纯水至所需体积，搅拌 15min 后，用 5μm 滤芯过滤后试镀。

(2) 无氰光亮镀银镀液的配制

a. 加入少量纯水到已清洗干净的镀槽内；

b. 加入所需量的无氰光亮银开缸剂 LD-7802M 并搅拌均匀；

c. 将所需分析纯硝酸银用少量的纯水溶解，在搅拌下慢慢加入上述溶液中，直至完全溶解；

d. 测量镀液 pH 值，以氢氧化钾（45%）调至 pH 值为 9.0～10.0；

e. 补充纯水至所需体积，搅拌 15min 后，用 5μm 滤芯过滤后试镀。

4.10.2.3 ZHL 系列无氰碱性镀银液

该无氰镀银工艺的生产流程与传统氰化镀银类似（见表 4-43），利用已有设备或者稍加改动即可投入生产。不同工艺针对不同的镀件，形成系列的工艺体系。

表 4-43 ZHL 系列无氰碱性镀银液工艺规范

镀液基本组成	ZHL-01	ZHL-02	ZHL-03
$AgNO_3$	4～5g/L	22.5g/L	45g/L
络合剂	50～70g/L	100～120g/L	150～180g/L
导电盐	10～12g/L	12～15g/L	15～20g/L
ZHL-01 复合添加剂	5mL/L	—	—
ZHL-02 复合添加剂	—	5mL/L	—
ZHL-03 复合添加剂	—	—	5mL/L
pH 值(KOH 调节)	10.0～10.5	10.0～10.5	10.0～10.5
阴极电流密度	0.2～1.2A/dm^2	0.2～2.5A/dm^2	0.3～3.0A/dm^2
阴、阳极面积比	1∶1.5～2.5	1∶1.5～2.5	1∶5～2.5
工作温度	25～35℃	32～45℃	50～58℃
阳极材料	99.99%纯银	99.99%纯银	99.99%纯银
搅拌方式	阴极移动	阴极移动	阴极移动

（1）ZHL-01 系列

该无氰镀银工艺的生产流程与传统氰化镀银类似，利用已有设备或者稍加改动即可投入生产。该工艺适用于一般挂镀，属于经济性好的低银含量镀银工艺，可以用于功能性镀银和装饰镀银。其特点为：

① 银含量低，适用于镀银打底，经济性好；

② 该工艺中的阴极电流密度高于氰化镀银，可以提高工作效率，提高设备的利用率；

③ 镀层与基底结合力好；

④ 深镀能力强；

⑤ 镀层内应力小；

⑥ 镀液可以稳定存放 2 年以上；

⑦ 抗污染能力强，维护方便；

⑧ 镀液配方无氰，生产安全环保，完全满足环保和安全生产的要求；

⑨ 电镀电源输出电压小于 1.5 V，镀液成分稳定，不易分解，因此维护周期比氰化镀银工艺长，维护成本低。

参考工艺流程：放料→机械抛光→超声波除油→电解除油→水洗→水洗→水洗→强酸活

化→稀酸活化→水洗→水洗→水洗→镀银→水洗→水洗→水洗→热水洗→干燥

(2) ZHL-02 系列

ZHL-02 镀液属于中等银含量的产品，既充分考虑了降低镀液的带出成本，又具有镀速快的特点，可以用于装饰镀银和功能镀银，适用于挂镀和滚镀，也可以在喷镀中使用。其特点为：

① 银含量中等，兼具经济性和工作效率；

② 该工艺中的阴极电流密度高于氰化镀银，可以提高工作效率，提高设备的利用率；

③ 镀层与基底结合力好，焊接性好；

④ 深镀能力强，分散性能较好；

⑤ 镀层内应力小，镀层可达 50μm 以上；

⑥ 镀液可以稳定存放 3 年以上（>10℃）；

⑦ 抗污染能力强，维护方便；

⑧ 镀液配方无氰，生产安全环保，完全满足环保和安全生产的要求；

⑨ 电镀电源输出电压小于 1.5 V，镀液成分稳定，不易分解，因此维护周期比氰化镀银工艺长，维护成本低。

工艺流程：

前处理：放料→机械抛光→超声波除油→电解除油→水洗→水洗→水洗→强酸活化→稀酸活化→水洗→水洗→水洗→镀铜→水洗→水洗→水洗→防置换，镀银打底（建议选用 ZHL-01 无氰镀银工艺）→水洗→水洗→无氰镀银（本工艺）；

后处理：水洗→水洗→水洗→稳定剂处理（0.5～1.0min）→温水洗（60～70℃，10～15min）→水洗→保护剂（10～15min）→水洗→水洗→水洗→吹干→收料。

(3) ZHL-03 系列

ZHL-03 镀液产品属于高银含量产品，具有镀速快、深镀能力强和镀层致密稳定的特点，可以用于功能性挂镀和刷镀。结合喷镀设备，该工艺允许的电流密度可以达到 $60～80A/dm^2$，适用于引线框架等生产要求。

4.10.3 国外无氰镀银技术

4.10.3.1 美国电化学产品公司 EPI E-Brite 50/50 无氰碱性镀银工艺

E-Brite 50/50（环保型，高科技产品）是无氰碱性镀银工艺，详细介绍见表 4-44～表 4-46。镀层与工件的结合力优于常规氰化物镀银。可直接用于黄铜、铜、化学镍等工件，无需预镀银。镀件的颜色洁白、美观。镀液中银的补给来自银阳极。优点与特性：

① 可制备适合电子及相关工业用的白色银层；

② 室温操作，无氰废水处理容易；

③ 可直接在银、黄铜、青铜、化学镍上镀银；

④ 具有优异的覆盖性能及分散性能；

⑤ 能够获得致密、光滑、结晶细腻、极低孔隙、焊接性能优良的银镀层；

⑥ 镀速及附着力优于氰化镀银；

⑦ 阳极溶解效率高，镀液维护容易；

⑧ 镀液稳定，适用于滚镀和挂镀。

表 4-44 E-Brite 50/50 无氰碱性镀银工艺及条件

工艺及条件	挂镀		滚镀	
	标准	范围	标准	范围
金属银含量/(g/L)	15	11.2～18.8	18	15～18.8
pH值	9.2	9.0～9.6	9.2	9.0～9.6
温度/℃	20	15.5～24.0	20	15.5～24.0
阴极电流密度/(A/dm^2)	0.3～1.0	0.2～2.0	0.1～0.3	0.05～0.50
阳极电流密度/(A/dm^2)	—	0.2～1.0	—	0.2～1.0
搅拌	阳极底部空气搅拌,阴极移动加底部空气搅拌			
厚度	50.8μm为最大厚度			

表 4-45 新槽配制及要求

工艺及条件	挂镀		滚镀	
	标准	范围	标准	范围
E-Brite 50/50 银浓缩液	50%(体积分数)	40%～60%(体积分数)	60%(体积分数)	50%～70%(体积分数)
E-Brite 50/51 电解液	5%(体积分数)		10%(体积分数)	
纯水	45%(体积分数)	35%～55%(体积分数)	30%(体积分数)	20%～40%(体积分数)
pH值	用45%(体积分数)氢氧化钾调整为9.2			
阳极	纯银,阳极∶阴极=2∶1			
搅拌	阳极底部空气搅拌,阴极移动加底部空气搅拌			
厚度	50μm为最大厚度			
过滤	使用1μm的无硫活性炭芯连续循环过滤,新的无硫活性炭芯应清洗干净后使用,每周更换一次			
槽体制作要求	用内衬橡胶或聚丙烯塑料进行制作,大型聚丙烯塑料槽要进行加固处理,新槽使用前要用稀氢氧化钠进行2天浸泡处理(特别注意的是使用过氰化物的镀槽,更换为超级无氰镀银碱性镀铜工艺时,应严格按照次氯酸钠破氰处理,用1%～2%硫酸浸泡24h清洗好使用)。建议最好使用新槽			
pH值控制	如果低,用45%(体积分数)的氢氧化钾调整为9.0;如果高,用50%(体积分数)的硝酸调整到正常范围内。			
温度控制	采用304/316不锈钢冷却管控制槽温在20℃,槽温必须低于49℃			

表 4-46 各种金属的镀银工序

工序	铜,黄铜,青铜	铁	镀镍或化学镍表
1	化学除油(E-Kleen-96)	化学除油(E-Kleen-96)	—
2	—	电解除油(E-Kleen-129L)	—
3	冷水洗	冷水洗	—
4	活化(10%硫酸)	活化(50%盐酸或5%～20%硫酸)	活化(5%～10%硫酸)
5	冷水洗	冷水洗	冷水洗
6	冷水洗	冷水洗	冷水洗
7	—	镀(E-Brite Ultra Cu)	镀(E-Brite Ultra Cu)

续表

工序	铜,黄铜,青铜	铁	镀镍或化学镍表
8	—	冷水洗	冷水洗
9	—	冷水洗	冷水洗
10	镀(E-Brite 50/50)	镀(E-Brite 50/50)	镀(E-Brite 50/50)
11	出槽	出槽	出槽
12	冷水洗	冷水洗	冷水洗
13	冷水洗	冷水洗	冷水洗
14	酸洗(20%硫酸)	酸洗(20%硫酸)	酸洗(20%硫酸)
15	蒸馏水洗	蒸馏水洗	蒸馏水洗
16	BPA电解保护	BPA电解保护	BPA电解保护
17	热蒸馏水洗	热蒸馏水洗	热蒸馏水洗
18	烘干	烘干	烘干

4.10.3.2 日本大和化成株式会社无氰镀银系列

表 4-47 日本大和化成株式会社无氰镀银系列种类

种类	产品名称	pH值	温度/℃	D_k	硬度(HV)	GAM亮度值	反射率	特征
无氰预镀银	GPE-ST	强酸性	15～25	2.5～5.0	—	—	—	不锈钢基体上可直接镀
无氰无光亮镀银	GPE-PL	强酸性	20～30	0.5～3.0	60	0.01	96%以上	酸性溶液、无需pH管理、不攻击基板油膜
	AG-PL30	3.0～10.0	30～50	0.3～3.0	60	0	90%以上	pH范围宽广,无需预镀银
无氰半光亮镀银	GPE-SB	强酸性	25～40	1.0～10.0	85～95	0.23	90%以上	电流范围广,可用于高速电镀酸性溶液、无需pH管理、不攻击基板油膜
无氰光亮镀银	PL-50	7.5～8.0	20～30	0.3～2.0	100	1.00	88%	耐高温、抗变色性能佳,不需预镀银
无氰超光亮镀银	GPE-HB2	强酸性	38～42	0.5～4.0	140～150	2.00	89%	比氰化镀银更光亮的外观,酸性溶液

参考文献

[1] 于兰天，胡劲. 电流密度对硫代硫酸盐电镀银镀层影响的研究 [J]. 热加工工艺，2017 (4)：4.

[2] XDS为添加剂硫代硫酸盐镀银的试验报告 [J]. 陕西师范大学学报 (自然科学版)，1976 (01)：57-68.

[3] 魏立安. 无氰镀银清洁生产技术 [J]. 电镀与涂饰，2004，23 (5)：4.

[4] 王帅星，赵晴，简志超，等. 聚乙烯亚胺添加剂对硫代硫酸盐体系银电沉积行为的影响 [J]. 材料保护，2013，46 (11)：17-23.

[5] 周永璋. 硫代硫酸钠无氰镀银 [J]. 电镀与环保，2004 (01)：15-16.

[6] 赵辅汉. 碱性硫代硫酸盐镀银 [J]. 陕西师范大学学报 (自然科学版)，1981 (Z1)：184-190.

[7] 陈建勋，李崇华，万红．中性硫代硫酸盐镀银［J］．天津电镀，1979（10）：43-58.
[8] 沈鹏．中性硫代硫酸盐镀银生产报告［J］．电镀与精饰，1983（01）：24-29.
[9] 岑启成．硫代硫酸铵镀银新工艺［J］．特殊电工，1982（02）：32-35.
[10] 王姗姗，祝要民，任凤章，等．电流密度对银纳米晶镀层微观结构及显微硬度的影响［J］．电镀与涂饰，2011，30（04）：5-8.
[11] 王春霞，杨志．硫代硫酸盐镀银添加剂的研究［C］．//2007年全国表面工程行业清洁生产节能、节材减排创新交流大会论文汇编．2007：271-276.
[12] 王春霞，赵晴，杜楠，等．无氰硫代硫酸盐镀银液稳定性检测分析［J］．材料保护，2011，44（02）：67-69，9.
[13] 重庆地区电镀技术交流组．NS络合剂无氰镀银简介［J］．材料保护，1976（004）：2-4.
[14] 佚名．NS线材挂镀银生产小结［J］．天津电镀，1980（01）：13-19.
[15] 亚氨基二磺酸铵镀银［J］．航空制造技术，1976（10）：18-21.
[16] 西南师范学院化学系．亚氨基二磺酸铵（NS）镀银［J］．环境科学，1977（04）：15-17+5.
[17] 白祯遐，黄锁让．无氰光亮镀银［J］．电镀与环保，2001（01）：21-23.
[18] 杨秀汉．对亚氨基二磺酸铵无氰镀银的工艺探讨［J］．电镀与环保，1985（01）：11-14+6.
[19] $AgNO_3$-NH_3-NH $(SO_3NH_4)_2$-H_2O体系镀银［J］．南京大学学报（自然科学版），1978（01）：61-80.
[20] R. Balaji，Malathy Pushpavanam，罗慧梅．甲基磺酸在电镀相关金属精饰领域的应用［J］．电镀与涂饰，2004，23（5）：6.
[21] 王兵，郭鹤桐，于海燕．甲基磺酸盐电镀银镀层工艺的研究［C］ //中国电子学会生产技术学分会电镀专业委员会．2001年全国电子电镀年会论文集，2001：106-108.
[22] 近藤哲也，正木征史，井上博之，等．表面技术，1991：241-245.
[23] 武传伟，陈凌飞，于兰天，等．辅助络合剂对无氰电镀银镀层的影响［J］．河南化工，2017，34（06）：28-31.
[24] Honma H，Inoue H．Mirror-bright silver plating from a cyanide-free bath［J］．Metal Finishing，1998，96（1）：16，18-20.
[25] 吴水清．磺基水杨酸在电镀工业中的应用［J］．表面技术，1995，24（4）：1-5+16-50.
[26] 沈国文．无氰镀银在我厂的应用［J］．涂装与电镀，2009（2）：31-32.
[27] 王思醇．无氰镀银溶液的维护及杂质对镀层质量的影响［J］．涂装与电镀，2009（2）：29-30，32.
[28] 张瑜．咪唑-磺基水杨酸镀银［J］．防腐包装，1982（04）：22-24.
[29] 申雪花．无氰镀银工艺研究［J］．科技咨询导报，2007（12）：3.
[30] 廖世军，张小玲，辛丽．陶瓷无氰电镀银新工艺研究［J］．华南理工大学学报（自然科学版），1997（10）：119-122.
[31] 烟酸镀银［J］．防腐包装，1979（02）：50-51.
[32] 亢若谷，曹梅，畅玢，等．烟酸体系中烟酸含量对镀银过程及镀层性能的影响［J］．太原理工大学学报，2014，45（5）：594-598.
[33] 宋伟星，李涛涛，马进宇，等．电流密度对烟酸体系电镀银的影响［J］．电镀与涂饰，2018，37（5）：4.
[34] 刘承华，杨佩琪．烟酸镀银的应力及其控制［J］．传输线技术，1980（03）：15-19+14.
[35] 常文龙．烟酸无氰镀光亮银［J］．材料保护，1978（01）：3-14.
[36] 王春霞，杜楠，赵晴，等．烟酸镀银添加剂的研究［J］．表面技术，2007，36（3）：28-29.
[37] 王宗礼，邹津耘，邵爱云．丁二酰亚胺镀银的研究［J］．武汉大学学报（自然科学版），1979（04）：53-63.
[38] 魏其茂．丁二酰亚胺体系光亮镀银［J］．电镀与精饰，1983（04）：24-27.
[39] 毕晨，刘定富，曾庆雨．丁二酰亚胺体系无氰镀银工艺的优化［J］．电镀与涂饰，2016，35（03）：126-130.
[40] 杨晨，刘定富．DMH对丁二酰亚胺无氰镀银的影响［J］．电镀与精饰，2015，37（03）：28-31.
[41] 毕晨，刘定富，曾庆雨．丁二酰亚胺体系无氰镀银添加剂的研究［J］．电镀与涂饰，2016，35（3）：131-135.
[42] 周永璋，丁毅，陈步荣．丁二酰亚胺无氰镀银工艺［J］．表面技术，2003（04）：51-52.
[43] 罗龚，黎德育，袁国辉，等．乙内酰脲类化合物在无氰电镀中的应用［J］．电镀与涂饰，2016，35（05）：268-273.
[44] 杨培霞，赵彦彪，杨潇薇，等．无氰镀银溶液组成对镀层外观影响的研究［J］．电镀与精饰，2011，33（11）：33-35.
[45] 卢俊峰，安茂忠，郑环宇，等．5，5-二甲基乙内酰脲无氰镀银工艺的研究［J］．电镀与环保，2007，No. 153（01）：9-11.
[46] 肖文涛，王为．2，2-联吡啶光亮剂对5，5-二甲基乙内酰脲无氰镀银性能的影响［J］．材料保护，2010，43（04）：3.
[47] 杨培霞，吴青龙，安茂忠，等．焦磷酸钾对DMH无氰镀银的影响［J］．电镀与环保，2008，No. 163（05）：22-24.
[48] 杨勇彪，张正富，陈庆华，等．铜基无氰镀银的研究［J］．云南冶金，2004，33（4）：4.

[49] 贾晓凤，杜朝军. 以DMDMH和MET为配位剂的无氰镀银工艺研究［J］. 表面技术，2010，39 (04)：59-61+72.
[50] 杜朝军，刘建连，喻国敏. 以DMDMH为配位剂的无氰镀银工艺［J］. 电镀与涂饰，2010，29 (05)：23-25.
[51] 朱雅平，王为. 银的电沉积过程与5,5-二甲基乙内酰脲配位剂浓度及pH值的关系［J］. 材料保护，2015，48 (1)：1-4+6.
[52] 刘奎仁，吕久吉，谢锋. 亚硫酸盐无氰镀银工艺［J］. 沈阳黄金学院学报，1997 (04)：258-263.
[53] 谢步高，向统领，陈锦怀，等. 巴比妥酸无预镀无氰镀银体系的研究［C］. //第十四次全国电化学会议论文汇编. 2007：759-760.
[54] GMD Oliveira，Barbosa L L，Broggi R L，et al. Voltammetric study of the influence of EDTA on the silver electrodeposition and morphological and structural characterization of silver films［J］. Journal of Electroanalytical Chemistry，2005，578 (1)：151-158.

第5章

纳米银镀层的制备及应用

5.1 纳米银镀层的制备

5.1.1 概述

纳米材料由于颗粒尺寸小、比表面积大、表面能高、表面原子所占比例大，从而表现出特有的表面效应、小尺寸效应和量子效应。其中，具有纳米尺寸晶粒结构的银材料还具有独特的物理、化学和生物性质。由于增加了接触面积，其抗菌能力也获得了质的飞跃。此外，纳米级的银基底在表面增强拉曼光谱技术中也有着广泛的应用前景。

根据 Hall-Petch 公式，材料的屈服强度与晶粒尺寸平方根的倒数成正比。因此，减小晶粒尺寸既能提高材料的强度，又能提高材料塑性，同时还能显著提高其力学性能。细化晶粒的方法可以分为物理方法和化学方法两大类。物理方法主要包括形变处理细化法、物理场细化法、快速冷却法以及机械物理细化法；化学方法可分为添加细化剂法与添加变质剂法。

以往的无氰镀银工艺主要以一元络合剂为主，即使有二元络合剂的研究，但在选择原则上也仅以络合银离子为出发点，产品性能与氰化镀银差距很大。这种思维方式束缚了无氰镀银新工艺的开发。基于对多种无氰镀银工艺的探索，以及对界面电子传递、金属离子放电沉积、结晶生长的基础研究等，我们提出了互补型二元络合的设计原理，即从调控基底给电子能力的角度出发设计辅助络合剂，并在此基础上开发了 ZHL 系列无氰镀银工艺及电镀液产品。“二元”即镀液中含有两种络合剂；“互补”即一种络合剂从与银离子络合来考虑，而另一种络合剂的开发从抑制镀件金属离子来考虑，因为多数镀件都是铜材质或经过预镀铜的，所以第二类络合剂与铜离子作用更强。从“互补型二元络合”思路出发设计的电镀体系具有更多的控制变量。通过调节对铜离子的络合能力，控制镀件金属给电子的性能，间接影响银沉积过程中成核动力学，可使工作电流密度更宽，银结晶速度更快，镀层的结晶更细腻，宏观表现为光亮性更好。

5.1.2 ZHL-02工艺流程与工艺特点

ZHL-02工艺的推荐流程如下：放料→超声波除油→阴极电解除油→阳极电解除油→水洗→水洗→水洗→稀硫酸中和→水洗→强酸活化→稀酸活化→水洗→水洗→水洗→镀铜→水洗→水洗→水洗→镀银打底（预镀银）→水洗→水洗→无氰镀银→水洗→水洗→水洗→稳定剂→水洗→热水洗→保护剂→水洗→水洗→烘干→收料。

本节研究的体系配方见表5-1。

表5-1 ZHL-02无氰镀银工艺配方

镀液组成		含量/(g/L)	镀液组成		含量/(g/L)
主盐 $AgNO_3$		22～23	添加剂	ZHL-surf	0.07
主络合剂 DMH		100～120		ZHL-S	0.05～0.06
辅助络合剂 HEDP		2～4		ZHL-soft	1.5～2.5
导电盐 K_2CO_3		14～16	电流密度/(A/dm^2)		0.2～3.0
pH值调节剂 KOH		40～50	镀液温度/℃		30～45
添加剂	ZHL-M	0.2～0.25	pH值		10.0～10.5
	ZHL-D	0.05			

5.1.3 ZHL-02工艺条件和样品外观

经实验测定，可知ZHL-02镀液在温度为38～41℃，电流密度为0.5～1.5A/dm^2条件下综合性能最好，此时镀层稳定，晶粒尺寸为纳米级，且镀层表面光亮平整，镀件与镀层的结合力最佳，故“39℃，1.0A/dm^2”为基本工艺设定参数。具体扩展研究的实验条件如表5-2所示，电镀基底为0.1dm^2的紫铜片，镀层厚度为3μm，电镀前处理包括强浸蚀和弱浸蚀，采用阴极移动法使镀液环境均匀。

表5-2 实验条件及宏观表现

温度/℃	镀层厚度/μm	电流密度/(A/dm^2)	后处理	宏观表现
34	3	0.1	—	白雾状，无光泽
34	3	0.5	—	光亮，色泽偏冷
34	3	1.5	—	镜面光亮，色泽偏冷
34	3	2.0	—	边角烧焦
44	3	0.1	—	白雾状，无光泽
44	3	0.5	—	光亮，色泽微偏冷
44	3	1.5	—	镜面光亮，色泽偏冷
44	3	2.5	—	烧焦
39	3	1.0	—	镜面光亮，色泽偏冷
39	3	1.0	70℃热水	镜面光亮，银白

5.1.4 不同条件下样品的微观形貌

在较低的工作温度下，光亮电流密度区间变窄。图5-1给出了34℃时不同电流密度条件下镀银层的扫描电镜图。可以看出，0.1A/dm^2条件下，样品表面结晶晶粒粗糙，形状不规则，边缘清晰，顶角尖锐，晶粒尺寸波动较大，在250～700nm之间，接近可见光波长（350～770nm），宏观上表现为对光的漫反射，故呈现白雾状。电流密度增加到0.5A/dm^2时，样品表面略带蓝色，色泽偏冷，这种现象是晶粒细小的光学效果，通过改变晶粒大小可以改变这种现象。采用 70℃热水处理后，淡淡的蓝色即可褪去，呈现出光亮的银白色。电流密度为 $1.5A/dm^2$ 时，可以看到数十个具有相同走向的晶粒团聚成的小晶簇，晶粒细长。可以估计出细小晶粒的尺度为长 150～350nm，宽 50～90nm。当电流密度进一步增加到 $2.0A/dm^2$ 时，从图 5-1（d）中可以看出，细小晶粒的特征与 $1.5A/dm^2$ 条件下的相似，但是晶粒团簇的起伏更为突出。此外，可以明显观察到异常的颗粒突起和不规则的深坑。推测在此电流密度下，镀液中杂质颗粒的吸附、析氢等副反应变得更为显著。通过镀液维护和增加表面活性剂可以部分抑制颗粒吸附和析氢现象，适当扩大光亮电流密度的上限。

图 5-1 具有纳米尺寸晶粒结构银层的制备与形貌研究（34℃）

(a) $0.1A/dm^2$；(b) $0.5A/dm^2$；(c) $1.5A/dm^2$；(d) $2.0A/dm^2$

较高的工作温度虽然加速镀液扩散，但也促进了其他副反应，从而使光亮电流密度范围变窄。图 5-2 给出了 44℃时不同电流密度条件下的扫描电镜图。$0.1A/dm^2$ 条件下，宏观上高温和低温条件下银镀层没有明显的区别，对比图 5-1(a) 和图 5-2(a)，发现其微观形貌略有差异。低温条件下的尖锐晶体颗粒少于高温条件下的，且低温条件下的镀层中沟壑、深坑较少。可能是高温导致镀液的热运动加剧，使成核速度和结晶速度增加，同时导致成核点位的不均匀分布。同时，高温也促进了置换反应，即无电沉积的发生。增加电流密度，可以在结晶动力学上与镀液的热运动之间达成平衡，使镀层趋于光亮平整。故当电流密度上升到 $0.5A/dm^2$ 时，样品表面结晶非常细腻，晶粒的形状趋向于椭圆形，其晶粒尺寸一般在 40～60nm 范围内，远远小于氰化镀银中银晶粒的尺寸，也小于同等电流密度下低温时的晶粒尺寸。在此条件下，样品外观银白光亮，色泽比低温时有明显改善。电流进一步上升到 $1.5A/dm^2$ 时，可以明显观察到长椭圆形的结晶结构，仍是数个具有相同走向的晶粒团聚成的小晶簇，但其走向没有低温条件下的明显。仔细观察还可以发现，每个长椭圆形晶粒包含了若干更为细小的晶粒，这些细小晶粒结构也可以在后续的 15min 热水处理中消除。由于高温条件下成核迅速且不均匀，因此在镀层的生长过程中，镀层存在较大的内应力。镀层过厚或者镀速过快等均可以导致镀层表面出现微裂纹。可以通过预镀银，在铜镀件表面预先形成均匀的银成核中心，然后在适当的温度、较大的电流密度下进行镀层加厚，从而得到均匀、光亮的镀层。图 5-2(d) 给出了 $2.5A/dm^2$ 条件下的扫描电镜图。对比图 5-2(c) 和图 5-2(d) 可以清晰地发现大电流导致结晶更为粗大。尽管晶粒形状类似，但过大的晶粒结构也会导致镀层外观变得发黄，略微呈现烧焦状态。对于同样的烧焦状态，温度不同，其微观形貌还是有所差别的。

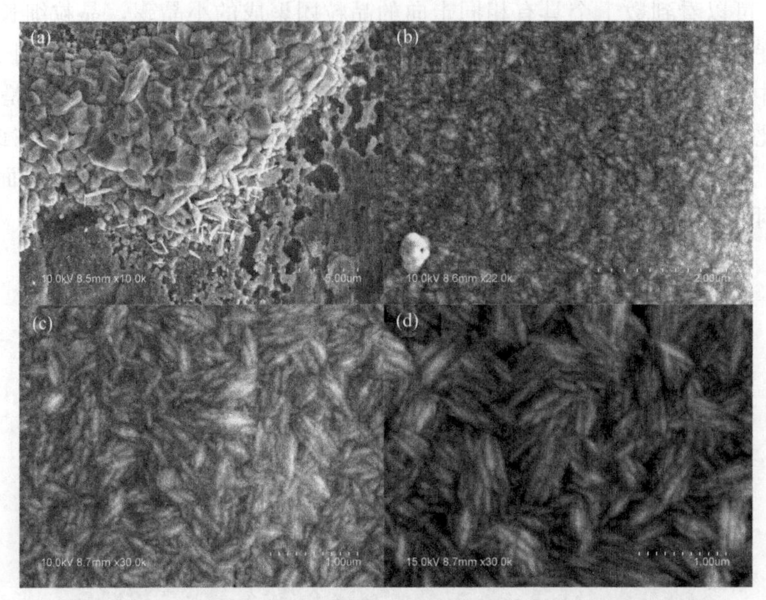

图 5-2　在 44℃条件下不同电流密度样品的表面微观形貌图

(a) 0.1A/dm^2；(b) 0.5A/dm^2；(c) 1.5A/dm^2；(d) 2.5A/dm^2

在 (39±2)℃范围内镀液的性能表现最好，有很宽的光亮电流密度范围，可保证镀液的均镀能力以及良好的分散性。图 5-3 给出了上述理想条件下样品表面形貌和截面形貌的扫描电镜图。图 5-3(b) 中可以看到样品表面圆润的细小结晶颗粒。其晶粒大小在 15～30nm 左右，远远小于氰化镀银。在镀层的截面结构中，也可以看到同样细小的结晶结构，晶粒形状圆润，但没有尖锐、清晰的边界，同样可以估计出晶粒的尺寸在 15～30nm，与原子力显微镜研究中的颗粒尺寸分析一致。观察也表明，镀层中银晶粒具有熔融再晶化的特征。

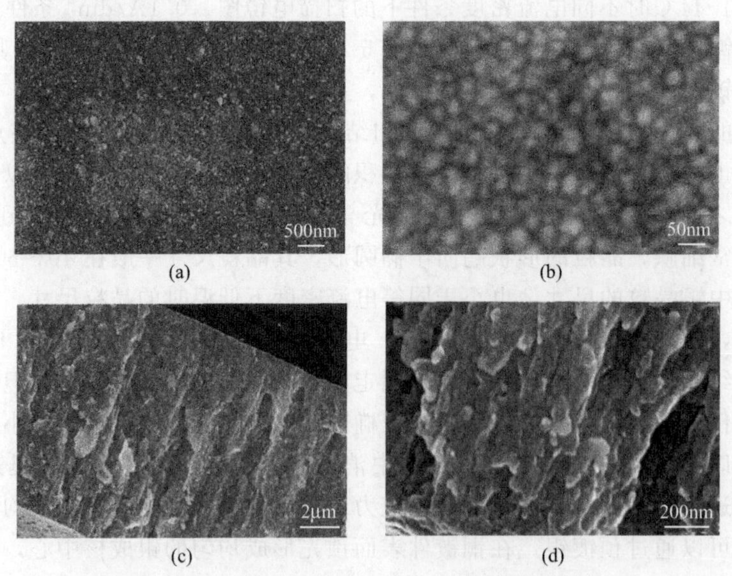

图 5-3　39℃，1.0A/dm^2 条件下的样品的微观形貌图

(a)，(b) 表面；(c)，(d) 截面

经实验研究，发现通过对镀层进行后处理，可以改变镀层性质，如前文所述，较低电流密度时，由于银颗粒尺寸过小，镀层色泽偏冷，略显蓝色，使用 70℃热水浸泡 5～15min 后，银层呈现光亮的银白色。通过研究其微观形貌图，发现银晶粒形状、粒径均发生了改变。

从图 5-4 可以明显观察到热水处理前，样品的晶粒更为细腻，统计［图 5-5(a)］发现晶粒尺寸集中在 15～30nm，热水处理后晶粒尺寸略有生长，集中在 50～60nm，晶粒数目较热水处理前减少了近 50%。仔细分辨可以看出图 5-4(b) 中颗粒是由若干细小晶粒融合构成。说明当用热水处理后，细小的晶粒边缘发生部分融合，其形状接近泰森多边形。由于其仅作用于表层原子，所以对镀层的其他性能影响甚微。

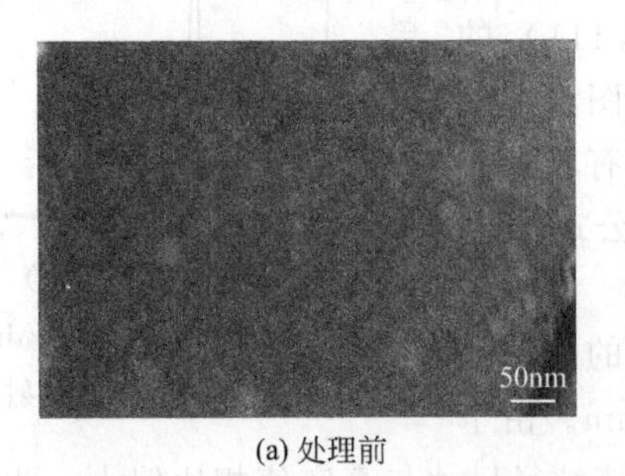

(a) 处理前　　(b) 处理后

图 5-4　39℃，1.0A/dm^2 条件下样品在热水处理前后的扫描电镜图

如图 5-5(b) 所示，70℃的热水处理既会使晶粒边缘发生部分融合，同时可以使镀层表层的银原子具有更高的流动性，活性银原子迁移到低能的凹陷处，最终导致晶粒尺寸增加，镀层变为光亮的银白色。此外，由于活性原子数降低，镀层的抗变色性能也有提高。

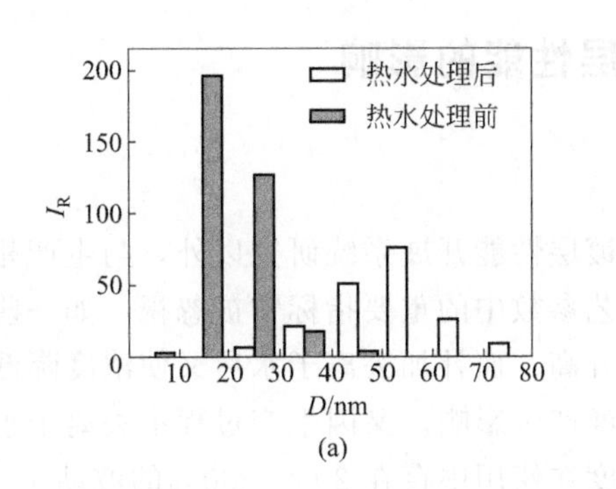

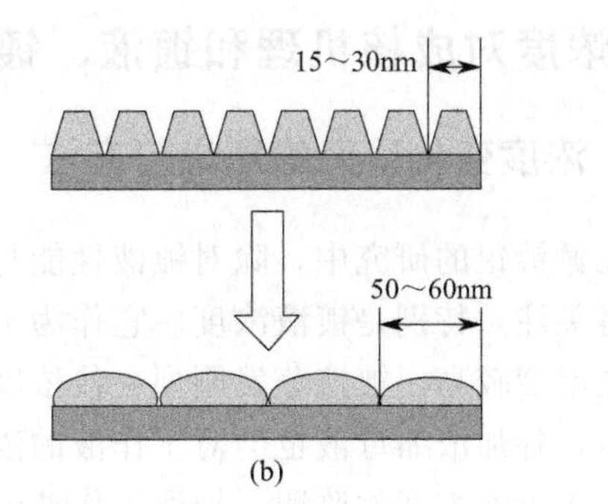

(a)　　(b)

图 5-5　70℃热水处理效果及原理

(a) 理想条件下（39℃，1.0A/dm^2）样品表面颗粒尺寸统计分布；(b) 晶粒熔融再生长示意图

5.1.5　样品的 XRD 衍射图样特征

X 射线衍射方法通过对镀层进行 X 射线衍射分析，获得镀层结晶结构的信息。最优的工艺条件（39℃，1.0A/dm^2）下样品的 XRD 衍射图见图 5-6。利用高斯函数对 4 个衍射峰做了拟合，得到的具体参数总结于表 5-3。

表 5-3　银镀层衍射峰高斯拟合的特征参数

指数面	拟合峰位/(°)	半峰宽/(°)	积分面积	标准面积
(111)	38.780	0.4311	100.00	100
(200)	44.790	0.7939	31.72	40

续表

指数面	拟合峰位/(°)	半峰宽/(°)	积分面积	标准面积
(220)	65.270	0.5383	45.46	25
(311)	78.141	0.7176	35.66	26

从表中可以看出，衍射峰位均大于标准值，说明镀层致密度高于银的块体材料。同时镀层衍射峰的积分面积也与块体材料略有不同。(111) 衍射峰最强，具有较高指数面的 (220) 为次强峰，积分面积约为 (111) 衍射峰的 45%。而标准图谱中 (220) 仅为 (111) 的 1/4。样品的 (311) 衍射峰面积也略高于标准图谱中的 (311) 衍射峰面积。这些高指数面的衍射峰占有较大比例，说明 ZHL-02 工艺镀层的表面能较高。由公式：

$$D_v = (K\lambda)/(\beta_C \cos\theta)$$

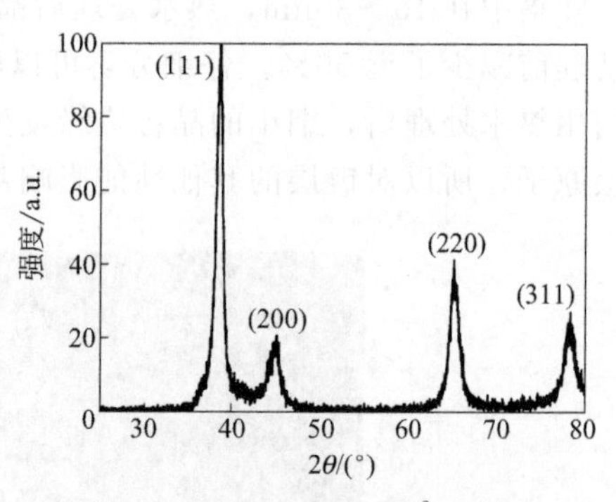

图 5-6　39℃，1.0A/dm² 条件下样品的 XRD 衍射图样

计算出 (111)、(200)、(220) 和 (311) 的晶粒尺寸分别为 20.0nm、10.8nm、17.5nm 和 14.3nm。由于没有将其他因素导致的衍射峰宽化计入，所以该粒径尺寸与真实值相比偏小。此外，由晶面的织构指数公式可得到 (111)、(200)、(220) 和 (311) 晶面织构指数分别为 0.897、0.713、1.634 和 1.235。其中 (220) 和 (311) 晶面织构指数大于1，所以镀层具有织构，(220) 晶面织构指数最大，故 (220) 晶面为择优取向。

5.2 浓度对成核机理和镀液、镀层性能的影响

5.2.1 浓度变化研究的意义与方法

在无氰镀银的研究中，除对镀液性能与镀层性能开展系统研究以外，与生产相关的几个因素也值得关注，特别是镀液浓度。它作为工艺参数中的重要指标常被忽视。如一些无氰电镀银体系工艺温度较高，镀液蒸发剧烈会使浓度升高；而补加去离子水后又使浓度降低；另外工作液带出后，补加浓缩母液也会对工作液的浓度产生影响。又因生产过程中去离子水和母液的补加频次高于镀液浓度的监测，导致工作液浓度在使用中存在 20%～30%的波动。

为了解镀液浓度变化对镀液性能和镀层性能的影响，本节以生产实践中优化的 ZHL-02 体系 ($V_{母液}:V_{水}=1:1$) 为基础，考察了不同 ZHL-02 无氰镀液浓度下的循环伏安行为，同时对沉积银机理进行了探究，并进一步考察了镀液性能和镀层性能。将 ZHL-02 无氰镀液母液与去离子水分别按照 2∶1、1∶1、1∶2 和 1∶3 的比例稀释，得到 4 种不同浓度的镀银液。其基本组分的含量见表 5-4，镀银液的 pH 值在 10.0～10.5。

表 5-4　不同浓度下各基本组分的含量

母液∶水	Ag^+/(g/L)	主络合剂/(g/L)	辅助络合剂/(g/L)	导电盐/(g/L)
2∶1	19.1	147	4	20
1∶1	14.3	110	3	15
1∶2	9.5	73	2	10
1∶3	7.1	55	1.5	7.5

5.2.2 不同镀液浓度对循环伏安行为的影响

循环伏安方法是一种在较大电势窗口内做循环电势扫描的暂态电化学研究方法，可以方便快速地了解待测体系在较大电势范围内的伏安响应。图5-7给出了四个不同浓度的镀液在不同扫描速度下的循环伏安行为。其中，以玻碳电极为工作电极，其表观面积为0.071cm^2。从图中可知，虽然浓度有较大的变化，银含量由2∶1体系的19.1g/L减少到1∶3体系的7.1g/L，循环伏安曲线的基本特征变化不大，说明该镀银液的电沉积行为相对稳定，对银含量的变化不敏感。从四组循环伏安曲线上可以看到，在扫描至−0.9V附近时，有一沉积峰（还原峰）出现。此沉积峰对应银离子络合物在玻碳电极表面的电沉积反应。向正电势方向扫描时，在0V附近氧化电流迅速增加，在0.2～0.4V内形成氧化峰。在不同的扫描速度下，四个不同浓度的镀液表现出极为相似的变化规律，即随扫描速度的增加，还原峰和氧化峰的峰电流增加，且还原峰电流近似与扫描速度的平方根呈线性关系。此外，还原峰电势随扫描速度增加明显负移，氧化峰电势则显著正移。在低扫描速度下，四个不同浓度的氧化过程中均显示了两个氧化峰，随着扫描速度的增加，两个峰逐渐重叠，难以分辨。

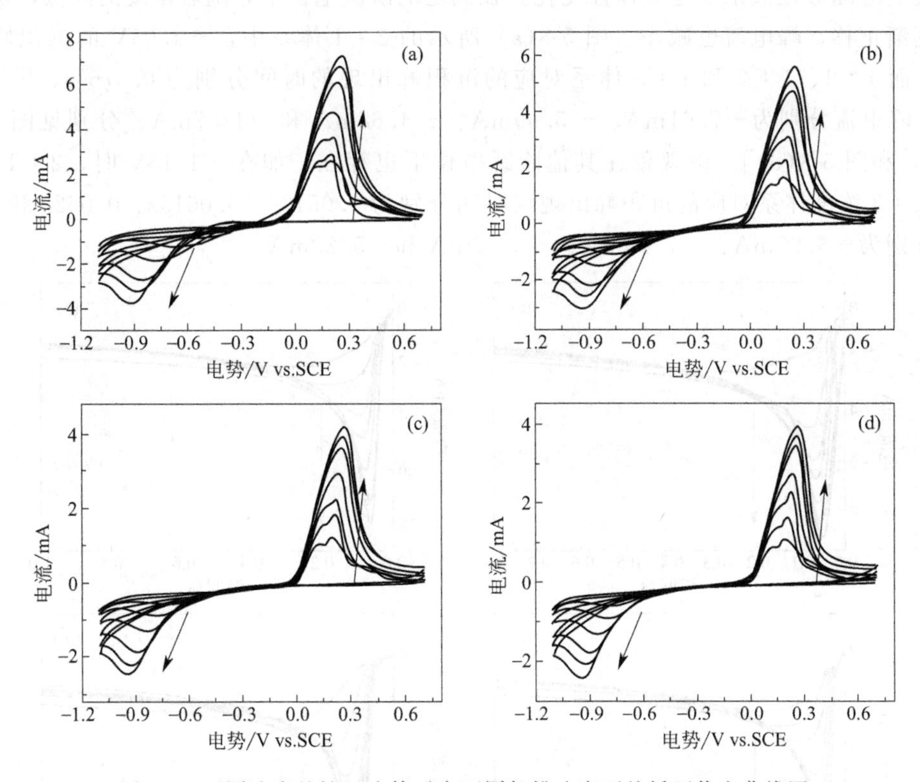

图5-7 不同浓度的镀银液体系在不同扫描速度下的循环伏安曲线图

(a)、(b)、(c)和(d)对应的镀液浓度分别为2∶1、1∶1、1∶2和1∶3；

图中曲线对应的扫描速度按箭头依次为20mV/s、50mV/s、100mV/s、200mV/s、400mV/s、600mV/s、800mV/s

进一步分析可以观察到镀液银含量的变化对循环伏安行为的细微影响。当银含量较高时，游离银离子含量亦较高，其易于在电极表面沉积、成核、结晶、生长，特别是在较低的扫描速度下。如图5-7(a)所示，20mV/s的扫描速度下，在−0.3V时，即有较为明显的沉积电流出现；而当浓度较低时，如在1∶1体系中，同样的扫描速度下，沉积峰在−0.45V出现，负移明显，如图 5-7(b) 所示；而更低浓度，如 1∶2 和 1∶3 体系，沉积电流的出现则不再有明显的负移，见图 5-7(c) 和图 5-7(d)。这一特点说明低银含量的镀液需要更负的过电势才能驱动相同速率的银沉积。

氧化峰反映了电极表面的沉积银层在镀液中配位离子的作用下失电子的行为，具体是在电镀工艺中反映出阳极溶解和钝化现象。因镀液中配位离子过量，故浓度变化对氧化行为的影响不明显。从图 5-7 的循环伏安特征的比较中发现，ZHL-02 无氰镀液中的银离子的电沉积行为相对稳定，意味着浓度变化对电镀工艺以及镀液、镀层性能影响较小，说明该工艺阳极溶解正常，工艺稳定，工作窗口较宽。

5.2.3 不同镀液浓度的计时电流响应及成核机理

利用相对惰性的玻碳电极结合负电势方向的电位阶跃技术可以得到银离子电沉积过程中的计时电流响应，该电化学方法可以进一步用于分析银离子的成核结晶的动力学机理，为了解电镀工艺参数的作用提供参考。图 5-8 展示了四个不同镀液浓度、不同阶跃电位下的计时电流行为。电流响应随镀银液浓度呈规律性变化。在固定的阶跃电位下，随着浓度的降低，沉积峰出现时间逐渐正移，峰电流也减小。图 5-8(a) 所示的 2∶1 体系中，−1.05V 的沉积峰出现在 0.059s，而 1∶1、1∶2 和 1∶3 体系对应的沉积峰出现的时间分别为 0.0765s、0.0770s 和 0.118s，峰电流分别为−7.61mA、−5.99mA、−4.68mA 和−4.57mA [分别见图 5-8(b)、图 5-8(c) 和图 5-8(d)]。该现象在其他阶跃电位下也存在，如在−1.15V 时，2∶1、1∶1、1∶2 和 1∶3 浓度体系对应的沉积峰出现的时间分别为 0.0519s、0.0615s、0.062s 和 0.105s，峰电流分别为−8.99mA、−7.99mA、−6.32mA 和−5.20mA。

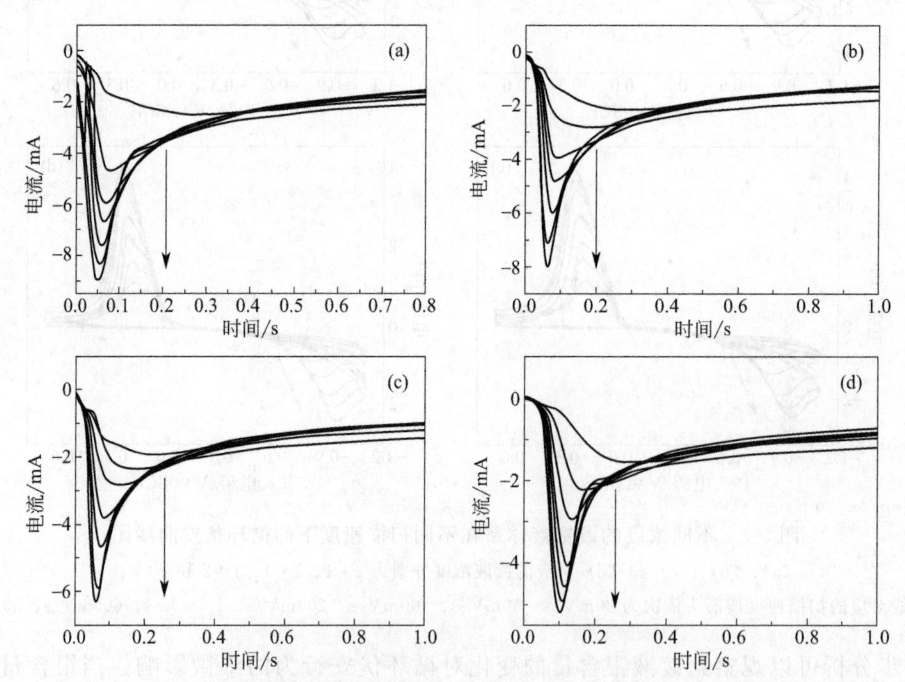

图 5-8 不同浓度的镀银液体系在不同阶跃电位下的计时电流响应

(a)、(b)、(c) 和 (d) 分别对应的镀液浓度为 2∶1、1∶1、1∶2 和 1∶3；图 (b) 中对应的负向阶跃电位为−0.85V、−0.90V、−0.95V、−1.00V、−1.05V、−1.10V、−1.15V

从计时电流曲线来看，镀液银离子浓度的变化对沉积行为影响微弱，更详细的沉积机理影响还需要结合成核模型来讨论。根据 Scharifker-Hills（SH）理论模型，瞬时成核条件下的归一化电流可表示为：

$$(I/I_m)^2=1.9542(t_m/t)\{1-\exp[-1.2564(t/t_m)]\}^2$$

连续成核条件下的归一化电流可表示为：

$$(I/I_m)^2=1.2254(t_m/t)\{1-\exp[-2.3367(t/t_m)^2]\}^2$$

式中，I(A) 和 t(s) 分别表示电流和时间；I_m(A) 和 t_m(s) 分别为 I-t 曲线上的峰电流值以及最大电流所出现的时间；I/I_m 即电流对最大电流值的归一化，对应的 t/t_m 为时间的归一化，则可得到电流-时间的归一化曲线。

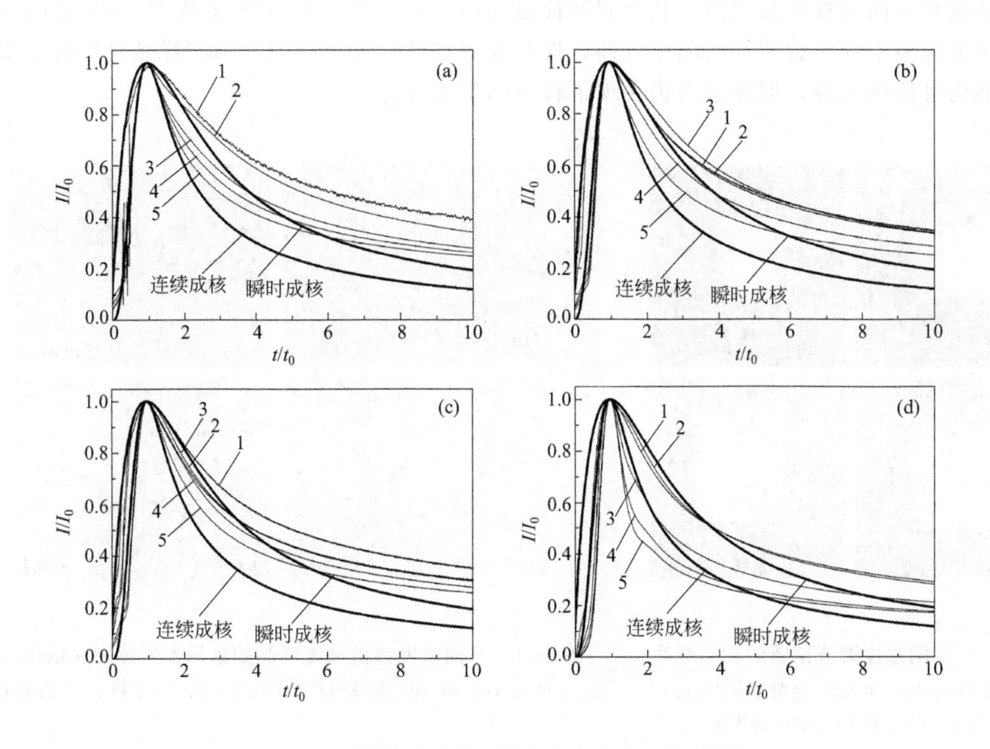

图 5-9 不同镀液浓度下的归一化电流-时间曲线

(a)、(b)、(c) 和 (d) 对应的镀液浓度体系分别为 2∶1、1∶1、1∶2 和 1∶3；图中曲线对应的负向阶跃电位依次为－0.85V、－0.9V、－0.95V、－1.00V、－1.05V

从图 5-9 可知，在四种不同浓度镀液中银成核机理具有一定的相似性，但仍存在明显的不同。对于浓度较大的 2∶1 体系，在较低的阶跃电位下，成核机理倾向于瞬时成核；随着阶跃电位的不断增加，成核机理逐渐由瞬时成核向连续成核转变。通过图 5-9(a) 可以发现，当阶跃电位为－0.85V 和－0.90V 时，电流-时间（I-t）归一化曲线位于瞬时成核上方，当阶跃电位为－0.95V 时，归一化结果最接近瞬时成核机理，而当阶跃电位为－1.00～－1.05V 时，成核机理逐渐趋向连续成核；而更负的电位阶跃，例如－1.10V 和－1.15V，则归一化的 I-t 曲线又处于连续成核的下方。镀液浓度为 1∶1 和 1∶2 的体系差别不大，均在－1.1V 和－1.15V 的阶跃电位靠近连续成核机理，而在其他阶跃电位下则靠近瞬时成核机理［见图 5-9(b) 和图 5-9(c)］。不同于 1∶1 体系和 1∶2 体系，银含量最低的 1∶3 体系下，除了－0.85V 和－0.90V 阶跃电位下的曲线靠近瞬时成核机理外，其余阶跃电位下的 I-t 曲线均接近连续成核，而且阶跃电位低于－1.10V时，曲线明显位于连续成核的下方。可见，浓度的变化对成核机理还是存在较为显著的影响。

5.2.4 不同镀液浓度体系下的镀层的外层与微观显微结构

在优化的工艺范围内，即在（38±1)℃，1.0ASD（A/dm^2）的电流密度下，得到的镀层有良好的性能，镀件外观洁白光亮，接近光亮氰化镀银。图5-10分别给出了四个不同浓度体系下所镀试样的外观，从样品的实际表现来看，色泽洁白且具有较高的光泽度，属于光亮或者半光亮的镀银。

从微观层面观察样品表面，其形貌特征也均匀一致。图5-11给出了放大1000倍的景深扩展体视显微镜下的形貌图。从图中可知，样品表面平整，镀层均匀。虽然样品打磨时留下的细小划痕仍可依稀分辨，但镀银层仍表现了较好的覆盖性能。

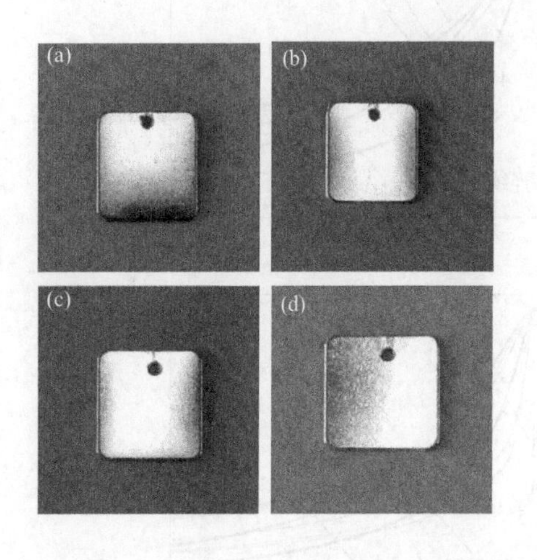

图5-10 不同浓度镀液试镀的样品照片
(a)、(b)、(c) 和 (d) 分别对应2∶1、1∶1、1∶2和1∶3的镀液体系

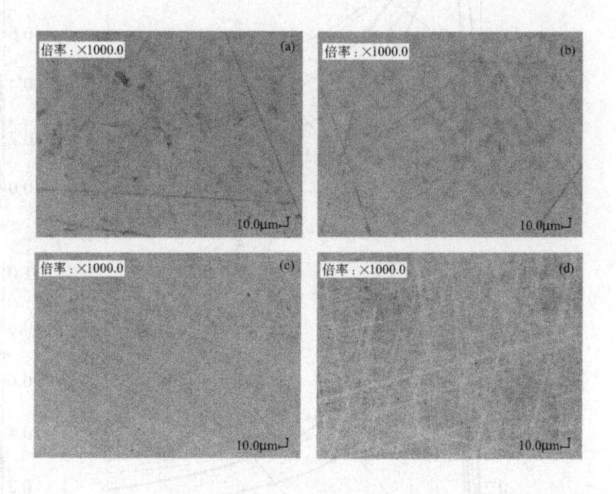

图5-11 不同浓度镀液试镀样品的景深扩展体视显微镜照片
(a)、(b)、(c) 和 (d) 分别对应2∶1、1∶1、1∶2和1∶3的镀银体系

原子力显微镜可以给出更高分辨率的微观形貌，从而获得关于镀层的更多结构特征信息。图5-12给出了四个不同浓度下的镀银铜片在2μm×2μm扫描范围内的AFM图像。图中圆形亮点对应了银颗粒的凸起。从图中可以看出浓度的变化对镀层的微观结构特征影响不大，但更为细致的统计分析可以分辨出浓度对镀层的细微影响。表5-5给出了原子力显微镜图像的数据处理结果。从表5-5可以看出虽然银含量从2∶1体系的19.1g/L降到了1∶3体系的7.1g/L，镀层的平均颗粒尺寸仍低至100～140nm，远小于氰化镀银和其他的无氰镀银体系。从表5-5中还可以看出，银含量的降低有利于银颗粒向更大尺寸生长。另一方面，镀层的比表面积，即表面粗糙度在1.5～3.0nm之间变化。1∶1浓度体系下比表面积更小，意味着该样品表面更光滑平整，这也与样品外观一致。四个镀液浓度下制备的样品平均粗糙度与比表面积的变化趋势一致，即1∶1浓度的样品具有更小的粗糙度，但与其他几个浓度的样品比较，差异并非十分显著。可见，浓度变化对镀银层虽有影响，但仅表现在细微的特征上。这种差异与其成核机理有一定联系，例如在较高和较低的浓度下，成核机理随极化电势的不同而有一定的变化。

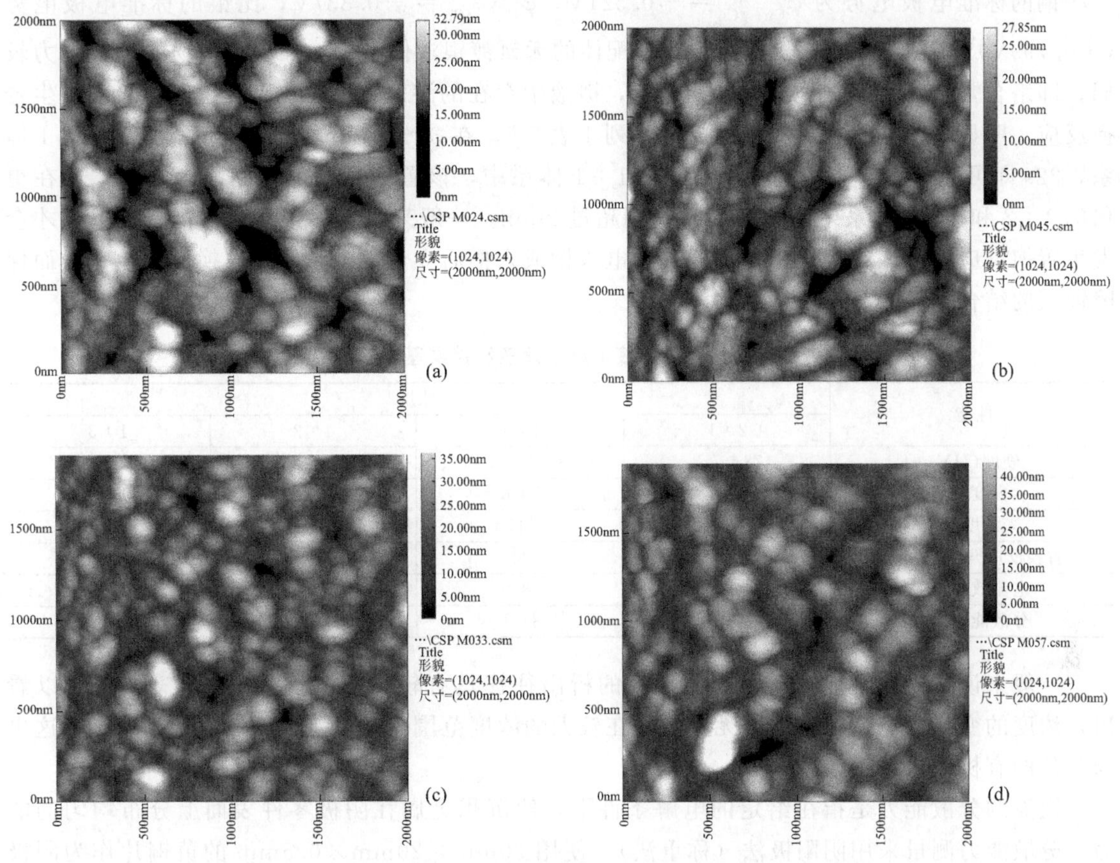

图 5-12 不同镀液浓度体系下 AFM 照片

(a)、(b)、(c) 和 (d) 分别对应的镀液浓度体系为 2∶1、1∶1、1∶2 和 1∶3

表 5-5 AFM 数据处理结果

类别	浓度			
	2∶1	1∶1	1∶2	1∶3
平均粒径	103.67nm	107.34nm	119.69nm	141.11nm
分形维数	2.33	2.63	2.64	2.77
比表面积	2.30	1.46	2.61	2.95
平均粗糙度	6.63nm	4.60nm	5.54nm	7.13nm

5.2.5 浓度变化对镀液性能与镀层性能的影响

镀银液浓度的变化对镀层的性质，如硬度、白度、光泽度等，及对镀液性能的影响，包括置换现象、电流效率、分散能力的对比见表 5-6。

在硬度测试中，镀层厚度大于 5μm，测量至少 5 个不同位置的硬度值再统计平均数。从结果来看，改变镀液浓度，银镀层的维氏硬度变化不显著，基本保持在 80HV 左右，该硬度与其他无氰镀银工艺相当，略大于氰化镀银的硬度。

镀层的白度随着镀液浓度的增加有所降低，特别是银含量降低到 7.1g/L（1∶3）时，白度仅为高浓度（2∶1）的 1/3。镀层的光泽度也表现了类似的变化趋势，随着镀液浓度的降低，光泽度由 490Gs 降到了 346Gs，降低了约 30%。

铜的标准电极电势为 $\varphi^0_{Cu^+/Cu}=+0.521V$，$\varphi^0_{Cu^{2+}/Cu}=+0.337V$，比银的标准电极电势（+0.799V）[1] 低，在以有机配合物作为配体的无氰镀银液体系中，如果配合物的配合能力较弱，即络合常数较小时，即使配合物过量，镀液中存在的游离银离子仍可在铜基质表面发生置换反应。明显观察到置换反应发生的时间列于表 5-6，在 38±1℃下，对于浓度较高的 2∶1 体系，22s 即可观察到明显的置换现象；在 1∶1 体系中，该置换反应的时间略有降低；而在更稀的 1∶2 和 1∶3 体系中，置换的时间则超过 2min。一般来说，镀银体系如需 30s 以上才会发生置换反应，那么在应用中可以通过带电入槽或入槽后立刻加电来避免置换的发生，从而保障镀层的结合强度。

表 5-6　不同镀液浓度下镀液和镀层基本性能

性能	浓度			
	2∶1	1∶1	1∶2	1∶3
硬度(HV)	78±7.3	82.6±5.4	81±3.9	80.6±3.5
白度/%	32.4	20.6	14.8	10.4
光泽度/Gs	490	417	405	346
置换反应开始时间/s	22	30	122	162
电流效率/%	99.4	98.9	99.1	99.2
分散能力/%	82.3	84.1	81.0	79.6

一般来说，碱性电镀体系因避免氢气的析出往往具有较高的电流效率。从表 5-6 可以看出，浓度的变化对电流效率基本无影响，在较大的浓度范围内，电流效率均接近 100%，这也与其他的有机无氰镀银体系一致。

镀液的分散能力是指在给定的电解条件下，使沉积金属在阴极零件表面上分布均匀的能力。分散能力测量采用阴阳极法（称重法），使用 30mm×20mm×0.5mm 的黄铜片作为阴极（阴极背面涂覆绝缘层），尺寸为 190mm×40mm×40mm 的矩形槽为镀槽。阴极片首先经丙酮超声波处理 10min，然后用去离子水处理干净，吹干后称重记录。在镀槽中加入 20mm 深的镀液，将经强浸蚀、弱浸蚀洗净后的两片尺寸相同的阴极试片带电入槽放入矩形槽的两端。同时，在两个阴极试片中间放入与阴极尺寸相同的带孔或网状的阳极，使远阴极和近阴极的距离之比为 5∶1，电镀 600s 后取出，吹干，称重并记录，按照以下公式计算镀液的分散能力 T：

$$T=\frac{K-m_1/m_2}{K+m_1/m_2-2}\times 100\%$$

式中，K 为阴极与阳极的远近距离比，m_1、m_2 分别为距阳极近、远的阴极的增重。

分散能力越高的镀液可以使电沉积镀层均匀分布在零件的所有部位，即镀层厚度均匀，它是一个表征镀液性能的表观特征。利用远近阴极法，测试了浓度变化对分散能力的影响，从表 5-6 可以看到，四种不同浓度的镀液分散能力均在 80%左右，与其他无氰镀银体系相当，说明浓度的变化对溶液分散能力影响不大。

总体而言，镀液浓度的变化对镀液和镀层基本性能影响不显著；镀层硬度、镀液电流效率及分散能力随着浓度的变化，略有变化，但变化都不明显；而低浓度下的镀层白度和光泽度相比于高浓度时有所下降，置换反应开始时间则随着镀液浓度的降低逐渐延长。

5.2.6　不同镀液浓度的工艺窗口

在电镀生产过程中，镀液中水的蒸发，以及镀液的补充，均会使浓度产生一定的波动。尽管通过生产管控可以使浓度的波动减小，但系统的研究浓度的变化对工艺窗口的影响对于指导生产还是具有重要价值的。图5-13以浓度为横坐标，工作温度和阴极电流密度分别为纵坐标，根据不同浓度的镀液体系在不同温度或不同电流密度下所观察到的镀铜片的光亮程度作等高线图，图中圆点为实际试镀的样品，以其外观质量给予相应主观的评价。图5-13(a) 给出了1.0ASD的电流密度下，不同的镀液浓度对光亮电镀的温度范围的影响。从图中可以看出，低浓度更利于镀液工作在高温区间，例如在1∶3体系中，光亮区间的温度上限可以达到45℃；而在2∶1体系中，光亮区间的温度上限为35℃。从图中可以看出在工业生产中浓度在推荐工艺上下30%范围内波动，温度在（35±5)℃均不会对外观质量带来影响。

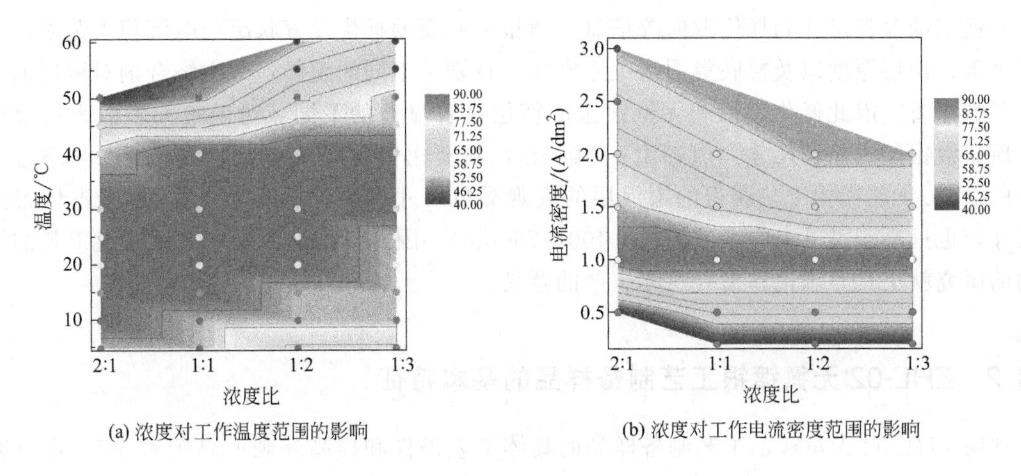

(a) 浓度对工作温度范围的影响　　(b) 浓度对工作电流密度范围的影响

图5-13　镀银液浓度变化对电镀工艺窗口的影响

图5-13(b) 给出了镀液浓度对光亮电流密度区间的影响。此时镀液温度恒定在（38±1)℃下，对于浓度较高的2∶1体系来说，光亮区间向高电流密度方向移动；而对于其他三个较低浓度体系（1∶1、1∶2、1∶3）而言，光亮电流密度区间则有所降低。总体而言，浓度对光亮电流密度范围影响不大，四种不同浓度体系在0.8～1.2ASD的电流密度下，光亮性均有良好的表现。

5.2.7 小结

针对工艺生产中镀液浓度的变化对镀层性能的影响，本节系统地考察了四个不同浓度（Ag含量分别为19.1g/L、14.3g/L、9.5g/L和7.1g/L）下的镀液性能与镀层性能。从机理上，四个不同浓度体系具有一定的相似性，随着阶跃电位的增加，银的成核机理由瞬时成核逐渐向连续成核过渡。此外，四个不同浓度体系的镀液性能研究表明，较高浓度体系（2∶1、1∶1）的镀液置换反应开始时间在30s左右，而随着浓度的进一步降低，置换反应时间则超过2min。镀液浓度的变化对镀液的电流效率以及分散能力影响不大，四种不同浓度镀液体系的电流效率均达到90%以上，分散能力均在80%左右。景深扩展体视显微镜和AFM表征表明，浓度的变化对镀层的微观结构特征影响不明显；白度和光泽度随着浓度的降低而降低，但变化程度不显著，硬度则不随浓度变化。不同镀液浓度下的温度窗口和电流密度窗口的研究进一步表明，ZHL-02无氰镀银工艺具有较好的稳定性。本节研究对进一步开发和完善无氰低银含量的镀银配方提供了有益参考。

5.3 无氰镀银纳米镀层的结晶结构

5.3.1 概述

镀银层以其优良的导热、导电、焊接性能而广泛应用于电子、电器、仪器、仪表和照明等制造工业领域。电沉积银层的许多物理化学性质均与其微观结构密切相关。电结晶的动态过程中，由于不同取向生长的速度不同，晶粒结构具有明显织构化的微观特征。

金属镀层的不同晶面可以表现不同的电学行为，X射线衍射（XRD）技术可以广泛应用于研究镀层的晶粒尺寸和择优取向等信息。镀银层晶面的择优发育状况与电沉积工艺条件、添加剂种类、镀层厚度以及衬底等因素关系密切。特别是不同的配体，即主络合剂对镀层的结晶状态影响显著，因此氰化镀银和无氰镀银的镀层有着显著的不同。对于绝大多数无氰镀银体系，所获镀银层的晶粒尺寸一般都大于100nm，甚至比氰化镀银还大。而通过二元络合原理设计的ZHL无氰镀银工艺获得的银镀层的表观晶粒尺寸可小于50nm，远远小于本体银的晶粒尺寸，也远小于可见光的半波波长（400～760nm）。因此对于纳米尺寸无氰镀银工艺的结晶结构的研究就更具有理论和指导实际生产的意义。

5.3.2 ZHL-02无氰镀银工艺制备样品的基本特征

利用ZHL-02无氰镀银工艺制备样品的具体工艺条件和样品外观汇总于表5-7。本研究中共考察了14个样品，包括不同的温度、电流密度、搅拌方式和镀层厚度等几个因素。

从表5-7可知，采用阴极移动的搅拌方式，当电流密度为2.0A/dm^{2}时，镀层厚度达到30μm，外观依然光亮。同等条件下，采用磁力搅拌，镀层厚度为10μm时，外观呈现半光亮。可见搅拌，即镀液的扩散方式对电镀效果影响较大。这与ZHL-02工艺的工作电流密度和镀液性能有关。

表5-7 利用ZHL-02工艺制备样品的条件和样品外观

样品号	温度/℃	电流密度/(A/dm^2)	搅拌方式	厚度/μm	样品外观
1	30	0.6	磁力搅拌	10	光亮
2	33	3.3	阴极移动	3	光亮
3	35	0.4	磁力搅拌	10	光亮
4	35	1.0	磁力搅拌	10	光亮
5	40	0.4	磁力搅拌	10	光亮
6	40	1.0	磁力搅拌	10	光亮
7	40	1.6	阴极移动	5	光亮
8	40	2.0	磁力搅拌	10	半光亮
9	40	2.0	阴极移动	30	光亮
10	40	2.2	阴极移动	5	光亮
11	45	0.4	磁力搅拌	10	光亮
12	45	1.0	磁力搅拌	10	光亮
13	45	1.6	磁力搅拌	10	发白、无光泽
14	45	1.6	阴极移动	5	光亮

5.3.3　镀层厚度对样品 XRD 衍射图样的影响

图 5-14 比较了不同镀层厚度的样品的 XRD 图样。实验中采取控制电镀时间的办法得到不同厚度的样品。厚度的计算公式采用：

$$h=k\times J\times t\times \eta$$

式中，h 为样品厚度，μm；k 为沉积效率，约为 0.01，单位是 μm/(ASD·s)，即单位时间和电流密度条件下沉积层的增厚速度，方便起见，可等效于 1ASD 100s 沉积的银层厚度或在 1ASD 沉积 1μm 银层所需时间；J 为电流密度，A/dm^2；t 为电镀时间，s；η 为电流效率。该无氰镀银工艺的电流效率接近 100%。虽然在不同电流密度下，镀层的密度略有不同，但是利用直接的厚度测量，包括利用螺旋测微仪测量真实的几何厚度、利用 X 射线荧光测厚等均证明上述公式给出的估算值厚度满足一般的要求。

从图 5-14 中可以看出，对于镀层较薄的样品，Cu 基底的衍射峰非常明显，其峰尖锐，强度甚至超过镀银层的衍射强度。对于 3μm 的样品，铜基底的（111）衍射峰被极大地抑制，标准图谱中 Cu 的（200）衍射峰为（111）的 46%，（220）衍射峰为（111）的 20%。但是在图 5-14(a) 中，（200）衍射峰是（111）的 2.4 倍；在图 5-14(b) 中当镀层的厚度达到 5μm 时，铜基底的衍射峰明显弱于镀层，其中 Cu 的（111）衍射峰隐约可见，（200）的衍射峰也远远降低，仅高于背景噪声；进一步增加镀层的厚度，则基底 Cu 的（111）衍射峰完全消失，（200）和（220）的衍射峰还可以看到。

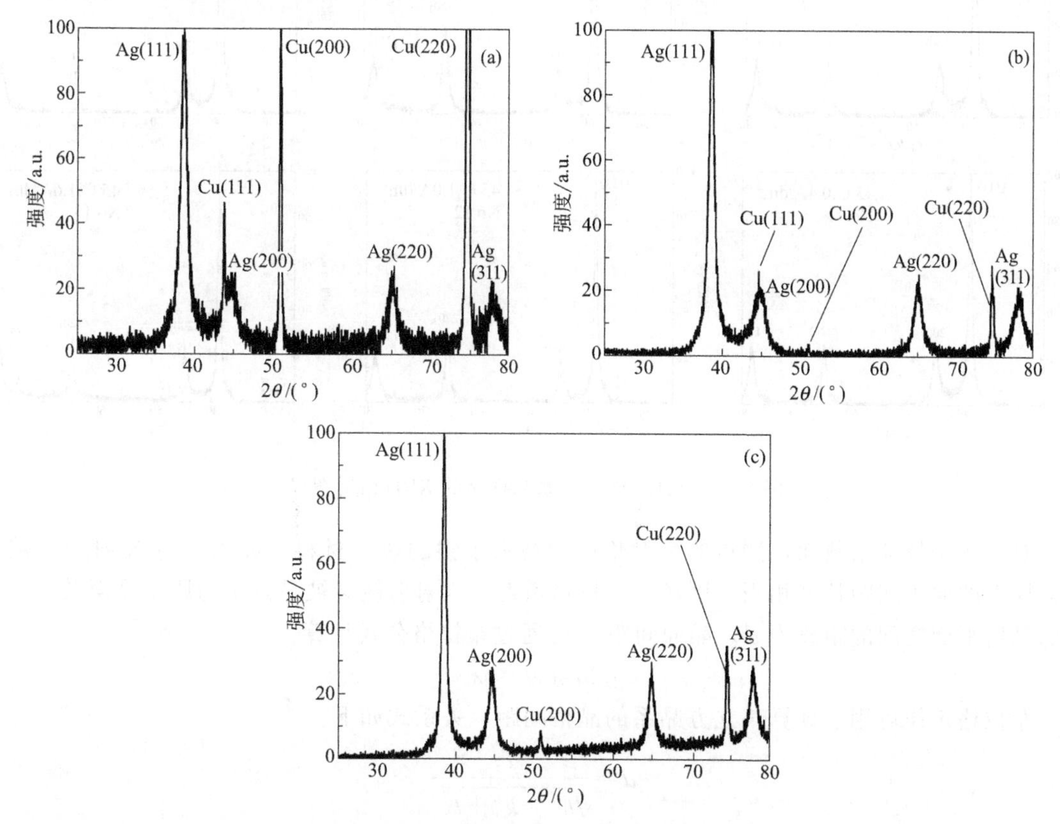

图 5-14　不同镀层厚度对 XRD 图样的影响

(a) 3μm（样品 2）；(b) 5μm（样品 14）；(c) 10μm（样品 8）

5.3.4 不同工艺条件制备的样品的XRD图谱

图5-15给出了ZHL-02工艺9个代表性样品的XRD衍射图样。所有这些样品的基本特征相同，即在38.7°（2θ）出现Ag（111）面的衍射峰；在44.8°（2θ）附近出现Ag（200）面的衍射峰；在64.9°（2θ）附近出现Ag（220）面的衍射峰；在78.1°（2θ）附近出现Ag（311）面的衍射峰。当镀层足够厚和致密时，观察不到铜基底的衍射峰。说明本工艺得到了纯银镀层。

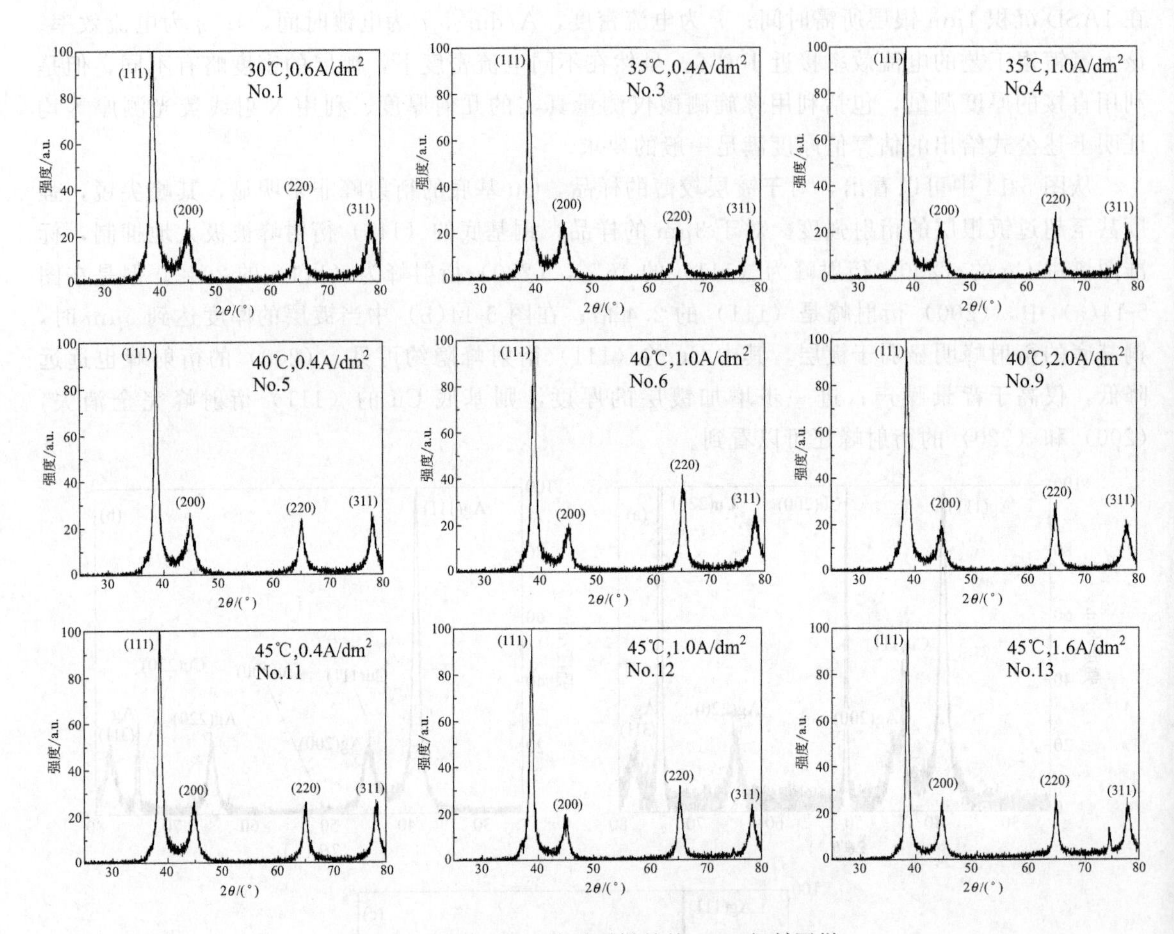

图5-15 ZHL-02工艺系列样品的XRD衍射图样

对于4个特征指数面，测得的衍射角度均略大于银的块体材料。如果入射X射线与被测晶体样本的原子间距长度相当，则产生布拉格衍射。入射射线会被晶体中的原子晶面散射。各相邻晶格平面之间的距离为d。晶面间距d可通过布拉格公式计算：

$$2d\sin\theta = n\lambda$$

布拉格定律可用于计算某立方晶系的晶格间距，关系式如下：

$$d = \frac{\alpha}{\sqrt{h^2 + k^2 + l^2}}$$

式中，α为立方晶体的晶格常数，而h、k及l则为布拉格平面的米勒指数，将上式与布拉格定律结合可得：

$$\left(\frac{\lambda}{2\alpha}\right)^2=\frac{\sin\theta}{h^2+k^2+l^2}$$

对于给定的面指数，例如（111）面，衍射角度 θ 的增加，即意味着晶格常数的减少。也就是说，镀银层的致密度要高于银的块体材料。利用上述公式计算表明，$\alpha_{XRD}=2.3201$Å，相比较块体材料 $\alpha_{bulk}=2.3377$Å 减少了 0.75%，体积减少了 2.24%。

表 5-8 给出了镀银层的 4 个指数面的平均衍射峰位及其与标准峰位的差。4 个指数面的 2θ 均高于标准值 0.60°～0.76°，表明该工艺制备的镀层致密度高。

表 5-8　银镀层 4 个指数面的衍射峰位的统计及其与标准峰位的差

指数面	标准峰位($2\theta_{stand}$)/(°)	测量峰位($2\theta_{real}$)/(°)	差值($2\theta_{real}-2\theta_{stand}$)/(°)
(111)	38.1173	38.72±0.10	0.60
(200)	44.2784	44.90±0.15	0.62
(220)	64.4274	65.19±0.12	0.76
(311)	77.4745	78.09±0.13	0.62

表 5-9 给出了各镀银样品的衍射峰位。从所考察的大量样本来看，4 个指数面的 2θ 均明显高于标准值，再次表明该工艺制备的镀层致密度高。其中（111）、（200）、（220）和（311）4 个晶面的统计结果分别为 38.71°±0.09°、44.88°±0.15°、65.19°±0.12°和 78.08°±0.13°。总体而言，各个晶面的衍射峰位的标准偏差接近，说明在本节研究的各个操作条件下，XRD 基本图样表现出来的差异不大，即镀层的致密性这一特征上样品间的差异不显著。

表 5-9　利用 ZHL-02 工艺制备的样品的衍射峰位

样品号	温度/℃	电流密度/(A/dm^2)	厚度/μm	各晶面衍射峰位 2θ/(°)			
				(111)	(200)	(220)	(311)
1	30	0.6	10	38.92	45.16	65.28	78.12
2	33	3.3	3	38.74	44.72	65.30	78.00
3	35	0.4	10	38.68	44.90	65.28	78.02
4	35	1.0	10	38.76	45.10	65.30	78.18
5	40	0.4	10	38.72	44.80	65.12	78.02
6	40	1.0	10	38.78	44.79	65.27	78.14
7	40	1.6	5	38.64	44.74	65.10	78.06
8	40	2.0	10	38.58	44.74	64.98	77.82
9	40	2.0	30	38.64	44.98	65.20	78.20
10	40	2.2	5	38.62	44.74	65.18	78.02
11	45	0.4	10	38.66	44.90	65.28	77.98
12	45	1.0	10	38.86	45.14	65.28	78.32
13	45	1.6	10	38.68	44.84	65.04	78.02
14	45	1.6	5	38.68	44.82	65.00	78.28

5.3.5　推荐工艺条件下样品的 XRD 衍射图样特征

图 5-16 给出了在推荐的工作条件下（38～41℃，0.8～1.6A/dm^2）具有代表性的样品的 XRD 衍射图样。利用简单的高斯函数，对测量范围的 4 个衍射峰做了数据拟合，表 5-10 给出了所获得的拟合参数。其中测量的衍射峰位均略大于标准值。除此之外，衍射峰的积分面积与标准银本体材料不相同。由表 5-10 数据可知（111）面的衍射峰最强。此外较高指数面（220）的峰为次强，其积分面积为（111）面的 45%。但在标准图谱中（220）晶面衍射峰面积仅为

(111) 的 1/4。高指数面的衍射峰面积占比较大，说明本工艺镀层的表面能较高。表面能高会对样品表面的后处理带来更高的要求，但高能表面也会在表面增强拉曼光谱的增强基底、抗菌材料等方面具有潜在的应用价值。此外，样品 (311) 晶面的衍射峰面积也略高于 (200) 晶面。

理论研究表明，衍射峰的峰宽与晶粒的尺寸存在某种定量关系。1918 年 Scherrer 提出了如下公式：

$$D_{\nu}=\frac{K\lambda}{\beta_c \cos\theta}$$

式中，D_{ν} 即为垂直于反射面方向的晶粒尺寸，下标 ν 代表体积权重；θ 为布拉格角；β_c 为衍射峰的半峰宽，以弧度为单位；$K=0.9$ 是一个常数；λ 为入射 X 射线的波长，本研究中利用的是 CuK_{α} 射线，是 $K_{\alpha1}$ (1.5406Å) 与 $K_{\alpha2}$ (1.5444Å) 按照大约 1∶1 比例混合，因此可以约等于 1.54Å。则计算可以得到 (111)、(200)、(220) 和 (311) 的晶粒尺寸分别为 20nm、11nm、18nm 和 14nm。其他因素导致的衍射峰宽化未计入，因此该粒径尺寸值相对偏小。沿着不同晶面的晶粒尺寸与衍射峰的积分面积有相同的大小顺序，说明晶粒的生长各向异性不明显，这与扫描电镜的观察结果一致。图 5-17 给出了推荐工艺条件下镀层的截面图和表面形貌图。从其截面图可以看出，镀层中的晶粒形状圆润，没有尖锐、清晰的边界，断裂面不规则，从而表现了脆性断裂的特征。从高分辨图 5-17(c) 可以观察到断裂的边缘是由连续不断的圆润晶粒构成。从该截面图中，也可以估计出晶粒的尺寸。统计结果表明，晶粒在 40～50nm，与原子力显微镜统计研究的颗粒尺寸分布一致。观察也表明，镀层中银晶粒具有较多的粘连特征，表面镀层经过了熔融再晶化的过程。图 5-17(d)～(f) 给出了不同尺度镀层的表面形貌。从高分辨的图 5-17(f) 中可以观察到细腻而圆润的晶粒结构，其尺寸在 20～40nm，与从 XRD 衍射峰半峰宽得到的晶粒尺寸相当，且没有明显的各向异性。这些均表明，ZHL-02 工艺具有结晶细腻，颗粒圆润的结构特点，从而镀层硬度高，表面活性也较强。

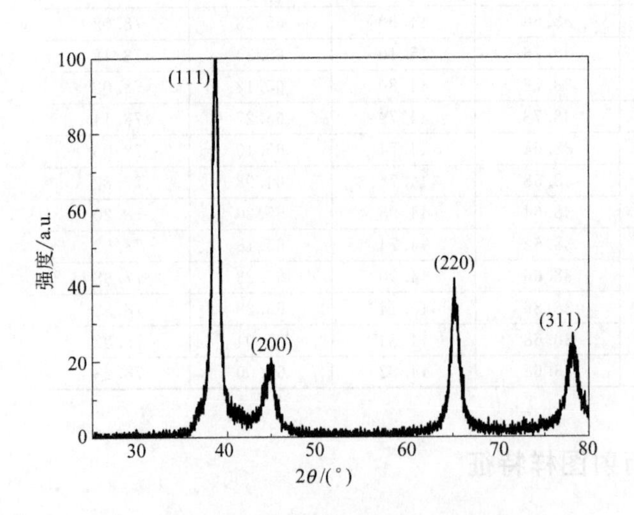

图 5-16 ZHL-02 工艺推荐条件下 (40℃，1.0A/dm²) 样品的 XRD 衍射图样

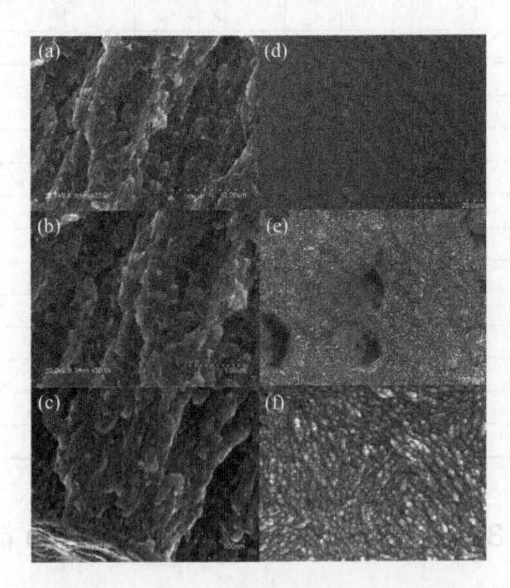

图 5-17 推荐工艺条件下的样品表面的截面图及表面形貌图

(a) 低分辨率截面；(b) 中等分辨率截面；
(c) 高分辨率截面；(d) 高分辨率表面形貌；
(e) 中等分辨率表面形貌；(f) 高分辨率表面形貌

表 5-10 在推荐的工艺条件下镀银层的衍射峰的高斯拟合参数

指数面	拟合峰位 $2\theta/(°)$	半峰宽/(°)	积分面积	标准谱峰高比
(111)	38.780	0.4311	100	100
(200)	44.790	0.7939	31.72	40
(220)	65.270	0.5383	45.46	25
(311)	78.141	0.7176	35.66	26

5.3.6 不同温度对镀层 XRD 衍射图样的影响

图 5-18 给出了不同温度对样品 XRD 衍射图样的影响。利用高斯函数对每个峰拟合确定其峰位、相对峰面积和半峰宽。利用半峰宽并结合 Scherrer 公式得到每个晶面的颗粒尺寸。具体结果汇总于表 5-11。比较表 5-11 可以看出峰位和相对积分面积没有明显的变化规律。但是半峰宽，即对应晶面的晶粒尺寸表现出明显的温度依赖性。升高温度使衍射峰的半峰宽减少，由此计算得到晶粒尺寸随温度升高而增加。仔细比较还可以发现，30～35℃晶粒尺寸变化最为明显。例如（111）面的衍射，此温度变化导致晶粒尺寸增加了 3.0nm，但是 35～40℃仅增加了 0.7nm，40～45℃增加了 0.9nm。其他晶面也有类似的特点。可见，在推荐的工艺温度区间（35～43℃），镀层表现了良好的一致性，当超出此范围，镀层性质明显变化，导致其性能下降。

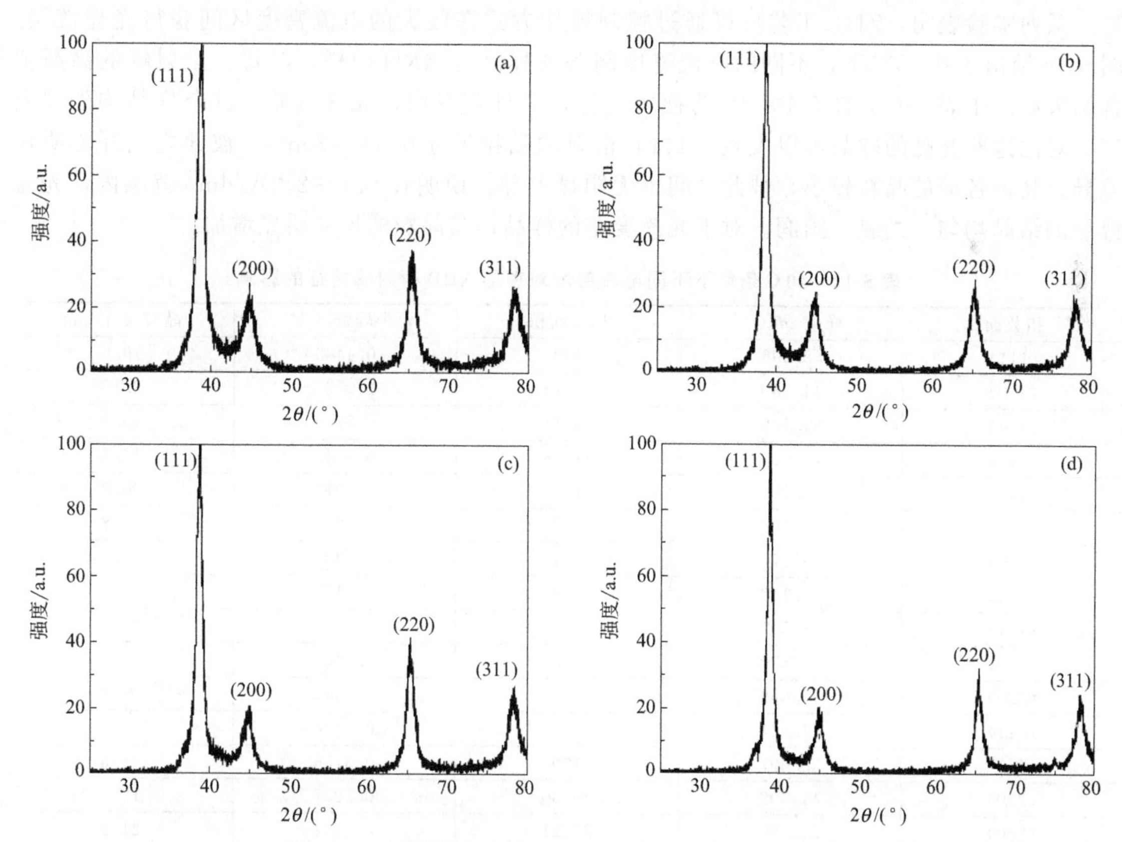

图 5-18 不同的镀液温度对镀层 XRD 衍射图样的影响

(a) 30℃，$0.6A/dm^2$；(b) 35℃，$1.0A/dm^2$；(c) 40℃，$1.0A/dm^2$；(d) 45℃，$1.0A/dm^2$

表 5-11　镀液温度对镀层 XRD 衍射峰特征的影响

条件	指数面	峰位 $2\theta/(^\circ)$	积分面积	半峰宽/(°)	晶粒尺寸/nm
30℃ 0.6A/dm²	(111)	38.805	100	0.5285	16.3
	(200)	44.751	38.14	1.0482	8.18
	(220)	65.271	40.65	0.6341	14.9
	(311)	78.155	35.91	0.8762	11.7
35℃ 1.0A/dm²	(111)	38.755	100	0.4469	19.3
	(200)	44.801	38.76	0.8443	10.2
	(220)	65.215	35.57	0.6618	14.2
	(311)	78.103	34.31	0.7770	13.2
40℃ 1.0A/dm²	(111)	38.780	100	0.4311	20.0
	(200)	44.793	31.72	0.7939	10.8
	(220)	65.270	45.46	0.5383	17.5
	(311)	78.142	35.66	0.7176	14.3
45℃ 1.0A/dm²	(111)	38.828	100	0.3933	21.9
	(200)	44.911	33.10	0.7208	11.9
	(220)	65.265	38.11	0.5053	18.6
	(311)	78.152	37.74	0.6685	15.4

5.3.7　不同电流密度对镀层 XRD 衍射图样的影响

系列实验表明，ZHL 工艺可以通过控制搅拌方式在较大的电流密度区间获得光亮镀层。图 5-19 给出了在 40℃下，不同的电流密度制备的样品的 XRD 图样。对每个衍射峰的高斯拟合结果汇总于表 5-12。图 5-19(d) 为磁力搅拌，其外观发白，光泽度差，其余样品均外观光亮。对比这些光亮的样品可以发现（111）衍射的晶粒尺寸在 16～20nm，彼此之间并无明显差异。其余各面的晶粒较小，彼此之间也无明显差异。说明在 0.4～2.2A/dm² 范围内，光亮镀层的结晶均匀、细腻、圆润。对于光泽度差的样品，其晶粒的尺寸明显增加。

表 5-12　40℃条件下不同电流密度对镀层 XRD 衍射峰特征的影响

指数面	峰位 $2\theta/(^\circ)$	积分面积	半峰宽/(°)	晶粒尺寸/nm
(111)	38.696	100	0.4405	19.6
(200)	44.680	51.78	1.0523	8.15
(220)	65.109	28.11	0.5705	16.5
(311)	78.019	31.38	0.6543	15.7
(111)	38.780	100	0.4311	20.0
(200)	44.793	31.72	0.7939	10.8
(220)	65.270	45.46	0.5383	17.5
(311)	78.142	35.66	0.7176	14.3
(111)	38.557	100	0.5079	17.0
(200)	44.550	33.85	0.9467	9.06
(220)	65.059	32.09	0.6543	14.4
(311)	77.921	23.31	0.7006	14.7
(111)	38.607	100	0.3156	27.3
(200)	44.702	39.30	0.5237	16.4
(220)	64.980	31.21	0.4437	21.2
(311)	77.889	34.74	0.5278	19.4
(111)	38.671	100	0.4549	18.9
(200)	44.696	36.30	0.9255	9.26

续表

指数面	峰位 $2\theta/(^\circ)$	积分面积	半峰宽/(°)	晶粒尺寸/nm
(220)	65.152	35.28	0.5689	16.6
(311)	78.028	33.42	0.7780	13.1
(111)	38.596	100	0.5223	16.5
(200)	44.562	28.53	0.9324	9.20
(220)	65.151	47.38	0.6378	14.8
(311)	78.024	33.20	0.8887	11.5

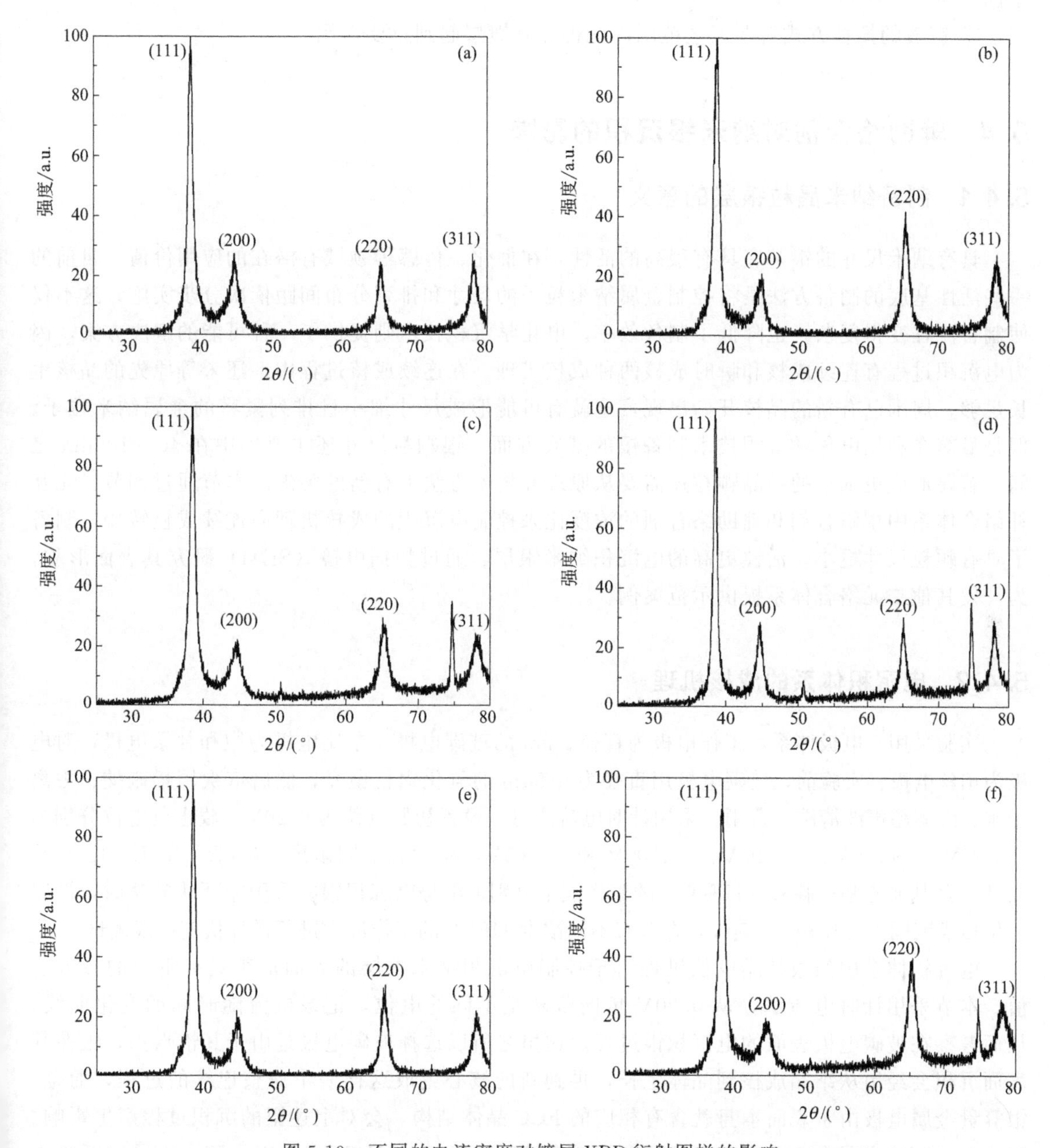

图 5-19　不同的电流密度对镀层 XRD 衍射图样的影响

(a) 40℃，$0.4A/dm^2$；(b) 40℃，$1.0A/dm^2$；(c) 40℃，$1.6A/dm^2$；

(d) 40℃，$2.0A/dm^2$ (10μm，半光亮)；(e) 40℃，$2.0A/dm^2$ (30μm，光亮)；(f) 40℃，$2.2A/dm^2$

5.3.8 小结

根据系列样品的 XRD 实验结果，可以得出以下结论：

① ZHL-02 工艺可以获得纯粹的镀银层，其致密度高，结晶细腻；

② 在推荐的工艺温度下，镀层结晶好，超过此范围其结晶状态发生较大的变化；

③ 在推荐的工艺电流密度范围内控制操作条件可以获得光亮镀层，其晶粒小，结晶状态佳；

④ 镀液的搅拌方式对在工艺范围内获得光亮镀层起到重要作用。

5.4 辅助络合剂对纳米银沉积的影响

5.4.1 制备纳米晶粒银层的意义

具有纳米尺寸的银基底具有很高的活性，在催化、传感等领域有潜在的应用价值。目前的一些活性基底的制备方法是将控制金属纳米粒子的尺寸和排列分布间距依次分步实施，这不仅使制备流程变得复杂，也降低了制备效率。电化学沉积技术则提供了一种可能的解决方案，因为电沉积过程有连续成核和瞬时成核两种成核机理，在连续成核过程中，还未等原先的晶核生长足够，周围已有新的晶核开始出现，这就有可能形成尺寸细小且排列紧密的金属纳米粒子。但是目前在利用电化学沉积技术制备银的基底方面，银颗粒尺寸还主要集中在 40～100nm 之间，若要形成更细小的结晶颗粒还需要从原理和技术方法上有新的突破。本节通过调节二元互补络合体系中主络合剂和辅助络合剂的浓度比来控制电沉积的成核机理向连续成核转变，制备了具有颗粒尺寸更小，活性更高的电沉积纳米银层，通过扫描电镜（SEM）研究其表面形貌，为开发其他二元络合体系提供示范案例。

5.4.2 电沉积体系的成核机理

实验采用三电极体系，工作电极为直径 3mm 的玻碳电极，参比电极为饱和甘汞电极，对电极为铂丝电极。实验前，玻碳电极用直径为 0.5μm 的氧化铝粉抛光，然后依次用稀硝酸、去离子水、丙酮超声波清洗，备用。采用计时电流法时，设置初始电位为 0.20V，截止负电位分别为 −0.85V、−0.90V、−0.95V、−1.00V 和 −1.05V，在含有不同浓度（0g/L、2g/L、4g/L 和 6g/L）羟基亚乙基二膦酸（HEDP）的工作液中分别恒电势电沉积银。采用循环伏安法时，设置电位扫描范围为 −1.20～0.50V，在含有不同浓度 HEDP 的工作液中进行循环伏安曲线测试。

电沉积体系中的银结晶成核机理对于控制电沉积纳米银层的表面形貌具有重要的参考价值。本节采用计时电流法，从 0.20V 负向阶跃至不同的电位，记录电流随时间的变化曲线，从而考察在玻碳电极表面的电沉积银过程。这里之所以选择玻碳电极是由于其惰性强，银在其表面沉积会经历从结晶成核到晶体生长，再到新的核心生成这样一个完整连续的过程，而金、银等贵金属电极由于表面本身就含有相应的 FCC 晶体结构，会对上述银的沉积过程产生影响。图 5-20(a) 给出了在不含有辅助络合剂羟基亚乙基二膦酸（HEDP）的工作液中不同阶跃终止电位下电沉积银的电流-时间曲线。由图中可见，电位阶跃发生后，短时间内电流快速升高，对应电极表面附近溶液中银离子在电极上放电成核和结晶生长的过程。电流达到最大值后又快速下降，随后缓慢变化，对应的是溶液中的银离子向电极表面扩散而后放电结晶生长的过程。图 5-20(b)～(d) 分别为在含有不同浓度 HEDP 的电沉积工作液中的电流-时间曲线，它们也体现了类似的变化趋势。

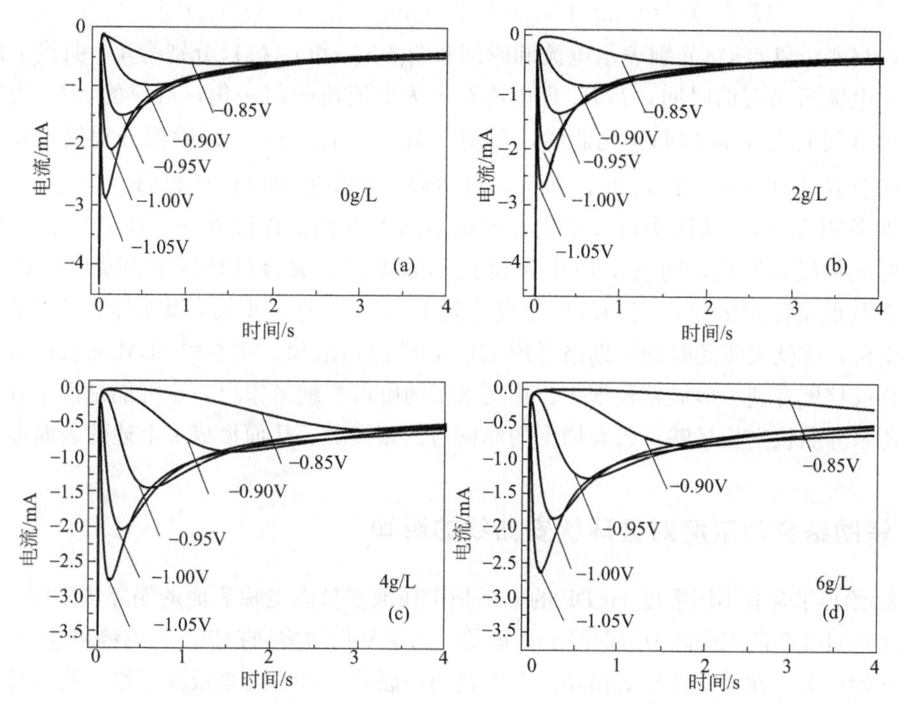

图 5-20　在不同浓度 HEDP 的工作液中电沉积银的阳极电流-时间曲线

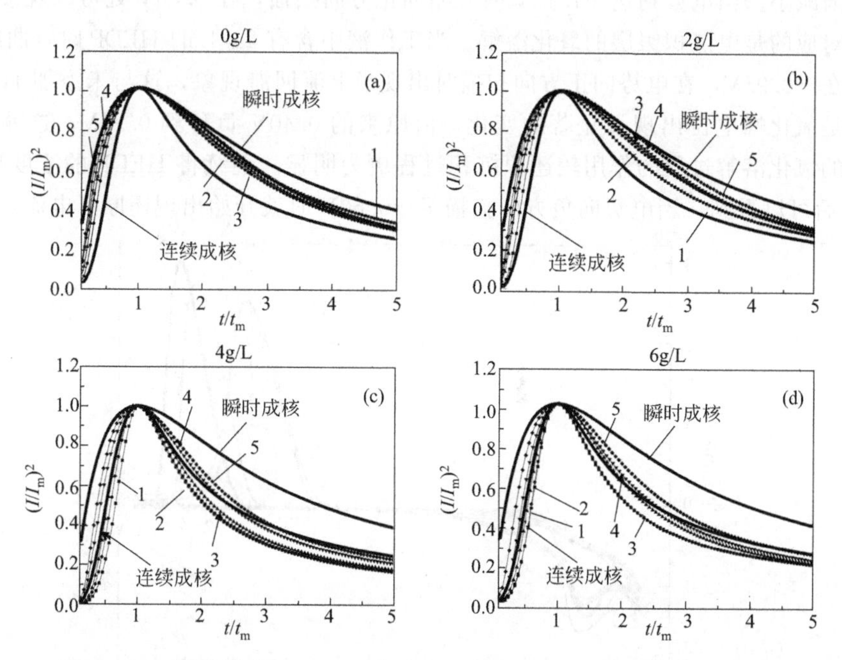

图 5-21　不同浓度的 HEDP 工作液中电沉积银的归一化电流-时间曲线

实验曲线从 1～5 依次为：−0.85V、−0.90V、−0.95V、−1.00V 和−1.05V

根据 Scharifker-Hills(SH) 的理论模型，瞬时成核模型的归一化电流可表示为：

$$(I/I_m)^2=1.9542(t_m/t)\{1-\exp[-1.2564(t/t_m)]\}^2$$

连续成核模型的归一化电流曲线可表示为：

$$(I/I_m)^2=1.2254(t_m/t)\{1-\exp[-2.3367(t/t_m)^2]\}^2$$

式中，I(A) 和 t(s) 分别表示电流和时间；I_m(A) 和 t_m(s) 分别为 I-t 曲线上的峰电流值以及最大电流所出现的时间；I/I_m 即电流对最大电流值的归一化，对应的 t/t_m 为时间的归一化，则可得到电流-时间的归一化曲线，即图 5-21。将上述 t/t_m 的数值分别代入瞬时成核和连续成核的公式计算得到 $(I/I_m)^2$，即可获得两种成核模型对应的理想归一化的 I-t 曲线（图 5-21 中的两条粗实线）。从图中可以看出，比较不同电沉积工作液在同一阶跃终止电位下的归一化电流时间曲线后发现，随着 HEDP 浓度的不断提高，成核机理逐渐由瞬时成核向连续成核转变。尤其值得注意的是，当 HEDP 浓度达到 4g/L 时，进一步提高其浓度，成核机理并未发生明显的变化，这就表明此时的辅助络合剂 HEDP 已达到饱和。在参照 SEM 的表征结果后可以看到，连续成核更有利于形成粒径细小、排列紧密的电沉积纳米银层，这可能是由于在连续成核过程中，还未等晶核生长足够，已有周围的晶核与其相接触，从而形成了上述的表面形貌。

5.4.3 辅助络合剂浓度对循环伏安曲线的影响

图 5-22 给出了含有不同浓度 HEDP 的电沉积工作液在玻碳电极表面的循环伏安图。由图中可见，在不含有 HEDP 的工作液中（曲线 1），电势从 0.60V 向负方向扫描，当电势超过−0.80V 时还原峰电流开始增大，在−0.93V 处出现一个明显的还原峰，对应的是银离子络合物在玻碳电极表面的电沉积反应。之后当电势继续向负方向扫描，由于电极表面的银离子被不断消耗，此时还原峰电流又逐渐减小。当电势到达−1.10V 时开始向正方向扫描，在 0.40V 处可以观察到一个明显的氧化峰，对应的是电沉积银层的氧化溶解。当工作液中含有 2g/L 的 HEDP 时（曲线 2），还原峰电位出现在−0.95V，在电势向正方向扫描时出现了电流回滞现象，这与未添加 HEDP 时的情况相似；但是氧化峰电位出现了显著的变化，由原来的 0.40V 负移到 0.35V，这就表明 HEDP 的添加对银的氧化溶解过程的作用较还原沉积过程更为明显。继续将 HEDP 的浓度提高到 4g/L（曲线 3）以后可以看到，当电势向负方向扫描至−0.60V 时就开始出现还原峰电流，并且还原峰

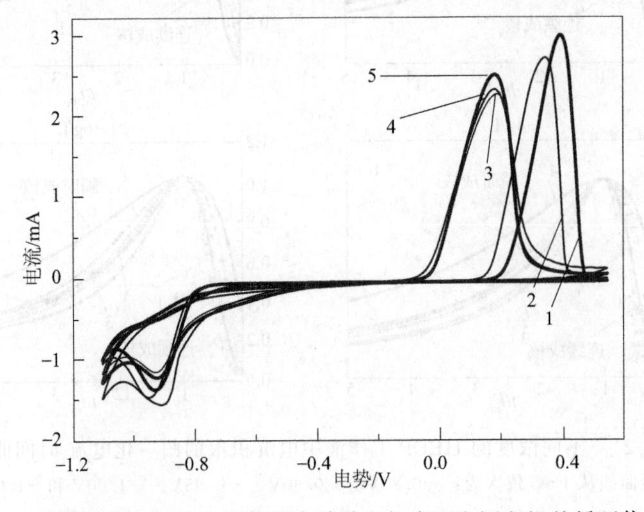

图 5-22 不同浓度的 HEDP 工作液中玻碳电极表面电沉积银的循环伏安曲线

的峰值电流也较之前有了明显的增大；接着在电势向正方向扫描的过程中发现电流回滞现象也消失了，同时氧化峰电位继续负移到了 0.19V。再进一步地提高 HEDP 浓度对循环伏安曲线的影响就不大了，这就说明足量的辅助络合剂 HEDP 可以同时明显地改善银的氧化溶解和还原沉积过程。接着在 HEDP 浓度为 4g/L 的电沉积工作液中继续分别加入浓度均为 2g/L 的另外两种辅助络合剂 ATMP（曲线 4）和柠檬酸（曲线 5）以后，发现循环伏安曲线并没有出现显著的变化，再次表明只需足量的 HEDP 就能同时有效地改善银的氧化还原过程。

5.4.4　优化电沉积纳米银基底的结构表征

图 5-23 为在含有不同浓度 HEDP 的工作液中进行电沉积反应制备得到的纳米银活性基底的 SEM 图片。由图中可见，随着 HEDP 浓度的不断提高，结晶纳米银颗粒的平均尺寸由 0g/L 时的 45nm 左右逐渐减小到 6g/L 时的 10nm 左右，并且尺寸分布也在逐步变窄，同时颗粒间的排列更加紧密。特别值得注意的是，当 HEDP 的浓度达到 4g/L 以后，基底表面的结晶纳米银颗粒尺寸达到 10nm 左右，且粒间间距在 3nm 左右。

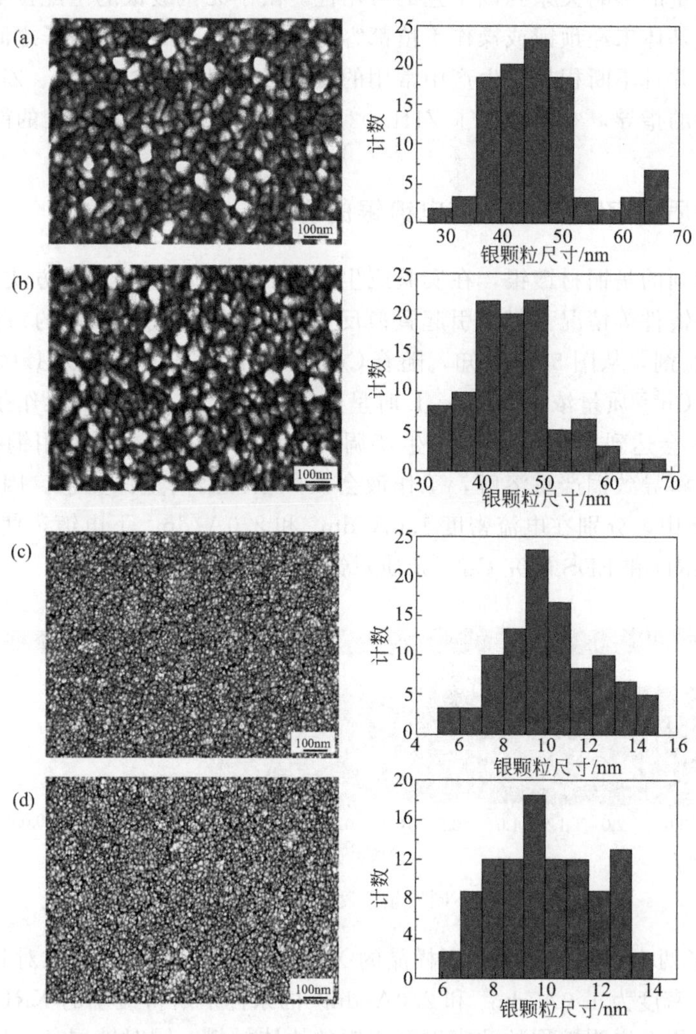

图 5-23　不同浓度的 HEDP 工作液中电沉积制备得到的纳米银基底的 SEM 图片

(a) 0g/L；(b) 2g/L；(c) 4g/L；(d) 6g/L

5.4.5 小结

互补型的二元辅助络合体系有更丰富的控制变量，也更利于通过系统细致的条件优化获得理想的镀层，或者获得更佳的工艺条件。对于二元辅助络合剂，最好是从调控其与基底的作用来考虑。这类分子或者与基底有较强相互作用，起到一定的表面活化作用；或者与基底金属离子有较强的络合作用。本节工作主要是为针对该类分子的选择、优化开展的相关基础研究提供参考。

5.5 ZHL-02碱性无氰电镀银工艺的抗金属杂质污染性能

5.5.1 概述

常见的阳离子杂质（如 Fe^{2+}、Cu^{2+}、Ni^{2+}、Zn^{2+} 等）对无氰镀银性能有较大的影响，特别是对于镀层质量的影响关系到该工艺的可用性。由于无氰镀银的主配位剂与银离子的配位能力弱于氰化物，基体未经预镀或操作不慎都容易导致镀件金属与银离子之间发生置换反应而产生阳离子杂质，并且不断积累。生产中常用的镀件材质以 Fe、Cu、Ni、Zn 等为主。为了给生产提供更为精确的指导，本节考察了 ZHL-02 工作液的抗金属杂质污染的能力。

5.5.2 Cu^{2+} 杂质对 ZHL-02 体系电镀银的影响

实践中最常遇到的是铜材镀银，在实验或生产中，未采用带电入槽方式、镀件形状复杂、施镀后未及时取出镀件等情况下都会引起置换反应，造成金属离子杂质的污染。ZHL-02 工作液中含有 Cu^{2+} 配位剂，从图 5-24 可知，随着 Cu^{2+} 质量浓度的增大，ZHL-02 工作液逐渐由无色转变为淡蓝色，Cu^{2+} 质量浓度≥0.5g/L 时呈蓝色。在严格、规范的操作条件下，工作液的 Cu^{2+} 质量浓度很少会达到 0.5g/L。但在生产调研中发现，一些企业使用铜棍连接银阳极板，铜棍接触到工作液将导致铜严重溶解，工作液会被严重污染而呈深蓝色。因此在含有 0.5g/L Cu^{2+} 污染的工作液中，分别在电流密度 1.0A/dm^2 和 2.0A/dm^2 下电镀，使镀银层厚 5μm 以上，进一步通过 XRD 和 EDS 研究 Cu^{2+} 杂质对银镀层性能的影响。

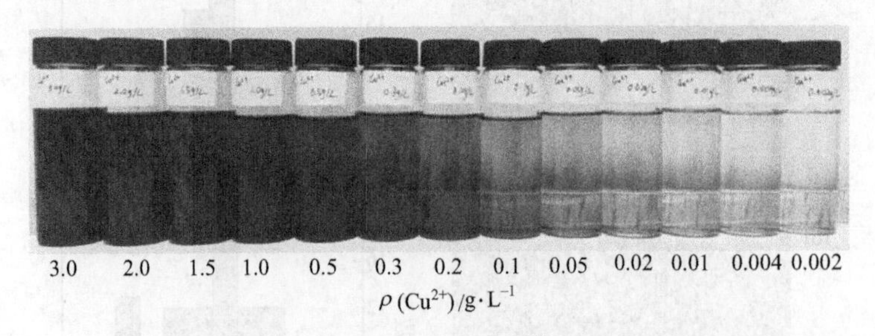

图 5-24 含有不同质量浓度的 Cu^{2+} 时工作液的颜色

图 5-25 给出了两个不同电流密度下样品的 XRD 图谱，采用高斯函数对其进行拟合，结果见表 5-13。在电流密度为 1.0A/dm^2 和 2.0A/dm^2 的条件下所得镀层的 XRD 图谱的特征衍射峰位均略大于标准值，说明镀层的致密度高于银的块体材料。同时镀层各衍射峰的积分面积大小顺序与块体材料一致，(111) 晶面的衍射峰最强，其次为 (200) 晶面（略高于 40%的标准

值)，(220) 和 (311) 晶面的相对积分面积约为 (111) 晶面的 1/3。除上述提到的 4 个衍射峰外，两种电流密度下所得镀层的 XRD 图谱中没有其他峰出现。

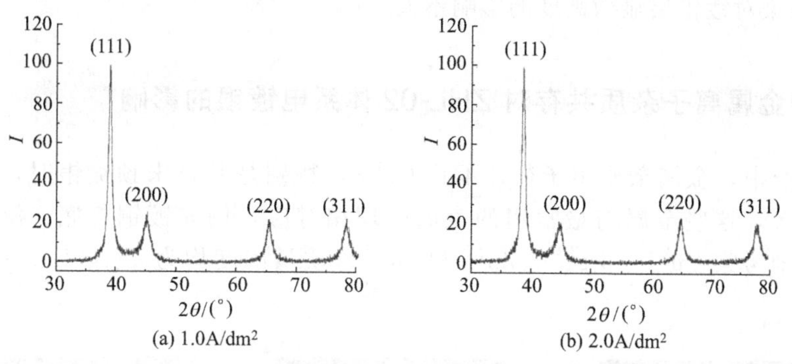

图 5-25　不同电流密度条件下在含有 0.5g/L Cu^{2+} 污染的工作液中电镀所得银层的 XRD 图谱

表 5-13　不同电流密度下在含有 0.5g/L Cu^{2+} 污染的工作液中电镀所得银镀层的 XRD 衍射峰数据

D_k /(A/dm²)	晶面	2θ/(°)		半峰宽/(°)	相对积分面积[与(111)峰相比]
		拟合峰	标准峰		
1.0	(111)	38.628	38.117	0.3732	100.00
	(200)	44.698	44.278	0.7736	43.17
	(220)	65.056	64.427	0.5712	31.70
	(311)	77.987	77.474	0.7062	34.98
2.0	(111)	38.733	38.117	0.3855	100.00
	(200)	44.780	44.278	0.8481	42.99
	(220)	65.151	64.427	0.5262	32.26
	(311)	78.070	77.474	0.6633	32.66

本工艺银镀层仅 3μm 厚时就可以完全覆盖铜，这一点可通过银层的能量损失谱 (Energy Dispersive Spectroscopy，EDS) 分析 (见图 5-26) 证实。Cu 在 EDS 谱中有高能峰 (约 8keV) 和低能峰 (约 0.9keV) 这两个特征峰。在 1.0A/dm² 和 2.0A/dm² 的电流密度下制备的银镀层中均观察不到铜的高能峰。在更精细的显示区间 (0.5～1.0keV) 中也未发现 Cu 的低能峰。综上可知，即使工作液中 Cu^{2+} 的浓度很高，铜也不会在镀件表面沉积，说明该工艺抗 Cu^{2+} 干扰的能力强。

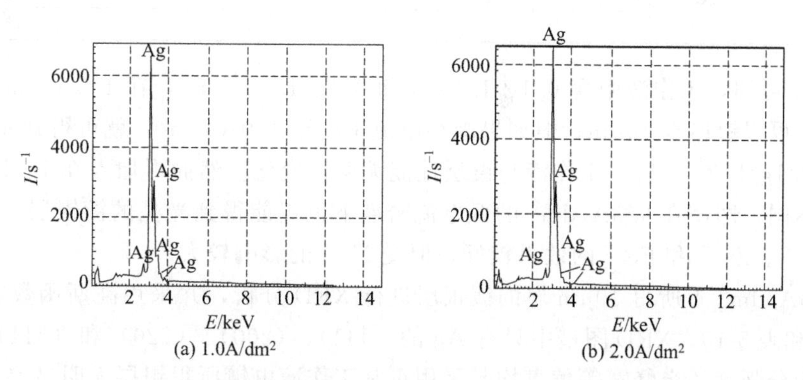

图 5-26　不同电流密度下在含有 0.5g/L Cu^{2+} 杂质的工作液中电镀所得银镀层的 EDS 谱图

在 $1.0A/dm^2$ 和 $2.0A/dm^2$ 的电流密度下，从含 0.5g/L Cu^{2+} 的工作液中所得镀银层的显微硬度为 100～120HV，而从正常工作液中所得镀银层的显微硬度为 100～130HV。可见高浓度的 Cu^{2+} 污染对镀银层显微硬度的影响不大。

5.5.3 多种金属离子杂质共存对 ZHL-02 体系电镀银的影响

在实际生产中，金属杂质离子往往不止 Cu^{2+}，特别是基材未预镀银时，其表面可能存在铜、锌、镍等，这些金属与最常用的表面处理相对应，例如镀铜打底、浸锌和镀镍。因此有必要系统地考察 Cu^{2+}、Fe^{2+}、Zn^{2+} 和 Ni^{2+}（质量浓度均为 0.1g/L）共存时对电镀银的影响。

(a) $Cu^{2+}+Fe^{2+}$

(b) $Cu^{2+}+Fe^{2+}+Zn^{2+}$

(c) $Cu^{2+}+Fe^{2+}+Zn^{2+}+Ni^{2+}$

图 5-27 含有不同杂质离子（均为 0.1g/L）的工作液的颜色

从图 5-27 可以看出，Fe^{2+} 的存在使工作液变黑，加入 Ni^{2+} 和 Zn^{2+} 后，工作液颜色不变，说明 Ni^{2+} 和 Zn^{2+} 对工作液颜色的影响不大。

表 5-14 含不同杂质离子（均为 0.1g/L）的镀液在不同电流密度下电镀所得镀银层的厚度和外观

杂质离子	$D_k/(A/dm^2)$	δ(镀层)/μm	镀层外观
$Cu^{2+}+Fe^{2+}$	1.5	10	洁白，半光亮
	1.0	5	光亮
$Cu^{2+}+Fe^{2+}+Zn^{2+}$	1.5	10	洁白，半光亮
	1.0	5	光亮
$Cu^{2+}+Fe^{2+}+Zn^{2+}+Ni^{2+}$	1.5	10	烧焦，褐黄
	0.8	4	烧焦，棕黄
	0.5	3	烧焦，发黄

从表 5-14 可知，工作液中含 0.1g/L Fe^{2+} 和 0.1g/L Cu^{2+} 时，在 $1.5A/dm^2$ 下所得镀银层为半光亮，可以镀厚至 10μm；但如果减小电流密度至 $1.0A/dm^2$，就可得到光亮的镀银层。进一步加入 0.1g/L Zn^{2+} 后，工作液与镀层性能无明显变化。然而再加入 0.1g/L Ni^{2+} 后，电镀效果明显不同，即使在 $0.5A/dm^2$ 的低电流密度下也不能得到光亮的镀银层。可见 ZHL-02 工作液抗 Cu^{2+}、Zn^{2+} 和 Fe^{2+} 的效果较好，但受 Ni^{2+} 的影响较大。

取在 $1.5A/dm^2$ 下所得 10μm 厚的镀银层进行 XRD 分析，并采用高斯函数进行拟合，结果见图 5-28 和表 5-15。XRD 图谱中只有 Ag 的（111）、（200）、（220）和（311）晶面的衍射峰，峰位、积分强度、半峰宽等信息均与采用正常工作液电镀所得银层无明显差别。因此从结晶状态看，工作液受到金属离子污染后，镀层没有发生显著的变化，即使是受到 Ni^{2+} 污染后镀层发灰、粗糙，但所得依旧为纯银镀层。

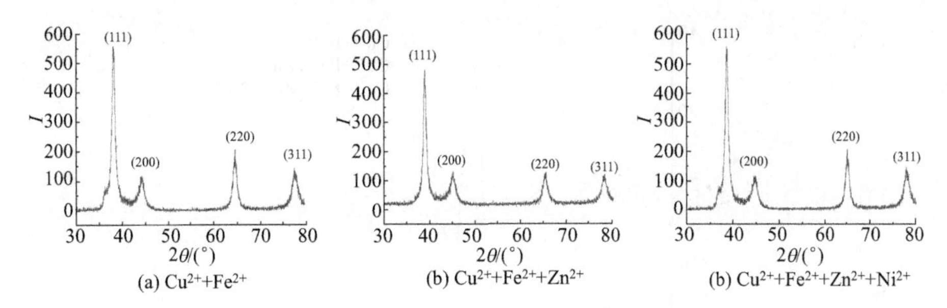

图 5-28　含不同杂质离子（均为 0.1g/L）的镀液在 1.5A/dm^2 电流密度下所得镀银层的 XRD 图谱

表 5-15　含不同杂质离子（均为 0.1g/L）的镀液在 1.5A/dm^2 电流密度下所得镀银层的 XRD 衍射峰数据

杂质离子	晶面	2θ/(°)	半峰宽/(°)	相对积分面积［与(111)峰相比］
$Cu^{2+}+Fe^{2+}$	(111)	38.718	0.7625	100.00
	(200)	44.744	1.4990	39.37
	(220)	65.141	1.1277	31.99
	(311)	78.007	1.2494	32.26
$Cu^{2+}+Fe^{2+}+Zn^{2+}$	(111)	38.579	0.8190	100.00
	(200)	44.640	1.2178	25.87
	(220)	65.027	0.9880	39.67
	(311)	77.940	1.3764	37.25
$Cu^{2+}+Fe^{2+}+Zn^{2+}+Ni^{2+}$	(111)	38.535	0.5572	100.00
	(200)	44.669	0.8963	34.58
	(220)	64.922	0.7789	23.18
	(311)	77.874	0.9306	32.45

从图 5-29 可以看出，Fe^{2+} 和 Zn^{2+} 的污染对镀层结构影响不大，镀层依然较平整，但 Ni^{2+} 的存在使镀层表面出现片状大颗粒，而大颗粒由更小的颗粒组成。大颗粒的直径为 300～600nm，在可见光的波长范围（400～760nm）内，会导致镀层表面发灰、发黄，但其结构与高电流密度的烧焦不同，后者结晶颗粒粗大，呈球形。

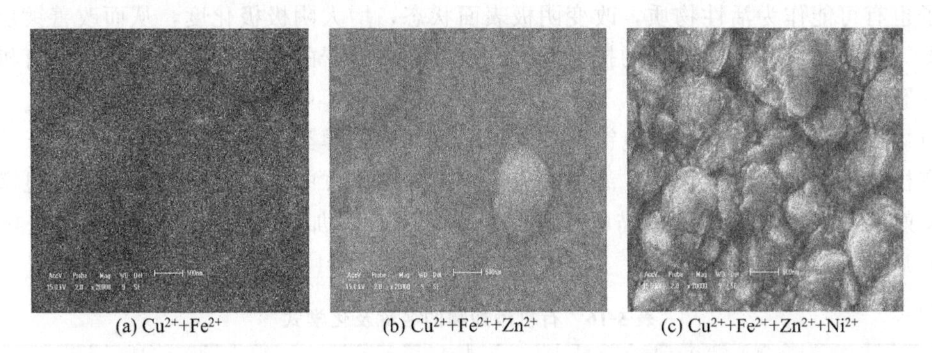

图 5-29　含不同杂质离子（均为 0.1g/L）的镀液在 1.0A/dm^2 电流密度下所得镀银层的 SEM 照片

图 5-30 给出了在 3 种情况下多种金属离子污染的工作液中制得的镀层的 EDS 图谱。与 XRD 分析结果一致，镀层中除了银的峰外，未检测到其他元素成分，说明该电镀工艺即使受到一定程度的多种金属离子杂质污染，也能获得纯银镀层。

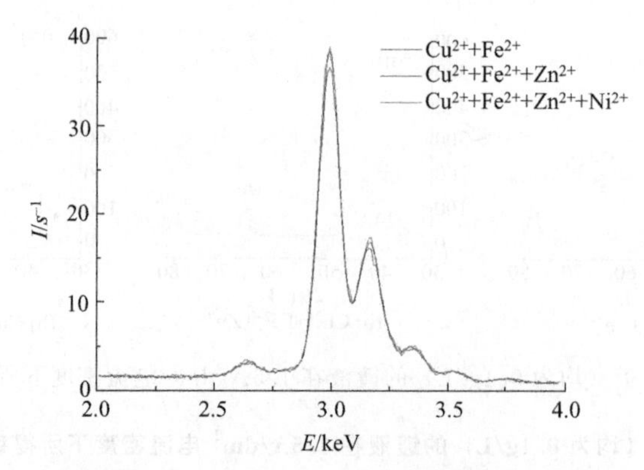

图 5-30　含不同杂质离子（均为 0.1g/L）的镀液在 1.0A/dm^2 电流密度下所得 5μm 厚镀银层的 EDS 谱图

5.5.4　小结

第四章中介绍了多种无氰镀银工艺，这些工艺或多或少地表现了阳离子杂质的敏感性，这一点给镀液的生产维护带来较大的不便。而 ZHL 系列工艺则表现了对除 Ni^{2+} 外的金属阳离子的惰性。生产中也常看到因维护不到位而使镀液阳离子污染严重、镀液变色的情况，但都不影响生产。镀液中的 Cu^{2+} 配位剂的加入，不仅使镀液、镀层性能更好，而且可以动态监控金属阳离子的污染情况。通过简单的比色即可以了解阳离子浓度，为生产管控带来便利。

5.6　有机物对无氰镀银工艺的影响

5.6.1　概述

镀液易在施镀或储存过程中受到污染，如空气中的含硫化合物，醇、醛、酚类化合物，以及应用于前处理的部分无机物和有机物容易被携带进镀液中，从而影响电镀质量。另一方面，某些分子也有可能作为活性物质，改变阴极表面状态，增大阴极极化度，从而改善镀层的表面结晶状态，包括晶粒尺寸、晶粒的排布方式，以及晶界原子的比例和状态。故研究有机添加物对工艺的影响十分必要。

本节主要从电镀前处理以及电镀环境中可能接触到的醇类、醛类、酮类、酚类、羧酸类和磺酸类有机物中选择代表性物质，添加在无氰镀银基础配方中，并使用光泽度仪、显微维氏硬度计、X 射线粉末衍射仪以及扫描电子显微镜分别考察添加不同含量、不同种类有机物（见表 5-16）后镀液和镀层的性能。

表 5-16　有机添加物的名称及化学式

有机添加物	化学式	有机添加物	化学式
乙醇	C_2H_5OH	4-羟基苯甲醛	$C_7H_6O_2$
苯酚	C_6H_5OH	冰乙酸	CH_3CO_2H
丙酮	CH_3COCH_3	甲基磺酸	CH_3SO_3H

5.6.2 有机添加物对银镀层光泽度的影响

镀件为 0.2 dm^2 紫铜片，使用光泽度仪多次测量光泽度并取平均值。图 5-31 给出了有机添加物加入量分别为 0.5g/L、1.5g/L 和 2.5g/L 时对银镀层光泽度的影响。电镀电流密度分别为 0.2A/dm^2、1.0A/dm^2、2.0A/dm^2 和 3.0A/dm^2，电镀时间依次为 25min、5min、2.5min 和 1.7min，镀层厚度均为 3μm。

由图 5-31 及样品表观可知，在工作电流区间，即电流密度为 1.0～2.0A/dm^2 条件下，无添加物时，银镀层光泽度较高，且镀层光亮银白。在 1.0A/dm^2 条件下，这些有机物影响不大。在 2.0A/dm^2 条件下，镀层的光泽度随着镀液中丙酮的用量从 0.5g/L 增加到 1.5g/L 而明显降低，但丙酮的用量从 1.5g/L 升到 2.5g/L 时，镀层光泽度变化不大；随着甲基磺酸用量的增加，镀层光泽度略有降低；随着冰乙酸用量的增加，银镀层光泽度先降低再升高。当有机物添加量达到 2.5g/L 时，几乎所有添加物都会降低光泽度。故可知在 2.0A/dm^2 条件下，对镀层光泽度要求比较高时，有机物的添加量不宜过大，尤其应该避免带入丙酮。

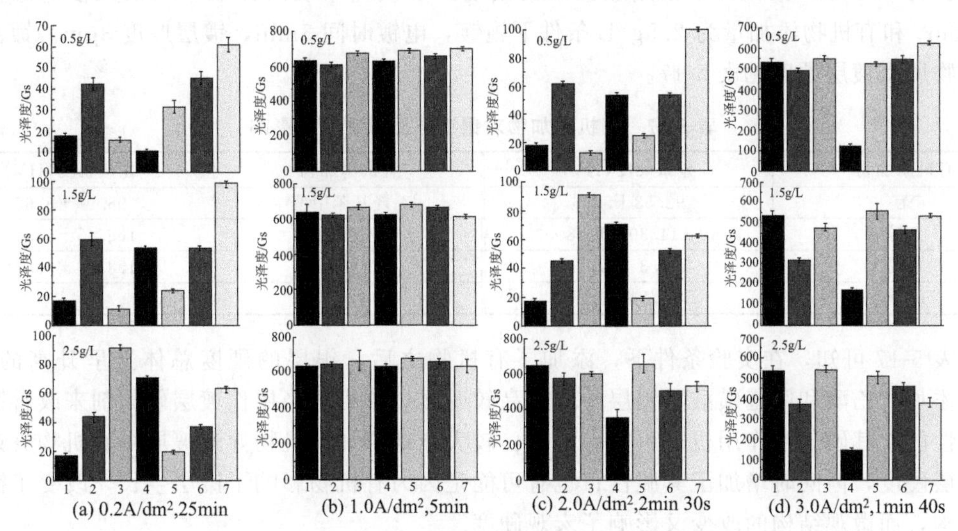

图 5-31 不同电流密度和不同电镀时间下不同有机物对银镀层光泽度的影响

1—无添加；2—乙醇；3—苯酚；4—丙酮；5—4-羟基苯甲醛；6—冰乙酸；7—甲基磺酸

在 0.2A/dm^2 条件下，无添加物时镀层表面呈白雾状，光泽度最低。可以看出，镀层光泽度随 4-羟基苯甲醛添加量的增加而略有降低，随苯酚用量的增加先降低再升高，随着丙酮添加量的增加而明显增加，随着甲基磺酸用量的增加先升高再降低。添加 2.5g/L 苯酚或丙酮时，镀层光泽度极大地改善，分别增长了 4.2 倍和 3.5 倍。

在 3.0A/dm^2 条件下，镀层烧焦，光泽度略有降低。添加苯酚、4-羟基苯甲醛和冰乙酸的镀银层光泽度有轻微变化。添加乙醇后，镀层光泽度降低；乙醇添加量为 1.5g/L 时，镀层光泽度最低。添加 0.5g/L 甲基磺酸时，镀层光泽度增加，但镀层光泽度随着其添加量的增大而降低，最终低于无添加时镀层的光泽度。在高电流密度区，对光泽度影响最大的有机物是丙酮，3 个添加量的条件下，镀层光泽度均明显下降，故丙酮在高电流密度区对于镀液是一种严重的污染物，电镀时应避免带入。

添加了有机物之后，镀层光泽度总体上仍在 1.0～2.0A/dm^2 区间内较高，在 0.2A/dm^2 条件下较低，但有部分例外。如添加乙醇之后，镀层光亮区间向低电流密度转移，低电流密度处光泽度上升，高电流密度处光泽度下降，工作区间光泽度略有变化，且添加乙醇的量对光泽度影响不大。因此，需要低电流光亮电镀时可添加少量乙醇。添加苯酚之后，在原光亮区间及高电流密度区间，对光泽度的影响甚微，可忽略；在低电流密度区，添加少量苯酚对镀层光泽度影响也较小，但当苯酚添加量达到 2.5g/L 时，镀层光泽度明显升高。添加丙酮之后，在低电流密度区，随着丙酮添加量的增加，光泽度越来越高；在 1.0A/dm^2 条件下，丙酮用量影响不大，但在 2.0A/dm^2 条件下，随着丙酮添加量的增加，光泽度降低；在高电流密度条件下，光泽度明显降低。添加 4-羟基苯甲醛或冰乙酸之后，低电流密度区光泽度上升，原光亮区间和高电流密度区光泽度均变化不大，且添加量对光泽度的影响不大。添加甲基磺酸之后，在低电流密度处光泽度均上升，添加量为 1.5g/L 时，上升最明显。故可以根据实际需要选择不同的添加物，添加合适的量。在对镀件光泽度要求较高时，应严格避免有负面影响的物质进入镀液。

5.6.3 有机添加物对镀银层硬度的影响

镀件为 0.1 dm^2 紫铜片，使用显微维氏硬度计多次测量硬度并取平均值。在电流密度为 1.0A/dm^2 和有机物添加量为 2.5g/L 条件下施镀，电镀时间 5min，镀层厚度 3μm。镀液含不同有机物所得镀层硬度见表 5-17。

表 5-17 有机添加物对银镀层显微硬度的影响

有机添加物	显微硬度(HV)	有机添加物	显微硬度(HV)
无	92.53±5.56	4-羟基苯甲醛	96.90±8.65
乙醇	114.30±1.48	冰乙酸	169.45±68.93
苯酚	134.3±21.52	甲基磺酸	158.20±33.34
丙酮	119.94±6.00		

由表 5-17 可知，在实验条件下，添加了有机物之后，银层的硬度总体上呈升高的趋势。其中，添加冰乙酸和甲基磺酸后银层硬度升高较明显，故可适当用作镀层硬化剂来改善镀层的抗磨损性能。其硬化剂作用机理可能有两种：较大量地添加有机物导致镀层中有机物夹杂，提高了镀层硬度，但同时增加了其脆性；也有可能是因为有机物影响了镀层生长，改变了镀层的结晶结构，而微观结构的改变又影响了宏观硬度。

5.6.4 添加不同有机物所得银层的 XRD 图谱

在确定的工艺条件（镀件为 0.1dm^2 紫铜铜片、电流密度 1.0A/dm^2、有机物添加量 2.5g/L、电镀时间 5min 和镀层厚度 3μm）下，使用粉末衍射仪研究添加不同有机物所得镀层的结构，结果见图 5-32。由图 5-32 可以看出，添加乙醇、苯酚和 4-羟基苯甲醛后，样品（220）面略微降低；添加丙酮后，（111）面略降低，（220）面和（311）面升高；添加冰乙酸后，（220）面显著升高。且由图中还可以看出，添加不同物质均引起衍射峰变宽，这种结果可能是添加物导致银层结构改变而造成的。添加物引起银层颗粒变化，导致衍射峰发生不同程度的增强或减弱，而结晶颗粒尺寸的改变是导致镀层硬度变化的主要原因。

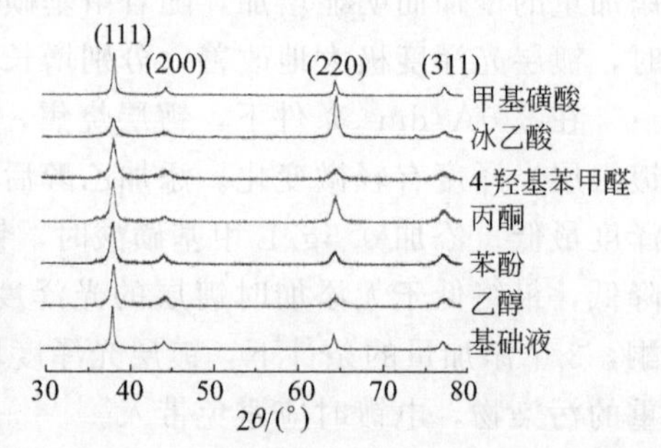

图 5-32 基础液和添加不同有机物得到的银层的 XRD 图谱

4个晶面的2θ与标准值偏差0.58°～0.78°，说明镀银层的致密度高。本研究所考察的7个样品的各个晶面的具体峰位汇总于表5-18中。样品之间的差异小于仪器和数据处理所带来的误差，说明不同的有机添加物对镀银层致密度的影响不大。

表5-18　不同镀银层的衍射峰位（2θ）和晶粒尺寸

有机添加物	2θ/(°)			
	(111)	(200)	(220)	(311)
无	38.57	44.74	64.91	77.84
乙醇	38.69	44.79	65.04	77.98
苯酚	38.53	44.64	64.94	77.84
丙酮	38.54	44.67	65.01	77.90
4-羟基苯甲醛	38.60	44.65	65.01	77.91
冰乙酸	38.56	44.58	65.03	77.87
甲基磺酸	38.52	44.58	65.03	77.85

镀层衍射峰的积分面积与块体材料略有不同。高指数面的衍射峰占有较大比例，说明ZHL-02工艺镀层的表面能较高。衍射峰的峰宽直接与尺寸相联系，利用Scherrer公式分别计算出（111)、(200)、(220）和（311）的晶粒尺寸，结果见表5-19。

表5-19　添加不同有机物样品的晶粒尺寸

有机添加物	d/nm			
	(111)	(200)	(220)	(311)
无	22.13	13.65	21.70	16.56
乙醇	13.06	6.91	10.80	9.28
苯酚	12.50	8.08	11.38	9.01
丙酮	13.09	9.34	11.74	8.37
4-羟基苯甲醛	10.59	5.79	9.94	8.28
冰乙酸	10.17	6.32	15.16	8.69
甲基磺酸	10.95	6.72	10.34	8.62

由于没有将其他因素导致的衍射峰宽化计入，所以该粒径尺寸与真实值相比略小。可以看出，有机物加入后，镀银层各个晶面的晶粒尺寸均减小。结合表5-17可以发现，添加乙酸后，镀银层硬度显著增加，无添加物时镀层（111）晶面晶粒尺寸最大，而添加乙酸后（220）晶面的晶粒尺寸最大，加入其他可以增大镀层硬度的添加物后，镀层（220）晶面的晶粒尺寸均相对增大，故镀层的（220）晶面对硬度的影响可能较大。

此外，将计算得到的（111)、(200)、(220）和（311）晶面织构指数整理在表5-20中。晶面织构指数大于1时，表明镀层具有该织构，晶面织构指数最大的面为择优取向面。由表5-20可以看出，除添加乙酸和甲基磺酸的镀层只具有（220）晶面织构外，其余镀层包括无添加物的镀层均具有（220）和（311）晶面织构；添加乙醇和苯酚的镀层择优取向为（311）晶面，其余添加物的镀层择优取向为（220）晶面；添加乙酸和甲基磺酸的镀层（220）晶面织构指数很大，分别为3.802和3.457。同时由表5-17可以看出，添加乙酸和甲基磺酸的镀层硬度增加最明显，再次证明（220）晶面对硬度的影响较大。

表5-20　添加不同有机物样品的晶面织构指数

有机添加物	N(111)	N(200)	N(220)	N(311)
无	0.998	0.590	1.502	1.157
乙醇	0.953	0.902	1.134	1.201
苯酚	0.933	0.629	1.354	1.489

续表

有机添加物	$N(111)$	$N(200)$	$N(220)$	$N(311)$
丙酮	0.775	0.294	2.399	1.605
4-羟基苯甲醛	0.995	0.858	1.190	1.056
冰乙酸	0.528	0.472	3.802	0.933
甲基磺酸	0.642	0.403	3.457	0.933

5.6.5 添加不同有机物所得银层的SEM图

在确定的工艺条件（镀件为0.1 dm^2紫铜片、电流密度1.0A/dm^2、电镀时间5min和镀层厚度3μm）下，由基础液以及添加不同有机物（各添加物的用量均为2.5g/L）得到的镀银层的SEM照片见图5-33。由图5-33可以看出，在工作电流区域（1.0A/dm^2）且无添加物时，镀银层晶粒细腻均匀，故光泽度较高。分别添加不同的有机添加物后，晶粒变化基本较小，故光泽度波动均不明显。在电流密度下限0.2A/dm^2且无添加物时，结晶粗大、无规则；分别添加乙醇、苯酚、丙酮、4-羟基苯甲醛和甲基磺酸后可以看出镀层晶粒基本都出现了细化现象，光泽度略有上升。添加了冰乙酸的镀银层，微观结构呈现出棱角分明的块状结构，影响较

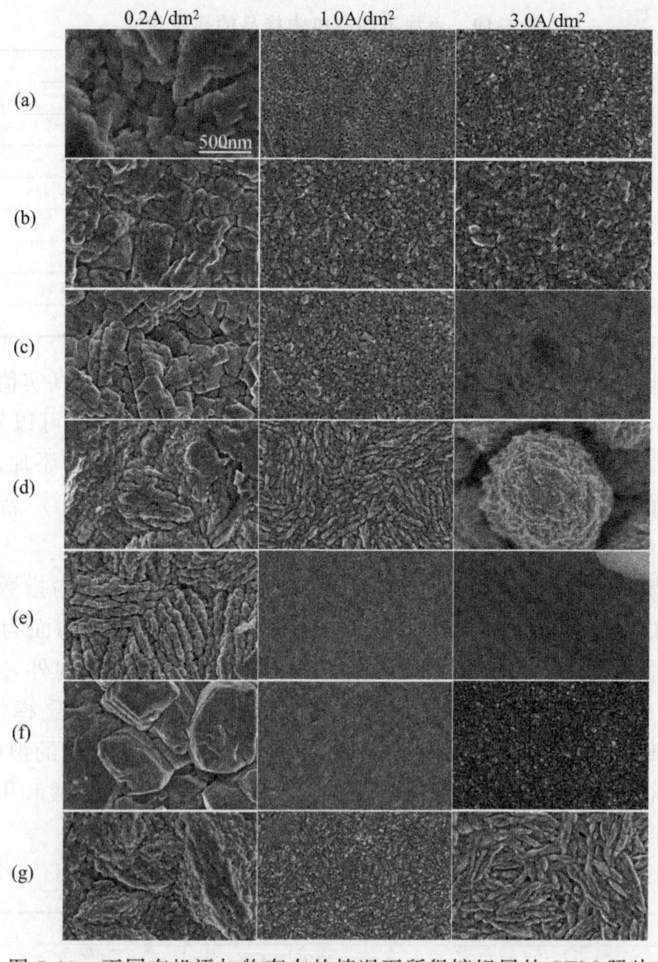

图5-33 不同有机添加物存在的情况下所得镀银层的SEM照片

(a) 无机物；(b) 乙醇；(c) 苯酚；(d) 丙酮；(e) 4-羟基苯甲醛；(f) 冰乙酸；(g) 甲基磺酸（各添加物的量为2.5g/L）

大。电流密度为 $3.0A/dm^2$ 且无添加物时，镀银层晶粒仍较小，但粗糙、无规则，呈现烧焦状态；分别添加不同的有机添加物后，晶粒状态变化各异。其中，添加苯酚、4-羟基苯甲醛、冰乙酸后，晶粒改变不大，故光泽度几乎不变；添加乙醇和甲基磺酸后结晶明显粗糙且晶粒呈现出有取向的排布，光泽度下降；添加丙酮后，晶粒变化很大，呈现出表面不均匀的球状块体，光泽度极大地下降。显然，镀银层的宏观性质与其微观结构有着密不可分的关系。

5.6.6 小结

有机物对无氰镀银工艺影响的研究为进一步开发辅助络合剂和添加剂打下基础。特别是后者，寻找开发更有效的复合添加剂对完善系列无氰镀银工艺意义重大。一般要求新的有机添加剂首先不对镀液的物理性质有坏的影响，那些可使镀液变色、沉淀、产生气体等的化合物应排除在外，其次作为添加剂其用量一般不大，可在 0.1～0.5g/L 的范围内依次增加浓度，从而节约实验的时间成本。此外，除镀层外层这一基本的评价标准外，潜在有效的添加剂还应再参考如硬度、镀层性能等因素，只有表现出较大应用价值的候选化合物才需进一步开展更丰富的镀液和镀层性能测试。这一开发流程有助于节约开发的时间成本和劳动成本。在筛选出有用的添加剂后还需进一步开展应用基础研究，了解添加剂的作用机理，并设计制备合成作用效率更优的新化合物。

5.7 蚀刻引线框架用无氰镀银工艺

5.7.1 概述

作为集成电路的芯片载体，引线框架除了具有固定芯片的作用，也为焊接提供引线和引脚，保证引线框架与芯片及金属丝间的可焊性，确保元件的电性能。在高端电子制造领域，为获得导电性良好、焊接性优良和稳定性较高的芯片，通常需要在引线框架上电镀一层致密的银层。在电镀过程中，引线框架一般用一层或多层的光刻胶遮挡多余部分形成固定图像。该光刻胶是一种具有特殊化学性质的聚合物，易于被 pH 值大于 9.0 的碱溶液腐蚀溶解。因传统氰化镀银工艺一般工作在碱性条件，降低 pH 值会使氰化物中的 CN^- 与 H^+ 结合生成剧毒性物质 HCN，导致其无法应用在高端电子制造领域，为此，开发一种弱碱性（pH 值小于 9.0）的镀银工艺具有极大的应用价值。

ZHL 无氰镀银液是以 5,5-二甲基乙内酰脲（DMH）为主要配体，并得到一定应用的镀液产品。工作液的 pH 值在 10.0～10.5，具有较好的洁净能力，对镀件具有更好的适应性。引线框架的镀银加工的前处理完善，对镀液的洁净能力要求不高，因此有望以上述镀液产品为基础，降低其 pH 值，使其适应蚀刻引线框架的镀银加工。

5.7.2 添加剂对循环伏安行为的影响

CV 方法是研究电极过程的重要手段，图 5-34 给出了 ZHL-S（表面活性剂）、ZHL-D（次级光亮剂）和 ZHL-M（主光亮剂）对镀液循环伏安行为的影响。从图 5-34(a) 可以看到，在 $10mV \cdot s^{-1}$ 的低扫描速度下，在 −0.25V 附近银离子开始沉积，随电势进一步负移，沉积电流逐步增加，在 −0.77V 附近出现还原峰。而后，扩散层中反应物向电极表面扩散的速度来不及弥补电极反应的消耗，导致还原电流略有减小。电势正向回扫时，由于电极表面已有沉积的银层，相比惰性的玻碳电极表面，活化势垒急剧降低，故仍保持有较大的还原电流。进一步向正电势扫描，在 0.1～0.7V 区间形成两个明显的氧化峰，峰位分别为 0.19V 和 0.48V。随着扫描速度的增加，还原峰的峰电流近似与扫描速度的平方根呈线性关系（见图 5-34），表明电化学行为受扩散控制。

当镀液中加入 ZHL-S 时［图 5-34(b)］，其在电极表面的吸附可降低表面张力，增加氢气析出的势垒，抑制氢气泡的形成，利于电沉积反应。因此，在扫描速度为 $10mV \cdot s^{-1}$ 的 CV 图中，−1.1V 处电流约为 −383μA，明显小于无 ZHL-S 的基础镀液。当扫描速度逐渐增加，阴极还原峰电位也逐渐增加，且随着扫描速度增加明显负移。对氧化峰的影响而言，扫描速度逐渐增大时，第一个氧化峰电流也逐渐增大。

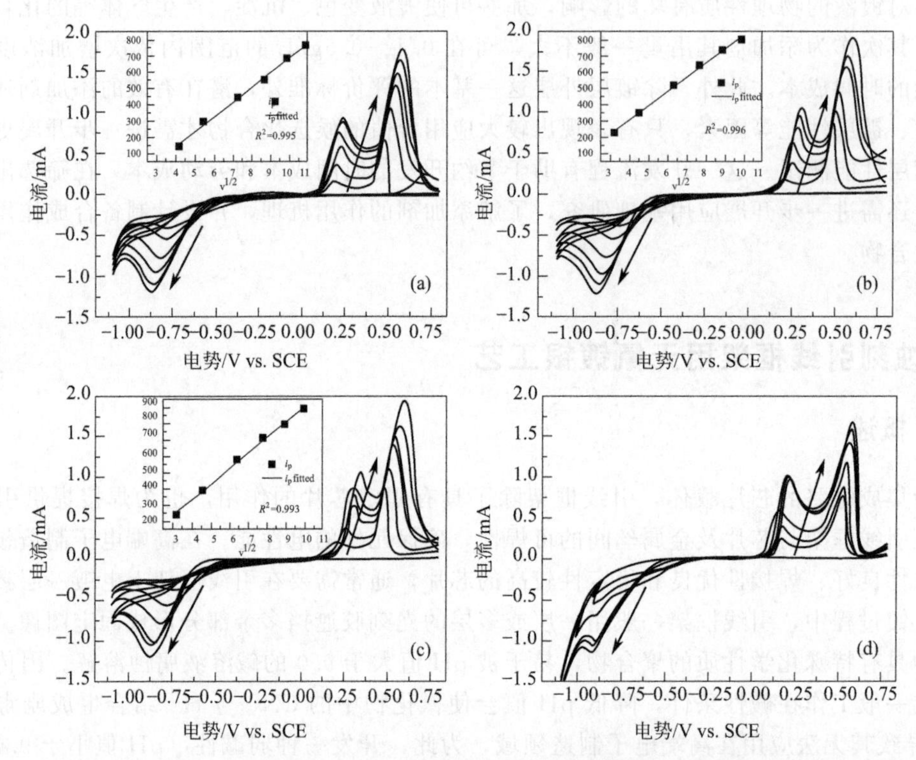

图 5-34　不同成分添加剂下的镀银液体系在不同扫描速度下的循环伏安曲线图

(a) 基础镀液；(b) 添加 ZHL-S 的镀液；(c) 添加 ZHL-S 与 ZHL-D 的镀液；
(d) 添加 ZHL-S、ZHL-D 和 ZHL-M 的镀液；按照箭头的方向，
扫描速度依次为 10mV/s、20mV/s、40mV/s、60mV/s、80mV/s

向加入了 ZHL-S 的镀液里再加入含量为 0.025g/L 的 ZHL-D，因 ZHL-D 仅起辅助作用，且其含量较低，对银的沉积行为影响不显著。但工艺优化表明，该添加剂的加入对镀层性能略有改善。其对电镀银的循环伏安行为影响如图 5-34(c) 所示。当扫描速度逐渐增大时，CV 曲线整体变化与图 5-34(b) 类似，即第一个氧化峰峰电流逐渐增大，峰电位随扫描速度移动也较明显，还原峰峰电流也逐渐增大，峰电势出现负移。值得注意的是，扫描速度为 $10mV \cdot s^{-1}$ 时，在 −1.1V 处电流约为 −397 μA，明显小于无表面活性剂的镀液。

继续向加入了 ZHL-S 和 ZHL-D 的镀液里再加入含量为 0.25g/L 的 ZHL-M，对电镀银的循环伏安行为影响如图 5-34(d) 所示。电位向负方向扫描时，银的沉积电流逐渐增加，并在

−0.85V左右出现第一个还原峰，该还原峰电流均小于其他体系，说明ZHL-M的加入对体系具有较大的影响。之后，继续向负方向扫描，在−1.1V左右，其还原峰电流相比于其他三种体系出现大幅度的增加，可归因于明显的析氢电流和银沉积电流的叠加。此外，图5-34（d）的氧化峰对应于玻碳电极表面沉积银的氧化反应，氧化电流与其他体系在相同扫描速度下对比均有所下降。

从图5-34来看，图5-34(b)（添加ZHL-S的镀液）和图5-34(c)（添加ZHL-D的镀液）均与图5-34(a)（未添加ZHL-S、ZHL-D和ZHL-M的基础镀液）的循环伏安测试结果类似，镀液中仅添加ZHL-S和同时添加ZHL-S与ZHL-D时，电沉积银的循环伏安行为与基础镀液体系类似，但图5-34(d)（添加ZHL-S、ZHL-D和ZHL-M的镀液体系）的循环伏安测试结果在−0.75～−1.1V范围内与图5-34(a)存在差异，说明ZHL-M的添加会抑制银的电沉积行为，对银的沉积机理和镀液、镀层性能产生影响。

5.7.3　不同成分添加剂下镀液的计时电流响应及成核机理研究

计时电流法（CA）是一种研究电极过程动力学的电化学方法，可用于银离子成核结晶机理的研究，为进一步了解电镀工艺参数的影响提供依据。为避免银电极上沉积银，导致不同镀液体系特征难以分辨，图5-35为采用惰性玻碳电极为工作电极，结合负电势方向的电位阶跃得到的银离子电沉积过程计时电流响应曲线。从图5-35整体来看，四种不同镀液条件下的响应电流均随着阶跃电位的增加而逐渐增加，且不同镀液下电沉积时间差别不大，均在1s左右。从图5-35(a)与图5-35(b)对比可以看到，添加了ZHL-S的镀液体系在相同的阶跃电位下具

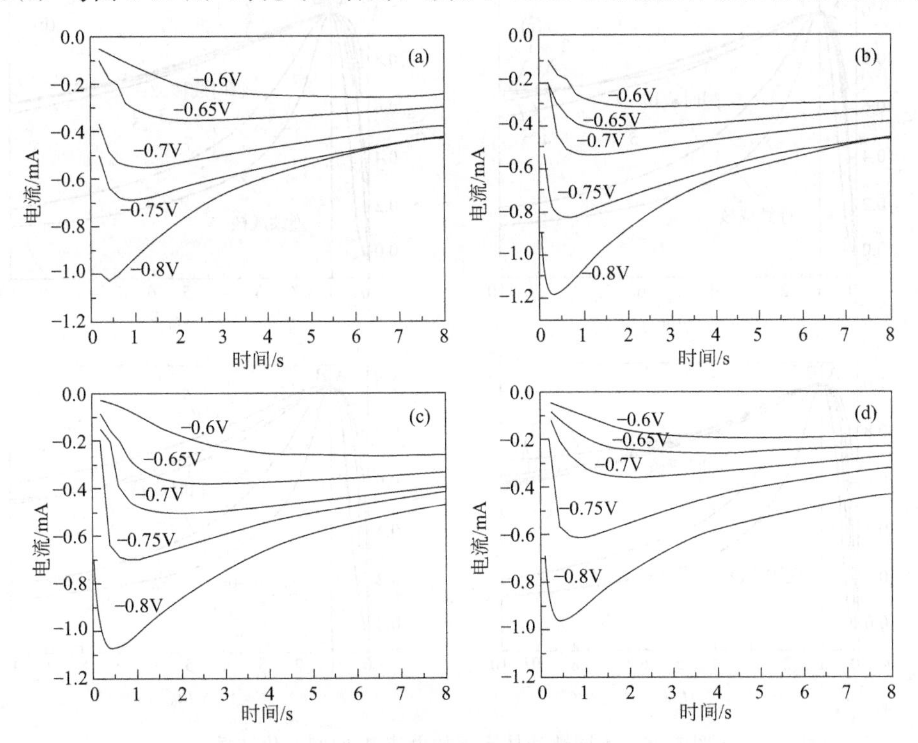

图5-35　不同镀液体系下的计时电流响应

（a）基础镀液；（b）添加ZHL-S的镀液；（c）添加ZHL-S与ZHL-D的镀液；（d）添加ZHL-S、ZHL-D和ZHL-M的镀液

有更高的电流响应，当阶跃电位分别为 0.75V 和 0.80V 时，无添加剂的镀液体系所对应的响应电流分别为－0.687mA 和－1.029mA，添加了 ZHL-S 的镀液体系所对应的响应电流则分别为－0.830mA 和－1.184mA。向加了 ZHL-S 的镀液里面继续添加 ZHL-D 时，同一阶跃电位下的响应电流与只加了 ZHL-S 的镀液体系相比有所下降，但仍高于无添加剂镀液体系［图 5-35(c)］。从图 5-34 (d) 可以看到，当继续向镀液中加 ZHL-M 时，－0.8V 阶跃电位下的响应电流变为－0.957mA，小于－1.076mA（添加 ZHL-S 与 ZHL-D 的镀液体系在－0.8V 阶跃电位下的响应电流）。

从 CA 曲线来看，当电位发生阶跃后，由于电极表面短暂的双电层充电及银离子成核过程的影响，阴极电流逐渐上升至最大值，之后电流密度开始下降并趋于恒定。更详细的镀银成核机理，需结合 Scharifker-Hills（SH）经典理论模型来讨论，其推导出的瞬时成核条件下的归一化电流可表示为：

$$(I/I_{m})^{2}=1.9542(t_{m}/t)\{1-\exp[-1.2564(t/t_{m})]\}^{2}$$

连续成核条件下的归一化电流可表示为：

$$(I/I_{m})^{2}=1.2254(t_{m}/t)\{1-\exp[-2.3367(t/t_{m})^{2}]\}^{2}$$

式中，I(A) 和 t(s) 分别表示电流和时间；I_{m}(A) 和 t_{m}(s) 分别为 I-t 曲线上的峰电流值以及最大电流所出现的时间；I/I_{m} 即电流对最大电流值的归一化，对应的 t/t_{m} 为时间的归一化，则可得到电流-时间的归一化曲线，即图 5-36。将上述 t/t_{m} 的数值分别代入瞬时成核和连续成核的公式计算得到 $(I/I_{m})^{2}$，即可获得两种成核模型对应的理想归一化的 I-t 曲线（图 5-36 中的两条粗实线）。

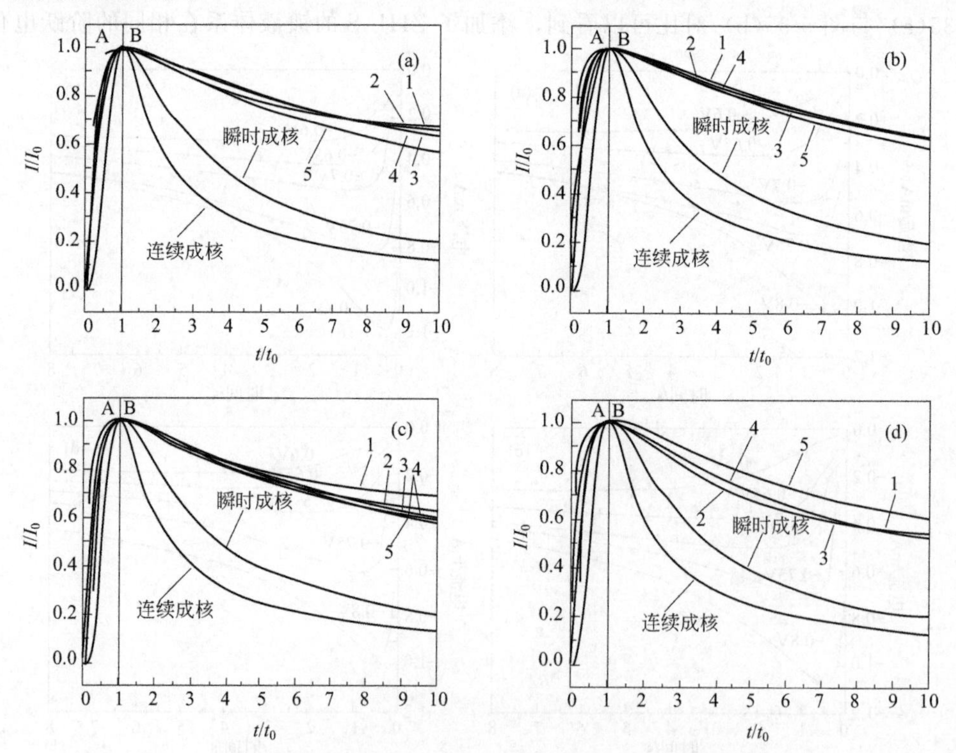

图 5-36　不同镀液体系下的电流-时间归一化结果

(a) 基础镀液；(b) 添加 ZHL-S 的镀液；(c) 添加 ZHL-S 与 ZHL-D 的镀液；(d) 添加 ZHL-S、ZHL-D 和 ZHL-M 的镀液；实验曲线从 1～5 依次为：－0.6V、－0.65V、－0.7V、－0.75V 和－0.8V

不同镀液体系下的电流-时间归一化结果如图 5-36 所示，可以看到，四种不同镀液体系下的成核机理具有一定的相似性：在 A 区域内，成核机理均靠近瞬时成核；而在 B 区域内，四种不同镀液体系下的 *I-t* 归一化结果均远离瞬时成核。这跟镀液络合能力有关，当镀液络合能力较差时，溶液中存在较多的游离状态银离子，使得电流在短时间内增加，并上升到极值，又因镀液配位能力较弱，促进晶体的快速成核与生长。

从图 5-36(a) 可以看到，在无添加剂的镀液体系下，－0.6～－0.8V 阶跃电位下的归一化 *I-t* 结果在 A 区域内具有长时间的重叠，当向镀液中添加 ZHL-S 时，不同阶跃电位下的归一化结果较图 5-36(a) 中 A 区域而言，有一定的偏离，图 5-36(a) 中 A 区域内－0.60V 和－0.65V 阶跃电位下的归一化结果均无限接近瞬时成核并重叠在一起，而相同阶跃电位下的归一化结果在图 5-36(b) 中则偏离瞬时成核机理。当向镀液中继续添加次级光亮剂 ZHL-D 和 ZHL-M 时，其成核机理分别如图 5-36(c) 和图 5-36(d) 所示，可以发现，两种镀液下的成核机理差别不大，即在 A 区域内，除了－0.80V 阶跃电位下的成核机理偏离瞬时成核外，其余阶跃电位下的归一化 *I-t* 结果均重叠在一起，并与瞬时成核模型紧密接触；在 B 区域内则与图 5-36(a)、图 5-36(b) 相似，成核机理偏离经典 SH 模型。

5.7.4 镀银工艺的最佳电流密度和温度范围

对于引线框架电镀，镀件尺寸小，批量大，对电镀的生产方式提出了低成本、高效率的要求，即镀液能在较高的电流密度下获得好的镀层。图 5-37 以电流密度为横坐标，温度为纵坐标，根据镀液体系在不同温度和不同电流密度下所观察到的镀银铜片的整体光泽度打分情况为因变量作等高线图。从图中可以看到，电流密度在 1.5～3A/dm^2 更利于镀液工作在高温区间，当达到 35℃时，镀银铜片的整体光泽度仍旧良好；当电流密度为 0.5～1A/dm^2 时，镀银铜片的整体光泽度上限为 25℃，符合引线框架电镀的电流密度和温度范围。值得注意的是，温度降低对镀银铜片光亮区间下限影响不大，即使在 10℃的条件下，镀液体系所获得的镀层仍然较为光亮，且彼此之间差别不明显。

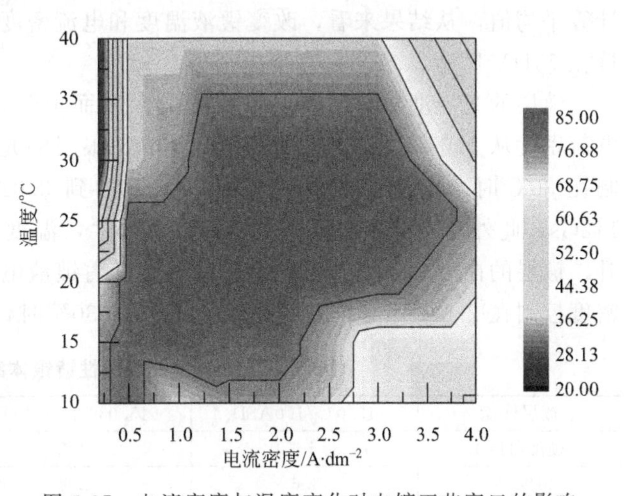

图 5-37 电流密度与温度变化对电镀工艺窗口的影响

5.7.5 弱碱性镀银体系在最佳工艺范围内的蚀刻引线框架

在最佳条件范围内（镀液体系：添加 ZHL-S、XHL-D 和 ZHL-M；温度：25.0℃；电流密度：2.0ASD）研究弱碱性镀银工艺在实际样品中的应用情况，实验中使用不同光刻纹路的样品进行镀银测试，电镀结果如图 5-38 所示，可以看到镀银层洁白光亮，没有漏镀或者镀层外溢的现象，说明该工艺具备了潜在的应用价值。为进一步了解更多镀层性能，进一步测试了镀液和镀层性能。

图 5-38　弱碱性镀银体系在最佳工艺范围内的蚀刻引线框架

5.7.6　镀件镀层性能

通过对比不同条件（温度和电流密度）下镀层的硬度、白度和光泽度，考察不同工艺条件对镀层性能的影响。在硬度测试中，镀层厚度大于 5μm，测量至少 6 个不同位置的硬度值再计算平均值，从结果来看，改变镀液温度和电流密度，镀银层的维氏硬度变化不显著，基本保持在 75HV 附近，与无氰镀银层相当。

镀层的光泽度随着镀液电流密度的上升而上升。从表 5-21 可知，当温度控制在 15℃时，电流密度从 1.0A/dm^2 增加到 2.0A/dm^2，银层的光泽度从 87.3Gs 增加到 116Gs；当温度控制在 30℃时，电流密度从 2.0A/dm^2 增加到 3.0A/dm^2，银层的光泽度从 123Gs 增加到 142Gs；此外，当电流密度控制在 2.0A/dm^2，温度从 15℃增加到 30℃时，光泽度也同样上升。镀层的白度表现了类似的变化趋势，随着镀液电流密度的上升白度也随之上升；而当电流密度控制在 2.0A/dm^2，温度从 15℃增加到 30℃时，白度则有所降低。

表 5-21　弱碱性镀银体系镀层性能

镀层性能	15.0℃/1.0ASD	15.0℃/2.0ASD	30.0℃/2.0ASD	30.0℃/3.0ASD
硬度(HV)	80±5.0	70±3.3	72±4.1	75±3.5
白度/%	3.6	8.9	2.0	14.4
光泽度/Gs	87.3	116	123	142

从更高分辨率的微观形貌表征可以获得关于镀层更多的结构特征信息。图 5-39 给出了四个中性镀银体系下的镀银铜片在 500nm 扫描范围下的扫描电子显微镜图像（SEM）。整体来看，镀层颗粒细腻，尺寸分布均匀。图 5-39(a) 和图 5-39(b) 为 15℃下，电流密度分别为 1.0A/dm^2 和 2.0A/dm^2 时的 SEM 照片，可以看到，中性镀银体系下电流密度的变化对镀层的微观结构特征影响不大，但可细致分辨出中性镀银体系下电流密度的变化对镀层的细微影响。图 5-39(c) 和图 5-39(d) 为 30℃下，电流密度分别为 2.0A/dm^2 和 3.0A/dm^2 时的 SEM 图片，两种电流密度下的镀层微观结构特征表现类似。通过图 5-39(b) 和图 5-39(c) 的对比可以发现，当温度上升时，镀层的微观结构特征更明显，颗粒凸起更清晰。可见，中性镀银体系下电流密度和温度的变化对镀层结构虽有影响，但仅表现在细微的结构特征上。此外，从 SEM 的平均颗粒尺寸统计结果（见图 5-40）可以看到，其平均颗粒尺寸为 (16.7±3.6)nm，

说明镀层结晶细腻，排列紧密，与氰化镀银体系相比，整体形态更好。

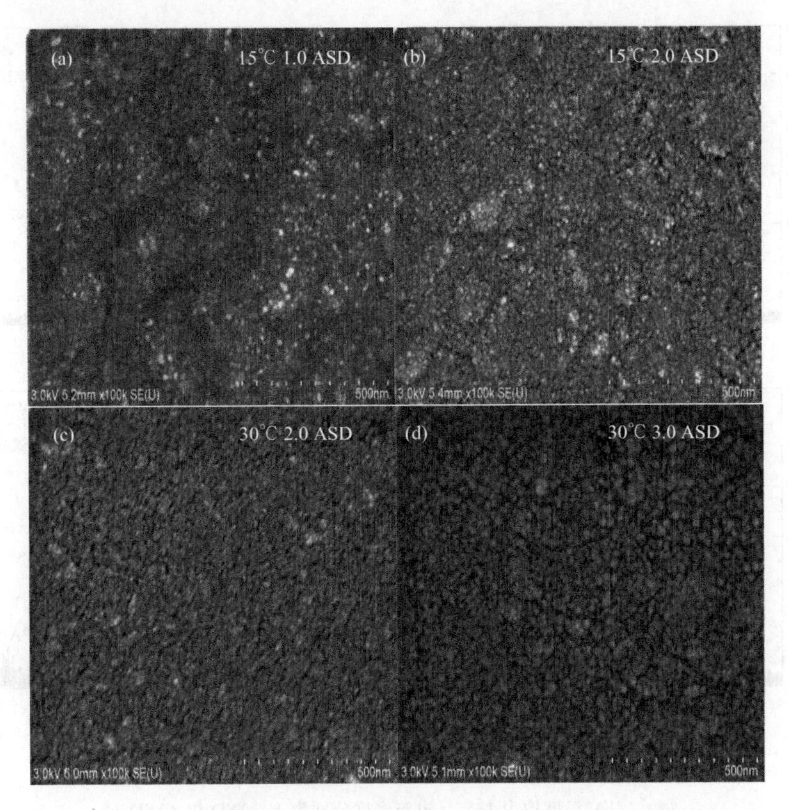

图 5-39 中性镀银在电流密度和温度影响下的 SEM 照片

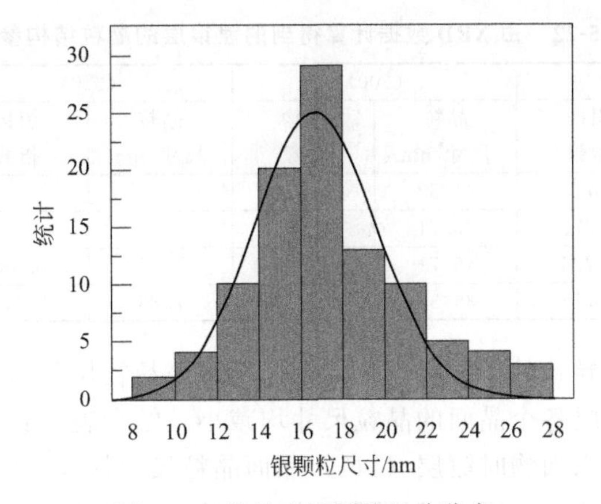

图 5-40 样品表面颗粒尺寸分布

5.7.7 最佳工艺条件范围内镀银铜片的 XRD 图谱

图 5-41 给出了在最佳工艺窗口范围内不同温度和电流密度条件下，挂镀 3μm 镀层 XRD 图谱。根据以往实验，当镀银层厚度大于 3μm 时，银可以完全遮蔽基底铜的衍射峰。但在分析中性镀银工艺的 XRD 图谱时，发现仍有铜峰出现，说明在相同的时间内中性镀银工艺镀速略小于碱性镀银工艺。为进一步了解中性镀银工艺晶粒尺寸的大小，利用衍射峰宽估算晶粒尺

寸列于表 5-22。

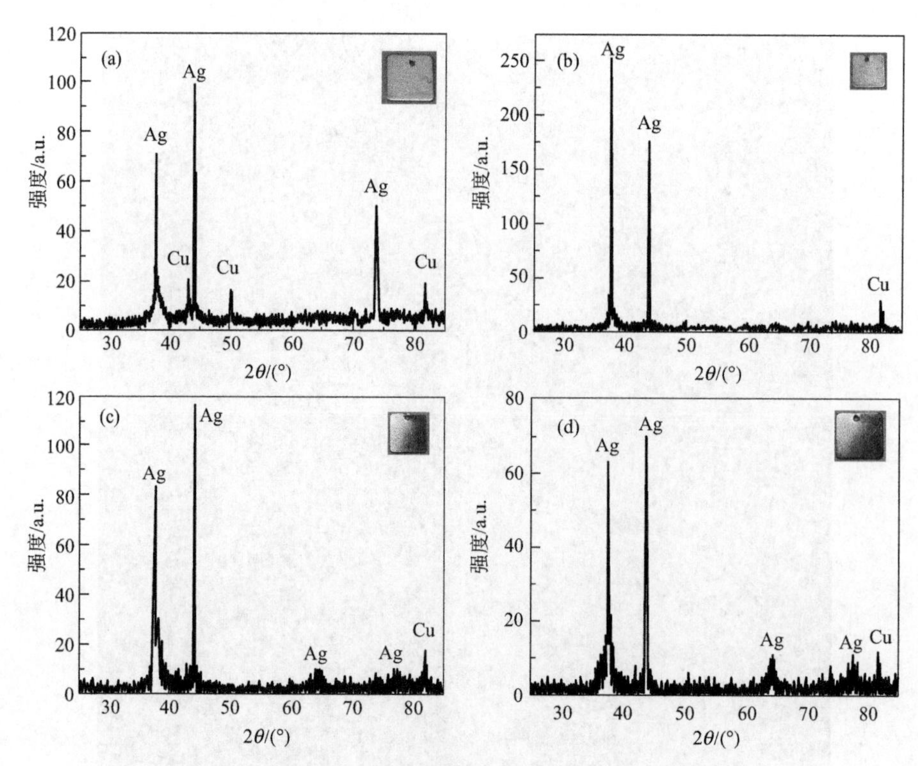

图 5-41　不同电流密度和温度下中性镀银工艺的 XRD 图谱

(a)，(b) 温度均为 15℃，电流密度分别为 1.0ASD 和 2ASD；
(c)，(d) 温度均为 30℃，电流密度分别为 2.0ASD 和 3.0ASD

表 5-22　由 XRD 数据计算得到的镀银层的晶粒结构参数

制备条件		(111)		(200)		(220)		(311)	
℃	dm^2	晶粒尺寸/nm	织构指数	晶粒尺寸/nm	织构指数	晶粒尺寸/nm	织构指数	晶粒尺寸/nm	织构指数
15	1.0	44.42	0.798	41.52	2.779	—	—	—	—
15	2.0	47.29	1.272	46.71	1.593	—	—	—	—
30	2.0	31.19	0.726	46.71	2.528	5.45	0.352	5.75	0.326
30	3.0	18.1	0.777	39.34	2.154	7.86	0.533	7.65	0.53

由于没有将其他因素导致的衍射峰宽化计入，所以该粒径尺寸与真实值相比略小。可以看出，有机物加入后，镀银层各个晶面的晶粒尺寸均减小。结合表 5-17 可以发现，添加乙酸后，镀银层硬度显著增加，无添加物时镀层（111）晶面晶粒尺寸最大，而添加乙酸后（220）晶面的晶粒尺寸最大，加入其他可以增大镀层硬度的添加物后，镀层（220）晶面的晶粒尺寸均相对增大，故镀层的（220）晶面对硬度的影响可能较大。

分析比较数据可以看出，不同温度条件下银的（111）、(200)、(220）和（311）面的晶粒尺寸平均分别为 35.25nm、43.57nm、6.66nm 和 6.70nm。

5.7.8　中性镀银工艺的镀液性能

为进一步了解中性镀银工艺在实际应用中的情况，研究了在最佳范围内的镀液性能，包括电流效率、分散能力和覆盖能力。测试结果汇总于表 5-23。

表 5-23　中性镀液基本性能

镀液性能	30℃/0.4ASD	30℃/0.6ASD
电流效率	98.4%	99.2%
分散能力	80.1%	87.5%
覆盖能力	约 100%	约 100%

从表中可以看到，中性镀液的电流效率都在 95%以上，说明中性镀银工艺的电流效率较高，电能几乎全部用于促进溶液中的银离子沉积。镀液的分散能力作为表征镀液性能的表观特征之一，是指在给定的条件下，使沉积金属在阴极零件表面上均匀分布的能力。镀液分散能力越高，镀层厚度分布越均匀，从表 5-23 可知，镀液分散能力均大于 80%；此外，采用直角阴极法对镀液的深镀能力进行测试，测试结果都达到了 100%，与无氰镀银液体系相当。

5.7.9　小结

ZHL-02 工艺具有较宽的光亮电流密度范围，良好的镀液自洁净能力，优异的抗污染能力，在一般的镀银工艺中可以满足生产上的要求和性能上的需求。但在电子工业中，对某种性能的极致追求代替了一般工作窗口的要求。这就需要在通用配方工艺的要求上开展基础研究和适配性的工艺调整与改进。本节内容可作为一个代表性的案例为这种定制型工艺的开发提供参考。

5.8　纳米镀层的电沉积机理及 SERS 效应

5.8.1　背景

Fleischmann 等将吡啶吸附于经过表面粗糙化处理的银电极表面后，观察到吡啶的拉曼信号出现了显著的增强。此现象被称为表面增强拉曼散射（surface-enhanced raman scattering，SERS）效应。随着纳米技术和表面科学的不断发展，基于 SERS 效应制备的贵金属基底以其简便、稳定、快速及无损等优点。在环境化学、食品安全及爆炸物检测等领域发挥着越来越重要的作用。在 SERS 效应中，活性基底的制备至关重要，因为拉曼光谱信号强度的提高主要是由基底表层的金属粒子之间的间隙在激光照射下所产生的局部表面等离子体共振所引起的，这就要求活性基底的表层结构满足两个条件：金属纳米粒子的尺寸应在亚波长范围内，即小于 100nm；粒子间距应小于 10nm。

为实现这一目标，SERS 金属活性基底的制备经历了以下几个发展阶段。① 电化学氧化-还原循环法。利用该方法得到的金、银或铜基底的平均增强因子可达 $10^4 \sim 10^6$。虽然该方法简单，但也存在明显的不足，即基底表面纳米粒子的尺寸和形状分布不均匀，因此不同区域间的 SERS 效应差别较大。② 化学合成法。化学合成方法制备的金胶体团簇是由粒径在 60nm 左右的胶体金纳米粒子团聚而成的，平均增强因子可达 10^{14}，但是由该方法制得的纳米粒子聚集体的粒子间距和排列是随机的，所以光谱信号重现性较差。③ 自组装、模板或光刻法。该方法可制备长度为 (87.8±8.9)nm，宽度为 (27.0±4.6)nm 的金纳米棒，然后让其在镀金硅片表面组装成站立阵列，这种 SERS 活性基底可实现对果汁和牛奶中的西维因农药残留的快速灵敏检测，检测限分别可达 509μg/L 和 391μg/L，远低于美国环境保护署的检测标准（分别为 10mg/L 和 1mg/L）。在镀金玻片表面以单层聚苯乙烯微球为模板进行金的电沉积反应，再用 *N*,*N*-二甲基甲酰胺（DMF）去除聚苯乙烯微球，得到表面为规则互联空穴结构的 SERS 活性基底，以苯硫酚为探针分子（平均增强因子最高可达 3×10^6）。这些方法虽然重现性明显优于前两类方法，但是制备过程仍较为复杂，难以满足常规检测的要求。

因此，制备一种 SERS 效应显著、稳定性好、灵敏度高的活性基底，同时开发工艺流程简单、生产环保、可批量生产、成本低廉的制备方法，具有重要的理论和实用价值。无氰电沉积银作为一种电沉积方法，能够满足上述要求。本节以 ZHL-02 无氰镀银工艺为基础，罗丹明 6G 作为探针分子进行拉曼测试，考察了电流密度和镀液温度等工艺条件及不同浓度辅助络合剂羟基亚乙基二膦酸（HEDP）对银基底的 SERS 增强效果的影响；采用扫描电子显微镜和 X 射线衍射仪研究了电沉积银层的微观结构和 SERS 增强效果之间的关系。

5.8.2 SERS 电沉积银基底的制备

① 比较不同工艺条件时：工作液为 $V_{ZHL-02}:V_{去离子水}=1:1$。将 15mm×15mm 的紫铜片作为沉积银基底，在 45℃条件下用无水乙醇超声波洗涤 15min，再用一次去离子水洗涤，在 (45±2)℃加热条件下，电流密度为 3～5A/dm²，阴极脱脂 5min 后，用一次去离子水洗涤；室温下用 10%（体积分数）的稀硫酸溶液浸泡 5min，取出后用一次去离子水洗涤；分别调整电流密度（0.6A/dm²，1.0A/dm²，1.5A/dm² 和 2.0A/dm²）、电沉积温度（23℃，25℃，27℃，29℃，31℃，33℃，35℃，37℃和 39℃）、阴阳极面积比（1∶3，1∶10，1∶15 和 1∶20）和恒流电沉积时间（500s，300s，200s 和 150s）以确保沉积银层厚度相同，而后用一次去离子水洗涤，干燥后备用。

② 比较辅助络合剂浓度时：工作液为 $V_{ZHL-02}:V_{去离子水}=1:1$。将 15mm×15mm×0.8mm 的紫铜片作为沉积银基底，在 45℃条件下用无水乙醇超声波洗涤 15min，取出后用去离子水洗涤；在 (45±2)℃加热条件下，电流密度为 3～5A/dm²，阴极脱脂 5min，取出后用去离子水洗涤；室温下电化学抛光 20s，取出后用去离子水洗涤；室温下用 10%（体积分数）的稀硫酸溶液浸泡 5min 活化，取出后用去离子水洗涤；室温下电流密度为 2.0A/dm²，阴、阳极面积比为 1∶10，恒流电沉积铜 5min，取出后用去离子水洗涤；室温下电流密度为 1.0A/dm²，阴、阳极面积比为 1∶10，分别在含有不同浓度（0g/L、2g/L、4g/L 和 6g/L）HEDP 的工作液中恒流电沉积 5min，取出后用去离子水洗涤，小气流氮气吹干后备用。

5.8.3 电流密度对 SERS 基底增强效果的影响

图 5-42(a) 给出了在不同电流密度下制备的活性基底上几个代表性 R6G 分子的表面增强拉曼光谱。由图 5-42(a) 可见，611cm⁻¹、774cm⁻¹、1189cm⁻¹、1363cm⁻¹、1511cm⁻¹、1599cm⁻¹ 和 1647cm⁻¹ 处的吸收峰分别归属为 R6G 的 C—C—C 环面内弯曲振动、C—H 面外弯曲振动、C—H 面内弯曲振动、芳环 C—C 伸缩振动、芳环 C—C 伸缩振动、芳环 C—C 伸缩振动和芳环 C—C 伸缩振动。需要注意的是，理论上 R6G 分子在 532nm 处存在可见光吸收效应，与 532nm 的入射激光形成电子共振增强效应，会对邻近的 R6G 拉曼特征吸收峰（如 611cm⁻¹）产生影响。但是比较所制备的不同活性基底的 SERS 效应后可见，所有特征吸收峰的拉曼强度几乎都是等比变化的，表明共振增强效应的作用非常有限，SERS 效应主要还是来

源于活性基底的作用。同时，一些研究也是在 532nm 的入射激光条件下，以 R6G 的在 $611cm^{-1}$ 处的吸收峰来评价拉曼强度和对数浓度之间的线性关系以及计算活性基底的增强因子，即将此特征峰强度用于定量分析，因此本节也以此特征峰来评价活性基底的 SERS 效应。在选定的 0.6～$2.0A/dm^2$ 电流密度范围内，电沉积银基底均表现了显著的表面增强效果，但较低的电流密度制备的基底增强效果更明显。对多个位置光谱的 $611cm^{-1}$ 附近峰的强度做了平均统计，并以此来评估电流密度对增强效果的影响，如图 5-42(b) 所示。可见，$1.0A/dm^2$ 电流密度下增强效果最好，比 $0.6A/dm^2$ 和 $1.5A/dm^2$ 电流密度下制备的基底高近 15%，表明虽然在 0.6～$1.5A/dm^2$ 的较大电流密度范围内均可获得理想的表面拉曼增强活性基底，但 $1.0A/dm^2$ 的条件更优。而更高的电流密度下由于表面局域热效应显著，因此结晶过于粗糙；或较低的电流密度，如 $0.6A/dm^2$ 以下所需电沉积的槽压较低，此时电沉积成核机理更接近连续成核，一般晶粒较大，与不同电流密度下制备得到的电沉积银层的扫描电子显微镜和 X 射线衍射研究结果一致，见 5.1 节。

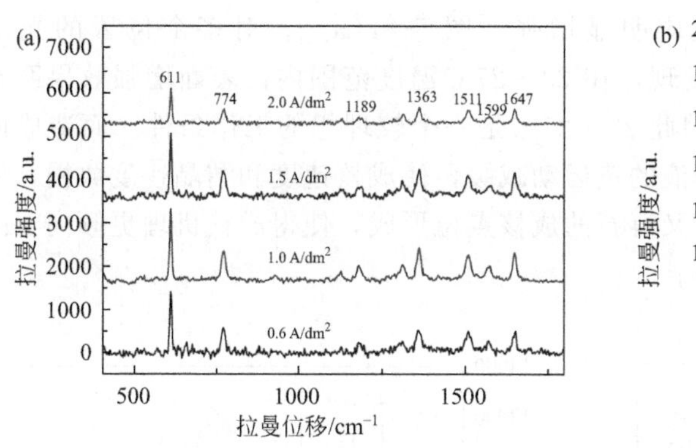

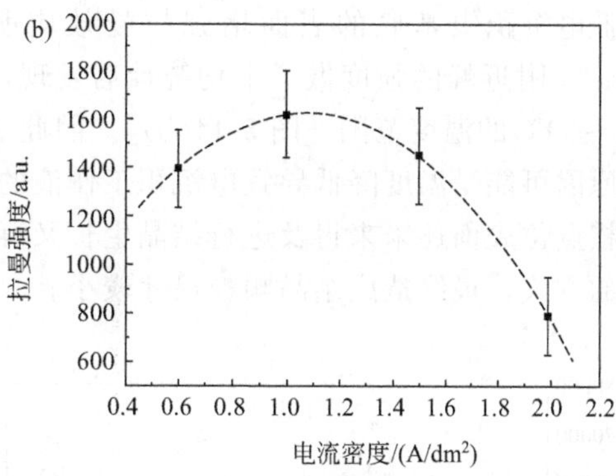

图 5-42 电流密度对电沉积银基底表面增强拉曼光谱强度的影响

5.8.4 阴阳极面积比对电沉积银基底 SERS 增强效果的影响

实验发现不同的阴阳极面积比获得的电沉积银层色泽不同，利用更大的阳极得到的电沉积层颜色偏蓝，以 SEM 观察，其沉积层颗粒更为细小。电沉积银的实质是金属银电结晶的过程，其主要包括银晶粒的核心生成和成长。为了获得结晶细腻、性能优良的银沉积层，要求使银晶核核心的生成速度快于其成长速度。在恒电流条件下，当逐渐增加阳极面积时，由于电流不变，阳极区电流密度降低，阳极分压减小，进而可能影响到银离子的成核机理。由 I-t 曲线归一化结果表明，随着阳极面积的增大，成核机理逐渐向瞬时成核转变。图 5-43(a) 给出了在 $1.0A/dm^2$ 和 39℃条件下，改变阴阳极面积比制备得到的电沉积银基底的表面增强拉曼光谱图。其多点的统计结果见图 5-43(b)。可见，在阳极面积为阴极面积 10 倍的条件下增强效果最好，阳极面积更大的条件下，增强效果略有下降但不超过 15%。考虑到拉曼光谱检测的重现性，这是在合理的误差范围内，同时考虑到更大的阳极面积也会增加生产成本，因此阴阳极面积比为 1∶10 是一个较佳的工作条件。

5.8.5 电沉积温度对电沉积银基底 SERS 增强效果的影响

电沉积温度对基底增强效果的影响显著。在选定的 23～39℃电沉积温度范围内，随温度

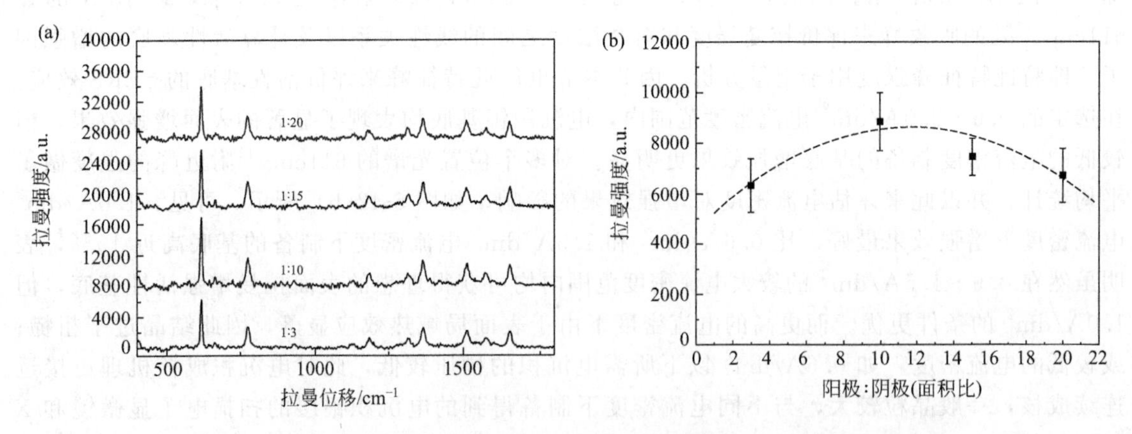

图 5-43　阴阳极面积比对电沉积银基底表面增强拉曼光谱强度的影响

的降低电沉积银基底的表面增强拉曼效应明显增强［图 5-44(a)］。对多个位置的光谱的 611cm^{-1} 附近峰的强度做了平均统计后发现，在 23～27℃温度范围内，表面增强效果明显强于 31～39℃的温度范围［图 5-44(b)］。因此 23～27℃是一个较理想的工作条件。而造成此现象的原因可能是温度降低导致电沉积工作液的热运动减缓，使成核速度和结晶速度放慢，原来的成核点位表面还未来得及进行结晶生长又有新的成核点位形成，使得成核机理更倾向于瞬时成核的方式，最终造成结晶颗粒尺寸较小。

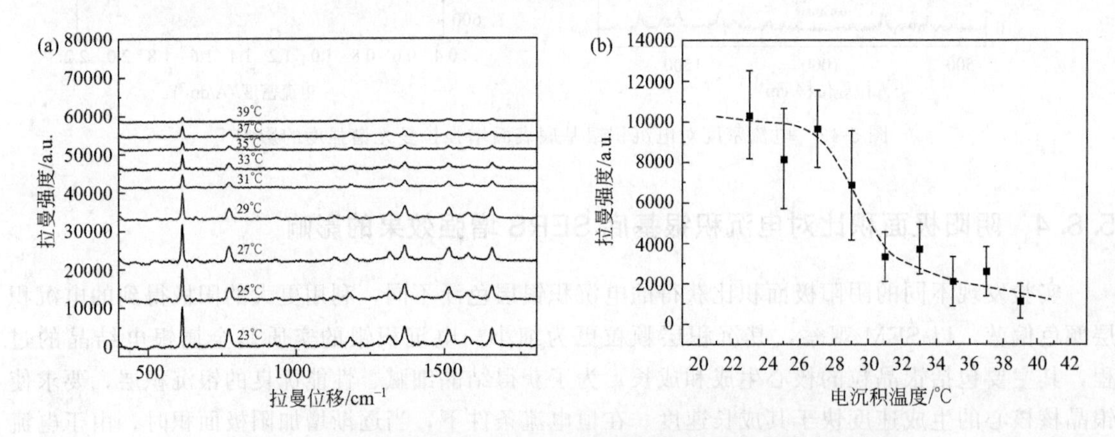

图 5-44　电沉积温度对电沉积银基底表面增强拉曼光谱强度的影响

图 5-45(A_1)～(E_1) 为在电流密度为 1.0A/dm^2 和阴阳极面积比为 1∶10 的工艺条件下不同电沉积温度沉积银基底的 SEM 照片。可见，当电沉积温度为 23℃时，纳米银颗粒尺寸较小，颗粒排列紧密，颗粒间空隙较小。随着电沉积温度的不断升高，纳米银颗粒尺寸不断增大，颗粒间空隙也在不断变大。在对 SEM 照片中晶粒的粒径进行统计分析后发现，银晶粒的平均尺寸由 23℃的 10nm 左右增大到 41℃的 30nm 左右，并且尺寸分布也在逐渐变宽［图 5-45(A_2)～(E_2)］。图 5-46 为不同电沉积温度下电沉积银基底的 XRD 谱图。可知，衍射峰 38.2°，44.7°，64.9°和 77.7°分别对应银纳米粒子面心立方体的（111），（200），（220）和（311）晶面，并且未观察到基底铜的特征衍射峰，表明银纳米粒子均匀地沉积在了基底铜表面。根据每个晶面对应特征峰的衍射强度计算表明，（111）面为电沉积银层的择优取向面。因此，上述最佳工艺条件为电流密度为 1.0A/dm^2，阴阳极面积比为 1∶10，电沉积温度为 23℃。

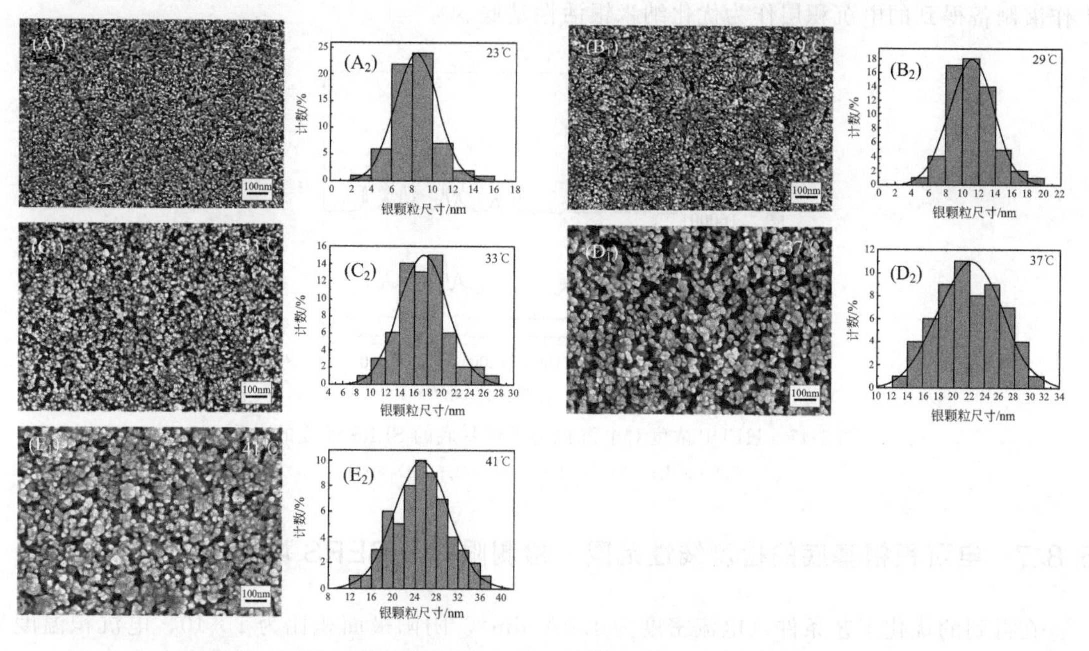

图 5-45 不同电沉积温度下电沉积银基体的 SEM 照片 [(A_1)～(E_1)] 及相应的粒度分布统计图 [(A_2)～(E_2)]

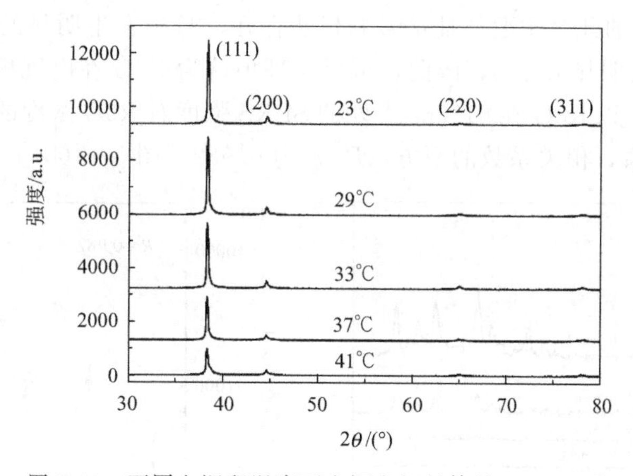

图 5-46 不同电沉积温度下电沉积银基体的 XRD 图谱

5.8.6 辅助络合剂（HEDP）浓度对电沉积银基底 SERS 增强效果的影响

随着 HEDP 浓度的不断提高，结晶纳米银颗粒的平均尺寸由 0g/L 时的 45nm 左右逐渐减小到 6g/L 时的 10nm 左右，并且尺寸分布也在逐步变窄，同时颗粒间的排列更加紧密，从而更有利于形成 SERS 效应中的“热点”。辅助络合剂 HEDP 在工作液中的浓度对电沉积纳米银基底的 SERS 增强效果的影响显著。在选定的 0～6g/L 浓度范围内，随浓度的升高纳米银基底的表面增强拉曼效应明显增强（图 5-47），而造成此现象的原因可能是连续成核机理促使电沉积层的银结晶纳米颗粒尺寸不断减小，同时颗粒间排列更加紧密，从而形成了更多能产生 SERS 效应的“热点”。当 HEDP 浓度高于 4g/L 时，SERS 效应不再明显增强，故以此浓度的工作液制备得到的电沉积层作为优化纳米银活性基底。

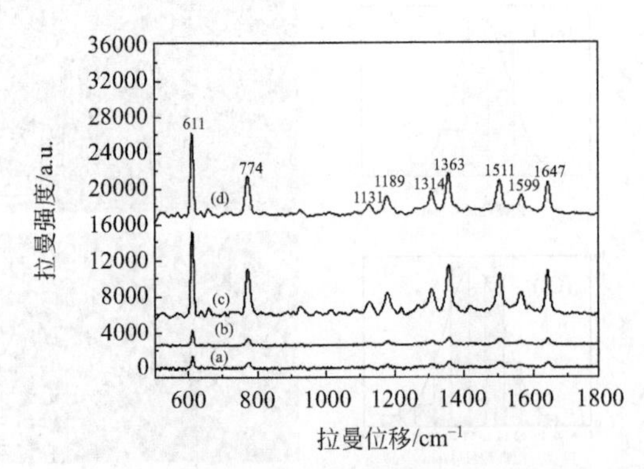

图 5-47 HEDP 浓度对电沉积纳米银基底的 SERS 强度的影响

(a) 0g/L；(b) 2g/L；(c) 4g/L；(d) 6g/L

5.8.7 电沉积银基底的检测线性范围、检测限以及 SERS 均匀性

在得到的优化工艺条件（电流密度为 $1.0A/dm^2$，阴阳极面积比为 1∶10，电沉积温度为 23℃）下制备若干电沉积银基底后，分别取 10μL 不同浓度的 R6G 水溶液滴于基底表面，待自然晾干后迅速采集拉曼光谱［图 5-48(a)］。由图 5-48 可见，随着水溶液中 R6G 浓度的不断降低，R6G 在 $611cm^{-1}$ 处的 SERS 强度也在不断减弱。但当水溶液中 R6G 的浓度降至 1.0×10^{-12} mol/L 时，R6G 的几个主要特征信号峰仍然存在，且未发生明显的移动，同时这些特征峰的信噪比（S/N）又明显大于 3，因此，可以合理地认为 R6G 在电沉积银基底上的检测限低于 1.0×10^{-12} mol/L。以 R6G 在 $611cm^{-1}$ 处的 SERS 强度对 R6G 浓度的对数作图后发现，两者存在良好的线性关系，相关系数的平方（R^2）为 0.982［图 5-48(b)］。

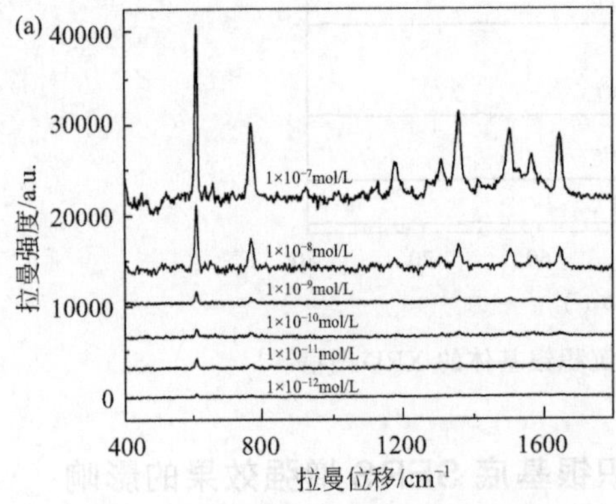

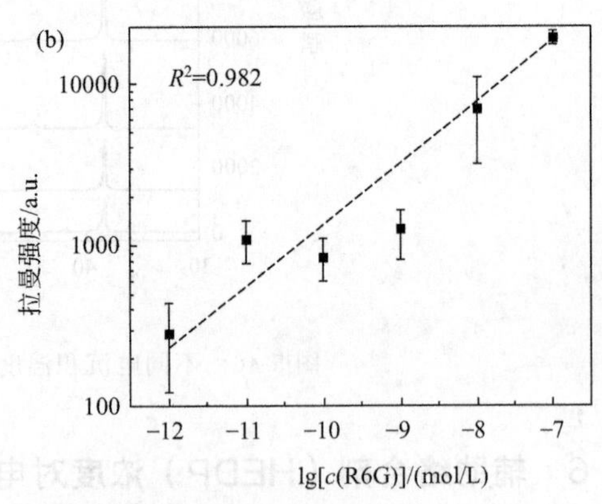

图 5-48 R6G 在优化后的不同浓度银电沉积基板上的 SERS 光谱

和 $611cm^{-1}$ 峰处 SERS 与 lg[c(R6G)] 的信号强度曲线

在得到优化的 HEDP 浓度后，分别滴加 10 μL 不同浓度的 R6G 水溶液于若干该类基底表面，待自然晾干后迅速采集拉曼光谱［图 5-49(a)］。由图 5-49 中可见，随着水溶液中 R6G 浓度的不断升高，R6G 在 $611cm^{-1}$ 处的 SERS 强度也在不断增强。接着以此特征峰的 SERS 强度对 R6G 浓度的对数作图后发现，相关系数的平方（R^2）达到了 0.989［图 5-49(b)］，说明两者存在良好的线性关系，这就为其在实际应用进行定量分析提供了可能。进一步研究发现，即使当 R6G 的浓度降低至 1.0×10^{-13} mol/L 时，依然可以观察到 R6G 的几个主要特征信号峰

的信噪比（S/N）明显大于3。因此，可以合理地认为该纳米银基底对R6G的检测限低于1.0×10^{-13}mol/L。

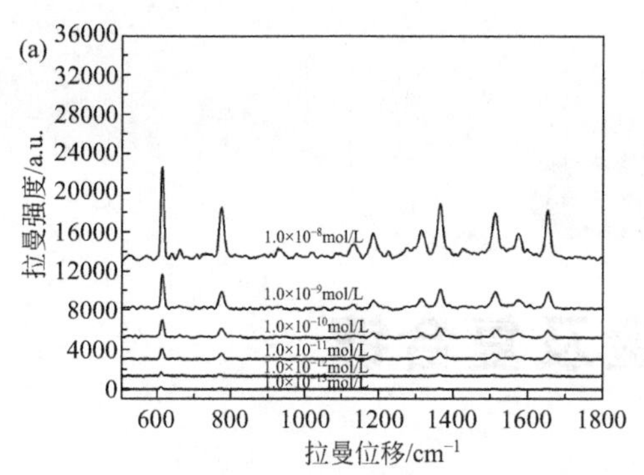

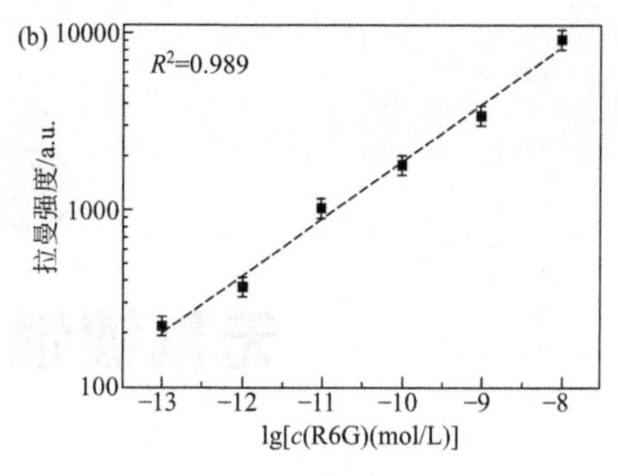

图5-49 不同浓度的R6G水溶液在优化纳米银基底上的拉曼光谱及R6G分子在611cm^{-1}处的SERS强度与R6G浓度对数的关系

由上图优化的工艺条件等制备的基底获得的线性范围及检测限，证明通过该无氰镀银工艺制备的电沉积银基底具备较高的灵敏度、较低的检测限，为电沉积银基底在毒品、兴奋剂等方面的检测应用提供了可能。

5.8.8 小结

通过考察电沉积的结晶成核机理，优化了电流密度、阴阳极面积比、镀液温度等制备表面增强拉曼光谱活性基底的无氰电沉积工艺条件。研究结果表明，随着电极电位的负移，纳米颗粒银层的电沉积逐步由连续成核机理转向瞬时成核机理。当电流密度为1.0A/dm^2，阴阳极面积比为1∶10，镀液温度为23℃时，制备得到的电沉积银基底的表面增强拉曼光谱效果最佳。扫描电子显微镜测试结果表明，优化后电沉积基底表面的纳米颗粒尺寸均匀，平均粒径在10nm左右，分布致密；XRD测试表明，结晶银纳米颗粒均匀地沉积在了铜基底表面，(111)面为电沉积银层的择优取向面；以罗丹明6G为探针分子，确定了优化电沉积银基底在$1.0\times10^{-12}\sim1.0\times10^{-7}$mol/L浓度范围内具有一定的线性关系，最低检测限可达1.0×10^{-12}mol/L以下。基于上述优点，此类表面增强拉曼光谱活性基底在毒品、兴奋剂等检测领域将会有广阔的应用前景。

参考文献

[1] 张庆，成旦红，郭国才，等. 无氰镀银技术发展及研究现状［J］. 电镀与精饰，2007，029（005）：12-6.
[2] 吴水清. 镀银有机添加剂的研究进展［J］. 电镀与环保，1998，18（6）：4.
[3] 方景礼. 电镀添加剂理论与应用［M］. 北京：国防工业出版社，2006.
[4] 渡边辙. 纳米电镀［M］. 陈祝平，杨光，译. 北京：化学工业出版社，2007.
[5] SCHLESINGER M，PAUNOVIC M. 现代电镀［M］. 范宏义，译. 北京：化学工业出版社，2006.

第6章

无氰镀银合金及复合镀

6.1 无氰镀银合金

6.1.1 电镀贵金属合金概述

金、银、铂、锇、铱、钌及钯等金属元素在自然界较为稀少，价值较高，统称为贵金属。其在表面装饰及电子产品中应用广泛，为减少贵金属用量、降低成本、提高性能，人们提出了电沉积贵金属合金。贵金属合金沉积层主要包括金合金、银合金及铂族金属（Pt、Rh、Pd、Ru）合金等。电镀贵金属合金是指在电镀贵金属溶液中，加入一些其他金属盐，使这些金属离子与贵金属离子共沉积得到合金镀层。

贵金属合金沉积层最初主要是作为装饰性沉积层使用。近年来，随着电子、航天工业的发展，贵金属合金作为功能性沉积层的应用得到迅猛发展。其中，金合金、银合金的应用范围最为广泛。电沉积贵金属合金不但能获得多种色彩以满足人们对装饰品外观的要求，而且还能提高表面硬度、耐磨性、耐蚀性等，并且也可以大大减少贵金属的使用量。

随着电子工业的发展和电子技术的进步，电子产品对电沉积层的质量要求不断提高，这也促进了电沉积贵金属合金技术的快速发展，贵金属合金沉积层的种类也在不断增加。本节将主要介绍一些应用在无氰镀银合金层的电沉积技术，同时也对近年来新出现的一些贵金属合金层的电沉积技术进行简单论述。

6.1.2 无氰镀银合金

银在常温下具有最高的导热性和导电性，焊接性能优良。除硝酸外，银在其他酸中都是稳定的。由于银的价格比金低得多，因此在装饰品、仪器仪表、飞机、电子产品中的应用更加广泛。银具有很好的抛光性，有极强的反光能力，高频损耗小，表面传导能力强，因此银沉积层也被广泛用于高频元件和波导器件。

然而，由于银对硫的亲和力极高，大气中微量的硫（H_2S、SO_2 或其他硫化物）就会使它变色生成硫化银（Ag_2S）和氧化银（Ag_2O）等化合物使其焊接可靠性降低。另外，银原子很容易扩散和沿材料表面迁移，在潮湿大气中会产生“银须”造成短路。所以，对于中、高档的电子产品，不能使用银沉积层代替金。

银具有很多优点，但也存在一些缺陷，为此人们提出了电沉积银合金。一般情况下，银合金镀层的抗硫、抗氧化、显微硬度、耐磨性以及耐蚀性等性能有所提高和改善，但合金镀层的电阻率略有增大，不同性能的银合金镀层，可用于代替在含硫化物环境中工作的银镜屋，还可用作耐海洋气候腐蚀的仪器仪表的防护镀层、电触点材料（镀层）、减摩镀层等。虽然银基合金镀层有其优越的性能，但要获得某些合金镀层，在生产中还存在一些问题，目前有些成果还停留在实验室或是小规模的生产，有待进一步改进和提高。

6.1.3 无氰电镀银铅（Ag-Pb）合金

银铅合金比纯银具有更高的硬度。电沉积银的硬度范围为70～115HV，而电沉积的银铅合金，当铅含量小于2%（质量分数）时，合金的硬度接近200HV。经过大量的研究工作证明，在银中加入约为3%～5%（质量分数）的铅，可以大大提高镀层的减摩性能。一般认为用于轴承的银铅合金镀层中铅含量小于1.5%（质量分数）为好。

虽然目前电镀银铅合金仍多为氰化体系，但也存在一些无氰体系的报道。无氰电镀银铅合金的工艺包括了硝酸盐体系和碘化物体系。

硝酸盐体系电沉积Ag-Pb合金的溶液组成及工艺条件为：硝酸银（$AgNO_3$）25g/L；硝酸铅[$Pb(NO_3)_2$]100g/L；酒石酸（$H_2C_4H_4O_6$）20g/L；电流密度0.4～1.2A/dm^2。在该电解液中进行电沉积时需要搅拌，可得到Pb质量分数为5%左右、光滑、硬度高且呈白色的Ag-Pb合金沉积层。

碘化物体系电沉积Ag-Pb合金的溶液组成及工艺条件为：碘化银（AgI）1～10g/L；醋酸铅[$Pb(CH_3COO)_2 \cdot 3H_2O$]20g/L；碘化钾（KI）900g/L；电流密度0.4A/dm^2；温度26℃。在该溶液中进行电沉积时，根据溶液主盐（银盐、铅盐）含量、操作条件的不同，可得到Pb质量分数在0.5%～88%范围内变化的Ag-Pb合金沉积层。在该溶液中得到的沉积层与基体结合良好。随着沉积层中Pb含量的降低，沉积层外观呈现从灰色→象牙色→白色→亮银色的变化趋势。

6.1.4 无氰电镀银锡（Ag-Sn）合金

银锡合金镀层比纯银镀层耐变色性好、耐磨性优良，且导电性能良好、焊接性好，适用于五金制品及电子元件，特别是广泛用作电触点镀层。电镀银锡合金的镀液体系很多，如表6-1所示，目前越来越多无氰镀银锡合金的镀液用于生产。

表6-1 甲基磺酸盐电镀银锡合金

镀液基本组成	配方[2]	镀液基本组成	配方
甲基磺酸 CH_3SO_3H/(g/L)	110～130	硫脲 CH_4N_2S/(g/L)	10～15
甲基磺酸亚锡 $Sn(CH_3SO_3)_2$/(g/L)	46～77	光亮剂/(mL/L)	18～23
甲基磺酸银 $AgCH_3SO_3$/(g/L)	0.8～1.2	镀液温度/℃	15～45
柠檬酸钠 $Na_3C_6H_5O_7$/(g/L)	1.0～1.5	pH值	4.5～5.5

该配方可以获得银的质量分数为1%～5%的银合金镀层。银的质量分数为3%时，锡银合

金镀层的可焊性最好。由于银离子有更正的电极电势，镀层中银含量比镀液中的高些，并且镀液中银含量越高，银离子越容易优先沉积。温度从10～50℃变化时，镀层中的银含量变化很小，说明温度对镀层中银含量的影响很小，也说明该镀液相对于其他镀液来说，是比较稳定的。此外，pH值对镀层中银含量的影响比较大。当pH值高于6.0时，镀液易浑浊，因为只有在酸性较强的溶液中Sn^{2+}才比较稳定，pH值高于6.0时，Sn^{2+}氧化成Sn^{4+}，然后水解形成α锡酸，而α锡酸很不稳定，容易转变成β锡酸，从而形成沉淀；而pH值过低时，镀层中银含量的增加幅度增大（此时电流效率超过100%），这说明pH值越小，酸度越大，银离子的络合物稳定性就越差，因此，pH值应控制在4.5～5.5之间。

碱性焦硫酸盐镀液组成和操作条件见表6-2。碱性焦硫酸盐镀Sn-Ag合金工艺的镀液成分简单，容易管理。焦硫酸钾和碘化钾的加入，避免了二价锡离子的氧化和水解，也避免了银的接触置换反应，使镀液具有较好的化学稳定性。通过调整镀液组成和工艺参数，可以得到银的质量分数在4.1%～81.0%之间的Sn-Ag合金镀层。

表6-2 碱性焦硫酸盐镀液组成和操作条件

镀液组成及工艺条件	配方1	配方2	配方3	配方4	配方5
硫酸亚锡/(g/L)	35	52	52	70	40
碘化银/(g/L)	1.5	2.4	2.4	4	6
焦硫酸钾/(g/L)	240	440	440	350	500
碘化钾/(g/L)	150	250	250	100	300
pH值	8.5	8.5	8.5	9.0	9.0
阴极电流密度(D_k)/(A/dm^2)	2.0	0.4	0.1	4.0	1.0
阳极	纯锡	纯锡	纯锡	纯锡	纯锡
温度/℃	室温	室温	室温	室温	室温
镀层Ag含量/%	4.1	10.4	22.5	59	81

6.1.5 无氰电镀银铜（Ag-Cu）合金

采用不同的镀液体系和电镀条件（见表6-3），能得到铜含量不等的银铜合金镀层。镀层颜色随铜含量增加由银白色经玫瑰红色到红色变化。银铜合金镀层结晶细腻，没有脆性，耐磨性也比纯银好，除此之外银铜合金镀层还具有良好的抗硫性能，可以用作电触点镀层。

表6-3 电镀银铜合金镀液组成及工艺条件

镀液组成及工艺条件	配方1	配方2	配方3
硝酸银/(g/L)	15	12	—
硝酸铜/(g/L)	30	—	—
硝酸银+硝酸铜/(g/L)	—	—	20
碘化亚铜/(g/L)	—	10	—
焦磷酸钾/(g/L)	82	500	100
碘化钾/(g/L)	—	100	—
奎宁酸/(g/L)	—	0.5	—
pH值	—	—	9.0
温度/℃	45	25	20
电流密度/(A/dm^2)	1.5	0.3	0.5

铜含量为1.1%～1.8%（摩尔分数）的Ag-Cu合金镀层在5% Na_2S溶液中进行抗硫试验，测定实验前后镀层的接触电阻，结果显示无明显变化，说明银铜合金电性能更稳定（见表6-4）。

表 6-4　银铜合金镀层在 5%Na_2S 水溶液中腐蚀试验

测试项目	纯银镀层	合金中铜含量(摩尔分数)			
		1.1%	1.8%	3.6%	4.7%
试验前接触电阻/mΩ	11	12	12	14	15
试验后接触电阻/mΩ	15	12	12	15	16
变化率/%	36.4	0	0	7.1	6.5

注：试验条件为在 5%（质量分数）Na_2S 水溶液中浸泡 2min，放置 1min，测试其接触电阻，采用电势下降法，负荷为 3g。

6.1.6　无氰电镀银钯（Ag-Pd）合金

银钯合金镀层具有耐磨性高、抗蚀性好、电阻率稳定等优点，广泛应用于电子电器中的电接触点、国防、燃料电池等领域。与钯镀层和金镀层相比，Ag-Pd 合金镀层具有成本低、选择性好等优点，因而引起了研究者的极大关注。迄今为止，无氰镀 Ag-Pd 合金主要有卤化物体系、氨化合物体系、EDTA 体系、氯化 1-乙基-3-甲基咪唑和四氟硼酸盐离子液体体系等，但这些工艺都无法与氰化物镀 Ag-Pd 合金工艺相媲美，仍存在许多亟待解决的问题，如镀层的光泽不佳、结合力差及镀液不稳定等。表 6-5 报道了无氰镀 Ag-Pd 合金的工艺[3]，并分析了其镀液和镀层的性能。

表 6-5　无氰电镀银钯合金工艺

镀液组成及工艺条件	配方	镀液组成及工艺条件	配方
硝酸银/(g/L)	3.11	添加剂	0.05g/L 硫脲和 0.2g/L 氯化镍
无水氯化钯/(g/L)	1.31	pH 值	2.0
无水氯化锂/(g/L)	520	温度/℃	50
浓盐酸/(g/L)	9.7	电流密度/(A/dm^2)	0.15

工艺流程为：超声波化学除油→热水洗→冷水洗→强浸蚀→水洗→弱浸蚀→水洗→阴极活化→施镀→水洗→自然晾干。

(1) 添加剂对镀层形貌的影响

在最佳工艺条件下，添加剂加入前后的镍网电镀 Ag-Pd 合金镀层的形貌见图 6-1。从图 6-1 可看出，添加剂加入后的 Ag-Pd 合金镀层颗粒分布均匀，排列有序，且形状规则，镀层平整，光泽度较好，光滑无毛刺；添加剂加入前的 Ag-Pd 合金镀层，局部有缺陷，排列不规则，光泽度一般。

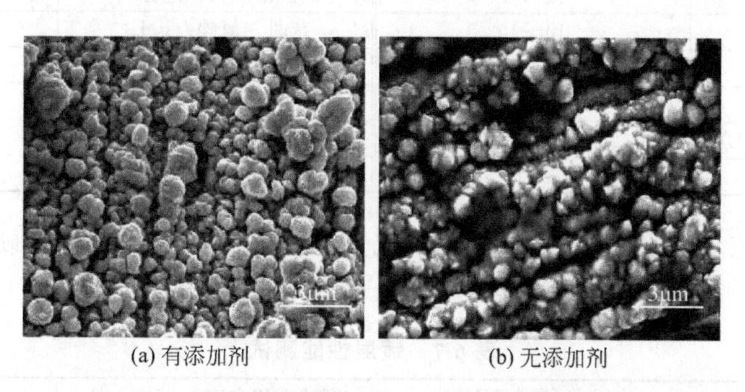

(a) 有添加剂　　(b) 无添加剂

图 6-1　添加剂加入前后的 Ag-Pd 合金镀层形貌

在 Ag-Pd 合金镀液中加入硫脲能阻滞溶液中金属离子放电，在被镀表面与溶液界面形成吸附层，从而提高阴极极化电势，得到平整、光亮、致密的镀层。在 Ag-Pd 合金镀液中加入可溶性氯化镍可改善镀层的晶粒大小和光泽。

（2）镀层耐蚀性

采用盐雾试验，用5%的氯化钠溶液喷雾，其pH值调在中性范围（6.0～7.0），在35℃条件下对Ag-Pd合金镀层进行了耐腐蚀性能测试，测试过程中盐雾沉降量满足GB/T 10125—2021《人造气氛腐蚀试验 盐雾试验》的要求。经过480h的连续喷雾测试，镀层表面没有出现锈点，失重为0.280g/dm^2，说明镀层耐腐蚀性能较强。

（3）镀液稳定性

镀液在进行试镀后放置2个月，无沉淀产生，镀液清澈，再次施镀后镀层质量良好，说明镀液稳定。

（4）镀液的分散能力

镀液的分散能力采用矩形槽实验进行测试。远、近阴极与阳极距离比为2∶1，施镀温度为50℃，电流密度为0.15A/dm^2，pH=2.0，施镀5min。测得镀液分散能力为86.75%，说明镀液的分散能力良好。

（5）镀液的覆盖能力

镀液的覆盖能力采用内孔法测试。阴极采用一端封闭的ϕ10mm×50mm的紫铜管，试镀温度为50℃，阴极电流密度为0.15A/dm^2，pH=2.0，施镀5min。施镀后测得镀层覆盖的长度为45.3mm，则镀液覆盖能力为4.53，表明镀液的覆盖能力良好。

6.1.7 无氰电镀银镍（Ag-Ni）合金

银及银合金以其优良的电性能及良好的加工性和抗氧化性成为电接触材料。银基电接触材料适用于在各种功率条件下工作，如开关、继电器、接触器等。接点的工作条件较恶劣，经常处在电弧的强烈作用下，电侵蚀比较严重，特别要求其导热性、导电性好，抗电侵蚀能力强。但银硬度不高，熔点低，不耐磨，在大电流作用下易熔焊，且有硫化倾向，因而都采用银合金作为电接触材料。按照电接触材料的性能要求，银镍合金镀层中镍含量应在20%～30%，这时镀层硬度高，耐磨性好，还具有一定的耐腐蚀性。电镀Ag-Ni合金工艺代替普通的电镀银，对节约贵金属，提高产品的质量具有较大的实际意义。

表6-6 无氰镀银镍合金工艺[4]

镀液组成及工艺条件	配方1	镀液组成及工艺条件	配方1
硝酸银/(g/L)	10～40	苯骈三氮唑/(g/L)	0.02
六水合硫酸镍/(g/L)	10～30	二氧化硒/(g/L)	0.06
丁二酰亚胺/(g/L)	80～100	pH值	9.0～10.0
四硼酸钠十水合物/(g/L)	10～40	温度/℃	20～40
聚乙二醇/(g/L)	0.2	电流密度/(A/dm^2)	2～6

利用该配方工艺（见表6-6）制备出不同成分的Ag-Ni镀层，并进行硬度、耐蚀性及电化学测试，见表6-7。

表6-7 镀层性能测试

样品	显微硬度(HV)	腐蚀电流密度/(μA/cm^2)	腐蚀电位/V
实例1	167	1.22	-0.149
实例2	155	4.36	-0.335
实例3	146	5.27	-0.398
实例4	158	2.86	-0.216

6.2 无氰复合镀银

6.2.1 复合电镀概述

近20年来高速发展起来的复合镀层，已成为复合材料中的一支新军，在工程技术中获得了广泛的应用。Dadvand等采用柠檬酸和乙内酰脲衍生物配置出一种无氰“自润滑”银合金电镀液，使用脉冲电镀工艺沉积得到具有纳米结构的银-钨-钴氧化物复合镀层。相比于标准银和任何在售的银合金（如Ag-W合金）镀层，该材料显示出了更优异的耐黏着磨损性能，在电子插接件领域有广阔的应用前景。通过搅拌等方法将一种或多种不溶性固体微粒充分悬浮于电镀溶液中，并使之与被镀金属共沉积，就是通常所说的复合电镀（简称复合镀）。复合电镀技术在国内外还有一些其他的名称，如弥散电镀、镶嵌电镀、分散电镀或组合电镀等。考虑到它是制造复合材料的一种方法，复合电镀这一名称更能反映出这类过程的实质性作用。复合电镀可以在一般的电镀设备、镀液、阳极等基础上略加改造（主要是增加使固体微粒在溶液中充分悬浮的措施等），就可用来制备复合镀层。

复合镀层基本含有两种组分。一是通过电化学还原反应而形成的那种金属，称为基质金属。原则上任何一种能通过电沉积方法形成合格镀层的单金属或合金均能用作复合镀层中的基质金属，但研究和应用较多的还是镍、铜、锌、铬、银、金等几种金属。另一组分则为不溶性固体微粒，它们通常是不连续地分散于基质金属之中，组成一个不连续相。原则上一切不溶于镀液且不与镀液发生任何化学反应的无机物、有机物及金属粉末都可用作复合镀层的固体微粒。而实际上，复合镀层是一种金属基复合材料，这种复合材料由于集中了金属基体和固体微粒两方面的优势，在耐磨、耐腐蚀、高硬度等诸多方面表现出优异的综合性能。加入复合镀液中的固体微粒可以是一种，也可以是两种或者两种以上。当使用两种或者两种以上的固体微粒与基质金属共沉积时，相应地，制备出的复合镀层中的固体微粒就不止一种。用于制备复合镀层的固体微粒的直径一般在十几微米以下。可供选用的固体微粒（称为分散剂或分散微粒）品种很多。常用的固体微粒有二三十种以上，它们可以是无机微粒，如金刚石，石墨，各种氧化物（如Al_2O_3、TiO_2、ZrO_2）、硫化物（如MoS_2）、硼化物、氮化物（如BN）、硫酸盐、硅酸盐等；也可以是有机微粒，如聚四氟乙烯、尼龙、聚氨酯等。此外，金属粉（如镍、铝、铬、钨粉）也可以作为与基质金属共沉积的微粒。用不同的微粒与基质金属共沉积，在工艺上会有一定的差别，因此可以依据使用的固体微粒的性质，将复合镀层分为无机、有机和金属三大类。目前研究和应用最多的是无机复合镀层。无氰镀银可用的固体微粒见表6-8。

表6-8 复合镀银常用的基质金属和固体颗粒

基质金属	固体微粒(分散剂)
银(Ag)	Al_2O_3、TiO_2、BeO、SiC、BN、MoS_2、刚玉、石墨

与普通的纯金属镀层相比，各种不同类型的复合镀层的性能（如耐蚀性能、耐磨性能、自润滑性能、高温抗氧化性能、耐电蚀性能、电催化性能等）有明显提高。复合镀层的性能与其中固体微粒的性质及含量密切相关。复合镀层中固体微粒含量的高低，除与镀液中固体微粒的种类、浓度以及电镀过程中采用的电流密度、温度等因素有关外，还会受到镀液的搅拌（包括搅拌方法与搅拌强度）以及加入镀液中的微粒共沉积促进剂（对微粒与基质金属共沉积有促进作用的添加剂）等诸多因素的影响。

6.2.2 复合镀层的分类

对于复合镀层的分类，如果以构成复合镀层的组分（所采用的基质金属）来分，则可分为镍基复合镀层、铜基复合镀层、锌基复合镀层、铬基复合镀层、银基复合镀层、金基复合镀层等；如果按照复合镀层的用途来分类，则可以分为装饰-防护性复合镀层、功能性复合镀层及用作结构材料的复合镀层三大类，这和普通镀层的分类方法是一致的。在功能性复合镀层这一类中，根据复合镀层所具有的不同功能和使用中对它们的要求，可将它们分为以下几类。

(1) 具有机械功能的复合镀层

在机械产品中，可将复合镀层用于模具、量具、发动机气缸等零件上，其耐磨性与硬铬镀层相当，甚至更好，还具有很好的抗高温氧化能力。它在电子产品中常用在触点上，比纯金属镀层更耐磨，从而大大提高了电子元器件的使用寿命。用 SiC、Al_2O_3、ZrO_2、WC、TiC 等固体微粒与镍、铜、钴等基质金属形成的各种复合镀层，具有较高的耐磨性，通常被称为耐磨性复合镀层。镍和金刚石的复合镀具有高硬度和切削能力，线镀工艺用于太阳能电池硅晶元切割。用于集成电路芯片切割用的圆形刀片也是利用镍-金刚石复合镀工艺生产的。图 6-2 给出了小试生产产品照片。在目前研究与使用的功能性复合镀层中，耐磨性镀层占绝大部分。自身具有润滑性能的微粒，如 MoS_2、石墨、氟化石墨、聚四氟乙烯等，能与铜、镍、铁、铅、铜锡合金等基质金属形成自润滑型复合镀层，被称为减摩性复合镀层。这种镀层具有良好的自润滑特性，摩擦系数低，减摩性能好。用疏水的聚四氟乙烯或氟化石墨制备的复合镀层具有疏水、疏油的性能，将其用于压制塑料或橡胶零件的压模上时，压模可不涂脱模剂而直接使用，压制的零件不会黏着在压模上，从而可以提高生产效率，减少对零件的污染。

图 6-2 小试镍-金刚石复合镀用于芯片切割的刀片

(2) 具有化学功能的复合镀层

在光亮或半光亮镀镍溶液中加入直径约为 5μm 的固体微粒，可获得有柔和光泽的缎面镍层。有些复合镀层还能提高防护-装饰性铬镀层的耐蚀能力，即在 Cu-Ni-Cr 组合镀层的铬层与镍层之间镀一层以硫酸钡、二氧化硅等固体微粒为主的复合镀层（通常称为镍封），从而大大提高组合镀层的耐蚀性。在抵抗腐蚀性介质（如强酸、强氧化剂等）的腐蚀方面，复合镀层不如一般的金属镀层。例如，Ni-SiC 复合镀层在大气中的耐蚀能力比普通的镍层好，但它在盐酸溶液中的腐蚀速度要比普通镍层快得多。然而复合镀层对于防止在高温条件下工作的零件的腐蚀，却有很大的优越性。例如，$Ni-SiO_2$ 复合镀层在 1000℃下的抗氧化能力远比普通镀镍层强，其腐蚀量仅为纯镍的1/3。因此可以使用$Ni-SiO_2$、$Ni-ZrO_2$、$Cr-Al_2O_3$等镀层，作为抗高温氧化的复合镀层。在电化学反应中，使用镀有Ni-WC、$Ni-ZrO_2$、$Ni-MoS_2$等镀层的电极进行电解时，对H^+的还原反应有明显的催化活性。

(3) 具有电接触功能的复合镀层

银与金的导电性能好、接触电阻小，但是银和金镀层的硬度均不高，其耐磨性以及耐电蚀能力较差。若使用固体微粒与银或金共沉积形成复合镀层，如$Ag-La_2O_3$、$Ag-MoS_2$、Au-WC、Au-SiC等，则可在保持其良好导电性能的前提下，显著提高材料的耐电蚀能力和耐磨性能。这种材料已在多种电气设备中被用作电接触材料。

(4) 具有其他功能的复合镀层

某些半导体微粒（如TiO_2、CdS）与金属（镍）形成的复合镀层，在光的作用下可以获得电压和电流的响应，是一种具有光电转化效应的复合镀层。利用在空气中自行发光的白磷与镍共沉积形成Ni-P复合镀层，能用来制造易于辨识的交通信号及交通标志设备和铭牌等。在原子能工业中，可以使用二氧化铀或二氧化钍等放射性材料与镍的复合镀层来制造反应堆燃料元件；用吸收中子的物质硼或硼的化合物与镍共沉积形成的复合镀层，可用作核反应堆的控制材料。用锌与树脂或SiO_2微粒形成的复合镀层，可作为增强涂装涂层与底层结合力的中间层。锌与石墨形成的复合镀层具有防止零件在装配时发生咬死的作用。含有大量橡胶微粒的复合镀层具有消声、隔音的作用。

上面列出的各种功能性复合镀层并不能概括全部。随着复合镀层应用的日益扩大，具有各种新型功能的复合镀层将不断出现，其类别也将越来越丰富。

6.2.3　复合电镀的机理

复合电镀的机理研究，就目前来说还远远落后于工艺。这是由于复合电镀的影响因素繁杂，难于用简单的数学模型来描述复合电镀中诸多因素及其相互作用的关系。如果说金属电沉积是涉及液、固两相相交界面上物质基本粒子的运动和交换的话，那么复合电镀可以说是多个液、固交界面的物质传递、电荷传递和物质转化。可想而知，复合电镀的影响因素之多，再加上受实验手段的限制及方法的不完善，给复合电镀机理研究带来许多困难。随着对复合电镀实际经验的逐步积累，行业中提出了几种机理来揭示这一过程的作用机制，并加以解释上述及后来观察到的实验现象，总结起来有以下三种机理。

(1) 吸附机理

该机理认为微粒与金属共沉积必须通过微粒在阴极表面的范德瓦耳斯力。一旦微粒吸附在阴极表面上，微粒便被生长的金属埋入。复合电镀对固体微粒表面前处理要求较高，这一点也支持了吸附机理。

(2) 力学机理

该机理认为微粒携带的电荷在共沉积过程中意义不大，微粒只是通过简单的力学过程被裹覆。微粒被运动的流体传递到阴极表面，一旦接触阴极便靠外力停留其上，在停留时间内被生长金属俘获。根据搅拌的强弱，微粒撞击电极表面的频率或高或低，搅拌强度不同，停留时间也不同。因此，认为共沉积过程依赖于流体动力因素和金属沉积速率。从复合镀对搅拌和沉降的依赖性来看，力学机理也占有重要的比重。

(3) 电化学机理

该机理认为电极与溶液界面间场强和微粒表面所带电荷是复合电镀的关键因素，归纳起来有以下几点。

① 微粒在镀液中的电泳迁移速率是控制复合电沉积过程的关键；

② 微粒穿越电极表面分散层的速率及与电极表面形成的静电吸附强度是控制该过程的关键；

③ 微粒部分穿越电极表面的紧密层，吸附在微粒表面的水化金属离子在阴极被还原，使得微粒表面直接与沉积金属接触，从而形成微粒-金属键，这一过程的速率被认为是微粒共沉积的控制因素。

对于以上几种理论，人们很难区分它们之间的相对重要性，更无法形成一个统一的认识。只能认为，对于某些体系或实验现象，其中某种理论能给予更好的解释。例如，利用力学机理可以解释微观分散能力对复合电沉积的影响以及那些带负电或不带电的微粒的复合电沉积过程，而电化学机理则对此无能为力。另外，搅拌因素对复合电沉积的影响也只能用力学机理来分析。对于镀液种类、pH 值和温度等因素对复合镀过程的影响，用力学机理解释便行不通，而电化学机理可以给出合理解释。

6.2.4 复合电镀的方法与工艺

由于复合电镀是一种特殊的电镀工艺，为了获得合格的复合镀层，必须注意以下两个方面：一是固体微粒的选择和制备；二是选择合理的设备，使固体微粒在电沉积过程中能够均匀地悬浮在镀液中。另外，复合电镀工艺还涉及复合电镀溶液的配制、复合电镀过程中对镀液的搅拌以及复合电镀工艺的控制等方面，这些都将影响微粒在复合镀层中的含量、分布以及存在状态，最终影响复合镀层的性能。

(1) 复合电镀的基本条件

复合镀层通常都是在一般电镀溶液中加入所需的固体微粒，在一定的镀覆条件下得到的。要制备复合镀层，需满足下述条件。

① 使固体微粒呈悬浮状态。

② 使用微粒的粒度（尺寸）适当。粒度过粗即微粒过大，则不易包覆在镀层之中，反而会造成镀层粗糙；粒度过细，则微粒在溶液中易团聚，从而使其在镀层中分布不均。作为制备复合镀层的固体微粒的粒度一般在 40μm 以下，最好在 0.1～10μm 之间。

③ 微粒应亲水，在水溶液中最好带正电荷。这一点对疏水的氟化石墨、聚四氟乙烯等粒子尤为重要。使用前应该用表面活性剂对其进行润湿处理，同时应该在镀液中加入阳离子表面活性剂。某些能被粒子吸附的阳离子（如 Ti^{2+}、Rb^{+}）有促进粒子共沉积的作用。已被润湿的粒子，一般还需在稀酸中浸渍以除去铁等金属杂质，用水清洗后与少量镀液混合并充分搅拌，使其被镀液所润湿，然后再倒入镀液之中。

(2) 复合电镀的装置

复合电镀的装置与一般电镀的差异在于如何保证固体微粒在溶液中始终保持悬浮状态。比较常用的是板泵、压缩空气、机械搅拌或连续循环过滤等几种形式，特别是板泵具有结构简单、微粒悬浮效果好等优点。

(3) 复合电镀溶液的配制过程

复合镀液与一般镀液在组成上的最大不同是含有微粒。此外，为保证微粒在镀液中能够均匀悬浮，有的复合镀液中还添加了润湿剂或者表面活性剂；为保证微粒能顺利进入复合镀层中，有的复合镀液中还添加了微粒共沉积促进剂；为保证纳米微粒在镀液中以单分散形式存在，有的复合镀液中还加了分散剂（通常为阳离子型或者非离子型表面活性剂）。随着复合电镀的进行，镀液中的主盐、添加剂以及微粒的浓度都将逐渐发生变化，镀液中各种添加剂的分解产物也将逐渐积累，阳极泥以及粉尘等也会悬浮在镀液中，处于镀液中的微粒表面也会不同程度地受到污染。因而，在复合电镀过程中需对镀液进行定期处理。

（4）微粒的预处理

复合镀液中微粒的表面状态决定了微粒在镀液中的分布及存在方式，将影响微粒在复合镀层中的含量、分布以及存在状态，最终影响复合镀层的性能。

直接从市场上购买的微粒，尤其是微米级的微粒，通常经由研磨等方式生产。这样的微粒表面往往受到油污、粉尘、金属等的污染，因此，必须对这类微粒进行预处理，以去除微粒表面所含有的对镀液有害的污染物。常用的微粒预处理主要是清洗和润湿，具体过程如下：将微粒用清水洗涤干净，在1∶1硝酸中浸泡3～5h，取出用蒸馏水清洗后再放入1∶1的盐酸中浸泡1～2h，之后用蒸馏水清洗微粒至清洗液的pH值接近7.0即可。如果固体微粒能以较快速度与上述两种酸起反应，则应改用其他合适的清洗液对微粒进行预处理。

采用经过预处理的微粒配制复合镀液，才不会对镀液造成污染。这样配制出的复合镀液，才能保证复合电镀过程中微粒能够被共沉积金属顺利包覆进镀层中，而且微粒与共沉积的基质金属之间的界面结合紧密，复合镀层的性能才能得到保证。通过基础镀液中的化学反应或者电化学反应形成固体微粒配制而成的复合镀液，由于其中的微粒是在镀液中形成的，微粒表面通常没有油污等污染。在这种情况下，若形成微粒的粒径为微米级，则无需对镀液中的微粒进行处理；若形成微粒的粒径为纳米级，为防止纳米微粒的团聚，须在配制的基础镀液中加入分散剂（通常为表面活性剂），以保证纳米微粒在镀液中形成后不会团聚。

若微粒的亲水性不好，则必须对微粒表面进行亲水处理后，方可用于配制复合镀液。通常的做法是将微粒放入添加了表面活性剂的溶液中对微粒进行亲水处理，待微粒表面的亲水性得到改善之后，再将其用于配制复合镀液，同时还应视情况在镀液中加入一定量的阳离子表面活性剂。它们能大量吸附在微粒表面并带正电荷，从而较顺利地在阴极上电沉积。对于密度较小的微粒，如石墨、氟化石墨、碳化硼、聚四氟乙烯等，加入镀液中会悬浮于镀液表层。为此，需采用对微粒表面有极强润湿能力的有机溶剂对其进行处理后，再将其加入镀液中，方可保证搅拌条件下微粒在镀液中能均匀悬浮。对于粒径为纳米级的微粒，其极高的表面活性常常使其在镀液中以团聚状态存在。为此，往往在镀液中加入分散剂（通常为表面活性剂或者高分子聚电解质）以保证纳米微粒在镀液中以单分散的形式存在。

（5）复合电镀的操作条件

复合电镀的操作条件主要包括镀液组成及控制、镀液pH值、电流施加方式及电流密度大小、搅拌方式及强度、温度等。改变上述工艺条件，将直接影响基质金属和微粒的共沉积过程，从而改变复合镀层的组成及结构，进而改变复合镀层的性能。

① 搅拌方式及强度。复合电镀过程需要通过搅拌使微粒在镀液中均匀悬浮，并通过搅拌将微粒输送到镀件表面。通过搅拌输送到镀件表面的微粒浓度越大，进入复合镀层中的微粒也将越多。为获得高微粒含量的复合镀层，还可采用间歇搅拌或者借助于离心力的作用等多种不同的搅拌方式。

所谓间歇搅拌，是指搅拌过程采用如下的搅拌方式：搅拌→停止→搅拌→停止搅拌使镀液中的微粒均匀悬浮，在停止搅拌的间歇时间里，微粒在重力的作用下沉降到水平放置的镀件表面，并被不断沉积的基质金属包埋进复合镀层。这种借助于重力沉降的间歇搅拌方式可有效增加复合镀层中微粒的含量，但这种搅拌方式不适合用于形状复杂的镀件。

搅拌强度不仅影响镀液中离子向镀件表面的传输速率，还影响镀液中微粒向镀件表面的传输速率。通常随着搅拌强度的提高，由镀液内部输送到镀件表面的微粒浓度不断增大，进入复合镀层的微粒数量也随之增加并达到最大值。此后继续提高搅拌强度，由于镀液对工件表面强烈的冲刷作用，微粒难以牢固吸附在工件表面，反而降低了进入复合镀层的微粒数量。因此，适宜的搅拌强度有利于制备出高微粒含量的复合镀层。

② 镀液 pH 值。对于强酸或者强碱类型的复合镀液，电镀过程中镀液的 pH 值通常变化不大。但对于弱酸或者弱碱型的复合镀液，电镀过程中镀液 pH 值的变化则比较明显。若镀液中的 H^+ 可吸附于微粒表面并起着共沉积促进剂的作用，则镀液 pH 值的上升会降低复合镀层中的微粒含量。但另一方面，伴随着镀液 pH 值的上升，镀液中 H^+ 浓度下降，H_2 的析出量将减少，从而降低了因析氢而引起的不利于微粒在阴极表面吸附的作用，这将有利于微粒进入复合镀层。总体来说，镀液 pH 值的改变对复合镀层中微粒含量的影响不太大。

③ 电流施加方式及电流密度大小。目前，用于复合电镀的电流施加方式主要有直流和脉冲两种。对于直流复合电镀，随着阴极电流密度的增加，基质金属的沉积速率加快，与基质金属共沉积到复合镀层中的微粒数量也随之增加，表现出复合镀层中的微粒含量随阴极电流密度的增加而增大，并最终达到最大值。此后，继续提高阴极电流密度，伴随着基质金属沉积速率的增加，与基质金属共沉积到复合镀层中的微粒数量变化不大，表现出复合镀层中的微粒含量随阴极电流密度的增加反而减小。因而，适宜的电流密度有利于制备出高微粒含量的复合镀层。

对于双向脉冲复合电镀，其正向脉冲过程与直流复合电镀过程类似，但在其反向脉冲过程中，已形成的复合镀层中的基质金属将发生部分溶解，致使复合镀层中的微粒含量偏高。因而，双向脉冲复合电镀有利于制备出高微粒含量的复合镀层。对于单向脉冲复合电镀，由于其中的断电过程为离子扩散提供了条件，因而单向脉冲复合电镀过程可采用较高的阴极电流密度。

④ 温度。镀液温度不仅影响镀件表面的极化状态，也影响镀液中分子、离子、微粒的热运动以及相互间的吸附。镀液温度升高，镀液中离子、微粒的热运动加剧，吸附于镀件表面的微粒数量将减少。镀液中的微粒共沉积促进剂往往通过其中的离子吸附在微粒表面而起作用，温度升高致使吸附于微粒表面的共沉积促进剂离子的数量减少，削弱了共沉积促进剂的作用。温度升高，阴极极化降低，镀件表面的电场强度也随之降低，不利于微粒吸附在镀件表面。再者，温度升高，降低了镀液黏度，不利于微粒在镀件表面的吸附。所有这些，都不利于微粒进入复合镀层。

6.2.5 银基石墨复合镀

各种电器和仪表中大量使用银触头，它们往往需要满足几万次乃至几百万次以上的通断寿命。它们有的用于滑动接触元件中，除了要求具有耐电蚀能力外，还对其耐磨性和减摩性能提出了要求。若整体都使用纯银制造，会造成材料的浪费，而使用某些银合金，在性能和成本上又常常得不到满意的结果。在钢基体上电沉积银基复合镀层则能制备出既具有较好的电接触性能，又能降低成本的新型电触头。银基复合镀层的应用场合与铜基复合镀层相似，但对镀层的电性能有更高的要求。复合镀银层的电阻比纯银层大，但耐磨性好，一般对焊接性没有影响。

表 6-9 无氰复合镀的镀液成分

成分	配方 1	配方 2	配方 3
硝酸银	30g/L	40～45g/L	10～25g/L
柠檬酸	—	—	30～45g/L
钨酸钠	—	—	55～70g/L
乙酸钴	—	—	20～45g/L
吡啶衍生物	—	—	0.1～1g/L
乙酸铵	—	—	15～45g/L
$Na_2S_2O_3$	—	200～250g/L	—
$K_2S_2O_5$	—	40～45g/L	—
CH_3COONH_4	—	20～30g/L	—
氨基硫脲(CH_5N_3S)	—	0.6～0.8g/L	—
羟甲基纤维素	100mg/L	—	—
5.5-二甲基乙内酰脲	80g/L	—	75～120g/L
烟酸	40g/L	—	—
碳酸钾	30g/L	—	—
氢氧化钾	30～50g/L	—	—
添加剂 X-Ag	5～15mL	—	—
电流密度	0.2～1.7A/dm^2	2.5～5.0A/dm^2	0.2～2A/dm^2
温度	45～55℃	30℃	30～40℃
pH 值	10.5	5.0～6.0	6.0～7.0

(1) 配方 1

① 镀液的稳定性。镀液稳定性好是一个电镀工艺的基本要求，是该工艺实现工业化应用的基础。按照表 6-9 中无氰镀银新工艺配制镀液，分别取部分镀液置于烧杯中，进行敞开静置。研究发现，镀液静置 90 天、180 天后没有发黑，仍澄清透明。为了探究电解液中各组分含量是否发生变化，进行了线性伏安实验（LSV），可见，电化学实验曲线基本重叠。

在 50℃、pH＝10.5、搅拌速率为 900r/min、X-Ag 浓度为 10mL/L 条件下电镀 10min。在允许电流密度范围（0.2～1.7A/dm^2）内电流效率基本为 99%，即电沉积过程中副反应很少，电流利用效率高；镀层沉积速度随电流密度的增大，在工艺允许电流密度范围内基本呈线性增长。

② 石墨含量对镀液性能的影响。随着电解液中石墨浓度的增加，复合镀层中石墨含量呈现先增加后降低的趋势；在石墨浓度低于 8g/L 时，镀层中石墨含量基本随石墨浓度线性增长；石墨浓度为 8～10g/L 时，镀层中石墨含量最高，约为 5.4%；继续增加电解液中石墨的浓度，得到的复合镀层中石墨含量反而出现下降。这可能是因为 100mg/L 的 CMC 分散剂的分散能力有限，石墨浓度低于 10g/L 时，分散效果很好；当加入石墨过多时，不能均匀分散，部分石墨发生团聚，颗粒变大，不易吸附在电极表面，使镀层中石墨含量下降。

③ 镀层结合力。将经过机械抛光、碱洗除油、酸洗活化、去离子水清洗的紫铜片作为阴极，在该工艺条件下得到的镀银紫铜片进行弯曲试验，即连续 90°弯折 3 次，镀层不会与紫铜片基材脱离；进行热振试验，即将镀银紫铜片在烘箱中加热到 200℃，持续 30min，放入冷水骤冷，镀层没有起皮起泡。这说明本工艺得到的银镀层与紫铜基材的结合力良好。

④ 镀层硬度和电导率。在紫铜片上沉积厚度约 15μm 的银层，测得镀银层维氏显微硬度为 83HV，高于纯银的硬度（70HV），这可能与镀银层中极少量添加剂夹杂和银晶胞的生长取向有关。利用四探针法测量镀银紫铜片的电阻率为 1.83μΩ・cm，稍大于纯银的电阻率（1.65μΩ・cm），远好于紫铜基材的电阻率（3.12μΩ・cm）。该镀层电阻率小，导电性好。

（2）配方 2

① 镀层的硬度（表 6-10）。

表 6-10　不同石墨烯添加量下银基复合镀层的 HV 硬度值

石墨烯添加量/(g/L)	HV 硬度	石墨烯添加量/(g/L)	HV 硬度
0	123	1.5	144
0.5	141	2.0	141
1.0	141	5.0	144

② 镀层的耐磨性（表 6-11）。随着石墨烯添加量从 0g/L 增加到 2.0g/L 时，镀层的平均摩擦系数逐渐减小，且镀层的磨损量和磨损率均有所降低，说明石墨烯的添加有利于提高复合镀层的耐磨性能。

表 6-11　不同石墨烯添加量下银基复合镀层的平均摩擦系数、磨损量和磨损率

石墨烯添加量/(g/L)	平均摩擦系数	磨损量/mg	磨损率/[$10^{-6}mm^3\cdot(N\cdot m)^{-1}$]
0	0.63	0.30	264.8
0.5	0.62	0.11	97.09
1.0	0.55	0.06	52.95
1.5	0.56	0.05	44.13
2.0	0.56	0.04	35.31
5.0	0.64	0.01	8.827

③ 镀层的耐蚀性。石墨烯与银共沉积进入复合镀层中，能够提高镀层的耐蚀性能，这可能是由于复合电镀过程中石墨烯与银共沉积且分布于晶粒与晶界处，增加了镀层的致密性，而且石墨烯本身化学性质稳定，可覆盖在晶粒表面适当隔离腐蚀介质与晶粒或晶界的直接接触，从而提高复合镀层的耐蚀性能。

表 6-12　不同石墨烯添加量下银基复合镀层与基体的接触电阻值

石墨烯添加量/(g/L)	接触电阻/mΩ·cm^2	石墨烯添加量/(g/L)	接触电阻/mΩ·cm^2
0	0.302	1.5	0.251
0.5	0.290	2.0	0.222
1.0	0.272	5.0	0.215

④ 镀层的接触电阻（表 6-12）。随着石墨烯添加量的增大，银-石墨烯复合镀层的接触电阻略有降低，说明石墨烯的添加有利于改善镀银层的导电性。

（3）配方 3（脉冲电沉积纳米结构的银钨钴氧化物非氰化镀液）

该配方着重介绍了用耐磨损银合金作为非贵金属接触面。这项工作的目的是开发一种性价比高、无氰化物的“自润滑”银合金，使用脉冲电沉积工艺，沉积用于电触点应用的银基触点饰面。下面介绍通过脉冲电镀工艺沉积的掺杂钴氧化物的新配方银钨，与标准银和任何商业上可用的电镀银合金（如银锡、银钯、银锑、银铋、银碲和银钨）相比，它提供了极低的摩擦系数（类似于硬金），并提高了耐磨性。

电镀 AgW 和电镀 AgW-钴氧化物复合材料时，它们被沉积在镀镍的黄铜基板上。所有电镀材料在相同的操作条件下（室温，55%的湿度，50g 负载，100 次循环）进行往复磨损试验。可以看出，与其他涂层材料（标准银和 AgW）的摩擦系数约为 1.25 相比，新配制的 AgW-钴氧化物复合镀层的摩擦系数约为 0.25（类似于硬金）。极低的摩擦系数为镀银合金提供了优良的抗磨损性能。

电镀 AgW-钴氧化物复合材料在不同的温度（50℃，100℃，150℃和 250℃）下退火 2h。

通过对退火后的样品进行磨损测试可以看出，不同温度的退火对镀层的摩擦系数没有影响。

研究脉冲电沉积 AgW-钴氧化物复合材料（含 2%～3%W 和 0.5%～1%钴氧化物）中钨的含量对银晶粒尺寸的影响。利用 Ag（111）衍射线得到晶粒尺寸。可以看出，随着钨含量的增加，晶粒尺寸减小。根据银钨相图，银钨几乎不形成固溶体。因此，可以认为在沉积过程中，钨在银的晶界上以氧化钨的形式偏析，从而抑制了银的晶粒长大。

通过脉冲电沉积 AgW-钴氧化物复合材料（0.5%～1%钴氧化物）中钨的含量对镀层接触电阻率的影响可以看出，接触电阻率随钨含量的增加而增加。因此，为了获得低接触电阻率的镀层，共沉积钨的含量需要尽可能地保持在最低水平。

参考文献

[1] 张允诚，胡如南，向荣．电镀手册：第四版［M］．北京：国防工业出版社，2011.

[2] 李立清．甲基磺酸盐电镀锡银合金工艺的研究［J］．电镀与环保，2005（6）：8-9.

[3] 徐晶，梁成浩，王金渠，等．镍网上无氰镀银-钯合金工艺［J］．电镀与涂饰，2011，30（9）：3.

[4] 钟庆东，牟童，勒霞文，等．一种碱性无氰电镀 Ag-Ni 合金的方法：CN103540978A［P］．2014.

第7章

无氰镀银的其他镀种

7.1 无氰脉冲镀银

7.1.1 脉冲电镀的基本原理

7.1.1.1 概述

脉冲电沉积所依据的电化学原理主要是利用电流（或者电压）脉冲的张弛增加阴极的电化学极化和降低阴极的浓差极化，从而改善镀层的物理化学性能。

在脉冲电镀过程中，当电流导通时，阴极极化增大，接近阴极的金属离子充分地被沉积，沉积层结晶细腻、光亮；而当电流关断时，阴极周围的放电离子又通过扩散得到恢复，浓差部分消除。如果选用导通时间很短的短脉冲，则必将使用非常大的脉冲电流密度，这将使金属离子处在直流电镀实现不了的极高过电位下电沉积，其结果不仅能改善镀层的物理化学性质，而且还能降低析出电位较负金属电沉积时析氢副反应所占的比例。

脉冲电镀与一般的电镀过程相同，它包括阳极过程、阴极过程和液相中传质过程（电迁移、对流和扩散过程）。这三个过程在电沉积中是同时进行的。常说的电沉积是指阴极过程，一般阴极上的金属电沉积是由传质步骤、表面转化步骤、电化学步骤和新相生成步骤串联组成的。把金属离子放电后进入沉积层的晶格称为电结晶过程，它包含了电极表面上的吸附原子的扩散与结晶两个方面，因此脉冲电沉积也是一个电结晶的过程。

7.1.1.2 脉冲电镀的波形及参数

脉冲电镀所采用的典型的电流波形有方波、正弦半波、锯齿波和间隔锯齿波等多种形式。方波具有占空比范围大的优点。且实践证明，镀单金属以方波为好。图 7-1 展示了一些脉冲波形的组合形式的电流密度-时间示意图。

当镀槽接通脉冲电源后，电流从接通到断开的时间 t_{on} 为脉冲导通时间，也叫脉冲宽度

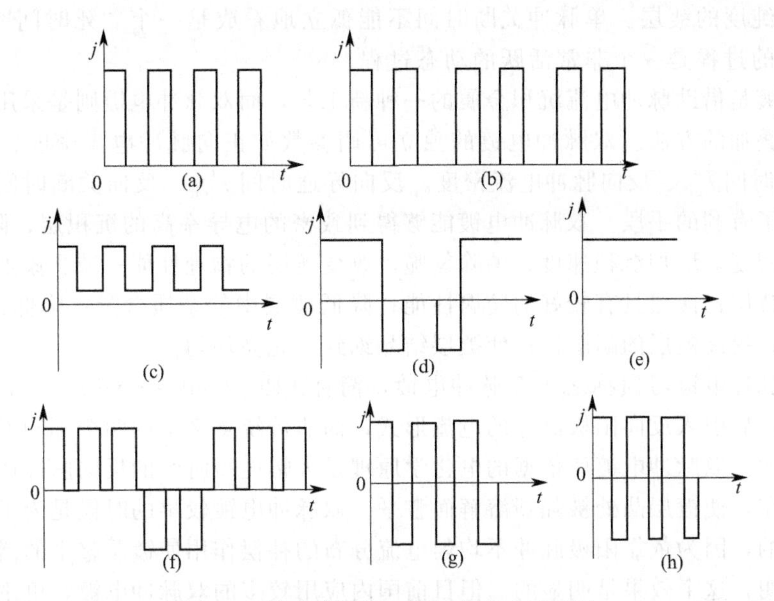

图 7-1 脉冲波形的一些组合形式示意图

(a) 单脉冲波形；(b) 间歇脉冲波形；(c) 直流叠加脉冲波形；(d) 直流与脉冲换向波形；
(e) 直流波形；(f) 双脉冲（周期换向）波形；(g) 对称方波交流波形；(h) 不对称方波交流波形

(脉宽)，即电镀工作过程；电流从断开到再接通的时间 t_{off} 为脉冲关断时间，也称脉冲间隔，即不工作的过渡过程。从第一个脉冲开始到下一个脉冲开始的时间称为脉冲周期 θ（即 t_{on} 与 t_{off} 之和）。一般情况下，脉冲电镀的脉冲宽度很小，即电镀工作时间很短，而脉冲间隔很长，于是脉冲电镀的占空比（脉冲宽度与脉冲周期之比）就小，占空比 γ 即工作比为：

$$\gamma = t_{on}/(t_{on}+t_{off})$$

脉冲频率为 $f=1/\theta$，峰值电流密度 j_p、平均电流密度 j_m 和占空比 γ 之间的关系如下：

$$j_p=\frac{j_m}{\gamma}=\frac{t_{on}+t_{off}}{t_{on}}j_m=\frac{\theta}{t_{on}}j_m$$

由上面两个公式可以看出，当周期 θ 一定时，t_{on} 越小，t_{off} 越大，γ 就越小，峰值电流密度是平均电流密度的（$t_{on}+t_{off}$）/t_{on} 倍。换句话说脉冲周期是脉冲宽度的多少倍，脉冲峰值电流密度就是平均电流密度的多少倍，这个倍数也就是占空比的倒数。

在单脉冲导通时间 t_{on} 内，单脉冲峰值电流相当于普通直流电流的几倍甚至十几倍。高电流密度所导致的高过电位使阴极表面吸附原子的总数高于直流电镀，其结果使晶核的形成速率远远大于原有晶体的生长速率，从而形成具有较细晶粒结构的沉积层。这也是脉冲电沉积能克服直流电沉积不足的原因。此外，高过电位还能降低析出电位较负金属电镀时析氢等副反应所占的比例。但是，高过电位使阴极区附近金属离子以极快的速率被消耗，当消耗至阴极界面浓度为零或很低时，电镀过程进入脉冲关断时间 t_{off}。这里所提到的关断是指单脉冲电流为零。在关断时间内，金属离子有时间穿过外稳态扩散层向阴极区附近传递，脉冲的扩散层基本上不再扩大，从而使单脉冲扩散层的浓度得以回升；而脉动扩散层金属离子浓度的回升，又有利于下一个单脉冲周期使用较高的峰值电流密度。单脉冲关断期 t_{off} 是一个动态的过程而非真正的静止。这个动态过程的存在不仅有利于阴极区附近金属离子浓度的恢复，而且还会产生一些对沉积层有利的重结晶、吸脱附等现象。比如，单脉冲导通时间内吸附于阴极表面的氢或杂质可以在关断期内脱附返回溶液中，从而可以减小氢脆和得到高纯度的镀层。单脉冲关断时间不能孤立地看成是一个“死时间”，单脉冲关断时间内所进行的过程是一个非常活跃的动态过程。

单脉冲电镀是借助脉冲电流沉积金属的一种新工艺，而双脉冲电镀则是采用一个正脉冲与一个负脉冲相叠加的方法。双脉冲电镀的独立可调参数如正向脉冲电流密度、正向导通时间t_{on}、正向关断时间t_{off}、反向脉冲电流密度、反向导通时间t'_{on}、反向关断时间t'_{off}，为控制镀层质量提供了有利的手段。双脉冲电镀能够得到致密的电导率高的沉积层；降低浓差极化，提高阴极电流密度，增加沉积速度；消除氢脆，改变镀层的物理性能；减少添加剂的需求；能得到高纯度的镀层；镀层具有较好的防腐性能；降低镀层中的杂质含量；降低镀层的内应力，提高镀层韧性；提高镀层的耐磨性；使镀层结晶细致、光亮均匀。

周期换向脉冲电镀习惯称之为双脉冲电镀，简称 PRC（pulse reverse current）镀，是在正向阴极脉冲之后引入反向阳极脉冲的电流形式，而非传统意义上的两个不同参数脉冲交替进行的双脉冲形式。双脉冲电镀所依据的电化学原理是大幅度短时间的反向脉冲产生的高度不均匀阳极电流分布，使镀层凸处被强烈溶解而整平。双脉冲电镀较早的时候是为了改善镀层的厚度分布而采用的，因为依靠阳极脉冲不均匀电流分布的补偿作用使镀层整平的潜在可能性是存在的。实践证明，这个效果是明显的。但目前国内应用较多的双脉冲电镀，更主要是为了得到高致密性且具有一定光洁度的镀层。这种情况通常发生在溶液不允许或少量允许有添加剂的电镀体系中。在不含或含有少量添加剂的溶液中，采用直流电镀得到的镀层结晶粗大、暗淡无光；用单脉冲电镀状况明显改善；而采用双脉冲电镀则可得到细致、平整、光洁度好的镀层。比如，航空发动机轴承支撑架的镀银，采用双脉冲电镀技术在不含任何添加剂的氰化镀银溶液中，可得到耐磨、自润滑、抗变色性能均较好的镀层，且零件外观呈现一定的光泽。

双脉冲电流对金属沉积的阴极过程的影响，主要表现在对阴极传质过程和吸脱附过程的影响。在进行双脉冲电镀时，阴极附近的传质浓度随脉冲电流频率而变化，在脉冲期间浓度降低，而在两个脉冲的间断期间浓度回升。因此紧靠阴极处有一个脉冲扩散层。由于脉冲宽度比较窄，扩散层来不及扩散到主体溶液中，即它不能达到对流占优势的区域。这样，在脉冲期间电镀的金属离子必须由主体溶液向脉冲扩散层借助扩散来传输，这就意味着在电解液的主体溶液中也建立了一个具有浓度梯度的扩散层。

双脉冲电镀的另一个特点表现为电流对阴极吸脱附过程的影响。由电化学可知，阴极吸附过程与其电位密切相关，但高脉冲电流对应脉冲式的阴极电极电位，与直流电镀的连续较高的阴极电极电位对阴极吸脱附过程的影响有所不同。双脉冲电流的这种参数改变对吸附过程产生的条件也会带来显著影响。在t_{off}期间，由于气体（主要是氢）、离子和分子的解吸，镀层夹杂物减少，同时还会发生阻滞沉积质点的吸附。双脉冲电镀中高的阴极负电位使得金属离子在阴极形成新的晶核，而t_{off}期间可能发生阻滞沉积质点的吸附，使晶核长大中断，在其他部位再继续形成晶核，这就促使晶核细化，高脉冲电流使零件凹处分布的电流能满足金属离子的沉积条件，提高镀液的覆盖能力。双脉冲电镀也可以促使镀层均匀分布，t_{off}期间由于沉积金属离子浓度的回升，可以减少复杂零件突出部位由于沉积离子的过度贫乏造成的“烧焦”和“树枝”状沉积等缺陷。相反，在凹处也有较高的阴极电流密度，比直流电镀有更高的沉积速度，这就改变了镀层在零件表面分布的不均匀性，从而促使镀层均匀分布，晶粒细化，缺陷减少，覆盖能力和分散能力提高，空隙率下降。脉冲电镀过程中可及时补充扩散层内金属离子的浓度，扩散层间歇式形成和消除，使扩散层的实际厚度远小于直流电沉积的扩散层厚度，降低了浓差极化，从而提高了阴极极限电流密度。这样，脉冲电沉积可以采用较高的阴极平均电流密度，不但电流效率不会下降，而且改善了镀层的质量。需理解的是脉冲电沉积的平均电流密度一般都小于直流极限电流密度[1]。

7.1.1.3 脉冲电镀的特点及局限

① 改善镀层结构，得到晶粒细腻、致密、光亮、均匀且电导率高的镀层。

② 提高镀液的分散能力和覆盖能力。

③ 降低镀层孔隙率，提高抗蚀性和耐磨性。

④ 减小或消除氢脆，改善镀层的物理性能。

⑤ 降低镀层内应力，提高镀层的韧性。

⑥ 减少添加剂的用量，降低镀层中杂质含量，提高镀层的纯度。

⑦ 降低浓差极化，提高阴极极限电流密度，提高电镀速度。

⑧ 为了达到同样的技术指标，采用脉冲电镀可以用较薄的镀层代替较厚的直流电镀镀层，可以节省原材料，尤其是在节约贵金属方面，具有较大的经济效益。

其中，双脉冲电镀银与单脉冲电镀银相比，具有如下突出的优点：反向脉冲电流明显改善了镀层的厚度分布，并因溶解了阴极镀层上的毛刺而使镀层平整；同时使阴极表面附近金属离子浓度迅速得到回升，有利于随后的正向脉冲使用较高的脉冲电流密度；晶核的形成速度大于晶核的生长速度，从而得到结晶更加细致、更光亮的镀层。

脉冲电镀作为镀槽外控制电极过程的手段，为电镀技术的发展开辟了新的途径。不过，脉冲电镀仍存在一定的局限：

① 脉冲电镀的导通时间及关断时间选择，受电容效应的影响；

② 脉冲电镀的最大平均沉积速度，不能超过相同流体力学条件下直流电镀的极限沉积速度；

③ 对电镀电源有较高的要求，脉冲电镀电源成本较高。

脉冲电镀应用范围比较广，用于脉冲电镀单金属的有镀锌、镀镍、镀铜、镀铬、镀铁、脉冲电镀贵金属（如银、金、钯、铂等），还可以脉冲电镀各种合金等。此外，它还应用于铝合金的脉冲阳极氧化。

7.1.1.4 脉冲电镀的发展

脉冲电镀的第一篇专利是1934年公开发表的。1955年，Robotron公司提出了一种高压电镀的方法，即脉冲电镀。1966年，Popkov总结出脉冲电沉积的六大优点。1968年之前，脉冲电源的容量最大不超过1A。1970年以后，国外脉冲电沉积发展很快，但是在1971年至1977年间，由于脉冲电沉积电源只是由电气工程师设计而没有电镀工程师参与，因此脉冲电源没有多大的变化和发展。直到1978年至1980年，脉冲电源的设计者和电镀工程师合作，使得电源更多地考虑到工业生产的需要，推动了脉冲电源的发展。与此同时，国内的脉冲电镀技术发展也很迅速。随着科学技术的发展，对镀层性能提出了更高的要求。比如要求镀层的电阻率低、结合力好、抗蚀性高和耐磨性强等。脉冲电镀技术是比通常的直流电镀能得到更优异的镀层性能的一项电镀新工艺，并可节省贵金属和有色金属材料。国际上已经召开了多次脉冲电镀学术讨论会，我国的脉冲电镀技术几乎与国际上同步发展。

目前，脉冲电镀的研究已遍及贵金属（如Au、Ag、Pt）、一般金属（如Zn、Al、Ni）及其合金与复合镀层。其中，镀银层作为高导电、耐腐蚀的功能性镀层广泛应用于电子工业中，也作为装饰性镀层应用于轻工业、日用品等行业。而为了提高镀银层的性能，一般考虑加入一些添加剂作为辅助，或者使用银合金代替单一的银层。

7.1.1.5 脉冲电镀的种类

(1) 控制电位脉冲电镀

应用控制电位脉冲电镀时，电极反应的动力恒定，反应速率随时间而发生变化，其脉冲电源输出电位脉冲，此外，还需要在电镀槽中引入一个参比电极以控制阴极的电位，即采用三电极系统。它的优点是电流效率和镀层组成好控制，进行操作时无需因零件的增减而调节电流。而参比电极的引入使所有零件都保持恒定的电位并非易事。因此三电极体系的控制电位脉冲更适合基础研究。此外，当电位脉冲终结时，需重新达到起始电位，如果该电位与电极/镀液界面的静态电位相近，沉积金属就有可能重新溶解。故而通常在电镀结束时需要一个反向电流，反向电流有可能会使阴极钝化，正因为如此，控制电位脉冲法的应用受到了一定的限制。

(2) 控制电流脉冲电镀

应用控制电流脉冲电镀时，其脉冲电源输出恒定电流脉冲。控制电流脉冲电镀无需引入参比电极，这在生产上比较简单。如果脉冲的通断时间选择合适，则镀液电阻可忽略，即不受镀液电阻和电容效应的影响，那么恒定的脉冲电流在瞬间就能达到最大值，这样就能充分利用脉冲电镀对镀层物理化学性能的有利影响，目前得到了较大的应用。

目前可通过控制电化学工作站中的电化学方法——快速电流脉冲（fast galvanic pulse）及快速电位脉冲（fast potential pulse），来实现控制电流及控制电位脉冲电镀。同时可从仪器中了解到施加信号及采集信号的电压波形和电流波形及具体数据，可以更加便捷地分析脉冲电镀的过程和机理。

7.1.1.6 脉冲电镀参数的选择原则

在脉冲电镀条件下，金属的电结晶过程和沉积层的形貌与脉冲参数有着密切的关系。参数选用的基本原则如下。

(1) 脉冲导通时间（t_{on}）的选择

脉冲导通时间（t_{on}）内，电极表面沉积物被消耗，不同导通时间，电极表面在导通最后时刻的物质浓度也不一样，从而会影响电沉积。它由阴极脉动扩散层建立的速率或由金属离子在阴极表面消耗的速率（J_p）来确定。如果 J_p 大，金属离子在阴极表面消耗得快，那么脉动扩散层也建立得快，则脉冲导通时间（t_{on}）可取短些；反之，t_{on} 则取长些。但无论脉冲导通时间（t_{on}）取长或取短，都必须使 t_{on} 大于脉冲电镀中双电层的充电时间 t_C（即电极电势达到对应的脉冲电流值之前的时间），以避免电容效应的影响。通常，脉冲电镀贵金属时 t_{on} 选择在 0.1～2ms 范围内；脉冲电镀普通金属时 t_{on} 选择在 0.2～3ms 范围内。

(2) 脉冲关断时间（t_{off}）的选择

脉冲关断时间（t_{off}）内，电极表面沉积物可以通过扩散得到补充，因此不同的脉冲间隔时间，电极表面沉积物的浓度可能不同，从而影响电沉积过程。t_{off} 由阴极脉动扩散层的消失速率来确定。如果扩散层向脉动扩散层补充金属离子使之消失得快，则 t_{off} 可取短些；反之，t_{off} 可取长些。但无论脉冲关断时间（t_{off}）取长或取短，都必须使 t_{off} 大于脉冲电镀中双电层的放电时间 t_d（即电极电势下降到相对于零电流以前的时间），以避免电容效应的影响。一般情况下，脉冲电镀贵金属时 t_{off} 选择在 0.5～5ms 范围内；脉冲电镀普通金属时 t_{off} 选择在 1～10ms 范围内。

(3) 脉冲峰值电流密度（J_p）的选择

脉冲电沉积过程中，峰值电流大小可能影响沉积时电极表面离子浓度和沉积电位，从而影响镀层的性能。脉冲电镀时采用的平均电流密度（J_m），通常都不超过在相同条件下直流电镀电流密度的上限值。这样，在每个脉冲结束时，其扩散层中的离子不致过度消耗。在固定平均电流密度（J_m）的条件下，通过改变脉冲导通时间（t_{on}）、脉冲关断时间（t_{off}），依据上述的脉冲各参数关系换算公式，可以得到不同的脉冲峰值电流密度（J_p）。

脉冲峰值电流密度（J_p）是脉冲时金属离子在阴极表面的最大沉积速度，其大小受 t_{on}、t_{off}、J_m 的制约。一般来说，在平均电流密度（J_m）不变的条件下，峰值电流密度（J_p）越大，晶粒越小，镀层越细腻光滑，孔隙率相应越低。因此，在选定 t_{on} 和 t_{off}，以及保持 $J_m/J_p \leqslant 0.5$ 的前提下，选择的脉冲峰值电流密度越大越好。

(4) 脉冲占空比（工作比）γ 选择

脉冲占空比（γ）由选定的脉冲导通时间（t_{on}）和脉冲关断时间（t_{off}）确定。一般脉冲电镀贵金属选取的占空比（γ）为 10%～50%；脉冲电镀普通金属选取的占空比（γ）为 25%～70%。

结合不同的镀银工艺、基础电化学实验结果及工艺需求来选择最佳参数。

7.1.1.7 脉冲电镀电源

(1) 脉冲电镀电源的波形

由于受脉冲电镀电源内部电感、电容等器件及外加负载的影响，实际应用中的脉冲波形近似于梯形。可简单地用图 7-2(a) 所示的波形来表示。

在电镀体系中，电极/溶液界面间的双电层近似于一个平板电容器。“板间”具有很高的电容。当向该电镀体系施加脉冲电流时，必须首先给双电层充电。

双电层充满电（脉冲电流密度从零增至峰值）需要一定的时间（t_C）。脉冲电流密度不可能从零垂直增至峰值，而是需要一定的上升时间（脉冲电流密度由峰值电流密度的 10%上升到 90%所需要的时间）。

当脉冲电流密度上升至峰值并持续一段时间（t_b）后，开始进入关断期。进入关断期后，脉冲电镀电源虽然停止向该电镀体系供电，但双电层放电（从满电释放至零）会使电流维持一段时间（t_d），所以，此时脉冲电流密度不可能从峰值垂直下降至零，而是需要一定的下降时间（脉冲电流密度由峰值电流密度的 90%下降到 10%所需要的时间）。

正是由于脉冲前、后沿的客观存在，使实际脉冲电镀中的电流波形不可能满足理想的方波，而是一种不规则的近似于梯形的波形。尚无法确知前、后沿对镀层质量的影响有多大，但可明确其存在会使脉冲电镀瞬时高电位的有利作用得不到充分发挥。所以，脉冲电镀中总是要求脉冲上升、下降时间尽可能小，通常要求上升时间为 20～100μs，下降时间为 30～100μs。其实，不应只要求上升、下降时间的大小，避免二者大于（或接近）导通、关断时间也很必要。否则，若上升时间（远）大于导通时间，下降时间（远）大于关断时间，则镀槽内只能得到在平均电流附近变化的三角波电流，即脉冲电流实际变成了波动的直流电流。其波形如图 7-2(b) 所示。

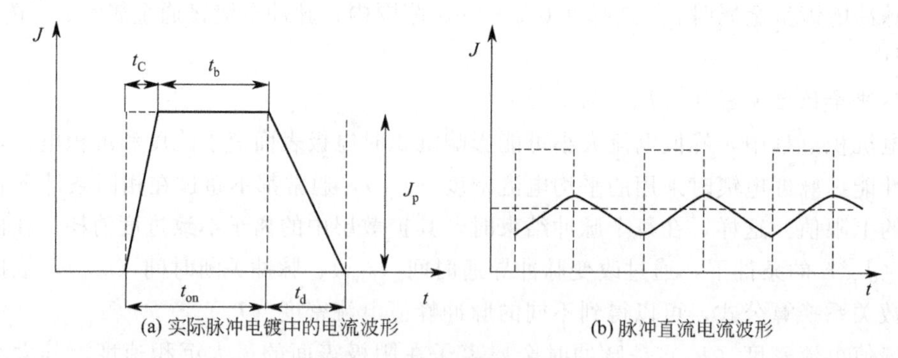

(a) 实际脉冲电镀中的电流波形　　(b) 脉冲直流电流波形

图 7-2　脉冲电镀电流波形

(2) 脉冲电镀电源的功能

由于脉冲电源主要是由嵌入式单片机等进行控制，因此，除实现脉冲输出之外，一般具备多种控制功能。

① 自动稳流稳压。脉冲电源具有高精度的自动调节功能。脉冲电源的自动调节功能一般具有以下两种模式。

a. 控制电流限压模式。当电镀工艺参数，如零件面积、温度、浓度、酸碱度等工艺条件发生改变时，在控制电流模式下，输出电流自动恒定在设定值不发生改变。这在需精确计算厚度的情况下是很有用的。采用恒流模式时的限压功能的目的是保护设备不被烧坏，目前的恒流电源一般都带有此功能。

b. 恒电压限流模式。当电镀工艺参数发生改变时，输出电压自动恒定在设定值不发生改变。这种模式对于钝化研究有作用。

② 某些电镀情况下，往往需要进行反向电解、大电流冲击、阶梯送电等操作，传统电源只能靠手工实现。而具有多段式运作模式的脉冲电源则只需提前设定，生产时可自动按顺序进行自动调节，可编程电源为此研究提供了便利。

③ 双向脉冲功能（周期换向脉冲功能）。其正负脉冲频率、占空比、正反向输出时间均可独立调节，使用灵活、方便，配合电镀工艺的需要，可获得不同物理性能的镀层。

④ 直流叠加功能。输出正反向脉冲电流的同时，由同一台电源叠加输出一纯直流成分，拓宽了脉冲电源的使用范围及用途。

⑤ 对称或不对称方波交流功能。输出正、反脉冲参数可分别调节的单相不对称交流电流。

(3) 脉冲电镀电源的频率

一般高频脉冲定义为频率大于 5000Hz，低频为频率小于 500Hz，中频则在 500～5000Hz 之间。用于电镀的脉冲电源多属于中频类型。当使用频率较低的脉冲电源时，其改善镀层质量的效果会稍差。所以，低频脉冲电源多用于阳极氧化或其他工艺，而较少用于电镀，尤其是贵金属电镀。

当使用频率较高的脉冲电镀电源时，脉冲前、后沿极易对导通、关断时间造成严重影响，从而影响脉冲电镀瞬时高电位有利作用的充分发挥。例如，脉冲镀金时，频率为 5000Hz（此时脉冲周期为 0.2ms），占空比为 20%，则导通时间为 40μs，此时，假设脉冲前沿为最小的 20μs（实际可能更大），则其比例至少占到了导通时间的 50%；若频率大于 5000Hz，占空比小于 20%（脉冲镀金时占空比很多时候选 10%），则前沿占导通时间的比例会更大，甚至前沿会大于导通时间，如此，脉冲电镀改善镀层结晶的作用肯定会受严重影响。实际脉冲电镀贵金属生产中，频率多在1000Hz左右。

7.1.2 脉冲电镀银的应用

7.1.2.1 硫代硫酸盐无氰镀银的脉冲电镀

脉冲电镀可以使晶粒细化，使镀层的结构致密，减少孔隙率，从而改善镀层的外观和材料表面的功能。脉冲镀层的抗蚀性和耐磨性普遍较高。

表7-1 硫代硫酸盐无氰镀银的脉冲电镀

镀液基本组成	配方1	配方2
硝酸银 $AgNO_3$/(g/L)	40～60	50～60
硫代硫酸钠 $Na_2S_2O_3 \cdot 5H_2O$/(g/L)	200～300	250～350
焦亚硫酸钾 $K_2S_2O_5$/(g/L)	—	90～110
焦亚硫酸钠 $Na_2S_2O_5$/(g/L)	60～84	—
硫酸钾 K_2SO_4/(g/L)	—	20～30
硫酸钠 Na_2SO_4/(g/L)	10～20	—
硼酸 H_3BO_3/(g/L)	22～35	25～35
添加剂/(g/L)	适量	适量
镀液温度/℃	10～40	10～40
pH值	4.2～4.8	4.2～4.8
脉冲方式	单脉冲	双脉冲(正0.1s,负0.02s)
电流密度/(A/dm^2)	0.6	0.8,0.2
脉冲宽度/ms	1	1,1
占空比	0.1	10%,5%

配方1[2]：单脉冲硫代硫酸盐无氰镀银采用该配方时，添加剂包括含氮杂环化合物和阴离子表面活性剂，在优化的工艺参数下得到的银镀层具有镜面光亮。与直流镀银层相比，其抗变色性和耐蚀性均显著提高。

配方2[3]：脉冲镀银要比直流镀银所得镀层更加细腻、光亮；而双向脉冲施镀要较单向脉冲所得镀层结晶细腻，晶粒圆滑，晶粒分布更加均匀。当脉冲镀银与直流镀银电流密度相同时，前者可以在脉宽时间 t_{on} 内，给电极以较后者高得多的电流密度，提高电极的电化学极化，使得银的成核速率远大于银晶粒生长速率，因而晶粒变细，分布变均匀；同时，高脉冲电流还使镀件凹处也有较高的阴极电流密度，可以满足银离子的沉积条件，提高镀液的覆盖能力，使得镀层分布均匀。在关断时间 t_{off} 内，电极表面处的浓度迅速恢复至原状，消除了浓差极化，且使吸附在阴极上的杂质、氢气泡等脱附，从而使得镀层结晶更细腻，孔隙率下降，改善了组织结构。双向脉冲与单向脉冲相比，镀层更加平整光亮。反向脉冲电流明显改善了镀层的厚度分布，使厚度均匀，并因溶解了阴极镀层上的毛刺起到整平作用。同时，在反向脉冲电流的作用下，镀层阳极溶解使阴极表面银离子浓度迅速回升，这有利于随后的阴极周期使用高的脉冲电流密度，而高的脉冲电流密度又使得晶核的形成速度大于晶体的生长速度，因而可以得到更加致密、光亮、孔隙率低的镀层。另外，反向脉冲电流的剥离作用使镀层中有机杂质的夹附大大减少，使镀层纯度高，抗变色性能增强。

7.1.2.2 磺基水杨酸脉冲镀银

表 7-2 磺基水杨酸脉冲镀银的工艺配方

镀液基本组成	配方[4]	镀液基本组成	配方
硝酸银 $AgNO_3$/(g/L)	20～40	电流密度/(A/dm²)	0.3～0.5
磺基水杨酸($C_7H_6O_6S$)/(g/L)	100～140	脉冲宽度/ms	0.1～4.0
氨水($NH_3 \cdot H_2O$)/(mL/L)	112～116	占空比	5%～25%
醋酸铵(NH_4Ac)/(g/L)	46～48	镀液温度/℃	室温
氢氧化钾(KOH)/(g/L)	8～13	pH值	8.5～9.5
添加剂	适量		

工艺流程：打磨→除油→水洗→酸洗（弱酸蚀）→抛光→预镀银（浸银）→水洗→电镀银

表 7-3 脉冲平均电流密度对镀层外观的影响

J_m(A/dm²)	镀层外观	J_m(A/dm²)	镀层外观
0.1	表面无光泽,乳白	0.5	镀层光亮,结合力好,光滑
0.2	表面无光泽,乳白	0.6	表面无光泽,乳白
0.3	镀层光亮,均匀,结合力好,光滑	0.7	表面灰白
0.4	镀层光亮,结合力好,光滑	1.0	表面暗灰

在脉冲宽度为1ms，占空比为10%的条件下，改变平均电流密度，观察镀层外观，结果如表7-3所示。由表7-3可以看出，当J_m在0.3～0.5A/dm²之间时镀层外观较好，平均电流密度过大或过小都得不到较佳的镀层。这是由于在金属电结晶过程中，晶核形成的概率与阴极的极化有关，阴极极化越大，阴极过电位越高，晶核形成的概率越大，晶核尺寸越小，使得镀层的晶粒细化。

在J_m=0.3A/dm²，占空比为10%的条件下，在一定范围内改变脉冲宽度，研究其对镀层外观的影响。脉冲宽度为0.1～5.0ms时，镀层外观均匀光亮；直流或脉冲宽度大于6ms时，镀层外观均匀，呈乳白色。

在J_m=0.3A/dm²，脉冲宽度为1ms时，目测镀层外观时发现，占空比为5%～25%时镀层外观均匀光亮；直流或占空比大于25%时，镀层均匀，呈乳白色。

脉冲镀层的抗腐蚀性能优于直流镀层，沉积速度要高于直流沉积速度，且脉冲电镀和直流电镀相比，镀层结晶致密。直流镀层的择优取向为（220），而脉冲镀层存在（111）和（200）两个择优取向。

7.1.2.3 脉冲烟酸镀银

表 7-4 脉冲烟酸镀银的工艺配方

镀液基本组成	配方1	配方2	配方3
硝酸银 $AgNO_3$/(g/L)	20	45～55	80～100
烟酸 $C_6H_5NO_2$/(g/L)	70	90～110	100
碳酸钾 K_2CO_3/(g/L)	50	40～70	70
醋酸铵 NH_4Ac/(g/L)	—	77	70
氨水 $NH_3 \cdot H_2O$/(mL/L)	—	32	适量
氢氧化钾 KOH/(g/L)	适量	适量	50
电流密度/(A/dm²)	0.01	0.4～0.6	0.32
镀液温度/℃	25	室温	室温

续表

镀液基本组成	配方1	配方2	配方3
pH值	10.0	9.0～9.5	8.5～9.0
脉冲频率/Hz	—	500	500～1500
脉冲宽度(t_{on})	—	200μs	—
脉冲间隔(t_{off})	—	1.8ms	—
正脉冲数	—	—	98～82
负脉冲数	—	—	12～8
占空比	40%	10%	50%

(1) 配方1[5]

采用2种方法对该配方镀银层结合强度进行测试，结果表明，直流镀银层、单脉冲和双脉冲银镀层的结合力均良好，无起皮、鼓泡现象。双脉冲镀银层的抗变色性能最好，单脉冲镀银层次之，直流镀银层抗变色性能最差。原因是双脉冲中的反向脉冲电流的阳极剥离作用使镀层中的有机杂质大大减少，镀层纯度高，抗变色性能得到增强。直流镀银层表面有微孔，与单脉冲镀银层相比，双脉冲镀银层更加平整，晶粒更加细腻。

镀银层的基体不同，晶面取向也会有所不同：在铜箔基体上晶面的取向是（111）面，而在不锈钢基体上晶面的择优取向则为（220）面。

(2) 配方2[6]

无氰镀银槽液，施以方波脉冲电流，选用合适的脉冲参数，能显著地提高镀层性能，并克服了直流存在的问题，而且能节约银，具有一定的经济效益，因此采用脉冲电镀技术有助于促进无氰镀银工艺在生产中应用。

当工作比，即占空比一定（10%）和平均电流密度相同的情况下，镀银层的晶粒尺寸随着脉冲宽度的增大和脉冲频率 f 的降低而变粗。因此，选择合适的脉冲参数是获得优良镀层的重要手段。由于脉冲镀银减少了边角的超镀，其镀层分布均匀性好，与直流电镀银相比耗银量低，节约了银（脉冲镀银的节银率约为15%），而且镀层结晶细腻，纯度高，孔隙少，提高了抗腐蚀性。

(3) 配方3[7]

该配方在柔性石墨制品上镀银，以烟酸镀银液为电镀液，其特征在于：电镀前，对柔性石墨制品进行表面热处理，热处理温度为300～450℃，时间为60～90min。

7.1.2.4 甲基磺酸-碘化钾脉冲镀银

表7-5 甲基磺酸-碘化钾脉冲电镀银镍合金

镀液基本组成	配方[8]	镀液基本组成	配方[8]
硫酸镍 $NiSO_4 \cdot 6H_2O$/(g/L)	118.5	电流密度/(A/dm^2)	0.5～1.5
甲基磺酸银 $AgCH_3SO_3$/(g/L)	6	镀液温度/℃	30～70
碘化钾 KI/(g/L)	249	pH值	5.0
硼酸 H_3BO_3/(g/L)	20	占空比	10%～50%
尿素 H_2NCONH_2/(g/L)	10		

工艺流程：砂纸打磨→水洗→表面活性剂除油→水洗→活化→水洗→电镀→水洗→吹干

该配方中，$NiSO_4 \cdot 6H_2O$ 和 $AgCH_3SO_3$ 是主盐，其含量直接影响到镀层的组成。而 $CH_3SO_3^-$ 浓度很低，作用不明显。碘化钾是络合剂，也是导电盐。I^- 和 Ag^+ 络合形成可溶性的络合物，避免银离子形成卤化物沉淀。碘化钾的浓度很高，可增加电解液的导电性，改善电解液的分解能力。尿素作为抗氧化剂，可避免 I^- 在有氧气存在下易被氧化为碘单质，延长镀液的使用寿命。硼酸起缓冲剂的作用，使镀液的 pH 值维持在 5.0 左右，在弱酸的环境中，镍阳极不易钝化，能够正常溶解。

对于合金电镀，镀液中金属离子的浓度决定合金镀层中各组分金属的含量。改变镀液中金属离子的浓度比，将影响到镀层中各组分的含量。银的沉积电位是 0.799V（相当于标准氢电极电势），而镍的沉积电位是－0.250V。所以，为提高镀层中镍含量，$[Ni^{2+}]/[Ag^+]$浓度比应尽量大。

脉冲频率的影响：随着脉冲频率的提高，镀层中镍含量下降，但是变化不大，含量在19%～33%之间。这说明在所选择的频率范围内，镀层中镍含量基本符合要求。在所选择的频率范围内，频率对镀层成分的影响不太明显，频率从 100Hz 变化到 3000Hz，增大了 30 倍，镀层中镍含量仅变化了 10%左右。在不同的脉冲频率条件下，镀层的表面状况比较相近，这说明脉冲频率对镀层的表面状况影响不大。

占空比的影响：对于脉冲电镀，占空比是一个很重要的参数，它表示在一个脉冲周期内，脉冲的持续时间（t_{on}）与脉冲的整个周期（$t_{on}+t_{off}$）的比值。占空比不但能反映脉冲电流通断时间的比例，而且在平均电流不变的条件下，还能反映脉冲电流的幅值的大小。随着占空比的提高，镀层中镍含量缓慢上升，但升幅不大。随着占空比的上升，断电时间缩短，溶液中离子扩散的时间变短，相对而言，浓差极化增大，由于 Ag^+ 浓度较低，Ag^+ 的浓差极化更显著一些，这将降低银的沉积速率，导致镀层中银含量的下降。从镀层表面状态来说，占空比高一些，镀层质量要好些。

正反向脉冲的影响：调节正向脉冲和反向脉冲的个数，对镀层组成影响不大，但增加反向脉冲的个数，会使镀层表面质量好转。同时，由于反向脉冲的作用，电流效率下降。

平均电流密度的影响：电流密度对镀层成分的影响十分显著，电流密度增加会使阴极极化增大，阴极电位变负。对于 Ag-Ni 合金来说，则更有利于镍的沉积，使镀层中镍含量提高。而且，提高电流密度时，银离子的沉积速度更接近极限值，更会使镀层中镍含量提高。

温度的影响：温度是电镀工艺中的一个重要参数，温度对金属沉积的影响比较复杂，因为温度的变化将使电镀液的电导率、离子活性、溶液黏度、金属析出的过电位等发生变化。随着温度的升高，金属离子的扩散和迁移速度加快，即增加了金属在阴极扩散层中的浓度，降低了浓差极化。对于电镀 Ag-Ni 合金，镀液中 Ag^+ 含量少，而且 Ag^+ 的消耗快，Ag^+ 的浓差极化比较严重，温度升高更加有利于银的沉积，故镀层中银含量应该增加。温度对镀层的表面状况有较大的影响，30～40℃时，镍层表面微泛黄色，镀层平整光亮；随着温度的升高，镀层中镍含量下降，镀层逐渐变为灰白色，失去光泽，结晶粗糙。

7.1.2.5 丁二酰亚胺-甲基磺酸脉冲镀银

表 7-6 丁二酰亚胺-甲基磺酸脉冲镀银的工艺配方

镀液基本组成	配方[9]	镀液基本组成	配方[9]
甲基磺酸银 $AgCH_3SO_3$/(g/L)	90	镀液温度/℃	室温
丁二酰亚胺 $C_4H_5NO_2$/(g/L)	120	pH 值	8.5
碳酸钾 K_2CO_3/(g/L)	20	脉冲周期	5ms
氢氧化钾 KOH/(g/L)	适量	占空比	10%
电流密度/(A/dm^2)	1.8		

该配方中，脉冲电沉积的光亮区间比直流电镀略小，因此在选择脉冲平均电流密度时，应选择比使用直流电源时稍小的电流。但施加脉冲电流的镀片在高电流区没有发黑，估计是因为脉冲周期比较短，高电流持续时间短，镀层不易发黑。脉冲对镀液分散能力有一定的改善作用，但效果不大。脉冲能提高镀银层的抗变色能力。直流与脉冲镀银层上均有凹孔和一些凸出的微粒存在，但脉冲镀层表面相对直流镀层要平滑一些。镀层凹孔的存在，提高了该镀层的电阻率、硬度和应力，也增强了镀层的耐磨性。丁二酰亚胺体系中，镀银层相对易变黄，因为镀银层上凹孔的存在，易积聚水分和腐蚀介质，如空气中含硫杂质以及紫外线等，导致该镀层相对氰化物镀层更易发黄。施加脉冲后，镀层结晶更致密，凹孔及微粒相对减少，这也在一定程度上增强了镀层的抗变色能力。脉冲电沉积获得的镀层晶粒要比直流电沉积获得的镀层晶粒尺寸小，因为脉冲电沉积的峰电流密度要大于直流电沉积的电流密度，因此脉冲条件下晶粒成核速度要大于直流条件下的晶粒成核速度，所以成核多而细。脉冲电沉积中由于阴极与溶液界面处消耗的离子可以在脉冲间隔内得到补充，有利于使用更高的峰值电流密度，可以得到更致密、硬度更高的镀银层。

7.1.2.6 5,5-二甲基乙内酰脲脉冲镀银

表7-7 5,5-二甲基乙内酰脲脉冲镀银的工艺配方

镀液基本组成	配方[10]	镀液基本组成	配方[10]
硝酸银 $AgNO_3$/(g/L)	30	平均电流密度/(A/dm^2)	0.4
5,5-二甲基乙内酰脲 $C_5H_8N_2O_2$/(g/L)	120	脉冲宽度(t_{on})	1.2ms
碳酸钾 K_2CO_3/(g/L)	40	脉冲间隔(t_{off})	1.8ms
氯化钾 KCl/(g/L)	15	镀液温度/℃	室温
焦磷酸钾 $K_4P_2O_7$/(g/L)	40	pH 值	10.0
氢氧化钾 KOH/(g/L)	适量		

工艺流程：化学除油→水洗→化学除锈→水洗→预镀镍→活化→水洗→浸酸→水洗→浸银→水洗→蒸馏水洗→脉冲镀银→水洗→吹干。

由于5,5-二甲基乙内酰脲无氰镀银层的电结晶尺寸明显大于氰化镀层，而采用脉冲电镀时，其晶粒改变的效果会更明显，因此，脉冲电沉积可以有效地改善镀层的结晶结构。在脉冲电镀工艺中，脉冲电流密度、导通时间、关断时间的关键作用如下。

在脉冲平均电流密度为1.0A/dm^2，关断时间 t_{off} 为确定的1.8ms时，不同的导通时间 t_{on} 对镀层表面形貌带来不同的影响。导通时间为1.2ms时镀层的外观形貌最佳。这是因为随着导通时间的增加，更高的过电位导致成核速率的增大，晶体的结晶尺寸变得越来越小。而在关断时间固定的情况下，过长的导通时间又会增加浓差极化。优化的导通时间为1.2ms。

关断时间是脉冲电镀参数中的另一个重要影响因素。在脉冲电流密度为1.0A/dm^2，导通时间为1.2ms时，从镀层表面形貌方面优化关断时间。结果表明，t_{off} 小于1.0ms时，镀层外观为乳白色，脉动双电层内金属离子的浓度来不及恢复，浓差极化增大，镀层变差。而关断时间较长时，银的晶粒在关断时间内可能发生重结晶，导致镀层结晶粗糙。因此，最佳的关断时间为1.8ms。

利用上述优化的导通时间和关断时间，可进一步优化平均电流密度。结果表明，在低至0.2A/dm^2 的电流密度区域仍可以得到光亮的镀层。一方面，在导通时间内金属离子处在直流

电镀实现不了的高过电位下沉积；另一方面，在关断时间内阴极周围的放电离子又恢复到初始浓度，因此可以得到光亮镀层。当电流密度过高时，由于金属离子在扩散层中也被强烈地消耗，此时镀层变得粗糙，因此，最佳的平均电流密度为 0.4A/dm^2。

采用两种不同方法对脉冲镀银层与铜基体的结合强度进行测定。结果表明：试验后镀层未出现起皮、脱落等现象，说明镀层与基体结合良好。从 SEM 图可知，脉冲镀层较直流镀层晶粒更圆滑，分布更均匀，结晶更细腻。脉冲镀银层和直流镀银层均沿（111）晶面择优取向。但从衍射峰的相对强度可知，脉冲镀银层的（111）晶面的择优取向程度更强。

7.1.2.7 亚硫酸盐无氰镀银

表 7-8 亚硫酸盐无氰镀银的工艺配方

镀液基本组成	配方[11]	镀液基本组成	配方[11]
硝酸银 $AgNO_3$/(g/L)	适量	稳定剂	适量
无水亚硫酸盐 M_2SO_3/(g/L)	适量	脉冲电流密度/(A/dm^2)	0.2～0.8
硝酸钾 KNO_3/(g/L)	适量	脉冲频率/Hz	600～1000
柠檬酸钾 $K_2C_6H_5O_7 \cdot H_2O$/(g/L)	适量	占空比	10%～25%
氢氧化钾 KOH/(g/L)	适量	镀液温度/℃	20～40
聚乙烯亚胺/(g/L)	适量	pH 值	8.0～10.0
三乙烯四胺/(g/L)	适量		

该配方为 4.9 节中亚硫酸盐体系无氰镀银在脉冲镀银的应用。脉冲电流对金属沉积的阴极过程有显著影响。由于脉冲电镀一般使用的都是窄脉冲，根据艾布尔对脉冲电镀液相传质提出的双扩散层模型，脉冲电镀时，紧靠阴极附近存在一个很薄的脉冲扩散层 δ_p，外面包着一层稳态扩散层 δ_S，脉冲扩散层内金属离子浓度随脉冲电流的频率而波动，在脉冲持续期间浓度降低，在间隔期间浓度回升，其金属离子的补充是通过外扩散层实现的，而外扩散层实质上是稳定的。

在脉冲电镀时，由于脉冲宽度极窄，脉冲扩散层极薄，因而能获得比直流电流密度高得多的极化作用，所以能使镀层结晶细化。在脉冲关断时间可能发生阻滞沉积质点的吸附，使晶核长大中断，在其他部位再继续形成新核，这就促使结晶更加细化，而且由于气体主要是氢，使镀层夹杂物减少，镀层平整、光亮。高脉冲电流使镀件凹处也有较高的阴极电流密度，能满足金属离子的沉积条件，提高了镀液的覆盖能力，促使镀层分布均匀，孔隙率下降，改善了组织结构。采用脉冲电镀，阳极在导通时间内获得突发性的瞬时高电流，提供了较高的极化作用，所以能使镀层结晶细化；直流电镀的镀层性能同脉冲电镀的相比，光亮性、耐蚀性、耐磨性均有差距，见表 7-9。

表 7-9 镀层性能比较

序号	电源	镀银时间/min	镀层外观	耐磨性/转动圈数	抗硫性
1	脉冲	10	均匀、光亮	2000	1h 浅黄色
2	脉冲	15	均匀、光亮	2900	1h 浅黄色
3	脉冲	20	均匀、光亮	3500	1h 浅黄色
4	直流	20	均匀、较光亮	2000	40min 浅黄色

通过重量法分别对比了直流电镀和脉冲电镀的电流效率，脉冲电镀的电流效率要高于直流电镀的电流效率。采用脉冲电镀，提高了阴极极化能力，促使镀层结晶细化，同时提高镀层的

光亮性。

7.2 滚镀银

7.2.1 滚镀概述

滚镀严格意义上称作滚筒电镀。它是将一定数量的小零件置于专用的滚筒内，在滚动状态下以间接导电的方式使零件表面沉积上各种金属或合金镀层，以达到表面防护、装饰及各种功能性目的的一种电镀加工方式。典型的滚镀过程是将经过镀前处理的小零件装进滚筒内，零件靠自身的重力作用将滚筒内的阴极导电装置紧紧压住，以保证零件受镀时所需的电流能够顺利地传输。然后，滚筒以一定的速度按一定的方向旋转，零件在滚筒内受到旋转作用后不停地翻滚、跌落。同时，金属离子受到电场作用后在零件表面还原为金属镀层，滚筒外新鲜溶液连续不断地通过滚筒壁板上无数的小孔补充到滚筒内，而滚筒内的旧液及电镀过程中产生的氢气也通过这些小孔排出筒外。

受形状、大小等因素影响，有些小零件无法或不宜装挂电镀，于是就发展了滚镀技术。它与早期小零件电镀采用挂镀或篮筐镀的方式相比，节省了劳动力，提高了劳动生产效率，而且镀件表面质量也大大提高。所以，滚镀的发明与应用在小零件电镀领域有着非常积极的意义。滚镀早在20世纪20年代就已经在工业上得到应用。国内滚镀最早始于20世纪50年代中后期，出现在上海，机械化连续滚镀设备在20世纪60年代左右开始使用，但当时的设备仅仅能够手动控制，而大型全自动滚镀生产线从20世纪90年代开始才有较为广泛的应用。目前，滚镀的产量约占整个电镀加工的一半，并涉及镀锌、铜、镍、锡、铬、金、银及合金等几十个镀种。滚镀已成为应用非常普遍且几乎与挂镀并驾齐驱的一种电镀加工方式。

7.2.2 滚镀分类

科学地划分滚镀，应以滚镀所使用的滚筒的形状和轴向为主要依据。滚筒形状是指滚筒的外形类似于何种器物，滚筒轴向是指滚筒旋转时转动轴方向与水平面呈什么角度。根据滚筒这两个方面的不同，将电镀生产中常见的滚镀方式划分为卧式滚镀、倾斜式滚镀和振动电镀等三大类。

7.2.2.1 卧式滚镀

卧式滚镀的滚筒形状为竹筒状或柱状，使用时卧式放置。滚筒轴向为水平方向，所以卧式滚镀也叫水平卧式滚镀。卧式滚筒的横截面形状有六角形、八角形和圆形等。采用六角形滚筒，零件在翻动时跌落的幅度大，零件的混合较充分，所以镀层厚度波动性优于其他形状的滚筒。这种优势在装载量不超过滚筒容积的二分之一时更为明显。并且，六角形滚筒内零件间相互抛磨的作用强，更利于提高镀层的光泽度。卧式滚筒的轴向为水平方向。所以，卧式滚筒在带动零件翻滚时，零件运行方向与水平面垂直，这样有利于各零件间充分混合及提高镀层的光泽度。并且，零件的垂直运行还为卧式滚筒的装载量赢得了优势。例如，生产中装载150kg左右零件的卧式滚筒并不少见。尤其近些年，卧式滚筒的长度和直径有了较大的发展，适合滚镀的零件尺寸和质量也有所增加，许多原有的挂镀零件也可以滚镀。所有这些，都使滚镀生产效率高的优越性得到充分体现。卧式滚镀以生产效率高、镀件表面质量好、适用的零件范围广等诸多的优越性在滚镀生产中应用最广泛。卧式滚镀的应用范围涵盖了五金、家电、机械、汽车、电子、仪器等行业的小零件电镀加工，是名副其实的小零件电镀加工主力。所以，多年来滚镀技术研究的重点总是围绕着卧式滚镀开展的。但是，卧式滚筒的封闭式结构，造成了卧式滚镀电镀时间长、镀层厚度不均匀、零件低电流区镀层质量不佳、装卸不便等缺陷，使其在生产中的应用受到一定影响。

7.2.2.2 倾斜式滚镀

倾斜式滚镀的滚筒形状为钟形或碗形，所以，倾斜式滚筒也被称作钟形滚筒。滚筒轴向与水平面约成40°～45°，零件的运行方向倾斜于水平面，倾斜式滚镀的名字即由此而来。目前使用的倾斜式滚镀设备叫作倾斜潜浸式滚镀机。倾斜潜浸式滚镀机于20世纪60年代开始在上海地区使用，由于其操作轻便灵活、易于维护而广受欢迎。另外，使用倾斜式滚镀机镀件受损较轻，比较适合易损或尺寸精度要求较高的零件。但是，倾斜式滚镀机滚筒装载量小、零件翻滚强度不够，在生产效率和镀件表面质量等方面逊色于卧式滚镀机。所以，多年来倾斜式滚镀的应用与发展始终落后于卧式滚镀。

7.2.2.3 振动电镀

振动电镀是国外20世纪70年代末产生，80年代初大量应用的一项小零件电镀技术。它比常规的滚镀技术具有更加突出的优越性，因此一经问世即得到快速的应用与发展。国内振动电镀出现于20世纪80年代末，并从90年代后期开始在小零件电镀领域中应用。

振动电镀的滚筒形状为圆筛或圆盘状，滚筒内零件的运动靠来自振荡器的振动力来实现。所以，振动电镀的滚筒一般被形象地称作振筛。振筛的振动轴向与水平面垂直。振动电镀的振筛结构和振动轴向与传统卧式滚筒有着本质的区别，所以会产生与传统卧式滚镀迥然不同的效果：①振筛的料筐上部敞开后，彻底打破了传统卧式滚筒的封闭式结构，消除了滚筒内外的离子浓度差，所以，由滚筒封闭式结构带来的缺陷得到最大程度的改善，例如镀层沉积速度快、厚度均匀及零件低电流区镀层质量好等；②通过控制振筛的振动频率或振幅等条件，可以达到控制零件在振筛内混合条件的目的，从而可将各零件的镀层厚度波动性控制到最小；③电镀时使用大的电流密度并同时进行着机械抛光作用，镀层结晶细腻，表面光泽度高；④对零件的擦伤、磨损等均小于其他滚镀方式。另外，振动电镀时阴极导电平稳，夹、卡零件现象较轻，并且可以随时对零件进行质量抽检。但是，由于受到振筛结构和振动轴向的限制，振筛的装载量比较小，并且振动电镀设备的造价也比较高，所以目前振动电镀还不适用于单件体积稍大且数量较多的小零件的电镀。但对不宜或不能采用常规滚镀或品质要求较高的小零件，如针状、细小、薄壁、易擦伤、易变形、高精度等零件，振动电镀有着其他滚镀方式不可比拟的优越性。所以，振动电镀是对常规滚镀的一个补充。

7.2.3 滚镀操作的注意点

（1）电流密度差异大

滚镀的阴极电流密度虽然较大，但是由于电流密度差异悬殊，多数电流消耗在高电流密度的工件上，平均电流密度却很小，结果是阴极电流效率低，操作中稍有疏忽，镀层厚度就难以保证。

(2) 滚镀过程中同时存在化学溶解

当工件翻滚时会使电流时断时续，要求加厚镀层时需要延长滚镀时间，然而在局部处的镀层仍难以增厚。

(3) 镀件的置换反应

在镀件与阴极接触不良时，可能会存在置换反应。对于无氰镀银体系，络合剂的络合能力不足时置换现象则更为明显。

(4) 及时调整主盐浓度

滚镀溶液中主盐消耗较快，这主要是阳极面积常常不足，工件出槽时损耗较多等原因引起的。主盐含量过低时，会引起电流效率下降，镀层难以镀厚，为此需根据化验分析的数据及时予以调整。

(5) 滚镀件预处理难度大

滚镀件只能在篮筐里预处理，难免有重叠，故难以彻底除尽污物，因而滚镀溶液易受污染。由于滚镀溶液对杂质较敏感，故溶液的净化处理工作量较大，往往容易因此而耽误生产。

(6) 滚镀溶液的pH值变化大

pH值的变化在滚镀镍时尤其明显。这是因为滚镀镍过程中局部析氢激烈。为维护生产，pH值需要及时调整。

7.2.4 滚镀特征

滚镀的三种方式各有其不同的特征、优缺点及适用范围。生产中应根据镀件的形状、大小、批量及质量要求等具体情况，选择准确合理的滚镀方式，以达到为企业节约增效、提高产品质量的目的。对于常规小零件，应首选卧式滚镀的方式。而对于不宜或不能采用卧式滚镀或品质要求较高的小零件，则一般考虑振动电镀的方式。

7.2.5 ZHL无氰滚镀银工艺

ZHL-02无氰镀银工艺银含量适中（14.3g/L）具有很宽的光亮电流密度范围（0.2～3.0ASD），并且在较宽的温度范围（15～45℃）都可以获得光亮镀层。此外，铜件在该镀液中虽然仍可以发生置换反应，但所需时间较长，一般2～3min以上才有明显的置换现象。这几项工艺特点保证了ZHL-02无氰镀银液在滚镀领域的应用价值。

7.2.5.1 样品占槽比对镀层的影响

滚镀研究中选择2种基材：一种是面积约为4.0cm^2的椭圆形紫铜片，用于各种性能表征；另一种是体积约5mm^3、表面积约18mm^2的蘑菇形铜触点。滚槽参考了传统的标准卧式滚筒尺寸设计要求，为直径9.5cm、容积为2L的正六棱柱滚筒，开孔率为14.3%，开孔直径2.0mm，均匀分散在整个槽体。

在镀液温度40℃，电流密度1.0A/dm^2，滚筒转速12r/min，以及占槽比不同的条件下滚镀3.0min，样品表面均被镀层均匀覆盖，无漏镀，但色泽不同，具体见表7-10。

表 7-10 样品占槽比对镀层的影响

占槽比	样品外观	占槽比	样品外观
1/6	微黄、光亮，少数样品烧焦	1/3	不均匀，较黄、光亮
1/4	光亮		

当样品占槽比为 1/4 时（质量约 350g），镀层的外观最好，表面整体光亮如镜，颜色亮白，无滚筒开口印。占槽比为 1/6（质量约 200g）和 1/3（质量约 500g）时镀层均发黄，个别样品出现黄斑。占槽比较低（1/6）时甚至有镀层烧焦现象。可能是因为样品占槽比小时，由于样品不断翻滚，镀件接触阴极时间短，直接与阴极接触的样品出现瞬时电流密度过大的情况。而样品占槽比过大（1/3）时，由于样品过多，彼此遮挡和屏蔽，内层样品表面电流密度低，沉积慢，致使铜置换银离子成核的现象突出，产生镀层不均匀的现象。因此选择占槽比为 1/4。

7.2.5.2 电流密度的影响

利用优化的样品占槽比（1/4，测试样品量 350g），在镀液温度为 40℃，滚筒转速 12r/min，及不同电流密度条件下滚镀 3.0min，并选取代表性结果汇于表 7-11。

表 7-11 电流密度对镀层的影响

电流密度/(A/dm^2)	样品外观	电流密度/(A/dm^2)	样品外观
0.6	光亮，银白	1.5	微黄、光亮
0.8	光亮，银白	1.8	较黄、光亮
1.0	光亮，银白		

对比发现，当电流密度较小（低于 $0.8A/dm^2$）时，虽然样品表面均匀覆盖一层银层，但是镀液由无色变为蓝色，表明镀件和溶液中的银离子发生了置换反应。控制电流密度在 $0.8A/dm^2$ 和 $1.0A/dm^2$ 时，样品的镀层均匀、光亮，镀液为无色透明状态，说明在此条件下发生的是电沉积成核生长，而非置换反应。电流密度在 $1.5A/dm^2$ 和 $1.8A/dm^2$ 时，镀层发黄，继续增大电流密度，镀层发黄越发严重。由于样品在滚镀过程中只有部分零件可以直接接触电极带电，其他零件以传导方式带电。这一过程受到接触电阻的影响，所以电流密度成为制约电镀效果和镀层质量的一个重要因素。

7.2.5.3 镀液温度的影响

为了优化镀液温度，设定样品质量为 350g，即保持 1/4 样品占槽比，滚筒转速为 12r/min，电流密度为 $1.0A/dm^2$，在不同温度条件下滚镀 3min，其对镀层质量影响见表 7-12。

表 7-12 镀液温度对镀层的影响

镀液温度/℃	样品外观	镀液温度/℃	样品外观
31	光亮	43	半光亮
40	光亮	48	较黄，半光亮

对比发现，在 4 个温度条件下样品的光泽度未有明显差异。系列实验表明，31～43℃的温度条件下均可获得理想的镀层。说明本工艺具有较好的温度适应范围，超出此温度范围，镀层质量下降。在更高的温度下（高于 48℃），个别样品偏黄。而在更低的温度下（低于 30℃），镀层光亮性降低，但颜色洁白。

7.2.5.4　滚筒转速的影响

滚筒转速的大小直接决定了施镀过程中对样品的搅拌，因此对镀层影响较大，具体影响结果见表7-13。设定样品质量为350g，即样品占槽体1/4，电流密度为1.0A/dm^2，温度为40℃，分别测试不同滚筒转速条件下的外观质量。

表7-13　滚筒转速对镀层的影响

滚筒转速/(r/min)	样品外观	滚筒转速/(r/min)	样品外观
4	多数漏镀,不均匀,半光亮	12	半光亮
8	偏白,光亮	16	光亮

经对比发现，低转速4r/min时，样品均匀性较差。样品中出现了较多漏镀的镀件。当转速提高到8r/min时，样品的外观得到极大的改善，表面光亮但偏白；12r/min时样品光亮程度略微逊色于其他两者；16r/min时样品光亮性更好些。这种细微的差别是由滚镀特有的工艺条件决定的。当转速较快时，虽然会出现瞬间电流密度不均匀的现象，但镀液搅拌均匀，剧烈滚动搅拌也使镀液分散能力更好。而在相对较慢的转速下，搅拌不充分导致镀液浓度均匀性差，但由于导电连接稳定，其电流密度相对均匀，所以即使在搅拌不尽充分的情况下镀件依然具有较好的质量。两者之间，则会出现镀液搅拌和电流密度同时更均匀或者同时更不均匀的协同现象，因此中间条件有可能更好或者更差，这主要取决于滚镀设备设计的优劣。从本实验的结果来看，12r/min的样品略逊于8r/min和16r/min的样品，说明滚镀设备的设计对工艺条件有较大的影响。

7.2.5.5　镀液浓度的影响

镀液浓度对电镀效率和电镀质量均有影响，同时也关系到生产成本。按前述方法，称定镀件质量为350g、样品占槽比为1/4、电流密度为1.0A/dm^2、滚筒转速为12r/min，镀液温度为40℃。分别考察不同母液与去离子水体积比时的样品质量。具体结果汇总于表7-14。

表7-14　镀液浓度对镀层的影响

母液：去离子水	Ag^+含量/(g/L)	样品外观
2：1	19.1	半光亮
1：1	14.3	光亮
1：2	9.5	半光亮

经对比发现三种不同的浓度下样品的光亮程度差别细微。当母液与水的体积比大于1时，镀件颜色随工作液浓度的增加而呈现银白色。但由于滚镀工艺的特殊性，其过程不仅包括电镀，局域也还可能包含了置换镀。而随着主盐浓度的提高，铜置换银离子的倾向更明显。当母液与水体积比低于1时，电沉积成核为主导因素，利于镀层的沉积与生长，镀层的金属光泽和光泽度更突出，但此时镀液的分散性能会有下降，因此，主盐浓度不宜过高或过低。本工艺提供的浓度范围较宽，当母液与水体积之比在1～2范围内变化时均可以获得满意的镀层。

综上可知，ZHL无氰滚镀银的推荐工艺条件为：ZHL-02母液与去离子水的体积比为1：1，温度为35℃，样品占槽比为1/4，滚筒转速为12r/min，电流密度为0.8A/dm^2。下文选择该工艺条件下所得试样进行表征。

7.2.5.6 镀层性能

从图 7-3 可以看到，样品镀层均匀、光亮。利用硬度计测量了镀层的维氏硬度。测试 5 个样品，所获得的硬度值为（93.6±3.3）HV。考虑到测量误差，从数据上我们可以看出各点的硬度值相对均匀，主要集中在 90～95HV 的范围，与传统氰化镀银相当或略高。该结果部分反映了本无氰滚镀工艺的良好分散性能和重复加工性能。

测量利用上述条件滚镀的 8 个椭圆形铜片样品的光泽度，得到镀层的平均光泽度值为（421±66）GS。进一步分析可知，镀层的光泽度与基底光亮程度有关，基底越平整光滑，施镀后的样品效果越好，并且随着滚镀时间的不断增加，样品的光泽度以每分钟 5%～10%的速度增加直到趋于稳定。此外，光泽度测量值具有较大的分散性，这也是由椭圆形铜片样品面积相对较大，在滚镀槽中搅拌不够均匀导致的。

图 7-3 推荐工艺条件下镀件样品的照片

图 7-4 给出了滚镀样品的 XRD 图谱。从 4 个特征指数面来看，样品衍射角度略大于纯银块体材料。说明镀层的致密性较纯银块体材料好。其中 Ag（111）面的衍射峰显著高于其他晶面，其与 Ag（200）和 Ag（220）峰高的比值分别为 4.75 和 4.08，也远高于标准图谱的 2.5 和 4 的比例关系。说明沿（111）晶面生长是该工艺条件下的晶体生长的择优取向。此外，从（111）面的衍射峰可以知，半峰宽约 0.4°，说明结晶颗粒较为细腻。

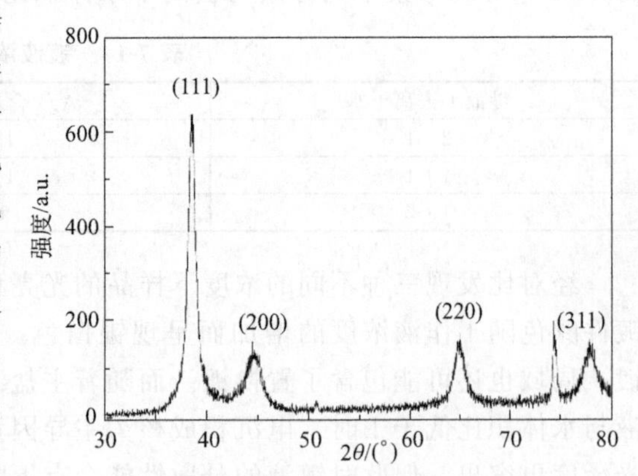

图 7-4 ZHL 滚镀工艺推荐条件下样品的 XRD 衍射图谱

从图 7-5 可以发现，样品表面原有的结构缺陷被镀银层覆盖，沟壑和凹坑有明显填充，特别是在 1000 倍放大倍率下，填充现象更为清晰。

镀层的形成包括两个连续的过程，即成核和生长。不同工艺条件下，成核数量、位置与后续结晶生长的方式不同，导致铜基底初始附着的晶粒具有不同的密度和尺寸。但是在推荐的工

图 7-5　不同放大倍率下滚镀镀件样品的显微形貌

艺条件下，样品的微观特征表现出结晶细腻，尺寸均匀，表面轮廓相对光滑。图 7-6 给出了两个不同尺度下，滚镀样品的表面扫描电镜照片。从大范围扫描来看，样品具有很好的平整度和均匀性，没有出现起伏剧烈的颗粒团簇，也没有大结晶颗粒。进一步从小范围扫描来看，样品的晶粒相对光滑，颗粒尺寸波动不大，虽然颗粒形状并不是完美的半球形，但没有出现过多的棱角。

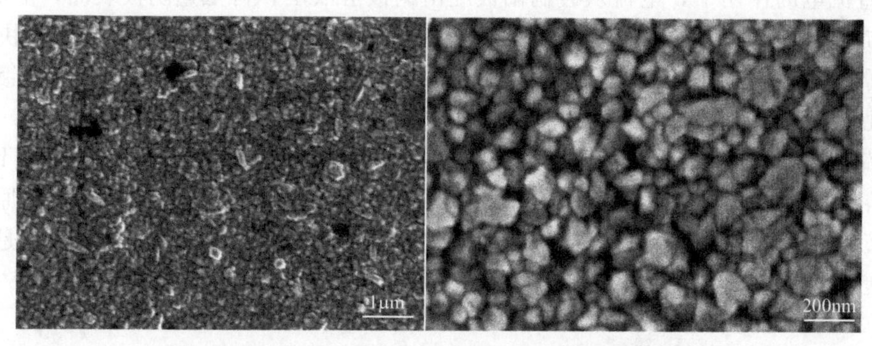

图 7-6　在不同放大倍率下滚镀样品的扫描电镜照片

为了进一步了解样品的结晶特征，我们对扫描电镜图像做了统计分析。图 7-7 给出了滚镀样品银晶粒的尺寸分布。从图中可知颗粒尺寸主要集中在 40～100nm 之间。利用高斯函数对分布图做了拟合，得到颗粒尺寸特征为（69±24）nm。可见，滚镀工艺获得的镀层的结晶状态依然远小于氰化镀银，但是要大于 ZHL-02 挂镀工艺的晶粒尺寸。

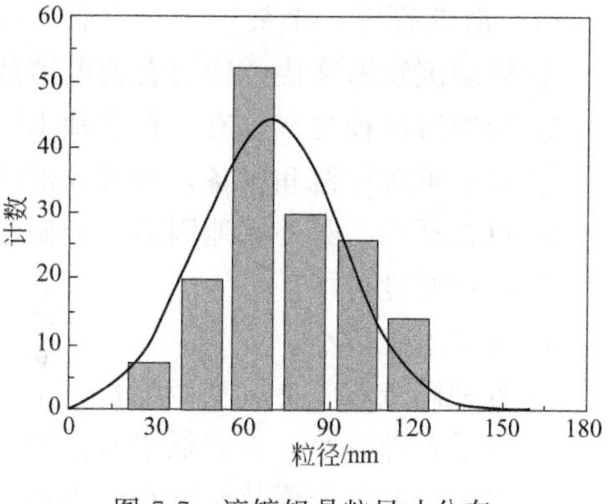

图 7-7　滚镀银晶粒尺寸分布

7.3　无氰刷镀银

7.3.1　概述

刷镀在国内早期被称为快速电镀、金属涂镀、快速笔电镀及无槽镀等。20 世纪 40 年代，法国等欧洲其他国家开始应用刷镀技术，随后美国也开始了刷镀研究工作。刷镀专用设备和镀液品种相继在法国、美国和英国取得了专利，接着苏联和日本也发明了本国的刷镀技术。

我国虽然早在 20 世纪 50 年代和 60 年代就曾有电镀工人为了挽救电镀次品，采用软布、棉团等，用镀槽溶液涂抹进行镀铜和镀铬，取得了一定的成效，但应用的是镀槽溶液，没有专门的设备器材，镀层的结合力和镀层性能都不太理想，与现代的刷镀技术有着根本的区别，所以也就制约了其进一步的发展。1980 年，我国科研部门组织力量，在参考国外先进的刷镀设备、镀液和工艺的基础上，进行全面技术攻关，才研究出适合我国国情的刷镀技术。

刷镀具有设备简单、工艺灵活、沉积速度快、镀液选择范围较广、镀层与基体材料结合强度高、镀后一般不需要机械加工以及应用范围广等优点，尤其是具有可不解体设备和野外现场操作等技术优势，已广泛应用于机械、船舶、石油、航空、煤炭、农机、印刷、冶金、矿山、建筑和军事设备等方面。

按照国际标准化组织（ISO）2008 年的标准 ISO 2080：2008 规定，再结合国家标准 GB/T 3138—2015《金属及其他无机覆盖层表面处理术语》的规定，刷镀是用与阳极连接并能提供所需电镀液的垫或刷，在待镀阴极上移动而进行的电镀。

7.3.2 刷镀的基本原理

整个刷镀工艺需要完成下面三方面的过程。

① 在直流电的作用下，电流从镀刷阳极经由刷镀溶液层，再抵达阴极表面，形成回路。

② 刷镀溶液中的金属离子，在电场作用下，向阴极工件输送。由于输送速度快，又由于摩擦运动增加了搅拌作用，减少了浓差极化，再加上大多数刷镀溶液的浓度都高于镀槽溶液浓度几倍至几十倍，因此大量充足的金属离子聚集在阴极周围。

③ 电荷迁移时，金属离子在阴极表面得到电子被还原成金属原子。又由于刷镀电流大，因此刷镀溶液中还原的金属离子数量多。在阴极表面扩散形成结晶体时，由于金属原子沉积的速度快，镀层来不及按结晶组织的空间生长方向排列，因而形成缩晶、超细晶甚至是非晶态组织，使得镀层不断增厚，力学性能大为增强，镀层金相组织极为紧密。

7.3.3 刷镀的技术特点和应用范围

(1) 刷镀的技术特点

① 镀层沉积速度快，约为有槽电镀的几十倍到上百倍。

② 刷镀溶液种类多，有一百多种不同的品种。

③ 可不拆解机器和设备，实现局部刷镀。

④ 可在现场、野外就地刷镀不能搬迁的重大机器设备。

⑤ 镀层厚度可控。

⑥ 镀层氢脆性小。

⑦ 各种阳极和工夹具型号配备齐全。

⑧ 镀层孔隙率小，大大低于有槽镀层和喷涂层。

⑨ 对工件基体金属热影响小，不产生热变形和金相组织的变化。

⑩ 设备简单、投资少。

⑪ 由于绝大多数刷镀溶液不含氰化物，所以毒性和污染都很小。

(2) 刷镀的应用范围

① 修复轴类机械零部件的表面和轴颈处的超差或磨损。

② 修复孔类机械零部件轴承处的超差或磨损。

③ 修复活塞类机械零部件的超差或磨损。

④ 修补划伤、凹坑、锈蚀的机床导轨。

⑤ 修复塑料模具、压铸模具、胶木模具、热锻模具等的表面缺陷。

⑥ 刷镀挂镀工艺无法容纳的大型镀件以及补镀次品。

⑦ 现场或野外刷镀难拆卸或运费昂贵的大型或者固定机器设备。

⑧ 修复印制电路板、电气触点和整流装置等。

⑨ 刷镀某些局部要求防渗碳、防渗氮的机械零部件。

⑩ 刷镀要求改善材料表面导电性、钎焊性和耐磨性的零件。

⑪ 刷镀修复加工超差和磨损的量具。

⑫ 采用刷镀金、银、铜等方法，装饰文物珠宝等工艺品。

⑬ 采用刷镀方法填补零件的不通孔、窄缝等。

7.3.4 刷镀的设备

7.3.4.1 刷镀的电源

电源设备是刷镀进行操作时的重要电气设备。它供给电能，可通过对其操控来达到原先对镀层的设计要求。所以，它必须满足下列技术性能的要求。

① 要直流输出。为了得到所需要的金属镀层，在进行电化学沉积形成镀层时，刷镀电源应具有直流输出功能。

② 电源外特性（伏安特性），要求负载电流在较大范围内进行变化时，输出电压几乎不变。

③ 根据使用范围的不同决定电源输出功率的等级。输出电压除了要求能无级调节外（0～30V或0～50V），电源输出的电流还要能根据阳极接触面积的大小而自动调节。

刷镀是一种利用电化学反应使金属沉积到阴极表面（工件）的技术，用的是低电压大电流的直流电源。根据刷镀工艺的特殊需要，对电源的构成也提出了一些要求，除了输出直流电路无级调节外，另外需要增加镀层厚度控制电路的安培小时计、极性控制开关以及过载电流保护等装置。

7.3.4.2 镀笔

镀笔是刷镀技术的重要工具，由阳极和镀笔杆部分组成。从刷镀电源来的电流，通过镀笔杆阳极和镀液层到达阴极，再回到电源。

在刷镀操作过程中，阳极与阴极以及中间的导电溶液，共同完成了电净、活化、沉积镀层等一系列工序。一般来说，凡是能导电的金属都可以作为阳极材料。应根据使用情况的不同，兼顾阳极的强度、制作成本、沉积速度等来选择不同的材料制作阳极。

(1) 石墨阳极

刷镀工艺所采用的阳极多数是不溶性导电材料制成的，常用的是石墨材料。这种材料经过提纯，去掉了杂质，如高纯度细结构冷压石墨和光谱石墨等。这种石墨质地细密，结构均匀，导电性好，耐腐蚀，耐高温，不同于一般用在电动机电刷上的石墨材料，不含金属杂质，稳定性也不错，普遍使用在刷镀技术领域，可以提高金属镀层沉积速度，满足各种操作工艺。

(2) 不锈钢阳极

不锈钢阳极稳定性很好。在制作小型毫米级圆柱片和丝状阳极时，以及制作大型阳极时，石墨阳极由于本身的材料性能（强度、重量）以及加工复杂等因素而无法胜任，此时，不锈钢阳极可代替使用。

（3）铂-铱合金阳极

铂-铱合金由90%（质量分数）的铂和10%（质量分数）的铱冶炼而制成，化学稳定性高，在各种电净、活化、金属镀液中均不产生溶解，也不钝化，除了价格较为昂贵外，是较为理想的阳极材料。

（4）可溶性阳极材料

可溶性阳极大多数选用与金属镀层相同的金属材料。作为阳极的金属材料，纯度要高，有害杂质要少，否则会影响镀层的质量和力学性能。

（5）其他阳极材料

在不锈钢和钛等金属表面镀一层铂镀层，具有不钝化、强度高等优点，可使用在某些特殊场合。

7.3.4.3 阳极的选择和设计

目前刷镀行业中，可溶性阳极也占有一定的比例。可溶性阳极的最大缺点是在大电流密度的情况下会产生严重的钝化现象，这样会阻碍金属离子的沉积，使得刷镀过程不能顺利地进行下去。为了改变这种状态，目前采用的方法有两种。一种方法是对阳极材料进行打磨，采用磨石或者细砂纸除去钝化膜后继续使用，如果钝化现象再次发生，需再次打磨。除了这种物理方法外，另一种是在刷镀溶液中添加阳极防钝化剂，可较方便地消除阳极钝化现象。

在刷镀过程中，使用量最多的还是石墨制作的不溶性阳极，它有下面三个方面的优点。

① 刷镀过程中石墨不参与反应，腐蚀下来的石墨粒子可通过过滤去掉，不会污染镀液和改变镀液的化学组成。

② 由于不产生钝化现象，所以在整个刷镀过程中，金属离子在电场作用下沉积速度稳定，大大提高了刷镀效率。

③ 石墨材料由于加工制作方便，同时制作成本低，可以像木材那样根据需要加工成各种形状的仿形阳极。

阳极的选择：根据刷镀对象的形状、体积，尤其是受镀面积的大小和所处位置的差异，要采取不同的阳极形状来适应。通常阳极制成各种规格的圆形、圆棒形、半圆形、弯月形、平板形、锥形和片形等。对于特大型或者超小型工件，就要设计专门形状和特殊规格的阳极。

阳极的设计原则如下。

① 阳极设计时要考虑制作方便。设计阳极时，要保证镀层质量在不受影响的情况下简化制作以降低成本，还要考虑操作方便。在手持的方式下，只要不影响阳极强度，应尽量减小体积。如果采用机器自动夹持的方式，阳极设计要考虑夹持和装卸便利。

② 接触面积。阳极与工件的接触面积应小于或等于工件所需刷镀面积的1/3或大于等于该面积的1/4。接触面积小，效率低；接触面积大，工件和镀液温度上升快，会使镀液过早老化。由于新鲜镀液不能及时补充到刷镀表面，极易烧伤镀层，形成干斑，影响镀层质量。另外，从横截面积的要求来看，阳极的包角要小于或等于120°。

③ 直径尺寸。刷镀对象为轴类零件时，要求阳极工件表面直径尺寸大于工件刷镀面直径尺寸的10%～20%；刷镀对象为孔类零件时，则要小于10%～20%。这样才能储存充足的镀液，减缓阳极包套的磨损率。

④ 宽度尺寸。在可能的情况下，阳极宽度尽量与刷面的宽度相一致。考虑到阳极包套边缘厚度不均，阳极宽度以稍大一些为好。对于大型工件，阳极宽度达不到要求的，可以在操作方式上加以改进，以弥补不足。

⑤ 供液方式。通常情况下，镀液从外部直接输往阴、阳极之间，现在有很多新型的阳极，设计从阳极内部输送镀液，这样做能减少镀液污染，更能起冷却作用，降低阳极温度。

7.3.4.4 阳极的包裹

刷镀作业时，阳极与阴极要尽可能近，做相对运动，但这并不是阳极导电体与阴极导电体直接接触，否则要造成电源短路。同时在阴阳极之间还要储存镀液。这样就要对阳极进行包裹。这层包裹一方面可起到阴阳极之间的隔离作用。另一方面可吸附刷镀溶液，还能起过滤作用，对阳极表面脱落或腐蚀下来的石墨粒子和其他物质进行机械过滤。该包裹层采用脱脂棉花进行包扎，最好是医用除油棉。把除油棉剪成方形或长方形棉片包在阳极外面，包扎时，起头和结尾处用手扯成棉套，使棉套均匀、平整、紧密。值得注意的是，包裹的方向要与阳极旋转方向一致，否则，阳极与工件之间相互运动产生的阻力将使棉套松脱。棉套厚度在3～10mm之间，根据不同使用情况选用不同厚度，并且用带子或橡皮筋扎好，在外面再套上一层棉布或涤纶棉布套。

7.3.5 安全操作注意事项

① 镀笔使用前，必须用万用表测量两端间的电阻，其阻值应小于或等于1.5Ω，如有增大，必须打磨或者清洗接触面，消除氧化腐蚀层，使之达到合格值。

② 在刷镀过程中，电净、活化、预镀和工作镀要使用很多不同的溶液，要求每种溶液配备专用阳极，不能混用，有的溶液需要配备几个阳极。

③ 刷镀完成后，把阳极从镀笔杆上卸下来，分门别类地清洗保管，尤其是螺纹处要用清水冲洗，擦干，不能涂油。

④ 阳极要专用，原来用在哪种溶液里，以后还应用在该溶液中，不能互换和混用。

⑤ 石墨阳极工作面易腐蚀变形，要经常打磨修正，把表面坑和老化层去掉，露出下面新鲜的石墨层。

⑥ 经常检查棉花包套等包裹材料是否磨穿和损坏，损坏需更新，可继续使用的要及时清洗，晾干备用。

7.3.6 刷镀溶液

刷镀溶液是刷镀技术得以发展的极为重要的组成部分，其关键在于研制开发出一整套专用的刷镀溶液。它与挂镀使用的电镀溶液，在成分含量、性能、方法上都不相同，不能混淆。

根据溶液在刷镀工艺中的用途和作用，一般可分为预处理溶液、单金属刷镀溶液、合金刷镀溶液、退镀溶液和钝化溶液等。

预处理溶液主要在工件刷镀前进行表面处理，清洗工件表面油污和金属表面氧化膜；金属镀液（包括单金属和合金）是根据需要在工件表面沉积金属层；退镀溶液是从工件表面退除金属多余镀层；钝化溶液则是在工件表面生成致密氧化膜。此外还有些特殊用途的溶液。

7.3.7 刷镀溶液使用量的估算

为了节省刷镀溶液，防止污染和降低修复成本，有必要对镀液耗用量进行事先估算。计算公式为：

$$V=\frac{S\delta\rho K}{100M}$$

式中，V 为镀液用量，L；S 为需刷镀面积，dm^2；ρ 为镀层金属的密度，g/cm^3；δ 为镀层厚度，μm；M 为镀液中金属离子含量，g/L；K 为镀液损耗系数（取1.5～2）。

以ZHL-02镀液做刷镀为例，银的密度为10.49g/cm^3，镀液中金属离子含量为14.3g/L，镀液消耗系数取2，则1dm^2 镀1μm 的银需要镀液0.0147L。此处仅从银含量角度估算。但镀液银含量过低时，镀层质量欠佳，所以所需镀液体积应有一倍以上的余量考虑。

7.3.8 电压

刷镀电源设备输出的参数主要是指电压和电流。

通常情况下我们把电压作为可控制参数，因为它比较容易控制。工作电压是刷镀过程中的一项重要参数，预处理液、金属镀液在出厂时都标有参考电压范围，应在操作时根据工作情况的需要加以选择，但绝不能简单地取中间值，应根据具体情况适当调整。当面积小时，工作电压宜低一些；当面积大时，工作电压可调高一些。工件与镀笔相对运动速度低时，电压要低一些；反之，电压要高一些。起镀时镀液温度低，电压要低一些，起镀后随着温度的提高再逐渐升高电压。工作电压的高低直接影响着沉积速度和镀层质量。当电压升高时，电流也升高，效率提高。但电压太高时，发热量增大，阳极表面溶液沸腾，溶液损耗严重，镀层氧化发黑、粗糙，造成过热脱落。当电压过低时，效率降低，镀层沉积速度减慢，有时沉积不出镀层。同一种镀液，在相同操作条件下刷镀，电压也可应要求不断地进行调节。例如，在环境温度较低的冬季刷镀，镀件前处理不易做彻底，可加大电压提高电净效率，而后降低至正常刷镀电压增厚。

另外要注意的是，电源内阻和接线柱接触好坏都会影响电压，使得真正落实到刷镀上的电压不是电表上所示的电压，所以操作时应对电压有一个适当的估计。

在刷镀进行过程中，除了上述情况，一般都要求电压保持稳定，以使镀层沉积均匀。但实际上人工操作时，手持阳极把，随着阴阳极接触面积时大时小以及接触得时紧时松，电流是在不停变化的，电压也很难固定。自动化刷镀机床的电压则相对较稳定，表上的电压是指空载电压。

除了上述原因，阳极面积大小、溶液供给量、温度、溶液新旧程度、包套厚度和包套材料都能使电流摆动，这是我们无法把电流作为控制参数的原因。但在刷镀过程中，也得重视对电流值的监视。

7.3.9 阴阳极相互关系

刷镀的阳极和阴极要产生相对运动，这是因为阳极面积小于工件被镀面积。这个相对运动，既要接触又要摩擦，产生位移，这是刷镀的重要特征。相对运动有以下特点。

① 由于镀液一直受到搅拌，镀液趋于均匀，浓差极化减少。

② 工件表面始终接触新鲜镀液，既加快沉积速度，又可防止镀层烧焦。

③ 阳极包套与工件表面的摩擦作用，可去除工件表面的气泡和其他杂质，从而提高镀层质量，减少氢离子向工件内部渗透。

④ 阴阳极接触部位周期性地电沉积，造成晶粒断续生长，形成结晶位错，细化晶粒，强化镀层性能。

⑤ 这种运动方式使刷镀设备小型化有了可能，没有了镀槽的束缚，从而使大工件局部镀和野外现场刷镀更加方便。刷镀时，一般将工件夹在车床卡盘上旋转，镀笔固定或由人工把持，产生相对运动的速度要相等，才能使镀层均匀。特别要注意，对平面大型工件、内圆齿轮、键槽进行刷镀时，要匀速用手转动或拖动镀笔。来回刷镀平面时，笔在两端停留时间长，易造成两端镀层厚而中间镀层薄。镀笔上的阳极宽度超过被镀面宽度的1/2时，又会造成两端镀层薄而中间镀层厚的局面。还有在车床上刷镀工件端面时，由于线速度不一致，会产生层边缘薄而中心厚的现象。这些都要进行调节，要结合当时工作的条件来考虑。

⑥ 阴阳极相对运动速度参数是要过大量工艺试验和实际操作来确定的，主要依据的是镀层的孔隙率、表面粗糙度、金相组织、沉积速度和结合强度。如果阴阳极相对运动速度太慢，会使镀层烧焦；相对速度太快，包套磨损加剧，电流效率下降，损耗增大，有时根本不会形成镀层。因此通过实践，我们可以找到合适的速度。

7.3.10 镀液温度与工件温度

(1) 镀液温度

在开始工作时，刷镀溶液的温度最好预热到30～45℃。在这样的温度条件下，沉积速度快，镀层内应力小。镀液温度低时，起始电压要低，待阴极处接触产生电阻热而对镀液加热后再逐步将电压升高。在冬季环境温度较低时，要预先把镀液加热到25℃以上，但注意不能直接用明火加热。当镀液温度超过60℃时，镀液蒸发太快，有些化学成分会分解挥发，影响镀层质量。

(2) 工件的温度

刷镀工件时的理想温度为30℃左右，最低不低于10℃，最高不超过50℃。在冬季环境温度低时，如低于10℃，就要对工件预热。小工件可直接放在热水中浸泡或用热水冲洗，大工件局部刷镀时，可用电热器烘烤，也可用灯等对工件进行局部加热，使温度提高到10℃以上，如时间充分，也可以用空调升温法。夏季因环境温度高，一般可直接起镀。但随着刷镀作业时间的延长，工件和镀笔升温加快，镀液会呈沸腾状态，必须防止产生这种现象。为此，通常采用循环使用镀笔（即一个镀笔在使用时，另外几个笔泡在镀液中冷却）的方法，也可以更换镀液，有时停止作业让工件冷却后再继续刷镀。

7.3.11 ZHL无氰刷镀银工艺条件的研究

在刷镀各影响因素初步研究的基础上，我们进行了细致的优化。部分代表性样品的外观及相关工艺参数汇总于表7-15。

表 7-15 利用 ZHL-02 工艺制备样品的条件和样品的外观

样品号	条件	电压/V	电镀时间/min	移动速度/(cm/s)	样品外观	银含量/(g/L)
1	40℃	1.0	3.0	1.0	未上镀	14.3
2	40℃	2.0	3.0	1.0	银白、光亮	14.3
3	40℃	2.8	3.0	1.0	银白、光亮	14.3
4	40℃	3.0	3.0	1.0	灰黑	14.3
5	40℃	2.0	3.0	1.0	银白、光亮	14.3
6	40℃	2.0	3.0	0.3	银白、光亮	14.3
7	40℃	2.0	3.0	0.2	银白、光亮	14.3
8	20℃	2.0	3.0	1.0	蓝色、光亮	14.3
9	30℃	2.0	3.0	1.0	偏蓝、光亮	14.3
10	40℃	2.0	3.0	1.0	银白、光亮	14.3
11	50℃	2.0	3.0	1.0	银白、光亮	14.3
12	40℃	2.0	3.0	1.0	银白、光亮	14.3
13	40℃	2.0	3.0	1.0	银白、光亮	19.1
14	40℃	2.0	3.0	1.0	银白、半光亮	28.6

7.3.12 刷镀电压的影响

刷镀电压是影响镀层质量和电镀效率的关键因素。在电压影响的研究中，保持母液与去离子水体积比为 1∶1，阳极移动速度为 1.0cm/s，施镀时间约 3.0min。通过改变电压可发现当电压控制在 1.0V 时，样品无变化，铜基材表面几乎无银层覆盖；电压增至 1.5V，银沉积现象也不明显；当电压增加至 2.0V 时，铜基材表面镀上一层亮白色的银层；继续增至 2.5V 时，样品镀层保持光洁明亮，整体效果最佳；而当电压增加至 3.0V 时，样品表面略有发黑，随后不断增加电压，黑色程度更加明显。在刷镀工艺中，除了电极界面的电阻外，刷镀笔中离子扩散导致的溶液电阻远远大于挂镀和滚镀。因此，刷镀电压也高于常规的挂镀槽压。所以在较低电压下，例如低于 2.0V 时，电场驱动能力弱，阴极界面上的分压不足以驱动镀液中的银离子在基底表面成核生长，故样品表面无明显变化。当电压提高至 2.0V 及以上时，电压提供了溶液中银离子在阴极放电的最低驱动力，银离子放电成核生长。刷镀操作中的轻微按压，也有助于海绵中的镀液向镀件表面扩散。由于刷镀工艺的特殊性，离子在表面的扩散能力远远弱于挂镀和滚镀，所以刷镀的结晶更为细腻。随着刷镀的进行，晶粒不断生长，团聚成簇，若干成簇的银团相互叠加联结，宏观表现为银层的覆盖和加厚。在 3.0V 或更高的电压中，样品因电压过大而结晶粗大呈烧焦状态，样品表面出现灰黑色。

须注意的是，改变镀笔及其中贮液层厚度时，电压范围的变化很大，生产中要依试镀现象调整。

7.3.13 阳极移动速度的影响

阳极移动速度是影响镀层质量的另一关键因素。为了深入了解他们之间的联系，保持 2.0V 电压，母液与水体积比为 1∶1，改变不同的阳极移动速度，但总的施镀时间控制在 3.0min，保证镀层有足够的厚度。结果表明，在不同的阳极移动速度下，镀层外观无明显差异，均呈光亮的银白色。但当速度快于 1.0cm/s 时，单次刷镀的厚度较薄，刷镀开始时镀层略显不均匀。为了获得足够的厚度，就需要多次施镀。而当刷镀速度低于 0.1cm/s 时，零件表面出现明显的大片不均匀的痕迹。因此，施镀速度在 0.2～1.0cm/s 为该工艺最佳条件。为了达到足够的镀层厚度，可以通过多次施镀来实现。研究表明，镀层的厚度与刷镀次数呈正比关系，如图7-8所示。从线性关系的斜率可以求出每次刷镀获得的镀层厚度。结果表明，在0.5cm/s速度下一次刷镀可获得0.03μm，即30nm的镀层增厚。

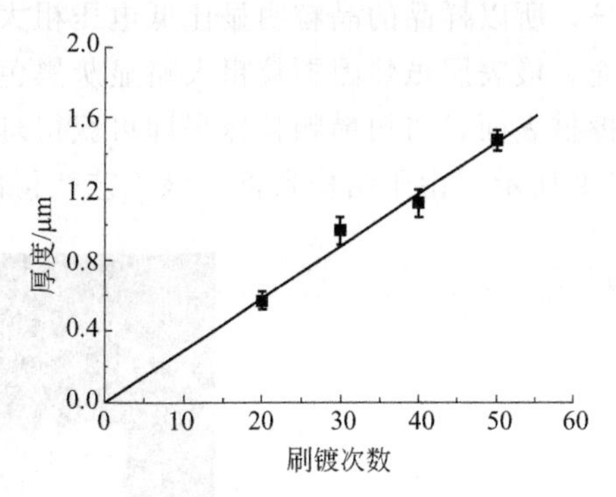

图7-8　镀层厚度随刷镀次数变化图

7.3.14　镀液温度的影响

镀液温度对镀层外观的影响较显著。保持施镀电压在2.0V，施镀3.0min，母液和水体积比为1∶1的条件下，考察镀液温度对镀层外观的影响。当温度低于30℃时，镀层总体表现为银白色，但略微偏蓝。随温度的升高，偏蓝色的程度降低。当达到40℃以上时样品呈标准银白色。该现象是由本工艺的特殊性决定的。ZHL无氰镀银液利用有机的络合剂和辅助络合剂替代氰化镀液中的CN^-。有机络合剂与银离子的络合能力弱于氰化体系，所以银离子更容易在电极表面放电沉积。然而该无氰体系中，电镀的电压较低，所以放电时产生的局域热少，新结晶的银颗粒的扩散与融合生长能力不足，因此镀层晶粒细小，特别在低温条件下更明显。在多种电镀添加剂的作用下，细小晶粒均匀生长，使该工艺制备的镀层虽然平整光亮，但是结晶过于细小，由于光学衍射的效果，表面色泽偏蓝。这点在挂镀和刷镀上也均有体现，相对来说滚镀镀层的色泽更接近传统的氰化镀银。适当的后处理可以显著改善镀层的色泽，例如镀件在60～70℃温水中浸泡2～5min，或在40℃的镀液中浸泡15～30s，或利用含硫基团的稳定剂处理等。需指出的是，提高镀液温度至40℃及以上时，镀层不再偏色。

7.3.15　镀液浓度的影响

镀液浓度除了影响镀层的外观，更制约生产成本。为了考察镀液浓度的影响，在2.0V电压下，用不同浓度的镀液刷镀3.0min，阳极移动速度控制在1.0cm/s，温度在40℃，母液与水的体积比分别为2∶1、1∶1和1∶2时，工作液分别含银离子19.1g/L、14.3g/L和9.5g/L。改变镀液的浓度除了略微改变溶液的导电性外，主要影响了阴极界面的银离子浓度。实验发现，母液与水体积比为1∶1时镀层质量最好，外观洁白光亮。当母液含量低于上述工作液时，由于银离子浓度低，刷镀效率下降，蘸液频率提高，不利于生产操作。母液与水的比例为2∶1时，镀层的外观与上述工作液相当，但因浓度较高，无疑会增加使用成本。

基于以上研究，我们确定电压2.0～2.5V，刷镀速度0.2～1.0cm/s，镀液温度35～45℃，母液与水体积比为1∶1时为该工艺的推荐工艺。在此条件下，生产成本适中，生产效率较高，镀层质量最好。

7.3.16　高电压对镀层的影响

对于某些特殊镀件，例如铜合金等，由于基底过于活泼，上述推荐的低电压工艺难以满足生产要求，可以考虑15～25V的高电压工艺。在该电压范围，施加到镀件阴极上的分压大，极大地抑制了活泼金属参与的原电池反应，提高了镀层的结合力。高电压也会加速银离子成核，所以样品的晶粒明显比低电压粗大。随着刷镀的不断进行，大块颗粒在表面相互堆叠、填充，最表层虽然因颗粒粗大略显灰黑色，但内部镀层致密。镀后用2000目以上的细砂纸轻微擦拭表面，将粗糙颗粒抹平即可获得理想的白色镀银层，其效果与氰化工艺无明显差异，如图7-9所示。由于结构致密，该工艺获得的镀层具有更好的抗变色能力。

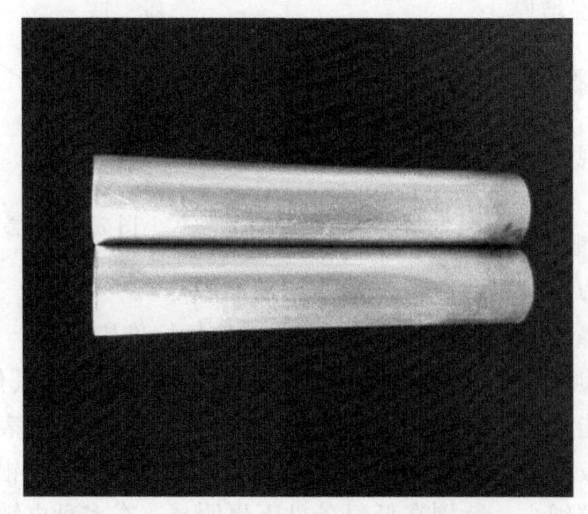

图7-9 利用15V刷镀电压制备的样品照片

7.3.17 推荐工艺下镀层的表征

(1) 样品光泽度

我们对上述最佳工艺条件下制备的样品做了系列的表征，得到镀层光泽度的平均值为(530±10) Gs。进一步分析发现，前处理与样品的光泽度密切相关。前处理做得较好的样品光泽度可达(670±10) Gs。总体而言，对于一般的铜基底，初次刷镀可以使其表面光泽度增加5%～10%。图7-10为样品照片，在光亮的基底上刷镀，即使刷镀10μm以上的镀层，仍然可以获得光亮如镜的外观，如图7-10(a)所示。样品表面甚至可以照出纸面上的字迹。图7-10(b)为产品企业应用的实物照片。两样品在光泽度上无明显差异，反映出该镀液在实际应用效果中有良好的复现性。

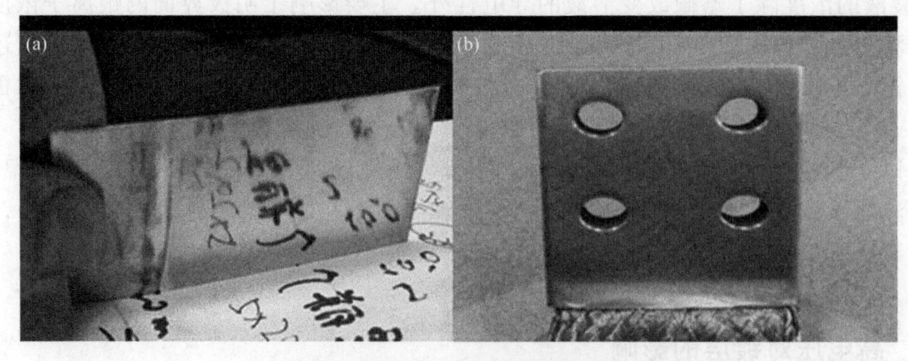

图7-10 在推荐工艺条件下试验样品图及企业应用样品图

(2) 样品硬度

硬度表征方面，选取镀层厚度在20μm以上的样品3个，每个样品上均匀选取4～6个点，所测得的硬度为（90±5）HV。同一样品不同位置之间，不同样品之间的硬度偏差均小于3%，说明该刷镀工艺具有良好的均匀性和一致性。

（3）镀层晶体结构

图7-11给出ZHL镀液在刷镀工艺条件下的XRD图谱。测试样品的镀层厚度在20μm以上。从四个特征峰可知，镀层特征峰衍射角略大于银块体材料，说明刷镀后的银层致密。而Ag（111）面的衍射峰占比更大，说明在该晶面方向上更易沉积，表现了择优取向生长的趋势。由Scherrer公式可分别计算出（111）、（200）、（220）和（311）的晶粒尺寸，分别为15.96nm、9.24nm、11.60nm和11.73nm。

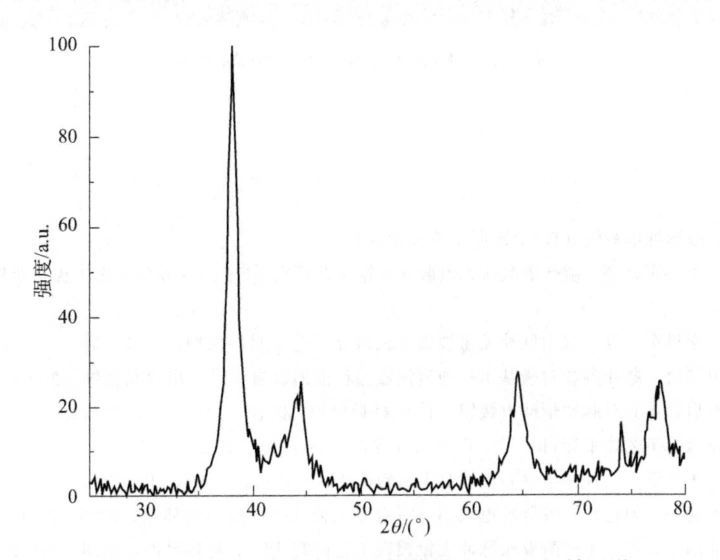

图7-11　ZHL镀液刷镀工艺推荐样品XRD衍射图谱

（4）镀层表面形貌

刷镀工艺的机理不同于挂镀和滚镀。在后两者中，扩散问题是制约镀层质量的关键因素之一。而刷镀过程中的镀液处于动态的消耗与补充的平衡中，对镀液性能的要求更高。为了保证刷镀的效率，要求局域电流密度尽可能高，所以镀液银含量相对较大，镀件附近镀液的浓度波动也更显著，获得均匀平整的镀层更困难。ZHL刷镀工艺范围宽，特别是在较大的电流密度和镀液浓度范围内均可获得平整光亮的镀层。这一点从样品照片和光学显微照片中均有体现。我们进一步利用扫描电镜研究更精细的镀层结构，如图7-12所示。从较大的扫描范围观察，可以看到镀层平整、均匀。镀层由100～200nm的团簇组成，彼此之间的界限不很清晰，起伏不大。在更为精细的扫描范围可以看出，镀层由细小的球形晶粒构成，晶粒尺寸集中在10～15nm之间，与利用XRD数据估测的结果一致。

（5）抗变色能力

本工艺在刷镀条件下的镀件有良好的抗变色能力。样品在未做保护的条件下，经过1h的低温干燥（80℃）处理，镀层颜色无变化；在1% Na_2S溶液中浸泡30min后，无论是低电压（2.0～2.5V）还是高电压（10～25V）刷镀的样品镀层均不变色，18h之后两者镀层几乎没有变化。在2%的Na_2S溶液中浸泡30min后，两者均不变色，浸泡18h后，低电压制备的样品表面略有黑斑。在5% Na_2S溶液中浸泡25min后，两者无明显变色，但低电压制备的样品在浸泡瞬间镀层略变暗，并在后续的浸泡过程中，随时间增长，变色状况略有加剧。总体而言，该刷镀工艺表现出了良好的抗硫腐蚀性能。

图 7-12　不同放大倍数下的 SEM 形貌

参考文献

[1]　田红丽．磺基水杨酸脉冲电镀银［D］．沈阳工业大学，2009.

[2]　苏永堂，成旦红，李科军，等．硫代硫酸盐无氰脉冲镀银工艺研究［C］//江苏省表面工程行业年会．江苏省机械工业联合会，2005.

[3]　成旦红，苏永堂，李科军，等．双向脉冲无氰镀银工艺研究［J］．材料保护，2005，38（7）：4.

[4]　田洪丽，于锦，单颖会．脉冲参数对磺基水杨酸镀液镀银性能的影响［J］．电镀与精饰，2009.

[5]　徐晶，郭永，胡双启，等．双脉冲烟酸电镀银［J］．材料保护，2010，43（3）：3.7.1.2.3

[6]　朱志平．脉冲无氰镀银工艺技术探讨［J］．电镀与环保，1988（06）：22-23.

[7]　张桂环，刘起秀，朱仕学．一种在柔性石墨制品上镀银的工艺：CN1160487C［P］．2004.

[8]　安茂忠，张鹏，刘建一．碘化物镀液脉冲电镀 Ag-Ni 合金工艺［J］．电镀与环保，2003，23（2）：4.

[9]　张庆，成旦红，郭国才，等．丁二酰亚胺脉冲无氰镀银工艺研究［J］．材料保护，2008，41（2）：3.

[10]　卢俊峰，安茂忠，吴青龙．5,5-二甲基乙内酰脲无氰脉冲镀银工艺的研究［J］．电镀与环保，2007.

[11]　刘奎仁，李丹，谢锋．亚硫酸盐无氰脉冲镀银工艺［J］．黄金学报，1999，1（1）：4.

[12]　张允诚，胡如南，向荣．电镀手册：四版［M］．北京：国防工业出版社，2011.

第8章

无氰化学镀银

8.1 化学镀银

8.1.1 化学镀银概述

化学镀银（chemical silver plating）又称自催化镀银（autocatalytic silver plating），是指在无外加电流作用下，利用还原剂和银配位物在具有催化活性的镀件基体表面进行自催化氧化还原反应，从而在基体表面形成镀银层的一种表面处理技术。目前化学镀银已广泛应用于各种基体材料，例如钢铁、不锈钢、铝以及铝合金、塑料、玻璃、陶瓷等材料，其基体形状也由规则的块体、板材扩展到了各种不规则的微粒。相对于电镀、气相沉积等镀银方法，化学镀银具有工艺简单、适用于不规则的基体材料、成本低等优点。其银层具有高致密性、厚度均匀、良好的抗蚀性和耐磨性等性能。根据非金属表面施镀时反应机理的不同，可以将化学镀银分为三种类型：还原法、置换法和自组装法。

（1）还原法

在预处理的基体表面直接利用还原剂，把银离子还原成单质银的方法称为还原法。所用的基材多为微球状、纤维状等形态，有化学镀银空心玻璃微珠、化学镀银碳纤维布、化学镀银碳纳米管的报道。还原法一般需经活化步骤应用到钯盐，但活化剂 $PdCl_2$ 价格昂贵，同时化学镀银后残余在表面的 Pd^{2+} 会污染镀层，在一定程度上影响了化学镀银产品的应用。目前，采用无钯活化化学镀银工艺或通过活化-还原一步法在基底表面化学镀银具有广阔的应用价值。

（2）置换法

置换法是先在非金属材料或金属材料表面镀覆上还原性较强的金属，如锡、铜等，再通过置换反应在表面获得镀银层。此方法不但可以获得单一的镀银层，还可获得具有优良性能的合金镀层，置换法过程简单，无需经过活化步骤。

（3）自组装法

自组装法是一种非常有效地获得致密镀层的方法，镀银层依靠共价键与非金属表面结合，与还原法和置换法不同。该方法在研究上有应用，工业上应用较少。自组装法特别适用于对镀层结合力要求较高的化学镀过程，但因其限制条件多、操作繁琐，所以相关方面的报道不多。

8.1.2 化学镀银机理和工艺流程

目前，Ag^+在化学镀过程中的还原机理仍然存在争议。一种解释是银的沉积过程与化学镀镍、铜不同，属于非自催化过程，银的沉积发生在溶液本体中，由生成的胶体微粒银凝聚而成。这种说法的依据是在未经活化的表面上也能沉积出银，而且有时能观察到诱导期。另一种解释则认为银的沉积过程仍具有自催化作用，只是自催化能力不强。其依据是在活化后的镀件表面立即沉积出银，化学镀银液的稳定性只有10～30min。银与大多数配位体生成的配位物都没有银氰配位物稳定。但由于氰化物有剧毒，所以一般不选用氰化物为配位剂，而用稳定性仅次于它的氨配合物来减缓本体反应。反应过程如下，

$$2AgNO_3+2NH_4OH \rightleftharpoons Ag_2O+2NH_4NO_3+H_2O$$
$$Ag_2O+4NH_4OH \rightleftharpoons 2[Ag(NH_3)_2OH]+3H_2O$$

化学镀银液不稳定的原因，是银的标准电极电位很高，从而与还原剂的电位差较大，使Ag^+容易从溶液本体中还原。更稳定的配合物体系有利于减缓本体反应。

化学镀银分为基底的清洗、基底预处理、化学镀银和银层后处理四个过程。化学镀的工艺流程虽然简单，但是流程的每一步对最终的性能都会有很大的影响。同时，一些步骤的进行受多个因素控制，对反应条件的准确性要求很高，因此每一个步骤都有着明确的目的和要求。化学镀的工艺流程如图8-1所示。

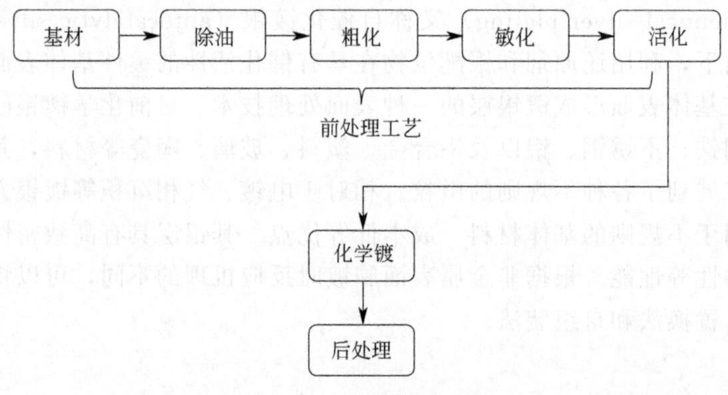

图8-1 化学镀工艺流程

8.1.3 化学镀银前处理

前处理的目的是使镀件表面产生能够与银离子结合的活性位点。传统的预处理方法是敏化和活化，近年来为了适应不同材料表面镀银的要求，新的处理方法开始出现，如表面改性等。表面改性的本质是找到一种与基底和银都能产生作用的物质作为介质，在基底上形成新的表面，为银的沉积提供条件。不论使用哪种方法，对预处理的要求都是要在材料表面形成足够多的活性位点。因为只有这样才能保证银在材料表面均匀致密地沉积和生长，保证进行化学镀银时的结合力。

前处理工艺一般如下。

（1）除油

除油的目的在于除去基体在加工过程中的油污。基底上残余的油脂和污垢必须除干净，否则会影响银与基底的结合力及镀层的均匀性，油脂污染严重的部位甚至镀覆不上去。除油既可以用有机溶剂除油，如丙酮、乙醇，也可以用含有表面活性剂的碱性水溶液除油。

（2）粗化

粗化一般分为机械粗化与化学粗化。机械粗化一般采用喷砂的方法使材料表面粗糙化，但该方法制得的银层与基体材料之间的结合力较差，故大多使用化学粗化法。化学粗化通过使用化学粗化液对材料进行一定的处理，通过化学刻蚀来增加材料表面的粗糙程度，在材料表面形成均匀的微孔、凹槽等，形成化学镀银所需要的锁扣微结构，同时增强材料的亲水性，从而提高镀层与基体的结合强度。

（3）敏化

由于化学镀必须在具有催化活性的表面进行，而非金属材料本身不具有这种催化活性，因此在化学镀前必须对其进行敏化和活化处理。敏化处理是使粗化后的非金属表面吸附一层容易被氧化的物质（敏化剂），保证在活化时发生还原反应。化学镀中常用的敏化剂是酸性氯化亚锡（$SnCl_2$）溶液，因为 $SnCl_2$ 的特点是在很宽的浓度范围内，在非金属材料表面都有一个较恒定的吸附值，比如从 1g/L 到 200g/L，都可以获得一定的敏化效果。

$SnCl_2$ 的敏化效果是在水洗的过程中形成的。由于水的 pH 值较高，Sn^{2+} 离子水解形成 Sn(OH)Cl 和 $Sn(OH)_2$ 凝胶状物质。其微溶于水，吸附于基底表面作为后续活化的还原剂。发生的反应如下：

$$SnCl_2 + H_2O \longrightarrow Sn(OH)Cl + H^+ + Cl^-$$

$$SnCl_2 + 2H_2O \longrightarrow Sn(OH)_2 + 2H^+ + 2Cl^-$$

基底材料经过敏化再经水洗后需要干燥一段时间。如果水洗后不经过一定时间的干燥就进行活化，不仅会污染活化液，更重要的是会破坏催化膜的形成。此外，干燥时间过长，则会造成活化时不起作用，出现漏点，给化学镀带来困难。因此，敏化后干燥时间要适当。

（4）活化

活化的目的是在基底材料表面形成一层薄的催化活性层。活化原理为：贵金属离子作为氧化剂被基底材料表面的 Sn^{2+} 离子还原，生成 Pd、Ag 等贵金属，呈胶状微粒附着在基底材料表面，具有较强的催化活性。在随后的化学镀中，这些微小的颗粒将成为催化中心，使化学镀得以自发进行。氯化钯（$PdCl_2$）、银氨溶液是最常用的活化贵金属离子化合物。

经过活化后的基底，必须经过充分的淋洗，把材料表面游离的 $PdCl_2$ 洗掉。如果让 $PdCl_2$ 进入到镀液中，则会引起镀液的不稳定，产生分解。

用胶体钯活化液处理基底材料时，材料表面会很快被 Sn^{2+}、Sn^{4+} 离子包围着的胶体 Pd^{2+} 离子吸附，在随后的水洗过程中，Sn^{2+}、Sn^{4+} 离子分别水解生成 Sn(OH)Cl 和 $Sn(OH)_2$，构成了 Pd 催化活性中心的保护层。解胶过程需要用酸性溶液溶解并洗去过量的 Sn^{2+}、Sn^{4+} 离子，露出具有催化活性的金属 Pd，以达到活化的目的。若解胶时间过长，酸性溶液将溶解掉部分金属 Pd，降低胶体 Pd 的催化活性。另外，活化过程中基体材料表面会吸附一层 Sn^{2+}、Sn^{4+} 离子，它们会影响镀层的均匀性和附着力。离子 Pd 活化液是一种钯离子配合物的水溶液，它不含 Sn^{2+} 离子，不存在胶体，是一种真溶液。这种溶液极为稳定，可长期保存。

化学镀银时也可以采用“敏化-活化”一步法完成，即制备胶体钯活化液。除了敏化、活化方法之外，研究人员还研究了无敏化、活化化学镀银，如表面改性等。

8.1.4 化学镀银

化学镀是银在基底材料表面沉积生长的过程，是镀银的关键步骤。银在基底材料上沉积受还原速率和银原子在材料表面的沉积生长速率的影响，所以与材料表面活性位点的多少以及Ag^+离子与材料表面活性位点的结合能力有关。还原速率是还原剂还原银离子的速率，它受体系内多个因素的影响。

随着还原剂浓度的增加、溶液 pH 值的增大和反应温度的升高，银离子的还原速率会增大。络合剂浓度变化与还原反应速率变化关系相反，即随着络合剂的浓度升高，还原速率会减小。还原过快会导致银在溶液中聚集，还原速率过慢又会导致镀层不均匀，同时降低效率。因此，还原速率和沉积速率保持在一定范围内，才能保证银在基底材料表面沉积生长，得到较好的镀层。相比于沉积速率，调节还原速率更易实现。所以，一般通过改变反应条件来调节还原速率，使其与沉积速率相匹配。

8.1.4.1 化学镀银液组成

化学镀银液主要包括主盐、还原剂、络合剂、稳定剂、pH 值调节剂以及其他助剂等。

(1) 主盐

一般采用 $AgNO_3$ 作为主盐，由它供给 Ag^+。在镀银工艺中，提高反应物的浓度，可以加快化学反应的速度，使化学平衡沿着生成物方向移动，保证 $AgNO_3$ 得到充分的利用。

(2) 络合剂

在化学镀银中，络合剂的应用十分广泛。一方面，络合剂能够提供配体与银离子结合，使银离子的还原电势降低，从而降低还原反应速率。另一方面，络合剂与金属离子相互作用形成络合离子后，当与还原剂发生作用时，银离子会从络合剂中释放出来，同样会使还原反应的速率降低，使反应能够比较稳定地进行。同时，络合剂通常是含有孤对电子的 N、O 等的化合物，能够与金属原子或离子形成配位键，从而形成络合物，使其稳定存在于溶液中。由于不同络合剂中配体种类以及所含配体的数量有差异，这就使不同络合剂与银离子的配位作用不同。在不同的还原剂体系中需根据还原剂还原能力，选择相匹配的络合剂。通过络合剂增强镀液的稳定性，使还原反应能够平稳地进行，从而使材料表面沉积的银层致密、均匀，有利于提高材料的导电性能。所以，选择合适的络合剂对反应至关重要。

目前常用的络合剂有氨水、乙二胺、乙二胺四乙酸四钠盐等。化学镀银液中最常使用氨水作为络合剂，配液时首先在 Ag 盐溶液中加少量氨水，析出黑褐色 Ag_2O 沉淀，再加过量的氨水，则形成银氨络合物而使 Ag_2O 溶解。

(3) 还原剂

为了得到具有良好性能的镀银材料，必须要选择较为稳定的反应体系。化学镀银的基础是氧化还原反应，所以在选择体系时，可以根据氧化还原电势对可行性进行基本的判断。银的标准电极电势为 0.799V，由此可知银离子是一种较易被还原的金属离子。根据还原反应发生的条件，还原电势要小于银的氧化电势。同时，还原剂的还原电势越小，其还原能力越强，还原反应越容易发生。在化学镀银过程中，还原剂的还原能力很大程度上决定了银离子的还原速率，即决定了单质银是在材料表面上生长，还是在溶液中聚集，从而决定了镀银的效率和镀银材料的性能。因此选择合适的还原剂对化学镀银的结果有非常大的影响。

目前，化学镀银中常用的还原剂有甲醛、酒石酸和酒石酸盐、转化糖（右旋葡萄糖、果糖）、肼类化合物（硫酸肼、水合肼）、柠檬酸盐、次亚磷酸钠、乙二醛、硼氢化钾、二甲基胺硼烷、三乙醇胺、丙三醇等。其中，还原速率甲醛＞葡萄糖＞酒石酸盐。而葡萄糖因价格低廉，镀层质量好，所以被广泛应用。使用时必须在溶液中加酸，如硫酸、硝酸、酒石酸，煮沸几分钟后冷却备用，这是为了把糖转化完全。提高还原剂浓度可加快沉积速率，合适的沉积速率有利于化学镀银反应的进行，如果银的还原反应速率过快，虽然缩短了化学镀银的反应时间，但是还原出来的银不能完全、均匀地沉积在材料表面，而是在表面团聚，或是沉积在容器壁上，这也会降低镀层的结合力。

(4) 稳定剂

化学镀银液不稳定，当外界条件改变，如温度太高、pH 值过高等都会使镀液中出现催化核心，这会使镀液在短时间内自发分解，极大程度地限制了它的应用。因此，镀液中常加入稳定剂。稳定剂是为了增强溶液的稳定性，防止光热分解或氧化分解。化学镀银液中所使用的稳定剂，其作用是与镀液中的 Ag^+ 离子结合，避免 Ag^+ 离子在溶液中生成 AgOH，使镀液发生自分解让溶液变浑浊。

镀液中加入稳定剂，例如硫脲、硫代硫酸钠或巯基苯并噻唑钠等，对镀液的沉积速度和稳定性都有较大影响。

(5) pH 调节剂

镀银反应是一个消耗 OH^- 的过程，pH 值高的镀液可以提供足量的 OH^- 以保证反应不断地进行。因此适当提高镀液的 pH 值同样可以起到加快反应速率的作用。不同种类的镀液 pH 值是不一样的，一般化学镀银的 pH 值在 12.0～13.0 较好。通常，在化学镀银中，用稀硝酸来调低镀液的 pH 值；而用氢氧化钠（NaOH）来调高镀液的 pH 值。但是，当加入 NaOH 的量控制不当的时候，镀液就很可能发生自分解，并且烧杯壁上也有银的析出。

(6) 其他助剂

为了进一步提高镀层质量，除了加入上述物质外，往往还需要加入其他助剂，如以甲醛为还原剂时加入阻聚剂来防止甲醛聚合。为了提高镀层的光泽度，可加入光亮剂。添加表面活性剂（十二烷基硫酸钠、十二烷基苯磺酸钠、烷基酚聚氧乙烯醚、聚乙烯吡咯烷酮）可提高镀液的润湿能力。

8.1.4.2 化学镀银影响因素

(1) 温度

提高溶液的温度，一般能加快化学反应的速度。不同的产品有不同的工艺温度参数，在生产上选择最适宜的温度尤其重要。一般来说，温度升高，化学反应速度加快。每升高 10℃，化学反应的速率增加 2～4 倍。这主要是因为参与反应的物质的分子均处于运动状态，化学反应是分子之间相互碰撞引起的，分子之间相互碰撞次数越多，则说明化学反应速度越快。但不恰当地提高镀银所用各种溶液的温度，将会使反应产物中的粒子处于一种无规则排布状态，从而引起镀层厚度不均，使银层疏松，银粒子粗糙，且温度高时，NH_4OH 挥发快，镀液浓度变化大。相反，温度过低，则银粒子较小，银层结构致密，但反应速度慢，生产效率低。

(2) 装载量

对于一个选定的化学镀银体系，析出的银量是固定的，当装载量较小时，过多的银就会在基材表面不断地沉积，加厚镀层，且镀覆不均匀，表面部分出现较大的凸起，在一定的范围内增加装载量可以减小镀层的厚度，提高镀层的均匀性和致密性。这是由于装载量越大，表面积越大，因此银成核的核心就越多，减少单质银的密集。但是装载量过大时，就会出现镀层较薄、呈孤岛状、包覆不连续等现象。

(3) 外场力的影响

为了快速获得较好的镀层，有时候采用外力场作用施镀过程，目前主要采用超声波。其作用原理是：超声波通过空化作用，使得液体与反应粒子因不同的加速度而相互摩擦，波动和摩擦又进一步使银镜反应中生成的银粒子破碎、细化，细化的银粒子以很大的速度沉积在基体表面上形成致密镀银层。另外，超声波的波动和摩擦还对镀层表面有连续的清洗作用，新鲜镀液得到及时的补充，这种作用和超声波的热效应叠加，从而使镀银层生长加快，时间缩短。

8.1.5 后处理

后处理是为了进一步提高镀件的性能，对镀件的银层提供保护，减少后续使用对银层的损伤，更好地发挥镀层的优势。常用的后处理方法有热处理、防变色处理和表面涂覆处理等。

(1) 热处理

热处理是通过银原子的热运动，减小银单质之间的距离，增加银层的均匀程度，从而提高化学镀银镀件的导电性能。研究发现热处理对镀银复合粉体的导电性和晶粒尺寸影响较大。随着热处理温度的升高，复合粉体的电阻率先减小后增大，而镀层的平均晶粒尺寸一直在增大。随保温时间的延长，电阻率和晶粒尺寸都呈先减后增的趋势。同时，适当的热处理能够消除镀层中的生长缺陷，改善复合粉体的导电性能。

(2) 防变色处理

防变色处理目前常使用钝化、涂层、自组装等表面处理方法，是为了减慢银的氧化带来的颜色变黑等影响镀件外观的问题。

化学镀银制备的材料，在加工使用过程中会因为银的硫化与氧化而逐渐变色（$4Ag+2H_2S+O_2 \longrightarrow 2Ag_2S+2H_2O$），导致导电性下降、防电磁辐射效果减弱，并且失去光亮的外观，从而影响制品的性能。一直以来，大量科研工作者不断努力，进行银的抗变色防护研究，有效减缓了银表面变色，甚至能够使其进一步满足高端产品、国防军工、极端环境、特殊领域的需求。防变色处理目前常使用银的合金化、在银表面形成涂层和钝化膜等表面处理方法。

8.1.6 不同基底的化学镀银

8.1.6.1 涤纶纤维化学镀银

(1) 除油

80g/L 的 NaOH 溶液＋OP-10 乳化剂 3～5mL/L，温度为 75℃，处理时间为 15min，用热去离子水清洗干净。

(2) 粗化

175g/L 的 NaOH 溶液，温度 75℃，处理时间为 25min，用热去离子水清洗干净。

(3) 敏化

20g/L $SnCl_2$ ＋20mL/L 浓 HCl＋7.5mg/L 聚乙二醇（1000），温度为 30℃，处理时间为

15min，用流动水缓慢漂洗。

（4）活化

0.33g/L $PdCl_2$＋4mL/L 浓 HCl，温度为 30℃，处理时间为 10min。

在此条件下，粗化效果好，纤维表面呈凹凸不平的粗糙状态，有大量的微坑和凹槽，能够增大纤维与镀层间的接触面积，其表面极性基团含量增加，亲水性增强，表面活性增强。

（5）还原处理

经过活化处理的制品，用去离子水清洗后，就可以进行化学镀覆了。但是为了保持化学镀溶液的稳定性，延长溶液的使用寿命，最好不要把未还原的活化剂带到化学镀溶液中去。因此，常在制品进行化学镀前，先用一定浓度的化学镀所用的还原剂溶液浸渍一下，以便把未被洗净的活化剂还原掉。一方面可以提高基体表面的催化活性，另一方面也可以防止镀液受到污染。

活化后的织物用还原剂溶液［葡萄糖 8g/L、酒石酸钾钠 2.5g/L、乙醇 40ml/L、聚乙二醇（1000）75mg/L］还原处理 5～10s，取出后马上放入镀银溶液中进行施镀。

（6）化学镀银

工作时将银盐溶液和还原剂溶液分别加热到规定温度，然后将还原剂溶液加入银盐溶液中，搅拌，放入经过预处理后的涤纶织物进行施镀。镀覆完成后用去离子水清洗，60℃烘干后得到镀银涤纶织物，密封保存。表 8-1 和表 8-2 为化学镀银的配方[1]：

表 8-1 镀银液的组分及含量

银盐溶液	含量	银盐溶液	含量
$AgNO_3$/(g/L)	10	KOH/(g/L)	8
氨水/(mL/L)	60	五水合硫代硫酸钠/(g/L)	5
乙二胺/(mL/L)	20		

表 8-2 还原剂溶液的组分及含量

还原剂溶液	含量	还原剂溶液	含量
葡萄糖/(g/L)	8	乙醇/(mL/L)	40
酒石酸钾钠/(g/L)	2	聚乙二醇(1000)/(mg/L)	80

（7）后处理

采用 10^{-3} mol/L 的十八烷基硫醇的无水乙醇溶液在室温下浸泡 24h。

8.1.6.2 PVC 化学镀银[2]

PVC 化学镀银工艺流程：镀件表面除膜→去除应力→除油→化学粗化→中和还原→敏化→化学镀银。

（1）表面除膜

将 PVC 塑料片浸于 40℃的无水乙醇中放置 5min，以除去表面黏膜。

（2）去除应力

将除去黏膜后的 PVC 塑料片置于丙酮溶液中（丙酮：水的体积比为 1：3）常温浸泡 30min。

（3）除油

将洗净的 PVC 塑料片置于配好的溶液中浸泡除油。配方及工艺参数见表 8-3。

表 8-3 除油工艺及参数

除油工艺参数	配方	除油工艺参数	配方
氢氧化钠/(g/L)	60	温度/℃	60
碳酸钠/(g/L)	20	超声波处理时间/min	20
OP 乳化剂/(mL/L)	4		

(4) 粗化

将经过除油处理后的PVC塑料片清洗干净后置于粗化液中进行粗化处理，粗化工艺及参数见表8-4。

表 8-4 化学粗化工艺及参数

粗化工艺参数	配方	粗化工艺参数	配方
硫酸(1.84g/cm^3)/mL	30	温度/℃	70
三氧化铬/g	1.1	浸泡时间/min	10
蒸馏水	余量		

(5) 中和还原

本步骤可以去除粗化后残留的六价铬，避免污染后续溶液。铬酐较难清除，因此采用50～100g/L氢氧化钠溶液先进行中和，然后用5～10g/L焦亚硫酸钠溶液还原六价铬，均为常温，浸泡时间为10min。

(6) 化学镀银

配制一定浓度的$AgNO_3$溶液，加入NaOH混合，此时有沉淀产生，再加入NH_4OH后搅拌至沉淀溶解，再向溶液中加入$Na_2S_2O_3$溶液，最后加入$C_6H_{12}O_6$还原，溶液配好后，将塑料片放入其中，在一定的温度下实施化学镀银。表8-5为化学镀银的配方。

表 8-5 化学镀银的配方

镀银工艺参数	配方	镀银工艺参数	配方
$AgNO_3$/(g/L)	2.08	五水合硫代硫酸钠/(mg/L)	24
氨水	0.53	温度/℃	20
NaOH/(g/L)	0.24	葡萄糖($C_6H_{12}O_6$)/(g/L)	7.27

8.1.6.3 镁及其合金表面化学镀银[3]

由于镁金属的不稳定性，在镁及镁合金的表面获取化学镀银层具有很大的难度。针对这一方面的问题，提出了镁合金表面化学镀的新工艺。该工艺利用涂膜和化学镀结合的方法对镁合金表面进行保护。涂膜在该工艺中充当中间层的作用，将基体材料与镀层分离开来。利用该工艺可以在镁合金表面获得致密的镀银层。

试验工艺流程为：试样→打磨→化学除油→水洗→酸洗→水洗→干燥→涂膜→干燥→粗化→水洗→敏化→水洗（去离子水）→化学镀银→水洗→干燥。

(1) 除油

除油的工艺条件为：3～10g/L硅酸钠、2～6g/L碳酸钠、0.5～2g/L氢氧化钠、0.1～1g/L铬酸钾。

(2) 酸洗

用5%的硝酸在室温下酸洗，时间为3～5min。

(3) 涂膜

首先将试样浸入有机硅耐热漆中，取出试样后，置于室温条件下至试样表面基本达到干燥。将试样放入烘干箱内，让温度缓慢升高到150℃，保温1～3h，使试样表面的涂膜最终达到实干。重复1次上述步骤。

（4）粗化

400～600g/L氢氧化钠，使用温度为50℃，时间为30min。

（5）敏化

敏化液：5～10g/L氯化亚锡、1～16mL/L盐酸，余量为去离子水。

（6）化学镀银

化学镀银的镀液由银盐溶液和还原剂两部分组成。银盐溶液：58g/L硝酸银、42g/L氢氧化钠、氨水适量（直到溶液变澄清为止），余量为去离子水。还原剂：45g/L葡萄糖、100mL/L乙醇、3g/L酒石酸，余量为去离子水。按银盐溶液与还原剂体积比为1∶(1～2)混合两种溶液，使用温度为常温，时间不超过30min。

8.1.6.4 ABS化学镀银[4]

（1）ABS塑料前处理

化学镀银前需对ABS塑料进行预处理，其工艺如表8-6所示。

表8-6 ABS塑料前处理工艺

步骤	试剂	T/℃	t/min
去应力	丙酮溶液	25	30
除油	$NaOH$,Na_2CO_3,Na_3PO_4,OP-10	60	30
粗化	$V(H_2SO_4):V(H_2O_2)=7:3$	40	1
敏化	$SnCl_2$,HCl,PEG(1000)	30	10
活化	$PdCl_2$,HCl	30	15

（2）ABS塑料镀银

化学镀银液由银盐溶液和还原剂溶液组成。银盐溶液组成为：硝酸银、氨水、乙二胺、氢氧化钾和硫代硫酸钠。还原剂溶液组成为：葡萄糖、酒石酸钾钠、乙醇、聚乙二醇。施镀前将银盐溶液和还原剂溶液混合。将预处理后的基材后放入30℃化学镀银液中施镀60min，取出，用蒸馏水漂洗，烘干，密封保存。

8.1.6.5 空心玻璃微珠化学镀银

（1）粗化

利用F^-对玻璃的腐蚀作用对基材做粗化处理，配置HF浓度为30mL/L，NaF浓度为3g/L的粗化液。将一定量的玻璃微珠，在粗化液中超声波处理1min。

（2）热碱活化

将粗化处理后的玻璃微珠在75℃，NaOH浓度为5g/L的溶液中机械搅拌，超声波处理45min后，抽滤干燥。

（3）化学镀银

银氨溶液：称取一定量的$AgNO_3$溶于200mL去离子水中，逐滴加入氨水溶液，用NaOH溶液调节溶液pH值，直至溶液由浑浊变澄清。

还原溶液：量取一定量甲醛加入无水乙醇和水的混合液中（体积比为9∶1），甲醛浓度为

40mL/L。

将一定量表面预处理后的玻璃微珠，加入还原溶液中，搅拌 10min。然后缓慢加入银氨溶液，控制滴加速度，电动搅拌 1h。反应完毕后，抽滤，水洗 3～4 次后在鼓风干燥箱中，120℃干燥 3h，即得银包玻璃微珠的复合粉体。

8.1.6.6 玻璃纤维化学镀银

（1）除油

将一定量的玻璃纤维加入 20mL 除油液中超声波清洗 20min，温度 30℃，除去玻璃纤维表面的油污。

（2）粗化

采用 10g/L NH_4F＋30mL/L HF 溶液粗化 10min 以增加玻璃纤维的比表面积，再用蒸馏水洗，真空抽滤，反复 5 次。

（3）玻璃纤维表面改性

利用硅烷偶联剂对玻璃纤维表面进行改性。将体积分数为 50％的乙醇溶液加入 3mL γ-氨丙基三乙氧基硅烷（KH550）中直至 KH550 水解完全（溶液澄清透明）。将粗化后的玻璃纤维加入水解后的 KH550 中，常温磁力搅拌 100min。改性完成后用蒸馏水洗，真空抽滤，反复进行 5 次。

（4）活化

将改性后的玻璃纤维置于含 5g/L $AgNO_3$ 的银氨溶液活化 10min。

（5）化学镀银

银氨溶液：将一定量的 $AgNO_3$ 晶体加入 60mL 去离子水中，搅拌溶解后缓慢滴加氨水，直至产生的沉淀完全溶解，溶液变透明。

还原溶液：称取 7～8g 的还原剂葡萄糖，与 1.2g 分散剂聚乙烯吡咯烷酮和 2.0g 酒石酸钾钠溶于 170mL 蒸馏水中，并加入 20mL 稳定剂无水乙醇和 20mL 聚乙二醇，充分混合后得到葡萄糖质量浓度为 35g/L 的还原溶液。

在 25℃磁力搅拌下，先将还原溶液与预处理过的玻璃纤维混合，反应 10min，再滴加 $AgNO_3$ 20g/L 的银氨溶液。在滴加银氨溶液的过程中通过滴加 10％ NaOH 溶液保持 pH 值为 11.0～12.0，反应 80min。镀覆完成后，将镀银玻璃纤维洗净，75℃真空烘干 10h，得到镀银玻璃纤维。

8.1.6.7 PP 化学镀银[5]

聚丙烯（PP）是丙烯通过加聚反应而成的聚合物，在 80℃以下能耐酸碱、盐溶液及多种有机溶剂，具有较好的力学性能，应用广泛。PP 塑料化学镀银工艺流程：溶剂化→水洗→化学除油→水洗→化学粗化→碱洗→水洗→敏化→水洗→银氨活化→还原→水洗→化学镀银。

（1）溶剂化处理

将 PP 试样浸泡于有机溶剂二甲基亚砜中进行溶剂化处理，溶剂化温度设置为 90℃，时间设置为 30min。

（2）除油

除油液为 10g/L 氢氧化钠＋5g/L 碳酸钠＋0.1％十二烷基苯磺酸钠，去离子水补充余量，室温下超声波处理5min。

(3) 粗化

粗化液为350g/L三氧化铬与200mL/L 98%浓硫酸的混合溶液，粗化温度设置为75℃，时间为30min；碱洗液的组成为10g/L氢氧化钠溶液200mL，温度为室温，时间为1min。

(4) 敏化

敏化液的组成及工艺条件为10g/L $SnCl_2$ 与10g/L 65%硝酸的混合溶液200mL，温度为室温，时间为5min。

(5) 活化

活化液的组成为新配制的0.8%银氨溶液，温度为室温，浸泡时间为2min。

(6) 化学镀银

PP塑料表面室温碱性化学镀银工艺配方：0.8%银氨溶液，葡萄糖还原液（葡萄糖10g/L+酒石酸2g/L+乙醇100mL/L，将混合溶液加热煮沸，冷却至室温后加入碳酸钠10.6g/L，搅拌至混合均匀，得到的澄清透明溶液即为葡萄糖还原液），用10g/L氢氧化钠溶液调节pH值至11.0～12.0，在室温下，镀PP塑料5min。

8.1.6.8 碳纤维化学镀银[6]

(1) 碳纤维表面前处理

化学镀银之前先要对碳纤维表面进行预处理，包括去胶、除油、粗化、敏化、活化五个步骤。预处理后可将碳纤维放入化学镀银镀液中施镀，预处理工艺见表8-7。

表8-7 碳纤维表面预处理步骤及工艺

步骤	工艺
去胶	在400℃下煅烧30min，然后超声波清洗30min
粗化	将去胶后的碳纤维在由浓硫酸和浓硝酸(体积比2∶1)组成的混合酸中磁力搅拌1h，然后用去离子水洗涤至中性
敏化	粗化后的碳纤维在60℃下于20g/L $SnCl_2$、40mL/L HCl溶液中浸泡40min，然后用去离子水冲洗
活化	在60℃下浸入0.2g/L $PdCl_2$、10mL/L HCl的混合溶液中40min，用去离子水洗涤

(2) 碳纤维化学镀银

配制银氨溶液时，先向硝酸银溶液中边滴加氨水边搅拌溶液，直至溶液刚好变澄清，然后加入氢氧化钠，此时溶液变浑浊，然后再次滴加氨水至溶液重新变澄清。化学镀过程中，温度为35℃，先将一定量的碳纤维经超声波分散于还原组分溶液中，然后用滴管缓慢加入银氨溶液，同时采用超声波分散。银氨溶液加入完毕后停止超声波处理，静置至反应完成。

8.1.6.9 锦纶化学镀银[7]

(1) 除油

将织物投入100mL除油液[5mL/L脂肪醇聚氧乙烯醚(AEO-9)、20g/L NaOH]中，75℃处理20min后用去离子水洗净烘干。

(2) 敏化

将除油后的织物投入100mL敏化液（10g/L $SnCl_2$、15g/L HCl）中，室温处理5min后用去离子水洗净烘干。

(3) 化学镀银

将敏化后的织物投入90mL银盐溶液[5g/L $AgNO_3$、1.5g/L NaOH、0.1g/L聚乙二醇

(1000)、氨水适量、0～0.6g/L Na_4EDTA］中，30s后缓慢加入10mL浓度为10g/L的葡萄糖溶液，40℃磁力搅拌30min后取出，用去离子水洗净烘干。

8.1.7 化学镀银应用

金属银的导电性较好，也具有良好的导热性。医学界认为银具有非常有效的广谱抗菌性，目前尚未发现人体对纯银产生过敏的任何报告。镀银纤维因此具有良好的抗菌除臭、热传导、热反射、抗静电、防辐射等功能。

(1) 抗菌除臭

镀银纤维不同于一般的抗菌产品，是一种安全、高效、广谱、持久的抗菌除臭纤维。镀银纤维的抗菌机理是它不断地释放银离子，附着于细胞膜或细胞表面的硫氢基团上，有效地抑制细胞的呼吸作用。银离子可与氢络合物相结合，使其螺旋结构破裂，因而细菌为纤维表面的银所杀灭。同时与一般抗菌产品相比，镀银纤维还具有安全、自然、起效快的特点。其中催坚作用是指环境越温暖潮湿，银离子的活性越强，镀银纤维杀菌效果越好。

(2) 防电磁波辐射、抗静电

银在所有金属中导电性最好，这一特征使镀银纤维具有极佳的防电磁波辐射、抗静电功能。镀银纤维的电磁波屏蔽机理是当受到外界电磁波作用时，镀银纤维表面的银层会产生感应电流，感应电流又产生与外界电磁场方向相反的感应磁场，与外界电磁场相抵消，从而达到对外界电磁场的屏蔽效果。因为银的高度导电性，服装或鞋袜之类用品中如含少量的镀银纤维，便能迅速消除因摩擦所产生的静电，使静电消失，成为安全并富有舒适感的产品。

(3) 国防军事领域

随着科技的进步，电子战在现代战争中越来越重要。在海上环境中，如何提高电子战的能力以应对反舰导弹的威胁是各国所要解决的问题。箔条是干扰敌方雷达系统最廉价、最有效的手段之一。箔条的主要形式是铝箔条、极细的镀金属玻璃纤维棒或镀银单纤维尼龙丝，其长度为敌方雷达频率波长的一半。这种箔条可形成反射敌方雷达脉冲的偶极子，同时这些箔条可覆盖宽频带（宽频带箔条）以提供有效的保护，使一些偶极子水平漂浮，另一些偶极子垂直漂浮，以干扰水平或垂直极化的雷达发射，起到保护舰船的作用。

(4) 医疗保健

镀银纤维的医疗保健功效原理是电和磁的两个方面的作用。其中电的作用是镀银纤维产品将会集聚皮肤表面上的静电电荷，并将其消散，其结果使不适感觉得以减轻。磁的作用是指当电在介质中通过时，会产生一个磁场。镀银纤维传导人体电流时，就在身体周围形成磁场，可促进人体血液循环，减少浮肿，消除或显著减轻疲劳感。

8.2 置换镀银

8.2.1 概述

置换镀，即置换沉积法，又称浸镀，是将一种金属浸入到含有更高电极电位的金属离子的溶液中，浸入金属溶解释放出电子，电子再与金属离子相结合形成金属镀层覆盖在浸入金属表面的工艺方法。置换镀与化学镀在某些方面具有相似之处，如二者均无需外加电源，成本低廉，工艺相对简单；但是也存在不同之处，如置换镀中，基体金属可作为还原剂，无需外加其他还原剂，且良好的置换镀层比化学镀层有更高的附着力。但是很多人认为置换沉积法所得镀层相对较薄，基体金属表面附着一层镀层后，反应即停止，因此在工业生产过程中，常用其他方法取代该方法。其实这种想法存在一定的偏差，金属涂层附着后，反应还在继续发生，只是反应速度有所减小。镀层金属颗粒之间具有空隙或孔洞，溶液中的金属离子会发生渗透与基体金属进行接触继续成膜，因此对置换反应的速度研究对合理利用置换镀具有重要意义。

银具有很高的导电、导热性，因此成为20世纪电子产业中最为重要的贵金属。由于银的良好性能，其在汽车零件、防护装饰材料、印刷电路板等行业均有较为广泛的应用。1997年，浸镀银作为PCB电路板的金属涂层被使用。铜基体和PCB电路板基体的浸镀银技术开始受到越来越多的关注。置换镀银法还可用于Cu-Ag金属粉的制备，可得到点缀结构的微米级镀银铜粉，具有常温抗氧化功能。该技术代替纯银的使用，不但可以降低生产成本，同时也能保证良好的外观性能，具有广泛的实用意义。

8.2.2 铜基置换镀银[8]

基本工艺流程：镀件去除油脂→去除氧化膜→表面微蚀→置换镀银。

(1) 去除油脂

常温下，将铜镀件置于质量分数为5%的NaOH溶液中超声波清洗5min，也可以辅助添加剂0.1～0.2g/L的非离子型表面活性剂，以便更好去除表面残留的油脂污物，如遇表面状况更差的基材则需要更全面的前处理步骤。

(2) 去除氧化膜

常温下，将除油后的铜镀件置于质量分数为4%～8%的H_2SO_4溶液，同样采取超声波的方式清洗5min，以去除铜表面的氧化膜。

(3) 置换镀银

使用去离子水配制一定浓度的硝酸银溶液，然后向其中加入一定量的乙二胺，搅拌，再向其中依次加入溴化钾、α,α-联吡啶、硼酸和氨水，最后使用硝酸调节pH值，并加入苯酚。在一定的温度下将镀件置于已配好的镀液中进行施镀，镀银工艺及参数如表8-8所示。

表8-8 镀银工艺参数及配方

镀银工艺参数	配方	镀银工艺参数	配方
硝酸银/(g/L)	1.25	α,α-联吡啶/(mL/L)	14.3
乙二胺/(g/L)	7.08	苯酚	0.5%
溴化钾/(g/L)	304	硝酸/(mol/L)	0.01
硼酸/(g/L)	0.71	温度/℃	50
氨水	0.36%	pH	2.0

8.2.3 银包铜粉[9]

该工艺基本工艺流程如下。

(1) 碱洗

将100g片状铜粉置于500mL 5%氢氧化钠溶液中，控制温度为70℃，搅拌1h，除去铜粉表面包覆的一层硬脂酸膜。

(2) 酸洗

将碱洗后的片状铜粉洗涤，然后加入 200mL 5%的硫酸溶液中搅拌 5～10min，除去表面杂质，用蒸馏水冲洗过滤出片状铜粉。

(3) 分散

采用超声波分散，将 200mL 0.5g/L PVP 溶液边搅拌边加入酸洗后的片状铜粉中，使铜粉分散均匀。

(4) 镀银

镀银溶液按 EDTA 与 $AgNO_3$ 质量比为 2∶1 的比例配制。操作过程为缓慢滴加含有 EDTA 的硝酸银溶液于片状铜粉中，反应 20～40min，再加入一定浓度的还原剂溶液，在铜粉表面置换还原出致密的镀银层。

8.2.4 铝粉镀银

该工艺采用球状铝粉为原料，不需要进行复杂的前处理，直接将镀铜液加入相应量的铝粉中，在机械搅拌的作用下，发生置换反应，获得镀铜铝粉。然后将水洗过的镀铜铝粉加入镀银液中，并发生置换反应从而获得镀银铝粉。

(1) 化学镀铜

由于铝粉的表面活性很大、电位很低，而且属于两性金属，在酸性和碱性条件下都不稳定，因此铝粉在化学镀过程中很容易参与反应，使镀覆无法进行，同时易造成镀银液不稳定，发生自分解。因此，在化学镀过程中，应尽量减少化学试剂的种类，避免不必要的反应出现。镀铜液组成及工艺条件如表 8-9 所示。

表 8-9 化学镀铜液基础配方

镀铜工艺参数	配方	镀铜工艺参数	配方
无水硫酸铜/(g/L)	10～40	氨水/(mL/L)	20～40
乙二胺四乙酸二钠/(g/L)	20～60	温度/℃	室温
氢氧化钠/(g/L)	4～8		

(2) 置换镀银

铝粉化学置换铜后，获得的镀铜铝粉呈红色。由于铜极易氧化，因此水洗后要立即转入化学镀银步骤，否则将影响整个镀覆质量。镀银液组成及工艺条件见表 8-10。此步骤反应较快，得到的镀银铝粉外貌一般呈灰白或土黄色。

表 8-10 置换镀银液基础配方

镀银工艺参数	配方	镀银工艺参数	配方
硝酸银/(g/L)	10～30	氨水/(mL/L)	20～50
氢氧化钠/(g/L)	1～5	温度/℃	室温

8.2.5 置换化学镀制备覆银铜粉的动力学研究及导电中的应用

利用 ZHL 置换化学镀方法，制备微米尺寸的覆银铜粉。与传统化学镀相比，该方法具有节约成本、操作简便、绿色环保、性能稳定等优点。进一步开展覆银铜粉在导电胶中的应用研究。通过改变置换反应的时间分别得到了从 10℃到 60℃内银的覆载量的变化曲线，拟合表面反应动力学方程得到了该反应在不同温度下的速率常数；对所获得的材料开展 XRD 和 SEM 等的表征；利用该材料开展了导电胶的应用研究。

8.2.5.1 覆银铜粉的制备过程

试验所用材料为直径 5μm 的红褐色球形铜粉，每次试验取 5g 样品。在镀覆前需要进行一定的前处理，首先将试样加入乙醇溶液中超声波清洗 5～10min。取清洗后的铜粉浸没在 5%氢氧化钠与 5%碳酸钠的混合除油溶液中搅拌 5～10min，用去离子水清洗 2～3 遍至溶液无色透明，取出铜粉。进一步将铜粉完全浸没在浓度为 5%的稀硫酸溶液，强搅拌 5min 后静置沉淀，用针管抽取溶液使固液分离，去离子水冲洗至溶液无色。在磁力搅拌仪搅拌的作用下，将前处理后的铜粉分别置于 10℃、20℃、30℃、40℃、50℃和 60℃的 250mL ZHL-02 无氰镀银工作液（银含量为 14.3g/L）中反应 4h，静置待固液分离后用去离子水清洗净并用少量正丁醇浸润。

8.2.5.2 导电胶的制备过程

取覆银铜粉使其占导电胶总量的 55%，利用涂覆机将导电胶均匀涂覆在规格为 7.5cm×2cm 且贴有铜箔的长方形玻璃片上，胶层涂覆厚度为 1.5mm，待胶体在烘箱内凝固。凝固后的样品分别接入电化学工作站中，利用循环电势扫描法（CV）法测试样品实际电阻。

8.2.5.3 置换反应的动力学

微米级铜粉表面含有大量的高指数面和处于不同晶面交界的棱角等高能量原子。这些原子活性高，促进了银离子在铜颗粒表面置换沉积，随着铜颗粒表面被银覆盖，裸露的铜原子越来越少，沉积速度逐渐降低直至完全阻止。上述过程可以利用简化的一级表面化学动力学过程来描述[10]，即：

$$\eta_{(t)}=\eta_{(\infty)}\left[1-\exp(-K_{\mathrm{rep}}t)\right]$$

其中，$\eta_{(t)}$ 是在 t 时刻覆银铜粉中的银含量；$\eta_{(\infty)}$ 为经过无穷长置换时间的饱和含量；K_{rep} 为置换反应的速率常数。银的置换沉积有如下定量关系

$$2Ag^{+}+Cu=\!=\!=2Ag+Cu^{2+}$$

通过与比色卡对照的方法得到溶液中 Cu^{2+} 的浓度，定量计算得到覆银铜粉中银的含量。

图 8-2 给出了覆银铜粉银的质量分数随置换时间变化的关系。从图中可以明显地看出随置换时间的增长，置换初期银含量快速增加，随后经历了一个缓慢增长的阶段。同时，银含量的变化速度对置换溶液的温度依赖明显。在较高的体系温度下，例如 40～60℃，仅需 30min 的置换反应时间即可获得 5%以上的银含量；而在较低的温度，例如 10～20℃，达到这一银含量需要长达 1.5h 以上的置换时间。利用上式对图 8-2(a) 的数据做了拟合得到了不同温度下的银饱和沉积量与置换反应速率常数。对于不同温度银的饱和沉积量在 7.0%～8.5%之间，与温度的依赖关系不明显。从饱和银含量上看置换法不及还原法。例如唐元勋利用还原法得到银粉沉积量在 5.0%～18.0%，具有较大的调整区间。但在较低银含量时是否能实现对铜的全包覆尚未报道。此外，如果可以实现对铜的全包覆，则过高的银含量对材料性能不会再有明显提升，反而增加了额外的成本。

图 8-2(a) 表明置换反应的速率常数随温度（T）升高而显著增加。按照 Arrhenius 的经验公式：

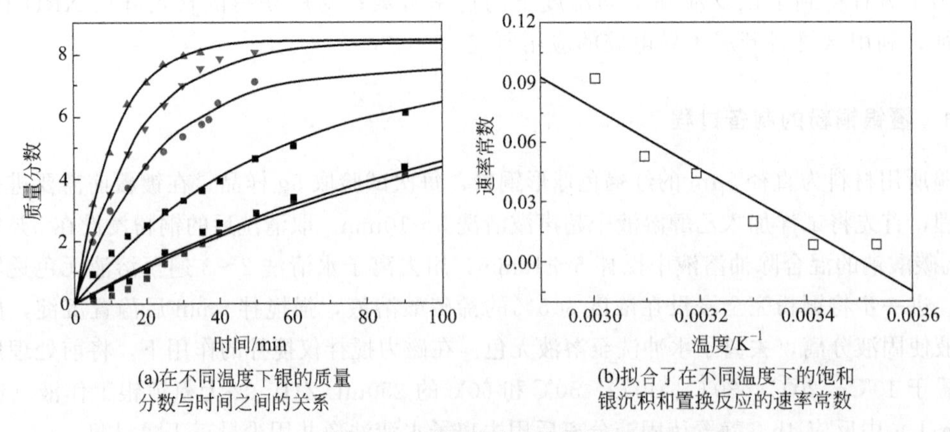

(a)在不同温度下银的质量分数与时间之间的关系　(b)拟合了在不同温度下的饱和银沉积和置换反应的速率常数

图 8-2　覆银铜粉的置换沉积

$$K_{rep}=A\cdot\exp\left(-\frac{E_a}{RT}\right)$$

即

$$\ln(K_{rep})=\ln(A)-\frac{E_a}{RT}$$

式中，E_a 为置换反应的活化能；A 为指前因子与具体的置换体系有关；R 为常数；置换反应速率常数 K_{rep} 的自然对数与 $1/T$ 呈线性关系，如图 8-2（b）所示。由直线斜率得到该反应的活化能 E_a 为 4.10×10^4J/mol。黄浩利用乙二胺四乙酸和氨水体系研究了纯铜片表面上的银置换反应得到了置换反应的活化能为 1.45×10^4kJ/mol。约为本书结果的1/3。说明银在溶液中添加剂的作用下，在铜微粉表面发生置换反应有更大阻力。

8.2.5.4　覆银铜粉的 XRD 表征

图 8-3 给出了在不同温度下经 2h 置换反应后的覆银铜粉的 XRD 图谱。利用镀液银含量和铜粉基本信息推算出 2h 的置换反应后银层平均厚度约 0.8μm，一般银层厚度小于 3μm 无法遮蔽铜的衍射峰。从图 8-3 中还可以看出 Ag（111）的峰相比较于（200）、（220）和（311）明显要强，并且 Ag 的衍射峰半峰宽比 Cu 的衍射峰的半峰宽要宽 1/3 以上，说明银的晶粒尺寸更小。利用 Scherrer 公式可以计算对应各晶面的晶粒尺寸结果列于表 8-11。

表 8-11　由 XRD 数据计算得到的镀银层的结构特征参数

温度/℃	(111)		(200)		(220)		(311)	
	晶粒尺寸/nm	织构指数	晶粒尺寸/nm	织构指数	晶粒尺寸/nm	织构指数	晶粒尺寸/nm	织构指数
10	45.76	0.98	26.42	1.11	47.74	0.99	40.90	0.91
20	61.52	0.92	30.16	1.02	35.47	1.20	33.64	1.08
30	51.28	1.08	28.71	0.98	35.69	1.31	63.90	0.41
40	53.33	1.05	39.91	0.62	31.88	1.19	34.83	1.18
50	53.72	1.02	33.49	1.05	34.90	1.20	36.50	0.69
60	57.07	1.11	45.32	0.73	59.61	0.85	31.12	1.13

分析比较数据可以看出，不同温度条件下银的（111）、（200）、（220）、（311）面晶粒尺寸分别为（54±5）nm、（34±7）nm、（41±11）nm 和（40±12）nm。其中（200）晶面取向得到的晶粒尺寸较小，镀银层较薄和基底 Cu 晶面的干扰，以及高斯函数拟合过程带来较大的误差可能是其主要原因。此外，不同温度下镀银层的晶粒尺寸波动较大，但是难以确定两者之间有

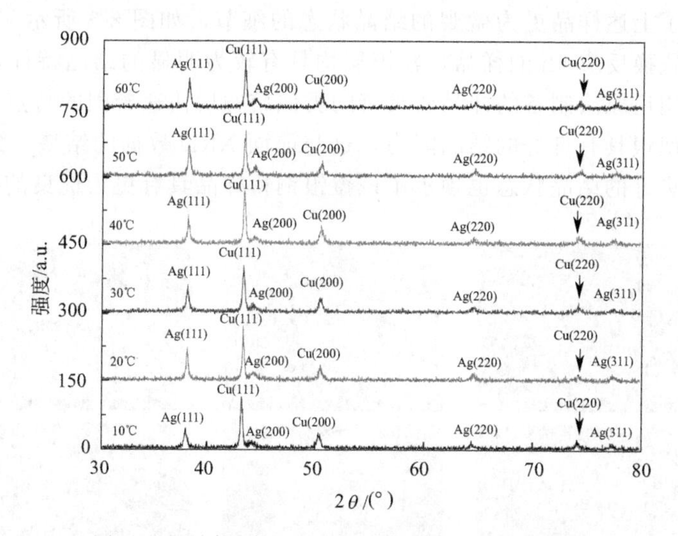

图 8-3　不同温度下制备的覆银铜粉的 XRD 图谱

明确的相关性。

计算得到各晶面的织构指数也汇总于表 8-12。上述讨论的四个晶面的织构指数分别为 1.03±0.07、0.92±0.20、1.12±0.17 和 0.90±0.30。当织构指数大于 1 时，表明镀层中该织构晶面占比较高，而织构指数最大的面为择优取向面。比较上述数据可以发现，不同条件下各晶面的织构指数都在 1.0 附近，因此无特定的择优取向的晶面。

8.2.5.5　覆银铜粉的微观形貌

图 8-4 给出了利用景深扩展的光学显微镜获得的在不同的制备温度下覆银铜粉的形貌。从图中可以看出在所有的完成温度下，银覆盖均匀，没有发现褐色的铜裸露的现象。作为对比，我们也动态观察了在不同的制备时间下覆银铜粉的形貌。在较短的置换时间下，部分铜粉覆盖不完全，出现亮白色的银和红褐色的铜共存的现象。

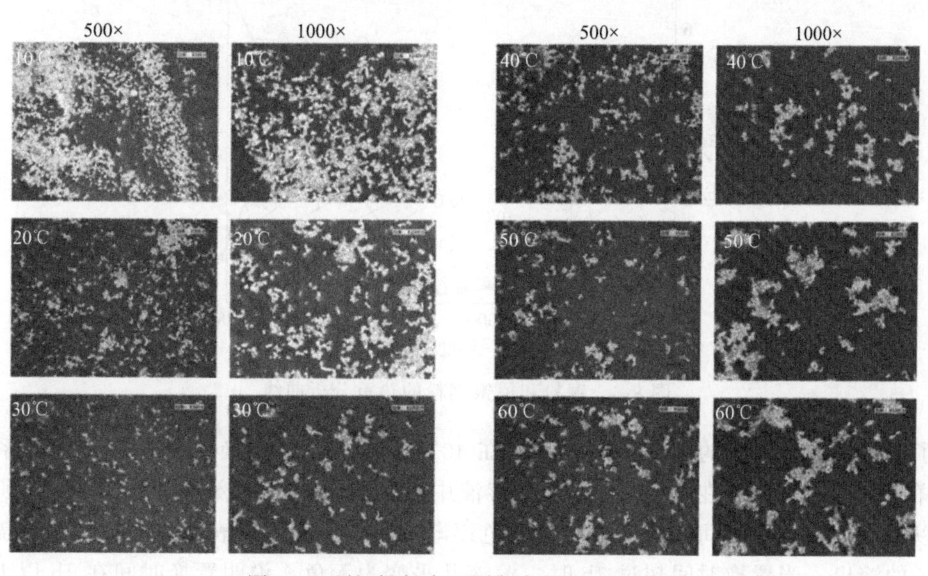

图 8-4　覆银铜粉在不同制备温度下的形貌

扫描电镜给出了上述样品更为微观的结晶状态的细节，如图 8-5 所示。从图中可以看出，在所有温度条件下置换反应 4h 的样品，覆银层均具有较为明显的结晶特征，棱角分明。这一特征明显区别于利用还原法制备的样品所具有的类似熔融后快速凝固的特点。这一点也说明置换沉积银的工艺可使银具有良好的结晶能力，这与前面 XRD 数据的结果一致。样品具有低指数面的结晶取向和更好的结晶状态也预示了该覆银铜粉样品具有更为优良的导电性和稳定性。

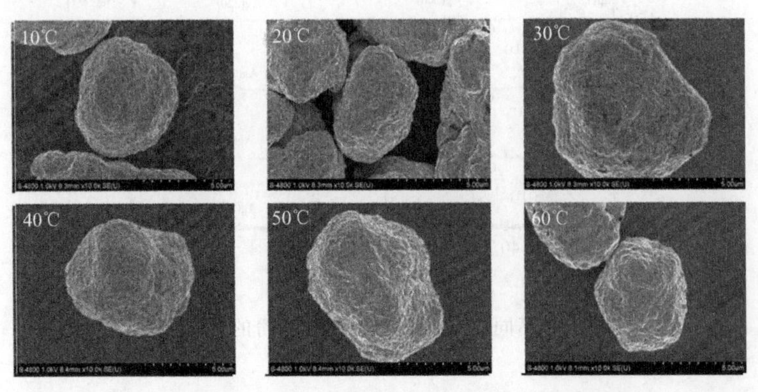

图 8-5 镀银样品在不同温度下的扫描电子显微镜图

8.2.5.6 覆银铜粉的热稳定性与包覆完整性

图 8-6 为相同尺度的纯铜粉在不同温度下（10～60℃）置换反应 4h 所制备覆银铜粉的热重分析曲线。其中 Cu 的曲线反映出铜粉到 700℃时质量增加 7.0%；其余曲线为不同温度条件下覆银铜粉热重分析曲线，总体呈现先增大后减小再增大的趋势。在 200℃之前，该过程主要是银层缓慢氧化成 Ag_2O，增重量略有增加。当温度继续升高时，会发生 Ag_2O 分解过程，其产物为 Ag 和 O_2，曲线逐渐下降。350℃之后，增重量随温度的提高而增加，这表明铜粉的表面镀银工艺可以提高材料的抗氧化性，并且这种抗氧化性随生产工艺温度的提高而提高。

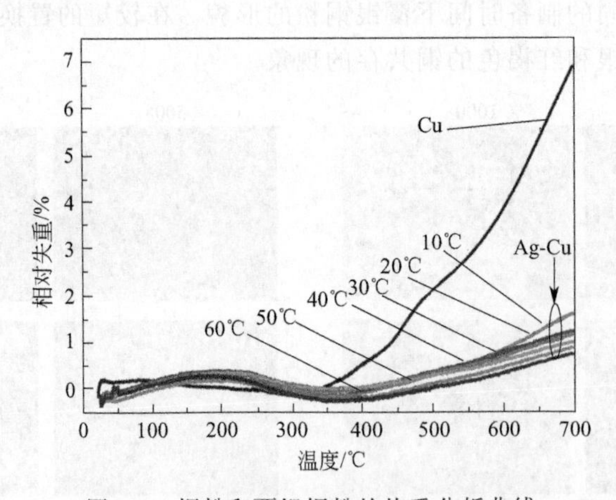

图 8-6 铜粉和覆银铜粉的热重分析曲线

为了考察铜粉被银层的包覆情况，我们在 40℃条件下改变置换时间，获得了一系列的覆银铜粉样品。进一步将其在 20%的 HNO_3 溶液中浸泡 20min，溶液的颜色如图 8-7 所示。从图中可以看出随着置换时间的增加溶液的颜色逐渐变浅，说明铜粉表面逐渐被银层覆盖，遮挡了铜离子的溶出。当置换时间超过 3h 时，溶液几乎变为无色，说明置换时间在 3h 以上时，铜

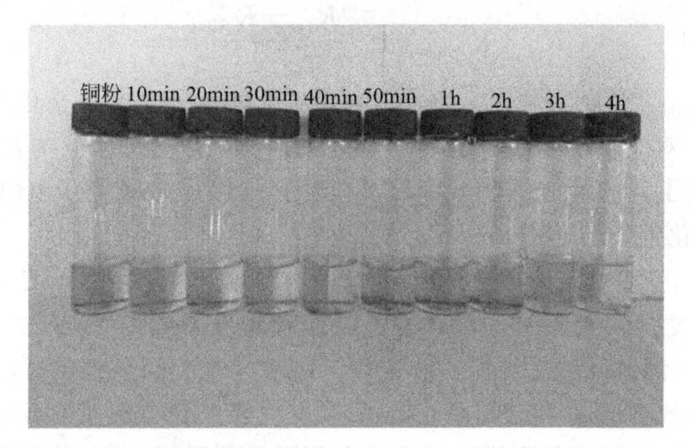

图 8-7 不同置换时间下获得的镀银铜粉在 20%的 HNO_3 溶液中浸泡 20min 后溶液的颜色变化

粉可以完全被银层包覆，铜溶解的现象不再发生。

我们利用在 40℃条件下置换 3h 制备的样品与环氧树脂混合制备了导电胶。同时利用涂覆机制备 7.5cm×2.0cm×1.5mm 的导电胶样品。将其在 80℃条件下固化后，测试其导电性。同时也利用纯铜粉和纯银粉以相同的条件制备测试样品做比较。固化后覆银铜粉的样品的电阻为 0.74Ω，略小于纯铜粉样品的 2.44Ω，但与纯银样品的电阻（~0.9Ω）相当。

8.2.5.7 覆银铜粉在导电胶中的应用

银与铜属于ⅠB 族金属，均为 FCC 结构，两者之间可以形成固溶体[11]。当镀银层较薄时，在较高的温度烘烤下内核的铜原子会加速向表面扩散并与银形成合金。图 8-8 给出了上述方法制备的导电胶测试样品在 80℃，不同烘烤时间后测量的电阻值。从图中可以看出在 40h 以内的样品电阻值保持不变。这是由于高温虽加速铜原子的热运动，提高了向表面扩散的能力，但是在到达银表面之前对样品导电性起主要贡献的还是表面银层，因此这段时间的铜原子扩散尚不能对样品的电阻值产生影响。而 40h 以后电阻值逐渐升高，65h 以后电阻值达到一个新的平台后不再发生变化。40~65h 这段变化区间对应了铜原子扩散到表面形成 Cu-Ag 合金的过程。随着合金的面积占比逐渐扩大，电阻也随之增加，直至整个颗粒表面合金化电阻达到一个新的稳定值。这一过程可以由如下的动力学方程来描述：

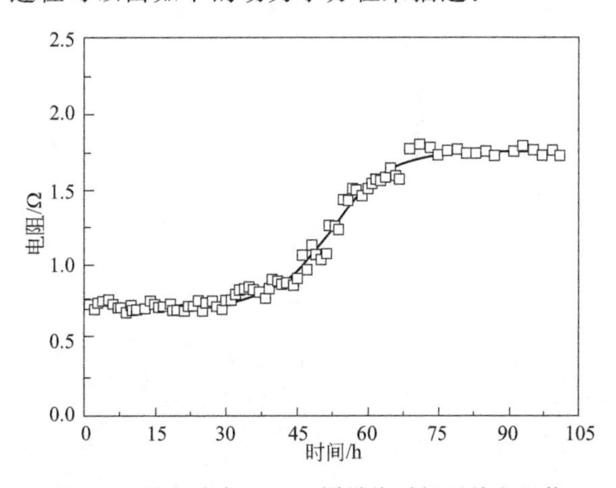

图 8-8 导电胶在 80℃不同烘烤时间下的电阻值

$$R_{(t)}=R_{Allog}+\frac{R_{Ag}-R_{Allog}}{1+\exp[k_{dif}(t-t_0)]}$$

式中，$R_{(t)}$、R_{Allog} 和 R_{Ag} 分别为 t 时刻测样品电阻值、完全合金化后样品的电阻值和覆银铜粉的电阻值；t_0 对应了一半镀银层转为合金的时刻；k_{dif} 为合金在表面扩散的速率常数。t_0 和 k_{dif} 均间接反映了铜的扩散速度，其不同点在于 t_0 反映了铜原子由内向表面的扩散速度，k_{dif} 体现了表面合金化生长的速度。

利用上式拟合图 8-8 中的数据得到覆银铜粉的电阻 R_{Ag} 为 0.73Ω，Cu-Ag 合金样品的电阻 R_{Allog} 为 1.77Ω。转变时间 t_0 为 52.8h，表面合金化速度常数 k 为 6.22/h，拟合相关系数为 0.990。作为对比，我们也试验了纯铜粉和银粉。铜粉导电胶的热稳定性较差，在 80℃条件下烘烤 20h 后电阻值由最初的 2.44Ω 增到 1000Ω 以上。纯银导电胶具有优良的热稳定性，在最初的数小时的烘烤下，电阻不仅不增加反而略有下降，而后近 100h 的烘烤时间内电阻基本保持不变，可见覆银铜粉若要获得与纯银粉相接近的热稳定性仍需进一步增加厚度，即延长置换时间，或置换反应中增加还原剂，或置换反应之后结合还原化学镀增厚。

参考文献

[1] 张慧茹，冯亚丽．涤纶织物化学镀银用镀银液，其镀银方法及其镀层的抗变色防护方法：CN102912627A [P]．2013.

[2] 王元有，曹国庆，韩晶晶，等．PVC 塑料表面化学镀银的工艺优化 [J]．实验室研究与探索，2017，36 (4)：5.

[3] 赵惠，崔建忠．镁及其合金表面化学镀银工艺的研究 [J]．表面技术，2007，36 (4)：4.

[4] 赵秋蓉，张慧茹．ABS 塑料小件化学镀银及银层氯化的研制 [J]．电镀与涂饰，2014，33 (20)：4.

[5] 陈明，赵家林，刘胜，等．一种 PP 塑料表面化学镀银方法 [J]．材料保护，2019 (12)：4.

[6] 侯伟，潘功配，关华，等．碳纤维表面化学镀银工艺研究 [J]．材料保护，2007 (12)：45-47+92.

[7] 张国伟，王明学，张华鹏，等．辅助络合剂 Na_4EDTA 对锦纶织物化学镀银的影响 [J]．浙江理工大学学报：自然科学版，2018，39 (1)：5.

[8] 韩晶晶．塑料基体镀铜银的环保型化学镀技术研究 [D]．扬州大学，2015.

[9] 宋曰海，马丽杰．片状铜粉镀银及抗氧化性能研究 [J]．电镀与精饰，2013，35 (7)：3.

[10] ZHAO J，YU H，WANG Y，et al. The adsorption kinetics and characterization of azobenzene self-assembled monolayers on gold [J]．Acta physico-chimica sinica，1996，12 (7)：586-588.

[11] 宁远涛，赵怀志．银：第一版 [M]．长沙：中南大学出版社，2005.

第 9 章

镀银后处理

9.1 镀银后处理概述

9.1.1 镀银后处理概述

无氰镀银工艺发展至今，已获得了显著的实质性进展。由于新鲜洁净的镀银层对空气中的氧硫化物等物质十分敏感，在使用过程中会逐渐被氧化并发生变色，即晦暗现象，甚至产生严重的腐蚀，最终导致镀银产品的使用受到很大程度的限制与影响，因此电镀银后处理保护工艺也随同镀银工艺一并发展起来。但是有关电镀银层的后处理保护工艺仍然处于研究阶段。因此，完善和拓展镀银层的后处理工艺对于无氰镀银在装饰领域和工程领域的应用具有重要意义。

在无氰镀银发展的过程中，相应的电镀前处理工艺和后处理工艺也随之发展，两者在整个镀银工艺中均占有重要的地位。前处理或后处理方法不当，实施不合理，都会造成镀银产品在实际应用过程中出现各种各样的问题。无氰镀银的前处理技术与工艺与其他镀种相似，发展成熟，但要求更严格。无氰镀银后处理工艺的研究并不系统，相对较少。因此，研究镀银后处理技术，开发电镀银后处理新工艺，对于无氰电镀银的发展与应用至关重要。

电镀银后处理工艺是为了进一步确保镀银层的质量，对镀银层的装饰性、防护性和功能性等进行改善与提高。

镀银后处理工艺是整个电镀工艺中一个关键的工序，能否开发出一套合理的后处理工艺，且可以进行合理得当的实施，对于银镀层的应用有着重大的影响。

9.1.2 镀银层变色原因

新鲜洁净的镀银层在电镀或在使用过程中，由于金属银自身的性质及外界环境的影响，会逐渐出现氧化、变色和腐蚀等问题，总结相关原因如下。

① 银原子对氧、硫和氯等元素具有亲和性。镀银层在大气环境中，会吸附其中的水分，

并逐渐在镀银层表面形成水膜，此时环境中的氧、硫和氯等物质会渗入水膜与银相互作用分别生成 Ag_2O、Ag_2S、AgCl 等难溶化合物，镀银层因此而遭受腐蚀并产生变色现象。

② 电镀结束后，镀银层清洁工作不到位，表面会残留镀液或水分，在空气中氧气的作用下，会加快镀银层的变色与腐蚀。

③ 当环境中紫外线作用较强，同时镀银层在环境中与氧气接触，在两者共同作用下，Ag 转变为 Ag^+，进而加快镀银层的变色速度。

④ 镀银层在使用一定时长后，镀层表面会变得粗糙，甚至出现孔隙。此时，镀银层极易凝聚水分及腐蚀介质，进而产生变色，发生腐蚀。

⑤ 镀层中的原子在高指数面的占比大，活性高，易于吸附惰性有机物降低表面自由能。

9.1.3 镀银层的防护

镀银层的温和热处理，即在 65～75℃温热水中浸泡处理 10～20min。通过原子热运动降低高指数面银原子的占比，降低表面活化能，温热水洗还可去除有机吸附物，提高抗变色的性能。此外，热处理后的表面更光滑，光泽度和白度均有所提高。

镀银层钝化是指在一定的条件下，在合适的溶液中通过电化学或化学方法，在镀银层表面形成一层性能稳定、致密坚实的薄膜的表面后处理方法。钝化薄膜的形成，不仅使得镀银层的耐腐蚀性能有所提高，还可以赋予镀银层一定的特殊性能，从而拓宽镀银层的应用领域。

采用的后处理工艺不同，其防变色性能和抗腐蚀能力也不尽相同。因此，必须综合考虑产品外形、性能要求和使用环境等因素，通过有选择性地使用，既可以简化工艺，节约成本，又可以提高生产效率，达到理想的防护效果。

镀银后处理的目的主要是提高镀银层光泽度、抗腐蚀性和抗变色能力。处理方法有浸亮、化学与电化学钝化、镀贵金属或涂层等。

银及镀银件不宜未经钝化后处理而直接使用。对于银和镀银件，若大气环境或与之直接接触的溶液中含有硫或卤素化合物，将导致银表面变黄、变黑。银的表面变色不仅对珠宝首饰和其他装饰性应用有害，而且对电子部件、工程器件的应用危害更大。因为这将导致银工件接触电阻增加，焊接性能下降，以及腐蚀损害等。

防止银变色的方法很多，有的用抗变色能力强的银合金，有的用有机涂膜或转化膜。其中最常用的是铬酸盐钝化膜，因为它的成膜方法简单，化学和电化学方法都可采用。唯一的缺点是六价铬剧毒，应尽量避免使用。

镀银层在潮湿、含有硫化物的大气中很容易变黄，严重时变黑。镀层变色不仅影响外观，而且严重影响了银层的焊接性能和导电性能，使设备运作的可靠性降低。因此，镀银后应立即进行防变色处理，使表面生成一层保护膜与外界隔绝，延长银层变色的时间。

导致镀银层变色的原因还有工艺操作不当、包装贮藏不当等。如镀后清洗不彻底，表面残留有微量的银盐，这种离子化的银很容易变色；镀液被污染或纯度不够，有铜、铁、锌等金属离子存在，造成镀层纯度不高；工艺操作不当，使镀层粗糙，孔隙率高，该表面容易积聚水分和腐蚀介质。

镀银零件避光贮存会延缓变色速度，因为银原子易受紫外线作用，转变为银离子，加快变色速度；贮存在干燥和温度较低的环境中不易变色；密封包装和适当的包装材料都有利于延缓变色。

目前国内常用的防银变色方法有化学钝化法、电化学钝化法、涂覆有机保护膜法、电镀贵金属法等。

镀银层在受到光的照射或遇到氯化物、硫化物等腐蚀介质时，会生成氧化银、氯化银、硫化银等，使镀银层表面失去光泽、变黄甚至变黑，特别是在工业气氛中与含硫的橡胶、胶木、涂料等接触的状态下，或在高温高湿的条件下，变色更为迅速，程度更为严重。防止镀银层变色有多种工艺方法，而无论采用哪种方法，都必须达到：

① 可以焊接，即不影响焊接性能；

② 对导电性有要求的应用中，经防变色处理的银镀层应具有较低的接触电阻，不影响或稍微影响导电性能；

③ 具有银的本色，即外观、颜色应保持不变或稍有变色。

为了提高镀银层的抗变色和抗腐蚀性能，零件镀银后要进行防银变色处理，其防银变色处理方法有化学钝化、电解钝化、涂覆有机保护层（有机溶剂型或水溶液型）、电泳涂覆层以及电镀贵金属等。从总体看，目前国内使用的几种类型的镀银层防变色处理方法的抗变色能力依次为：浸涂有机溶剂型保护层>浸涂水溶性有机保护层>电泳涂覆层>电解钝化膜>化学钝化膜。有些厂为了取得更佳的防变色效果，使用综合处理方法，如化学钝化＋电解纯化＋浸涂有机防银变色剂。

9.2 镀银层镀覆、涂覆与浸泡保护

9.2.1 镀覆

利用电镀贵金属保护是一种成本高，过程复杂的后处理工艺。该工艺通过将金、铑、钯和铂等贵金属或稀有金属在镀银层表面沉积来达到防护作用。

在银层表面镀上一薄层贵金属或稀有金属以及银基合金，如金、钯、铑及银镍、钯镍合金等，也可达到防止银层变色的目的。但因其工艺复杂，成本高，故一般只用于要求很高的精密电气元件。在银层上镀氢氧化铍也有较好的抗变色能力，但略带彩虹色调。镀氢氧化铍的工艺规范见表 9-1。

表 9-1 镀氢氧化铍工艺规范

成分及工艺条件	配方	成分及工艺条件	配方
硫酸铍/(g/L)	2～3	温度	室温
钼酸铵/(g/L)	0.01	电流密度/(mA/dm^2)	8～12
pH 值	5.2～5.4	时间/min	20

9.2.2 涂覆

涂覆有机物保护法通过在银镀层表面涂覆、浸渍或喷涂聚丙烯、有机硅树脂、石蜡、丙烯酸等有机物，将腐蚀介质与基体材料隔绝，进而起到防护作用。该方法是至今为止防护效果最为显著，应用最为普遍的方法之一。但经过涂覆形成的有机膜层较厚，对镀银件表面接触电阻影响大，不适宜用于电子元器件的防护。

随着金属材料应用环境的不断变化，腐蚀介质等影响因素越发趋于复杂化，涂覆有机物保护法作为发展时间最久的防护方法之一，一方面可以通过与无机物复合改性，改善涂覆层诸多性能；另一方面其研究由传统的有机溶剂涂覆材料向水性有机涂覆材料发展，进而可以达到环

保的效果。可见，涂覆有机物保护法仍然具有巨大的发展潜力。

对于电气性能要求不高的零件，在光亮镀银层上或在浸亮后涂一层很薄的有机物或其他防银变色剂，可极大地提高镀银层的抗变色性能和耐蚀性能，对焊接性能无影响，但会略增高镀层的接触电阻。有机涂层薄膜的成分为（质量分数）：松香，25%；101 环氧树脂，25%；地蜡，20%；聚苯乙烯，30%。将地蜡、松香和环氧树脂研碎放在瓷器内，加热至 230～280℃，混合均匀后降至室温，研成粉末，溶于水，浸渍镀银件后，室温下干燥 10min，于 100℃烘干 2h 即形成有机涂层薄膜。在镀银件上涂上三聚氰胺透明树脂、石油胶等也可防止其变色。许多电镀厂还自行研制了其他不同类型的抗变色剂，也可得到良好效果。

利用有机涂层对腐蚀介质起到有效的屏蔽作用，从而防止银层变色，该方法使用较为广泛，也可以浸（喷）丙烯酸、有机硅树脂透明保护涂料或阴极电泳丙烯酸型电泳漆。有机膜厚度一般在 5μm 以上，保护效果较好，但影响表面接触电阻，不适合电子零件。

9.2.3 浸泡处理

在含硫、氮活性基团的直链或杂环化合物钝化液中，银层与有机物作用生成一层非常薄的银吸附物保护膜，以隔离 Ag^+ 与腐蚀介质的反应，达到防止变色的目的。实践证明，络合物保护膜的抗潮湿、抗硫性能比铬酸盐钝化膜好，但抗大气因素（如光照）的效果比铬酸盐钝化膜差一些。有机物钝化工艺规范见表 9-2。

表 9-2 有机物钝化工艺规范

成分及工艺条件/(g/L)	配方 1	配方 2	配方 3	配方 4	配方 5	配方 6
苯骈三氮唑(BTA)	0.1～0.15	—	3	—	2.5	0.5
苯骈四氮唑	0.1～0.15	—	—	—	—	—
磺胺噻唑硫代甘醇酸	—	1.5	—	—	—	—
1-苯基-5-巯基四氮唑	—	—	0.5	2～3	—	—
无水乙醇/(mL/L)	—	—	—	20	—	300
乙二醇单丁醚/(mL/L)	—	—	—	300～500	—	—
碘化钾	—	2	2	—	2	4
去离子水	—	—	—	—	—	溶剂
pH 值	—	5.0～6.0	5.0～6.0	—	5.0～6.0	—
温度/℃	90～100	室温	室温	室温	室温	室温～60
时间/min	0.5～1	2～5	2～5	2～5	2～5	6 s

有机物浸泡钝化是将镀银样件放置于含有氮、硫等的杂环化合物或直链化合物的有机物溶液中，通过银与有机物相互作用生成一层极薄的吸附物钝化保护层，进而将腐蚀介质与镀银层隔绝，最终达到防腐和防变色的目的。有机物钝化剂主要成分为含有氮、硫等的杂环化合物或直链化合物中的一种或多种，常用的有苯骈三氮唑、苯骈四氮唑、1-苯基-5-巯基四氮唑等，其所用含量较少，一般在 0.1～3g/L，使用条件多为室温，钝化时间在 1～5min 不等。实践应用证明，有机物钝化膜在抗硫化物侵蚀和抗潮湿性能方面优于铬酸盐钝化膜。

9.2.4 电泳涂覆层

阴极电泳涂料可采用丙烯酸型、聚氨酯型等水溶性涂料。镀件镀银后经彻底清洗，不需烘干，可直接放入电泳槽，进行阴极电泳涂覆，电泳后取出清洗掉镀件表面黏附的漆液，烘干后，即可获得带有高透明漆膜的镀银工件。透明漆膜有效地保护了下层的镀银层，达到防银变色的效果，但却提高了镀银层表面的接触电阻，银镀层可焊性也变差，所以应根据镀银零件的用途及对镀层的性能要求等具体情况，加以选择。

9.3 镀银层钝化

钝化分为化学钝化和电化学钝化。化学钝化包括无机物钝化和有机物钝化。无机物钝化法一般最常使用的钝化剂是铬酸盐，利用六价铬离子的强氧化作用，在镀银层表面形成一层钝化膜。铬酸盐钝化操作过程简便，经过三道浸亮工艺处理，便可以进行化学钝化，成本较低，可以达到较好的保护和防变色效果。但是重金属铬离子毒性高、易致癌，目前国家对环保越来越重视，并出台相关法律法规，亟待开发出一种更为环保的化学钝化法来取代铬酸盐钝化法。在无更好的工艺条件的情况下，本节将介绍含六价铬的钝化工艺。

9.3.1 化学浸亮

常用的几种浸亮工艺规范列于表9-3。对于氰化镀层和无氰镀层，可选择不同配方。浸亮步骤后，镀层表面形成黄膜。因此，在每一步操作之后都要用流动水刷洗，才容易去膜。

表9-3 常用的几种浸亮工艺规范

配方与含量/(g/L)		成膜	去膜	浸酸
配方1	铬酐	80	—	—
	氯化钠	10	—	—
	重铬酸钾	—	12	—
	硝酸/(mL/L)	—	12	—
	盐酸	—	—	3%～5%
	温度/℃	室温	室温	—
	时间/s	15～20	6～30	数秒
配方2	铬酐	30～50	—	—
	氯化钠	1～3.5	—	—
	重铬酸钾	—	10～15	—
	硝酸/(mL/L)	—	10～20	5%～10%
	温度/℃	室温	室温	室温
	时间/s	15～20	10～30	3～5

9.3.2 化学钝化

要求不高的零件，可采用化学钝化，目的是使镀银层表面生成薄层氧化膜，以提高其耐磨性与耐蚀性。对于普通镀银层，浸亮与化学钝化可结合为一个工序。化学钝化工艺规范见表9-4。

表9-4 化学钝化工艺规范

配方与含量/(g/L)	配方1	配方2	配方3	配方4
重铬酸钾	10～15	—	10～15	40
铬酐	—	200	—	—
硝酸/(mL/L)	10～15	—	—	—
冰醋酸/(mL/L)	—	100	—	0.2
温度/℃	10～35	10～35	10～35	室温
时间/s	20～30	10～20	15～20min	适当

9.3.3 化学浸亮+钝化

具体工艺过程为：铬酸盐（成膜）→去膜→中和→化学钝化。前三道工序称为浸亮。该工艺成本低，操作简单，维护方便，但防变色效果较差。铬酸盐钝化工艺规范见表9-5。

表 9-5 铬酸盐钝化工艺规范表

成分及工艺条件/(g/L)		成膜	去膜	中和	化学钝化
配方1	铬酐 CrO_3	30～50	—	—	—
	氯化钠 NaCl	1～2.5	—	—	—
	三氧化二铬 Cr_2O_3	3～5	—	—	—
	重铬酸钾 $K_2Cr_2O_7$	—	10～15	—	10～15
	硝酸 HNO_3/(mL/L)	—	5～10	10%～15%	10～15
	pH值	1.5～1.9	—	—	—
	温度/℃	室温	室温	室温	10～15
	时间/s	10～15	10～20	3～5	20～30
配方2	铬酐 CrO_3	80～85	—	—	40
	氯化钠 NaCl	15～20	—	—	—
	氨水 $NH_3 \cdot H_2O$/(mL/L)	—	300～500	—	—
	硝酸 HNO_3/(mL/L)	—	—	5%～10%	—
	氧化银 Ag_2O	—	—	—	0.2
	冰醋酸/(mL/L)	—	—	—	5
	pH值	—	—	—	4.0～4.2
	温度/℃	室温	室温	室温	室温
	时间/s	10～20	20～30	5～20	适当

银表面的抗变色膜，只有很薄的、完全透明的无色膜才有实际意义。银在铬酸盐溶液钝化时，表面上生成一层很薄的保护膜，它由三氧化铬或铬氧化物的水化物组成。不能同时加入其他酸作为活性剂，因为加其他酸会和银激烈地反应并生成由铬和银的化合物组成的厚的有色膜。只有用仅含铬酸的溶液产生的膜才是无色的。

9.3.4 酸性电解钝化法

这种钝化工艺对工件的外观没有影响。

在碱性铬酸盐溶液里或在含有重铬酸盐和硝酸盐的近中性的溶液里对银进行阴极电解处理，能强化铬酸盐的防护作用。电解处理有利于形成较厚的膜，其主要成分是铬的氧化物，这样的膜的力学性能比单独在铬酸或重铬酸盐里浸渍而得到的膜要好。

电化学钝化是在电解质溶液中通过电解作用，在镀层表面形成一层致密的钝化膜。镀银层的电化学钝化通常在重铬酸盐溶液中以镀银层为阴极，不锈钢为阳极，根据样件的大小，在合理的电流密度范围内实施。其既可以在镀银结束后直接进行钝化，又可以在化学钝化的基础之上进行。电化学钝化技术工效高，效果佳，具有极大的研究价值与意义。现给出较为常用的镀银层电化学钝化工艺配方及条件，见表9-6。

表 9-6 电化学钝化工艺配方及条件

成分及工艺条件/(g/L)	配方1	配方2	配方3
重铬酸钾($K_2Cr_2O_7$)	25～40	55～56	30～40
氢氧化铝[$Al(OH)_3$]	0.5～0.8	—	0.5～1.0

续表

成分及工艺条件/(g/L)	配方 1	配方 2	配方 3
硝酸钾(HNO_3)	—	10～14	
pH	5.0～6.0	5.0～6.0	5.0～6.0
电流密度/(A/dm^2)	0.2～0.5	2.0～3.5	0.2～0.5
阳极	不锈钢板	不锈钢	不锈钢
温度/℃	室温	室温	10～35
时间/min	3～5	3～5	2～5

通过电化学钝化处理的银镀层，不仅具有优良的抗变色性能，还不会影响镀银样件的表观色泽和可焊接性。传统的电化学钝化电解溶液多以重铬酸盐溶液为主，对于环境、人体健康危害重大。无氰镀银技术的发展以环保为核心，而电化学钝化技术作为整体工艺中一种重要的后处理方式，其未来也将会向环保方向发展，也是表面处理技术人员将来研究的重要方向。

9.3.5 碱性电解钝化

电化学钝化可在化学钝化后进行，也可以在光亮镀银后直接进行。将银镀层作为阴极，不锈钢作为阳极，通过电解处理，可使银层表面生成较为紧密的钝化膜。其抗变色性能好，几乎不改变零件的焊接性能和外观色泽。镀银层碱性电化学钝化工艺规范见表 9-7 和表 9-8。

表 9-7 电化学钝化工艺规范

成分及工艺条件/(g/L)	配方 1	配方 2	配方 3	配方 4	配方 5
CrO_3		40			
铬酸钾 K_2CrO_4	6～8				
重铬酸钾 $K_2Cr_2O_7$			30	45～67	8～10
碳酸钾 K_2CO_3	8～10				6～10
碳酸铵$(NH_4)_2CO_3$		60			
氢氧化铝 $Al(OH)_3$			0.5～0.8		
硝酸钾 KNO_3				10～15	
明胶			2.5		
pH 值	12.0	8.0～9.0		7.0～8.0	10.0～11.0
温度/℃	室温	室温	室温	10～35	室温
阴极电流密度/(A/dm^2)	2～5	4.0	0.1	2.0～3.5	0.5～1.0
时间/min	3～5	5～10	2～10	1～3	2～5s

镀银零件浸亮（或不经浸亮，根据产品要求而定）后，放入电解钝化液中进行阴极电解钝化，形成一层钝化膜。它的抗变色能力比化学钝化膜好，几乎不改变镀件的焊接性能、接触电阻和外观色泽。

表 9-8 电解钝化的溶液组成及工艺规范

溶液成分及工艺规范	配方 1	配方 2	配方 3
铬酸钾(K_2CrO_4)/(g/L)	8～10		
重铬酸钾($K_2Cr_2O_7$)/(g/L)		8～10	8～10
碳酸钾(K_2CO_3)/(g/L)	6～8	6～10	6～10
pH 值	9.0～10.0	10.0～11.0	10.0～11.0
温度/℃	10～35	室温	室温
阴极电流密度/(A/dm^2)	0.5～1.0	0.5～1.0	0.5～1.0
时间/min	2～5	2～5	2～5s
阴极材料	不锈钢	不锈钢	不锈钢板

表 9-7 中的配方 4 加入的氢氧化铝胶粒，在电流作用下，电泳到银层表面上，对钝化膜孔隙起填充作用，提高膜层致密性，增强抗变色能力。

9.4 镀银层黑化

9.4.1 镀银层黑化概述

无氰镀银工艺的完善和拓展具有重要意义，特别是在工程领域和装饰领域。但是，镀银层在使用过程中会与空气中的硫化物反应发生变色现象，导致镀件的使用受到一定程度的影响和限制。因此，相关学者对镀银层的后处理工艺进行了诸多研究。其中，化学黑化是一种简单、易操作、成本低廉的镀银后处理工艺，其关键是在镀银层表面形成一层兼具功能性和修饰性的黑色薄膜，既可以赋予金属保护，又可以给予金属复古的装饰性色泽。

9.4.2 多硫化铵化学黑化[1]

控制多硫化铵的体积分数为 10mL/L 时，镀液温度 80℃，当电镀时间从 60s 延长到 120s 时，镀层的黑化效果越来越好。继续延长黑化时间到 150s 时，镀层颜色与 120s 时一致。因此，黑化时间以 120s 为佳。在试验中发现，如果溶液浓度随着反应的进行而稍有降低，适当延长反应时间也能达到相同的效果。确定黑化时间、温度分别为 120s 和 80℃，当黑化剂多硫化铵的体积分数从 5mL/L 增加到 15mL/L 时，镀层颜色随多硫化铵体积分数的增大而加深；但当其体积分数超过 15mL/L 时，黑化层颜色变化甚微。

该工艺的最优条件可以确定为将银镀件在 80℃条件下于 15mL/L 多硫化铵溶液中不断振动，充分反应 120s，可以获得色泽光亮、耐热性较好的黑化银层。

将黑化过的试件置于烘箱中保持 200℃，4h 后取出观察，没有起皮、气泡现象，色泽也没有变化，能满足散热器的要求。

9.4.3 K_2S 化学黑化工艺[2]

镀银层化学黑化的主要工艺流程如下：制件→有机溶剂除油→干燥→化学除油→流水清洗→无光泽腐蚀→流水清洗→光泽腐蚀→流水清洗→电解除油→流水清洗→弱浸蚀→流水清洗→电镀碱铜→回收清洗→流水清洗→预镀银→镀银→回收清洗→流水清洗→热水洗→黑化→流水清洗→热水洗→擦拭→检验→包装→入库。

该黑化工艺以硫化钾为黑化剂，并添加了缓蚀剂，在 60～70℃条件下化学黑化约 2min，在银表层形成了 1～2μm 的黑色钝化膜，使得镀银层的抗变色性能得以改善。但是黑化所形成的钝化膜过厚，影响镀件的导电性能；另外镀银层黑化均在加热条件下实施，使得黑化溶液本身具有的严重气味，对环境和操作者具有显著的影响。

镀银层可以通过化学与电化学两种方式进行黑化。化学黑化原理：银与硫有较高的亲和性，在加热条件下，银能很快和硫直接化合生成灰黑色的硫化银（Ag_2S）膜。电化学黑化原理：硫化银在碱性溶液中难溶，在通电条件下，极易在镀银层表面沉积生成灰黑色的氧化膜层。通过试验得出，化学黑化工艺较电化学黑化工艺有以下优点：①电化学黑化工艺生成的氧化膜显得较疏松、多孔，故化学黑化工艺生成的氧化膜层在外观装饰性及防护性能上优于电化学黑化工艺生成的氧化膜层；②在操作过程中化学黑化工艺更简便，易于控制；③化学黑化工艺的原材料价格低廉，节约成本；④化学黑化工艺所用设备简单，实施性强。化学黑化工艺配方见表9-9。

表9-9　化学黑化工艺配方

成分及工艺条件	配方	成分及工艺条件	配方
K_2S/(g/L)	3～5	t/min	1.5～2.0
缓蚀剂	6～12	搅拌方式	手动
T/℃	60～70	pH值	8.0～9.0

①K_2S的浓度直接影响着镀银层黑化的速度和结合力。浓度高，成膜速度快，膜的结合力差；浓度低，膜的黑度就浅，影响硫化银氧化膜的外观与质量。②缓冲剂的作用是控制溶液的pH值，防止镀银层的过度腐蚀，使反应均匀发生，促进镀银层表面硫化银黑化膜的稳定生成，使膜层致密、牢固，但其含量不可过高，否则成膜太慢。③氧化溶液温度过高，成膜速度太快，膜层疏松且与基体的结合力差；若温度低，成膜黑度浅且易造成膜层颜色不均匀等现象。④在工艺规定的温度范围内，延长成膜时间不能加深膜层颜色，时间过长还会造成膜层表面产生大量浮灰，影响膜层外观及附着力；时间过短，膜层的黑度浅。

9.4.4 Na_2S+ $C_{12}H_{25}SH$二步黑化工艺[3]

该工艺采用了两步连续处理工艺。第一步将镀银件于室温下在0.2mmol/L的Na_2S乙醇溶液中黑化15min；第二步在0.2mol/L的$C_{12}H_{25}SH$乙醇溶液中浸泡15min，冷风吹干，陈化12h后，得到色泽、均匀度俱佳的镀银层。其结果如图9-1所示。

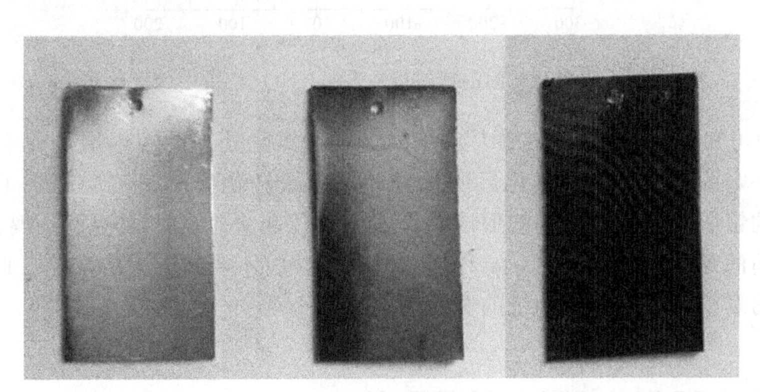

(a)未黑化银镀层　(b)Na_2S黑化后银镀层　(c)两步法黑化后银镀层

图9-1　镀银层黑化

接触角是一种表征表面润湿性的简易方法。未黑化之前银镀层表面接触角为10°±2°，Na_2S乙醇溶液预黑化后接触角增大至23°±2°，均表现为亲水性。$C_{12}H_{25}SH$乙醇溶液黑化后剧增至111°±2°，这是因为$C_{12}H_{25}SH$在预黑化的银镀层表面组装成膜，表现为疏水性。

为了对黑化镀银层表面形貌做进一步分析，图9-2给出了不同放大倍数下的SEM微观形貌图，从中可以看出，硫化银粒子在镀银层表面分布均匀，形成了致密的钝化膜，这对镀银层来说具有一定的保护作用。当放大至5万倍后，可以看到大小相近的硫化银颗粒堆积重叠，其表面颗粒的平均粒径约为65.9nm，而原无氰镀银层的结晶颗粒平均尺寸为20nm左右，黑化后的平均粒径增至3倍以上。

(a)化学黑化银镀层低倍数下的SEM形貌图 (b)化学黑化银镀层低倍数下的SEM形貌图

图 9-2 不同倍数下黑化镀银层形貌

Tafel 极化曲线是一种测定金属材料腐蚀速率重要方法，通过 Tafel 极化曲线，可以获得腐蚀电位和腐蚀电流所对应的关系，进一步的可以获得材料的腐蚀速率。

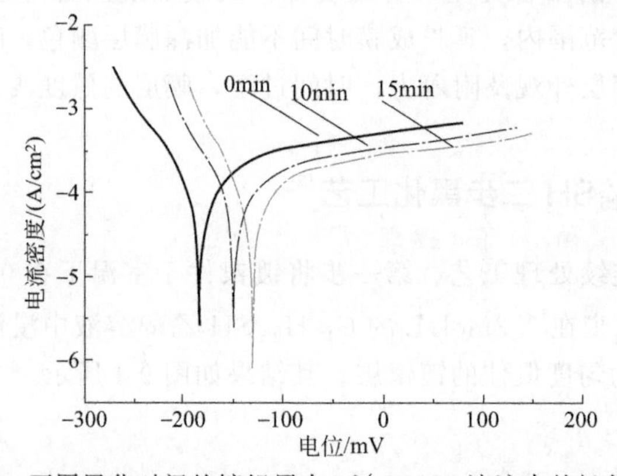

图 9-3 不同黑化时间的镀银层在 5% KNO_3 溶液中的极化曲线

从图 9-3 中可知，Tafel 曲线斜率大致相同，经过黑化处理的镀银层电化学腐蚀过程中阳极反应受到了一定的抑制，说明黑化后所形成的硫化银钝化膜对银镀层起到了一定的保护作用。经过黑化的银层，由于钝化膜的形成，其腐蚀电位越来越正，说明发生腐蚀越来越困难；但随着钝化时间的延长，反应达到一定程度，腐蚀电位将不再发生大的变化。此外腐蚀电流密度随黑化时间的延长而变小，即相应的腐蚀速率也减小[4]。

9.5 镀银层表面分子组装与镀层保护

9.5.1 贵金属表面组装分子动力学概述

自组装单分子膜（self-assembly monolayers，SAMs）是利用自组装分子的头基与基底的强化学吸附作用，分子尾链间范德瓦耳斯力相互作用而形成的排列致密有序的单层分子组装体。其制备简单、性能优越，在材料防腐蚀上应用前景广阔。电化学镀银是电子元器件、印刷线路板等工业领域和家庭用具、工艺品等装饰应用中的重要基础工艺。银镀层在使用过程中，由于自身化学性质和高温、潮湿、含硫气体等外部因素的影响，易于变色、腐蚀，故其防护要求较高。此外，镀银层的保护一般还要求不影响镀层的可焊接性和导电性，所以保护层不仅要有优良的抗腐蚀功能，又要足够薄。探索自组装膜技术在镀银保护剂领域的应用具有重要意义。

生产实践中，保护剂浸泡为镀银的后一道工序，其浸泡时间需要与流水线运行的节奏匹配，因此处理时间不宜过长。自组装动力学研究是确定保护剂浓度、处理时间、操作条件的基础。自组装动力学的研究方法成熟，研究体系也较为完善。自组装分子在金表面的组装动力学研究最为广泛。其成膜过程分为两步：第一步是由扩散控制的快速吸附过程，由烷基硫醇的浓度所决定；第二步为表面结晶过程，硫醇分子发生由无序到有序的慢速重排过程。

9.5.2 银表面分子组装保护的应用

烷基硫醇在银表面的组装研究较少，已有工作主要基于烷基硫醇对于银制品的保护研究。例如镀银样品在30℃条件下，于0.15mmol/L的正十六烷基硫醇异丙醇溶液中组装1h，在含有硫化钠和氯化钠的混合溶液中浸泡后仍保持原有的金属光泽，表现了较好的保护效果。在60℃和0.1mmol/L的正十六烷基硫醇乙醇溶液中组装2h，其覆盖率和缓蚀率分别可达到94.8%和95.9%。但此工艺成膜时间过长，难以在生产中，特别是自动线上应用。同时温度过高，会产生大量的有机挥发物，对环境产生影响。银制品经丙酮脱脂、硫酸活化后，在含有十八烷基硫醇、十六烷基三甲基溴化铵、Triton X-100和月桂醇聚氧乙烯醚的胶束水溶液中，于60℃条件下浸泡5min，保护效率可以达到91.9%。这些例子虽充分表明烷基硫醇分子在银表面的组装可以有效地起到保护作用，但是组装动力学的信息还不丰富。

9.5.3 组装动力学基础研究

直链的烷基硫醇分子在银表面的吸附动力学研究对开发以其为主要成分的镀银保护剂至关重要。吸附动力学研究可以通过表征硫醇在镀银层表面的覆盖度来实现。尽管有很多宏观和微观的方法可用于表征硫醇在镀银层表面的覆盖度，但考虑到镀银层的化学活性以及实验操作的便利和理论处理的可靠，电极的双电层充放电电容法[5]和接触角测量法[6]是最为可行的两种宏观追踪表面覆盖度的技术。

银电极与电解质溶液接触形成双电层，当硫醇分子吸附后，双电层的厚度和介电常数发生变化，从而使其电容值相应改变。图9-4（a）给出了镀银件样品在100μmol/L的$C_{16}H_{33}SH$溶液中浸泡不同时间后在0.15mol/L的KNO_3支持电解质溶液中的循环伏安图。由于特性吸附离子的存在，未覆盖硫醇电极的充放电电流大于其他样品。在电势扫描的开始阶段，电流有一个指数形式的上升，其上升的快慢所对应的时间常数反映了电极界面电容和电阻乘积的大小。随着电势扫描的继续，电流保持在相对稳定的阶段，上下两条电流曲线分别对应充电与放电。从图9-4（a）可以看出，随着在硫醇溶液中浸泡时间的增长，充放电电流曲线逐渐变窄。

假设被硫醇自组装膜覆盖部分电极的电容与未被覆盖的部分彼此无影响，则依据电容并联公式，在t时刻的总电容值$C_d(t)$为：

$$C_d(t)=\alpha C_d(0)+(1-\alpha)C_d(\infty)$$

式中，α为镀银件样品在硫醇溶液中浸泡t时刻后的表面覆盖度，$C_d(0)$和$C_d(\infty)$分别是未浸泡和浸泡足够长时间后样品的电容值。一般而言，镀银件在硫醇中浸泡12h以上，覆盖度即达到饱和，因此可以选择浸泡24h的样品的电容值（278.5μF）代替$C_d(\infty)$，因此覆盖度α为：

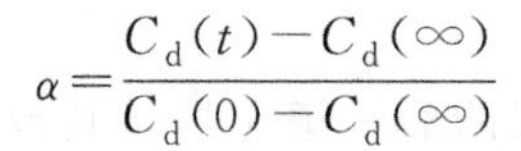

$$\alpha=\frac{C_{\mathrm{d}}(t)-C_{\mathrm{d}}(\infty)}{C_{\mathrm{d}}(0)-C_{\mathrm{d}}(\infty)}$$

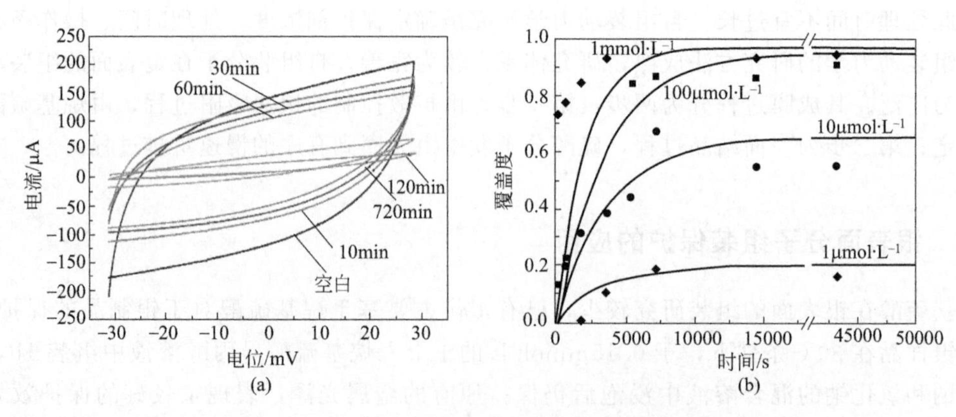

图 9-4　样品循环伏安曲线及覆盖度与时间的关系

(a) 银镀件在 100μmol/L 的 $C_{16}H_{33}SH$ 溶液中浸泡不同时间后在 0.15mol/L 的 KNO_3 溶液中的循环伏安曲线；(b) 不同浓度硫醇浸泡下覆盖度随时间的变化关系

我们选择 0V 电势的充放电电流绝对值之和的一半作为充电电流（i_{average}），则电容值可以求得：

$$C_{\mathrm{d}}(t)=\frac{i_{\mathrm{average}}}{v}$$

式中，v 为电势扫描速度。

图 9-4（b）所示为不同浓度硫醇中浸泡不同时间的覆盖度变化趋势。从图中可以看出，在同一硫醇浓度下，随着浸泡时间的增长，覆盖度在初期经历了一个快速的增长阶段，而后是一个缓慢的变化过程。这一点在 10μmol/L 和 100μmol/L 的硫醇溶液中表现更为突出。对于 1μmol/L 的浓度，由于硫醇过于稀释，覆盖度变化缓慢，十余小时后覆盖度尚不足 20%。而更高浓度的溶液则在电极界面提供了足够的硫醇分子，故可以快速地吸附到电极表面。其覆盖度即使在数秒的时间内也可达到饱和吸附的 80% 以上。如果将硫醇分子在银表面的吸附过程近似地看成一级反应，即裸银面积分数（$1-\alpha$）的变化量正比于裸银的面积分数和硫醇浓度 C：

$$\frac{\mathrm{d}(1-\alpha)}{\mathrm{d}t}=-K_{\mathrm{ad}}C(1-\alpha)$$

式中，K_{ad} 为吸附速率常数，则表面覆盖度 α 与浸泡组装时间 t 的积分关系为：

$$\ln(1-\alpha)=-K_{\mathrm{ad}}Ct$$

进一步改写成：

$$\alpha=1-\exp(-K_{\mathrm{ad}}Ct)$$

利用该式对不同组装时间的覆盖度的实验数据进行拟合，进而可求出吸附速率常数 K_{ad}。

由于 1μmol/L 和 1000μmol/L 的硫醇溶液对组装过程的影响过于极端，难以获得理想的拟合数据，所以我们仅对 10μmol/L 和 100μmol/L 的数据做了拟合，分别得到吸附速率常数为 $(1.3\pm0.2)\times10^{6}\mathrm{mol}^{-1}\cdot\mathrm{L}\cdot\mathrm{s}^{-1}$ 和 $(2.8\pm0.5)\times10^{4}\mathrm{mol}^{-1}\cdot\mathrm{L}\cdot\mathrm{s}^{-1}$。可见，低浓度溶液的吸附速率常数更大，我们推测硫醇分子的相互吸引作用在高浓度溶液中更为强烈，其形成胶束等微结构极大地降低了有效浓度，同时降低了扩散能力。进一步，我们对银在不同浓度溶液中的吸附行为做了模拟，如图 9-4（b）中的实线所示。总体而言，组装液浓度对覆盖速度影响显著。低于 100μmol/L 的硫醇溶液在合理的组装时间内，难以获得 80%以上的覆盖度，因此不能作为镀银保护剂使用。而 $1mmol \cdot L^{-1}$ 的溶液则可以在 0.5h 内达到这一要求。因此，镀银保护剂浓度的合理选择应高于此浓度，尽管测量误差、工作条件变化等因素会对上述模拟结果带来影响，但其一般性结论还是可以为镀银保护剂的开发与优化提供合理的参考。

润湿性是用来表征表面自由能的一个重要物理量，清洁新鲜的镀银表面是完全亲水的，而烷基硫醇自组装膜是疏水的。其润湿性的巨大反差，可以用于表征硫醇分子在银镀件表面覆盖度的变化。图 9-5（a）给出了对应不同浓度硫醇的接触角随时间的变化关系。

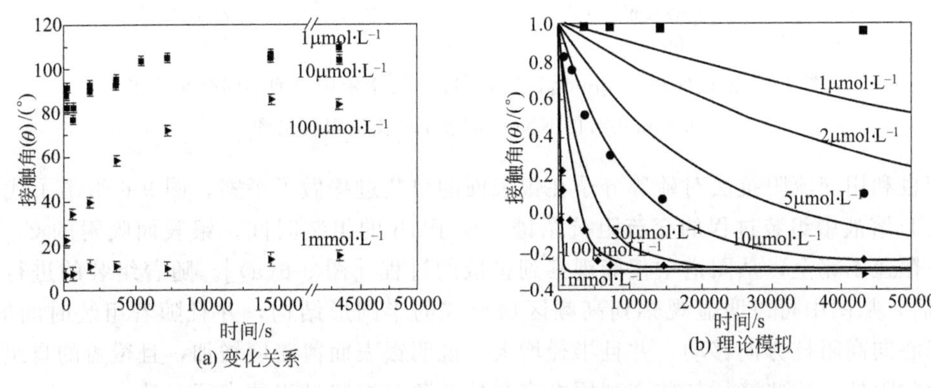

图 9-5　不同浓度硫醇的接触角随时间的变化关系及理论模拟

对于 1μmol/L 的硫醇浓度，即使是十余小时的浸泡，样品表面的接触角仍在 15°附近，亲水性强，说明覆盖度极低，这与电容法得到的结果相一致。而 $1mmol \cdot L^{-1}$ 的高浓度下，即使数秒的浸泡接触角也可达 90°，表现较强的疏水性质。这一数值也接近该浓度 24h 组装的接触角（110°±2°），说明覆盖较完整。而浸泡于 10μmol/L 和 100μmol/L 的硫醇溶液，接触角表现了清晰的随时间的变化关系。在吸附过程中，亲水的裸银与疏水的硫醇共存于表面。假设两者在该混合表面中彼此互不影响，则有如下 Cassie[7] 关系：

$$\cos\theta_t = \alpha\cos\theta_1 + (1-\alpha)\cos\theta_2$$

式中，θ_t 为浸泡 t 时间的接触角；θ_1 为硫醇饱和吸附后的接触角［本研究以 $1mmol \cdot L^{-1}$ 组装 24h 的样品的接触角（110°±2°）替代］；θ_2 为裸银表面接触角，因其完全亲水，故 $\theta_2 = 0°$。则覆盖度 α 为：

$$\alpha = \frac{\cos\theta_t - 1}{\cos\theta_1 - 1}$$

结合组装动力学公式，可以进一步得到：

$$\cos\theta_t = \cos\theta_1 - (\cos\theta_1 - 1)\exp(-K_{ad}Ct)$$

再对实验数据进行拟合得到吸附速率常数为 $(9.3\pm0.7)\times10^5 mol^{-1} \cdot L \cdot s^{-1}$ 和 $(3.4\pm0.6)\times10^4 mol^{-1} \cdot L \cdot s^{-1}$，分别对应 10μmol/L 和 100μmol/L 的硫醇浓度。低浓度的硫醇溶液有着更大的吸附速率常数，这与利用电容法测量的结果一致。

图 9-5（b）中实线给出了对实验数据做的理论模拟。从模拟结果可以看出，低于 $100\mu mol/L^{-1}$ 的硫醇溶液中，在合理的组装时间内（<1h），难以获得理想的疏水表面。这一点与利用电容法测量所得的模拟结果一致。因此 $1mmol \cdot L^{-1}$ 以上的浓度是确定以硫醇为主成分的镀银保护剂的基本条件。

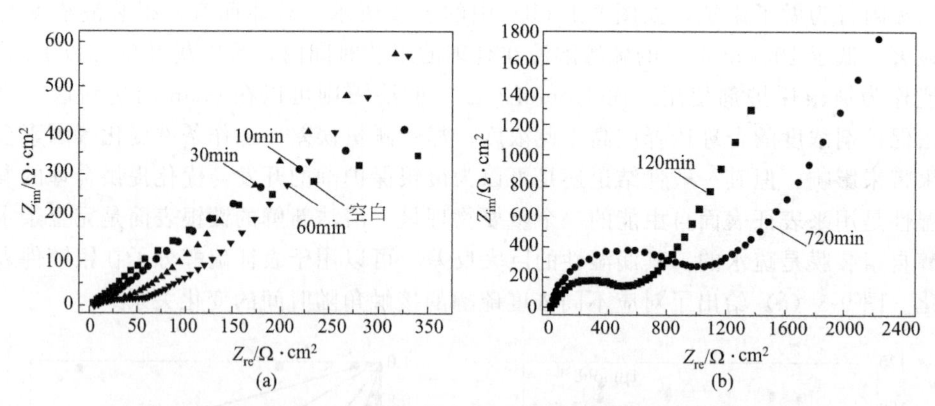

图 9-6 银镀件在 100μmol/L 的 $C_{16}H_{33}SH$ 溶液中浸泡不同时间后在 0.15mol/L 的 KNO_3 溶液中的交流阻抗谱图

我们也利用交流阻抗法对硫醇分子在银表面的组装过程做了考察，图 9-6 给出了代表性的 100μmol/L 溶液中组装过程的交流阻抗图谱。少于 1h 的组装时间，银表面吸附的 $C_{16}H_{33}SH$ 分子少，覆盖不完全，从图谱中仅能观察到扩散的过程［图 9-6(a)］。随着组装的进行，特别是 2h 之后，从图中可以明显观察到高频区域形成的半圆形结构，并且随着组装时间的延长，半圆的圆心向高阻抗方向移动，并且半径增大，说明银表面覆盖度增加，且覆盖的自组装膜提供了较大的阻抗。这些特征与前文利用电容和接触角对组装过程的表征一致。

9.5.4 抗腐蚀性能研究

上述硫醇分子的组装动力学研究可以看出，为了配合生产流水线上的镀银保护，即浸泡时间控制在 10～20min，硫醇的浓度应该在 $1mmol \cdot L^{-1}$ 以上。因此在如下的抗腐蚀性能研究中，我们考察了 $1mmol \cdot L^{-1}$、$3mmol \cdot L^{-1}$ 和 $5mmol \cdot L^{-1}$ 的 $C_{16}H_{33}SH$ 溶液的抗腐蚀作用。Tafel 极化测试是一种使用较多的用于研究材料抗腐蚀性能的电化学测试技术，通过 Tafel 外推法，可以求得材料的腐蚀电位、腐蚀电流和缓蚀率等参数，进而反映出材料发生腐蚀的难易程度。对经上述 3 个浓度的 $C_{16}H_{33}SH$ 溶液在室温下浸泡 15min 的镀银件进行了 Tafel 极化测试，其结果如图 9-7 所示。

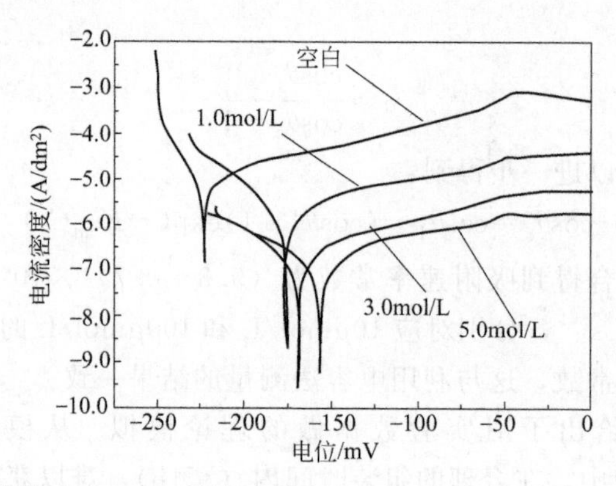

图 9-7 银镀件在 3 个高浓度的 $C_{16}H_{33}SH$ 溶液中浸泡 15min 后在 3.5% 的 NaCl 溶液中的 Tafel 极化曲线

从图中可以看出裸镀银件腐蚀电位较低，电流密度较大。阴极区电流增长迅速，阳极区虽然钝化明显，但有着明显的峰位，说明镀件遭受腐蚀。经过 $C_{16}H_{33}SH$ 浸泡后，镀银件表面形成自组装膜，可以有效地隔绝氧、水和氯离子等与银表面的接触，所以阴极区和阳极区的电流密度均有大幅度下降。阴极区电流增长变缓，特别是当浓度在 $3mmol\cdot L^{-1}$ 以上时，两侧电流在低极化区间显得更为对称。显然，低极化时阴极区域受抑制程度明显大于阳极。除腐蚀电流外，相应的腐蚀电位也随着硫醇浓度增加而显著正移。

具体得到的与腐蚀有关的参数列于表 9-10。其中，缓蚀率 η 可以由以下公式计算：

$$\eta=\frac{I_{corr}-I'_{corr}}{I_{corr}}$$

式中，I_{corr} 和 I'_{corr} 分别为未浸泡和浸泡 $C_{16}H_{33}SH$ 溶液的镀银件的腐蚀电流密度。

可以看出，随着 $C_{16}H_{33}SH$ 溶液浓度的增大，缓蚀效果越来越明显。当浓度在 $3mmol\cdot L^{-1}$ 时，缓蚀率可以到达 97.6%。但更高的浓度对缓蚀效果的提升影响不大。同样的，腐蚀电位也有着类似的变化，电位正移说明银镀件更难发生腐蚀。因此当以长链烷基硫醇为保护剂主成分时，$3\sim5mmol\cdot L^{-1}$ 的浓度较为适宜。

表 9-10 由 Tafel 曲线得到的腐蚀参数

$C_{16}H_{33}SH(mmol\cdot L^{-1})$	E_{corr}/V	$b_c/mV\cdot dec^{-1}$	$b_a/mV\cdot dec^{-1}$	$I_{corr}/\mu A\cdot cm^{-2}$	$\eta/\%$
0	−0.222	14.9	122.6	6.863	—
1	−0.176	34.7	139.3	1.491	78.3
3	−0.169	56.9	133.3	0.163	97.6
5	−0.156	62.4	134.2	0.098	98.6

高温烘烤实验、Na_2S 溶液腐蚀和 H_2S 气体腐蚀是考察保护性能的重要实验。高温烘烤样品外观如图 9-8 所示。未经保护的镀银层表面明显泛黄，而硫醇保护剂的作用显著。虽然经过 $1mmol\cdot L^{-1}$ 的保护剂处理，镀银层也会出现边缘和部分表面泛黄，但当浓度增加到 $3mmol\cdot L^{-1}$ 以上时，镀层表面色泽基本不变。

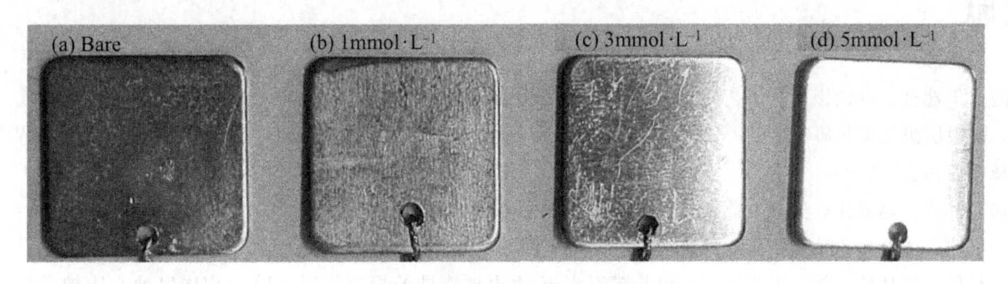

图 9-8 高温烘烤实验图

我们利用光学显微镜观察 Na_2S 溶液对镀银层的腐蚀，如图 9-9 所示。未经保护时，镀银件在放入 Na_2S 溶液的瞬间即完全变黑，后逐渐变为暗灰色，这是硫与 Ag 迅速反应的表现。图 9-9（a）为未做保护处理的样品在 Na_2S 溶液中浸泡 0.5h 后的微观形貌图，展示了镀层受到严重腐蚀的状况。而经过 $C_{16}H_{33}SH$ 保护处理的样品则大大增强了抗 Na_2S 溶液腐蚀的性能。图 9-9（b）～（d）对应的保护剂浓度分别为 $1mmol\cdot L^{-1}$、$3mmol\cdot L^{-1}$ 和 $5mmol\cdot L^{-1}$，浸泡仅 15min，从宏观和微观上表面均未发生显著变化。该结果说明保护剂对短时间的 Na_2S 溶液腐蚀有良好的抵抗效果。但进一步延长 Na_2S 的腐蚀时间，则低浓度保护剂的作用略显不足。如图 9-9（e）所示，Na_2S 腐蚀 1h 后，经 $3mmol\cdot L^{-1}$ 保护剂处理的镀银件，局部出现了点状腐蚀；而经 $5mmol\cdot L^{-1}$ 保护剂处理的镀银件在全部表面均未发现腐蚀点，如

图 9-9（f）所示。综上所述，当 $C_{16}H_{33}SH$ 溶液浓度为 3～5mmol·L^{-1} 室温浸泡 15min 时可以达到较好的保护效果。实验中我们也测试了更高的组装液温度和浓度。但在这些条件下硫醇挥发严重，对环境和操作者影响较大。而当 $C_{16}H_{33}SH$ 溶液浓度在 10mmol·L^{-1} 以上时，浸泡后的镀银样品置于空气中反而会发生氧化而变黑，影响其色泽。

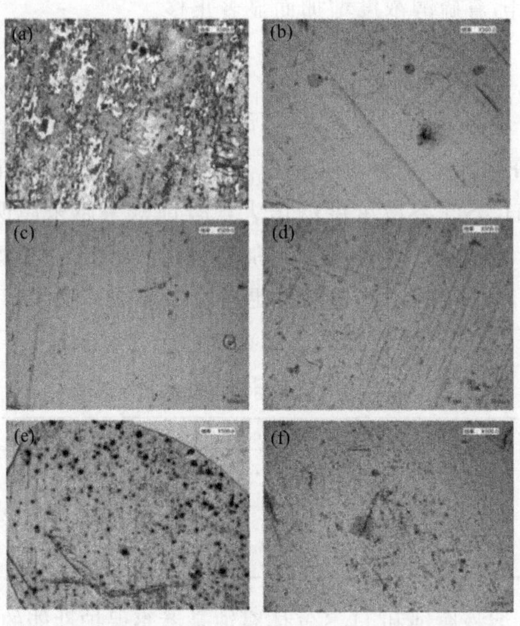

图 9-9　浸泡在不同浓度 $C_{16}H_{33}SH$ 溶液中的镀银件在 0.1mol·L^{-1} 的 Na_2S 溶液中浸泡不同时间后的显微照片

参考文献

[1] 朱海刚，朱建林．电镀银黑化工艺研究［J］．电镀与涂饰，2010，29（7）：2.

[2] 周霞．镀银层黑化工艺研究［C］//中国四川电镀，涂料涂装学术年会．成都机械工程学会；中国机械工程学会；四川省机械工业协会，2007.

[3] 赵博儒，孙志，赵健伟，等．电镀银化学黑化后处理工艺研究［J］．电镀与精饰，2019，41（6）：6.

[4] 曹辉，巩位，王晋伟，等．格尔木地区达克罗涂层钢筋的电化学腐蚀研究［J］．混凝土，2018（4）：5.

[5] 万俐，杜伟，李佳佳，等．十八硫醇自组装膜对青铜-银电偶腐蚀的抑制作用［J］．中国腐蚀与防护学报，2013，33（3）：6.

[6] Ulman A. An Introduction to Ultrathin Organic Films：From Lang-muir-Blodgett to Self-Assembly［M］. San Diego：San Diego Press，1991

[7] Chen L，Tian L，Liu L，et al. Preparation and assay performance of supramolecule of cyclophane-complexed polyoxometalates sup-ported on the gold surface［J］. Sensor. Actuat. B：Chem.，2005，110：271